최신 공업 열역학

김동우 · 송문석 · 오병욱
이봉규 · 조성갑

북스힐

머리말

세계화, 정보화, 첨단화 시대에 날로 폭증하는 운송수단, 원동기관 등 수요에 대처하기 위한 동력 개발이 요구되고 있다.

기계동력에는 작동유체가 저온부근에서 얻을 수 있는 것과 고온부근에서 얻을 수 있는 것이 있는데 전자는 물, 오일 및 공기 등을 작동유체로 하고 후자는 고온고압의 수증기, 가스 등을 작동유체로 하는 증기원동기 및 내연기관 등의 열기관 에너지 변환에 초점을 두었다. 부가적으로 공조, 냉난방 및 열전달 등의 에너지 변환 및 이동 관계에도 관심을 두었다.

아울러 우수한 환경속에서 안락한 생활을 하기 위해 이들의 기초 정의, 원리, 법칙 등과 일, 열의 상호관련성을 물리적으로 충분히 이해하도록 하여, 현재뿐만 아니라 미래에도 훌륭한 과학적 유산을 남기고자 하였다.

본 교재는 공과대학 초급과정, 전문대학 관련학과 학생들과 산업체 및 유관분야에 관심있는 공학도들을 대상으로 쉽게 서술하였다. 이해하기 어려운 부분에서도 능동적인 노력으로 문제를 해결하고, 충분한 예·복습을 한다면 스스로 독학할 수도 있도록 집필하였다.

공학적인 용어와 문맥의 불일치, 내용의 미진함이 없도록 노력하였으나, 독자 제현께서 아낌없는 지도편달이 있길 바란다.

끝으로, 과거 출간되었던 저자의 공업열역학 내용을 공학단위에서 SI 단위계로 개정, 증보하였지만, 참고 문헌 저자들에게 다시 한번 감사드리고, 본 교재가 나오기까지 정성을 아끼지 않으신 북스힐출판 사장님과 임직원 여러분께 사의를 표하는 바이다.

2009. 2

보통리 저수지를 바라보며

저자 일동 드림

차 례

01 기초사항

02 열역학 제1법칙

03 이상기체의 성질

04 열역학 제2법칙과 엔트로피

05 가스 사이클

06 증기의 성질

07 증기 사이클

08 가스의 압축

09 냉동 사이클

10 혼합기체

11 연 소

12 동작유체의 유동

13 열역학의 일반 관계식

14 열전달

부 록

 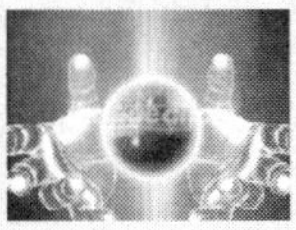 

CHAPTER 01

기초사항

1.1 열역학의 배경

우선 열에너지를 활용한 장치의 여러 가지 예를 들어 보자. 이는 학생들이 열역학적 문제들을 고려하여 물리적인 장치를 이해시키기 위한 것이다. 이들 관계를 이해한다면 열역학이 무엇을 의미하는지를 판단할 수 있을 것이다. 그 예로 증기원동소(steam prime mover), 냉동기(refrigerator) 및 가스 터빈(gas turbine) 등의 장치를 알아보자. 아울러 학생들은 이미 내연 기관(internal combustion engine)과 압축기(compressor)의 일반적인 이론은 습득한 것으로 가정하고 자세한 내용은 후술한다.

1. 증기원동소(Steam Prime Mover)

단순증기원동소의 계통도를 그림 1.1에 나타내었다. 보일러를 떠난 고압・고온의 과열증기가 발전기를 작동시키기 위해 터빈을 회전시킨다. 터빈에서 과열증기가 팽창되어 일을 한다는 것은 발전기(generator)를 구동시켜 전력을 얻는 것이다. 터빈을 떠나 복수기

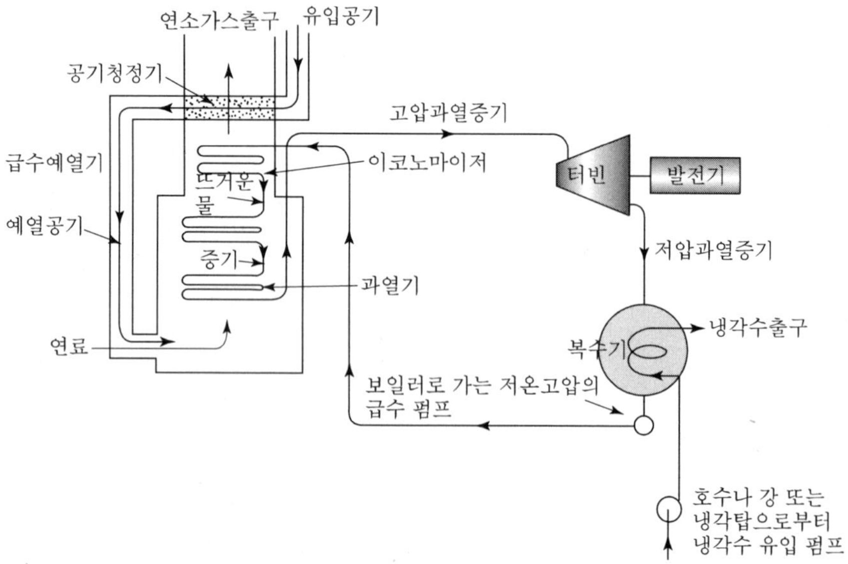

그림 1.1 단순증기원동소의 계통도

(condenser)로 들어간 저압 과열 증기는 냉각수에 의해 열을 빼앗겨 저온의 물로 바뀐다.

대형 화력 발전소인 경우 냉각수가 많이 필요하므로 강이나 호수 근처에 위치해야 한다. 또, 냉각수 공급이 제한될 때에는 냉각탑(cooling tower)을 세워야 한다. 저온의 물은 다시 펌프(pump)에 의해 고압으로 되어 보일러(boiler)로 강제 순환된다.

일반적으로 보일러에는 급수예열기(preheater)를 사용하고 있다. 하강한 급수의 온도를 급수예열기에서 연소 가스(gas)에 의해 상승시키지만 그 때까지는 액상(liquid phase)이다. 보일러와 과열기(super heater)에서 더욱 가열하여 고온급수가 증기로 만들어진다. 대부분의 보일러에서는 증기가 과열되어 고압·고온으로 되며 터빈으로 공급된다.

공기예열기(air preheater)에서 연소실(combustion chamber)을 떠나는 연도가스(stack gas)로 열전달을 이루어 공기를 예열시켜 연소에 사용한다. 이 공기는 석탄, 벙커C유, 천연가스 또는 가연성 물질에 혼합되어 연소실로 들어간다. 연소 결과, 공기예열기를 지난 예열 공기와 급수예열기, 보일러, 과열기 등에 의해서 물이 과열 증기로 바뀌게 된다.

2. 냉동기(Refrigerator)

단순 냉동기 사이클을 그림 1.2에 나타내었다. 프레온 냉매(freon refrigerator)가 저압의 건포화증기로 압축기에 들어가 과열 증기로 된다. 압축기를 떠난 압축된 과열 증기는 응축기(condenser)로 들어가서 정압하에서 포화액으로 변화한다. 고압, 포화액은 응축기

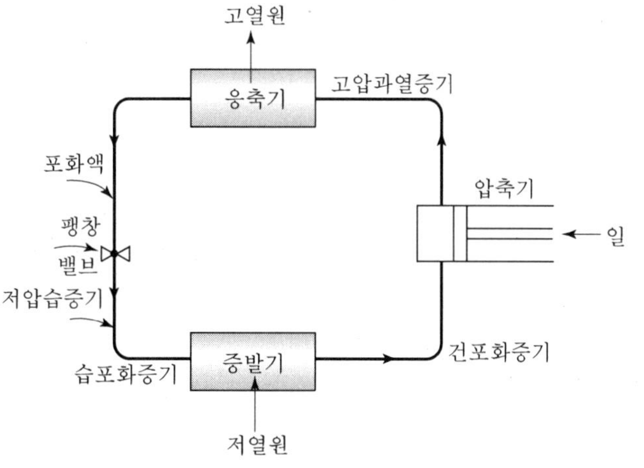

그림 1.2 단순냉동기 사이클

를 떠나 팽창 밸브(expansion valve)를 통과하며, 압력이 떨어져서 저압의 습포화증기로 바뀐다. 저압의 액체와 증기의 혼합된 습포화증기를 다시 압축기로 가도록 하기 위해 증발기(evaporator)를 통과시켜 저압화의 건포화증기로 만들어 압축기로 되돌아가게 된다. 전형적인 가정용 냉동기의 압축기는 뒷면 바닥 근처에 위치하여 있고 보통 밀폐되어 있다. 이는 냉매(refrigerant)의 누설을 방지하기 위함이다. 응축기는 역시 냉동기 뒤에 위치하고 있으며, 자연 대류에 의해서 냉동기 주위로 방열된다. 팽창 밸브는 가늘고 긴 모세관(capillary tube)의 모양으로 되어 있고, 증발기는 냉동기 내부에 냉동실 외곽 주위에 위치하고 있다.

3. 가스 터빈(Gas Turbine)

일반적으로 가스 터빈은 제트 항공기에 사용되고 있다. 그러나 가스 터빈 중에서 발전소, 선박 및 자동차 추진용으로 쓰이는 경우도 있다. 가스 터빈의 계통도를 그림 1.3에 나타내었다.

구성 요소는 압축기, 연소실(combustion chamber), 터빈 및 열교환기(heat exchanger)로 되어 있다. 압축기를 떠난 비교적 고압 공기는 연료를 연소시키는데 쓰이므로 고압, 고온으로 연소실에 들어간다. 다음에 터빈에서 팽창되어 일을 하게 된다.

제트(jet)엔진에서 연소 결과로 얻어진 유효일은 터빈 일에서 압축기에 공급한 일을 뺀 값이다. 연소 가스는 대기압으로 되어 대기 중에 방출된다. 가스 터빈을 구성하는 요소들에 의한 사이클에서의 압축일은 팽창일에 비교하여 상당한 비율로 되므로, 압축기나 터빈에서의 손실이 적게 하여 효율을 높여야만 한다.

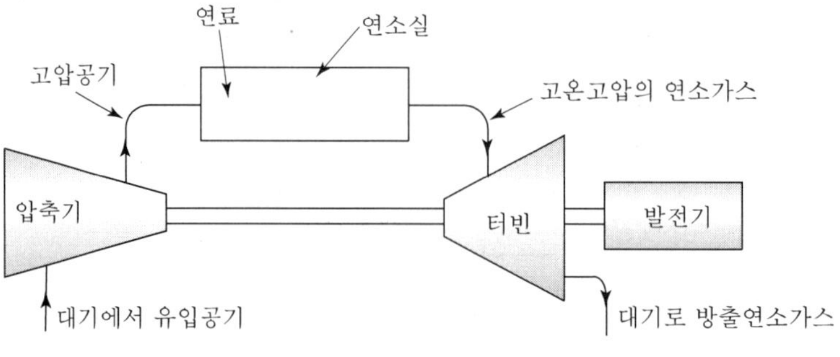

그림 1.3 가스 터빈의 계통도

위에서 세 가지 열역학적 장치에 대해 설명한 것처럼, 열역학이란 것은 열과 관계되는 동력의 문제를 취급할 뿐 아니라 에너지(energy) 형태의 변화와 이들과 관계되는 여러 가지 현상을 다루는 학문이라 하겠다.

1.2 열역학

열역학적인 변화에는 증발 또는 팽창과 같은 물리적인 변화와 연소 또는 분해와 같은 화학적인 변화가 있다. 전자는 그 변화의 원인이 되었던 열을 제거하면 다시 처음 상태로 돌아가지만 후자는 그 변화의 원인이 되었던 열을 제거하여도 다시는 처음 상태로 돌아갈 수가 없다. 전자의 일시적 변화 중에서 공학상 여러 가지 문제를 취급하는 것을 **공업열역학**(technical thermodynamics)이라 하고, 후자의 영구적인 변화를 취급하는 것을 **열화학**(thermochemistry)이라 한다. 제군은 지금부터 기계공학에 관한 분야, 즉 열과 일의 관계는 다루는 공업열역학에 대해 공부하게 된다.

이미 밝힌바와 같이 증기 원동소는 1768년 영국의 제임스 와트(James Watt)에 의해 증기 기관 발명이 시초가 되었다. 이때부터 가축이나 사람의 힘에 의존했던 동력원을 기계로 대체하여 18세기 산업혁명의 원동력이 되었다.

열은 본질적으로, 기계적인 일과 같은 것으로 일을 열로 변화시키는 것은 마찰을 이용하면 쉽게 이루어지지만, 열을 일로 바꾸는 것은 쉽지 않다. 일을 하기 위해서는 힘이 필요한데 열 속에는 힘의 요소가 없어서 직접 열을 일로 바꾸기가 힘들어 이들 사이의 과정에서는 반드시 열기관이 있어야 하며, 열기관은 열에 의해 체적, 압력 및 온도가 쉽게 변하는 성질을 갖는 가스나 증기의 상태 변화를 이용하여 일을 얻어 낸다. 그러므로 열기관을 개량하기 위해 가장 필요한 지식은 열과 일 사이에 존재하는 기본 관계인 열역학 제1법칙, 열역학 제2법칙이 필요하게 되었다. 제1법칙은 열과 일의 양적 변환 관계에 대한 것이고, 제2법칙은 열과 일의 변환되기 위한 조건을 다루는 것이다. 이와 같이 열역학이란 "열과 관계되는 동력의 문제뿐 만 아니라, 널리 에너지의 형태 변화와 이들과 관련되는 여러 가지 현상을 취급하는 학문"이라고 할 수 있다.

1.3 계와 주위와 동작유체

동작유체(working substance)의 성질이나 이동을 알고, 그 대상이 되는 것을 명확히 하기 위해서, 어떤 영역을 생각하고 그 속에 포함된 부분을 **계**(system)라 한다. 이는 열역학에서 임의의 물질 군이라 할 수 있다. 즉, 물질 군의 성질을 밝히기 위해서는 임의로 구분하는 **경계**(boundary)를 긋고, 경계 밖을 **주위**(surroundings)라 하고, 경계 안은 계(system)라고 한다.

열기관에는 열과 일의 매개체가 되는 물질이 필요한데, 이 물질이 바로 **동작유체**(working substance)라 부르는데, **작업물질** 또는 **동작물질**이라고도 한다. 동작유체에는 열에 의해 쉽게 상태 변화를 일으키는 액체나 기체 및 이들의 혼합체가 있다. 이들 동작유체는 상태 변화에 의해 열원으로부터 이 열을 피스톤이나 터빈에 역학적인 에너지로 전해진다. 따라서 동작유체의 성질이나 열에 의해 상태 변화를 알아 두어야 하며 각종 열적 상태량의 정의를 명확히 이해해야 한다. 그림 1.4와 같이 계는 거시적으로 전 우주를 하나의 계로 볼 수 있고, 미시적으로 원자 하나도 계로 볼 수 있다.

실린더(cylinder)속에 가스 취급할 수 있는 것은, 위의 원인 때문이다. 그러나 계를 정하는 방법에 따라서 쉽게 또는 어렵게 문제 해결이 된다.

계 내의 동작유체는 체적이 일정할 수도 있고, 팽창이나 수축할 수도 있다. 열이나 일과 함께 유체의 이동이 경계를 통해 이루어질 때와, 경계를 통해 열과 일만 이동할 뿐 동작유체의 이동은 없는 경우가 있는데 전자는 **개방계**(open system) 또는 **유동계**

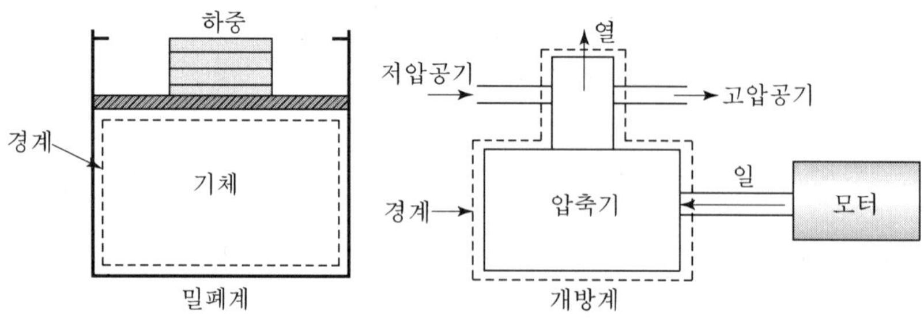

그림 1.4 밀폐계와 개방계

라 부르고, 후자는 **밀폐계**(closed system) 또는 **비유동계**라 한다. 증기 원동소나 냉동기는 밀폐계이고, 가스 터빈이나 내연 기관은 개방계의 일종이다.

1.4 상태량과 상태식

계를 구성하는 동작유체의 종류나 상태에 의해, 열역학적 상태나 열역학적 상태량이 얻어지게 된다. 물의 경우, 분자 배열이 규칙적으로 고정되었을 때는 얼음이 되고, 그 모양과 체적은 변하기 어렵다. 그러나 분자 배열이 불규칙적일 때는 액체로 변해, 모양은 임의로 변해 버린다. 또한 분자간의 배열에 구속력이 없어지면, 기체로 되어 체적 및 모양은 쉽게 변한다. 이들 변화와 함께 분자가 갖는 운동 에너지 및 위치 에너지도 변화하며 계 내에 저장된 에너지도 변화한다.

동작유체의 상태를 나타내는 양으로는 압력, 비체적, 온도, 내부 에너지, 엔탈피(enthalpy) 및 엔트로피(entropy) 등이 있다. 이와 같이 계의 상태를 나타내는 물리적인 양을 **상태량**(quantity of state or property)이라 하고, 압력, 비체적, 온도 등은 우리가 직접 측정할 수 있는 것으로 기본 상태량이라 할 수 있다. 상태량에는 물질의 양에 관계없는 온도, 압력, 비체적 등과 물질의 양에 관계되는 중량, 체적, 내부 에너지 등이 있다. 전자를 **강도성 상태량**(intensive property)이라 하고, 후자를 **종량성 상태량**(extensive property)이라 한다.

하나의 계에서 상태량은 여러 가지 있으나, 계에서 이것들을 제멋대로 변화시키기가 어렵다. 이들 상호간에는 정해진 관계가 존재하는데, 그 중 두 가지 양만이 독립 변화하며, 두 값이 정해지면 나머지 값은 스스로 결정된다. 이러한 성질의 상태량들 사이에는 다음과 **상태식**(equation of state) 또는 특성식이 성립한다.

$$f(p, v, T) = 0 \tag{1-1}$$

이를 테면, 실린더와 피스톤 사이에 압력과 비체적을 독립 변수로 취하여 피스톤을 압축시키면 온도, 내부 에너지, 엔탈피 및 엔트로피 등은 즉시 결정된다. 그리고 원래의 상태로 피스톤을 팽창시키면 온도, 내부 에너지, 엔탈피 및 엔트로피도 원래의 상태로 변화된다. 이들을 상태량이라 부르고 상태식을 따르게 되며, 변화하는 경로에는 무관하고, 현재 상태에서만 존재하는 값이 되므로 **상태만의 함수**(point function 또는 state function)라 한다. 한편, 일량이나 열량은 상태보다는 경로에서만 관계가 있으므로 **경로만의 함수**(path function or process function)라 한다.

1.5 상태 변화

계의 온도나 압력이 변화할 때 이것을 계의 **상태 변화**(change of state)라 한다. 또, 상태 변화가 이루어지는 경로를 그 변화의 **과정**(process)이라 한다. 과정을 좀 더 알아보면 처음 상태에서 계의 압력이 주위의 압력과 같으면 이 상태는 역학적으로 평형 상태가 된다.

그러나 주위에서 압력을 조금 감소시키면 계 내에서의 상태량은 평형을 이루기 위해 변화한 후 평형 상태로 유지된다. 이처럼 압력 변화와 온도 변화는 한없이 0에 가까운 변화로 얻어질 수 있으므로, 이 때 과정을 준정적 **과정**(quasistatic process)이라고 한다. 이는 무한히 작은 변화의 연속으로 계의 평형은 변화 도중에서도 유지되고 있는 것으로 간주할 수 있는 과정을 말한다.

계의 상태 변화를 생각할 때, 하나의 상태량만은 변하지 않는 것으로 취급하는 경우가 많다. 즉, 온도를 일정하게 유지하는 **등온 변화**(isothermal change), 압력을 일정하게 유지하는 **정압 변화**(isobaric change), 체적을 일정하게 유지하는 **정적 변화**(isometric change), 변화중 동작유체와 주위 사이에 전혀 열의 출입이 없는 **단열 변화**(adiabatic change) 및 **폴리트러프 변화**(polytropic change) 등이 있다.

1.6 단위와 환산

1. 절대 단위계와 공학 단위계

종래에 실용되어온 단위계에는 절대 단위계와 공학 단위계의 두 종류가 있었으나 현재는 국제 단위계(S.I unit system)가 설정되어 모두 S.I 단위계로 통일되어 가고 있다.

(1) 절대 단위계

절대 단위계는 길이(length), 질량(mass), 시간(time)의 세 종류를 기본 단위로 하고 있다. 절대 단위계의 종류는 M.K.S 단위계와 C.G.S 단위계로 나뉜다.

① M.K.S 단위계 : 질량(kg), 길이(length), 시간(sec)를 기본으로 하는 단위계이며 힘은 N으로 표시한다.

$$1\,\text{N} = 1\,\text{kg} \times 1\,\text{m/s}^2 = 1\,(\text{kg} \cdot \text{m/s}^2)$$

② C.G.S 단위계 : 질량(g), 길이(cm), 시간(s)를 기본으로 하는 단위계이며 힘은 dyne으로 표시한다.

$$1\,\text{dyne} = 1\,\text{g} \times 1\,\text{cm/s}^2 = 1\,(\text{g} \cdot \text{cm/s}^2) = 10^{-5}\,(\text{N})$$

(2) 공학 단위계

공학 단위계는 길이(length), 힘(force), 시간(time)의 3종류를 기본 단위로 하고 있으며 이 단위계에서는 질량 대신 힘을 기본 단위로 하고 있는 특징이 있다. 힘은 kg_f로 표시한다.

$$1\,\text{kg}_f = 1\,\text{kg} \times 9.8\,\text{m/s}^2 = 9.8\,(\text{N})$$

(3) 국제 단위계(S.I 단위계)

국제 단위계는 절대 단위계와 유사한 것으로 종래의 단위에는 하나의 양에 각종의 단위가 몇 개씩 있어서 혼란을 가져왔기 때문에 국제 단위계에서는 하나의 양에 하나

표 1.1 각종 단위계의 비교

단위계	길이	시간	질량	힘, 중량	에너지, 일	물질의 양 단위
SI 단위계	m	s	kg	Newton $N = kg \cdot m/s^2$	Joule $J = kg \cdot m^2/s^2$	kg
절대 단위계	cm	s	g, kg	$g \cdot cm/s^2 = dyn$	$g \cdot cm^2/s^2 = erg$	g
공학 단위계	m	s	$1kg_f \cdot s^2/m$ $= 9.8kg$	$1kg_f$ $= 9.8N$	$kg_f \cdot m$	kg_f

의 단위로 지정한 국제적인 공통 단위계이다. 즉, 질량(kg), 길이(m), 시간(sec)를 기본으로 하는 단위계이며 힘은 N으로 표시한다. 절대 단위계와 공학 단위계와의 관계를 표시하면 표 1.1과 같다.

공학에서 기본 단위는 길이(m), 질량(kg), 시간(s)이지만 열 현상을 고려할 때는 열역학 온도(K)가 첨가된다. 또 이들의 기본 단위에 의해서 유도된 유도 단위로 힘은 N(Newton), 압력은 Pa (Pascal), 일, 열량으로는 J(Joule), 동력은 W(Watt) 등이 있다. 또, S.I 단위의 접두어를 바꾸어 줌에 따라 양의 크기를 나타내도록 되어 있다. 표 1.2는 S.I 단위에 접두어를 나타낸다.

표 1.2 S.I 단위의 접두어

수 치	접두어	기 호	수 치	접두어	기 호
10^{18}	exa	E	10^{-1}	deci	d
10^{15}	peta	P	10^{-2}	centi	c
10^{12}	tetra	T	10^{-3}	milli	m
10^{9}	giga	G	10^{-6}	micro	μ
10^{6}	mega	M	10^{-9}	nano	n
10^{3}	kilo	k	10^{-12}	pico	p
10^{2}	hecto	h	10^{-15}	femto	f
10^{1}	deka	da	10^{-18}	atto	a

공학에 관계가 깊은 물리량에 대해서 M.K.S, S.I의 절대 단위와 중력 단위, 또 이들의 단위 사이의 환산율은 표 1.3과 같다.

표 1.3 여러가지 S.I 단위

구 분	기호	절대단위		중력 단위	환산값 또는 g m/s² =중력가속도 =9.8 m/s²
		MKS 단위	SI 단위		
길이	l, L	m	m	m	
시간	t, T	s	s	s	
질량	m	kg	kg	$kg_f \cdot s^2/m$	$kg_f \cdot s^2/m = g\ kg = 9.8\ kg$
힘, 중량	F, f	$kg \cdot m/s^2$	N	kg_f	$kg_f = g\ N = 9.8\ N$
속도, 음속	q, u, v, w, c	m/s	m/s	m/s	
가속도	α	m/s^2	m/s^2	m/s^2	
각도	θ	rad	rad	rad	
각속도	ω	rad/s	rad/s	rad/s	
압력, 응력	p, α, τ	$kg/(m \cdot s^2)$	$Pa = N/m^2$	kg_f/m^2	$kg_f/m^2 = g\ Pa$
에너지, 일	W, L	$kg \cdot m^2/s^2$	$J = N \cdot m$	$kg_f \cdot m$	$kg_f \cdot m = g\ J$
열량	Q	$kg \cdot m^2/s^2$	$J = N \cdot m$	kcal	$kcal = 426.8\ kg_f \cdot m = 4185.5\ J$
동력	P	$kg \cdot m^2/s^2$	$W = J/s$	$kg_f \cdot m/s$	$kg_f \cdot m/s = g\ W$
밀도	ρ	kg/m^3	kg/m^3	$kg_f \cdot s^2/m^4$	$kg_f\ s^2/m^4 = g\ kg/m^2$
비체적	v	m^3/kg	m^3/kg	m^3/kg_f	$m^3/kg = g(m^4/s^2)/kg_f$
비중량	γ	$kg/(m^2 \cdot s^2)$		kg_f/m^3	$kg_f/m^3 = g\ kg/(m^3 \cdot s^2)$
운동량	F, f	$kg \cdot m/s$	$N \cdot s$	$kg_f \cdot s$	$kg_f \cdot s = g\ kg \cdot m/s$
힘의 모멘트	M, T	$kg \cdot m^2/s^2$	$N \cdot m = kg \cdot m^2/s^2$	$kg_f \cdot m$	$kg_f \cdot m = g\ N \cdot m$
체적유량	Q	m^3/s	m^3/s	m^3/s	
질량유량	$\dot{m}$	kg/s	kg/s		
중량유량	$\dot{G}$	$kg \cdot m/s^3$		kg_f/s	$kg_f/s = g\ N/s$
유체탄성계수	K	$kg/(m \cdot s^2)$	$Pa = N/m^2$	kg_f/m^2	$kg_f/m^2 = g\ Pa$
점성계수, 점도	μ	$kg/(m \cdot s)$	$Pa \cdot s$	$kg_f \cdot s/m^2$	$kg_f \cdot s/m^2 = g\ Pa \cdot s$
동점성계수, 동점도	ν	m^2/s	m^2/s	m^2/s	
온도	t, T	℃	°K	℃	273.15 + ℃ = °K

2. 유도 단위와 환산

각종 유도 단위와 각 단위 사이의 환산을 생각해 본다.

① 힘(Force) : 힘은 Newton의 운동 제2법칙으로부터 질량(kg)과 가속도(m/s^2)의 곱으로 나타난다.

$$F = ma$$

힘의 S.I 단위는 N으로 나타난다.

$$1\,N = 1\,(kg \cdot m/s^2)$$

힘의 중력 단위는 kg_f로 나타난다.

즉, $1\,kg_f = 1\,kg \times g\,m/s^2 = 1\,kg \times 9.8\,m/s^2 = 9.8\,(kg \cdot m/s^2) = 9.8\,(N)$

② 압력(Pressure) : 단위 면적당의 힘을 압력이라고 한다.

$$P = \frac{F}{A}\,(N/m^2,\ or\ kg_f/m^2)$$

압력의 S.I 단위는 Pa로 나타난다.

$$1\,Pa = 1\,(N/m^2)$$

압력의 중력 단위는 다음 식으로 표현된다.

$$1\,kg_f/m^2 = 1\,kg_f \times \frac{9.8N}{1\,kg_f}/m^2 = 9.8\,(N/m^2) = 9.8\,(Pa)$$

$$\therefore\ 1\,kg_f/m^2 = 9.8\,(Pa)$$

③ 일(에너지, 질량) : 일은 힘과 거리의 곱과 같다.

$$W = F \cdot S$$

일의 S.I 단위는 J(Joule)로 나타낸다.

$$1\,J = 1\,(N \cdot m)$$

일의 중력 단위는 다음 식으로 나타낸다.

$$1\,kg_f \cdot m = 9.8(N \cdot m) = 9.8(J)$$

④ 동력(Power) : 단위 시간당 한 일을 동력이라고 한다.

$$P = \frac{dW}{dt} = \frac{d(F \cdot s)}{dt} = F\frac{ds}{dt} = F \cdot v$$

동력의 S.I 단위는 $kg_f \cdot m/s$로 표시된다.

$$1\,kg_f \cdot m/s = 9.8(N \cdot m/s) = 9.8(J/s) = 9.8(W)$$

$$\therefore 1\,kg_f \cdot m/s = 9.8(W)$$

또, 동력의 단위는 P.S나 H.P를 사용한다.

$$1\,PS = 75(kg_f \cdot m/s) = 75 \times 9.8(N \cdot m/s)$$

$$= 735.5(W) = 0.7355(kW)$$

$$1\,HP = 76.07(kg_f \cdot m/s) = 76.07 \times 9.8(N \cdot m/s)$$

$$= 746(W) = 0.746(kW)$$

1.7 압력, 비체적, 비중량 및 밀도

1. 압력(Pressure)

압력은 단위 면적에 작용하는 수직 방향의 힘으로 정의된다. 물리학에서는 0℃의 수은주 760 mm에서 무게가 $1cm^2$의 면적에 작용하는 압력을 표준대기압(atm)이라고 한다. 또는 $10^6(dyne/cm^2)$ 및 $10^5(N/m^2)$을 1 bar로 하고, 1 bar의 1/1000을 mbar(milli bar)라고 한다. 공학에서는 보통 $1\,kg_f$의 힘이 $1cm^2$의 면적에 작용하는 압력을 공학대기압(at) 이라고 하여 kg_f/cm^2으로 표시한다.

$$
\begin{aligned}
\text{표준대기압 } 1\text{atm} &= 760\ \text{mmHg}(0℃,\ g = 9.8\ \text{m/s}^2) \\
&= 10{,}332\,(\text{kg}_f/\text{m}^2) = 1.0332\,(\text{kg}_f/\text{cm}^2) \\
&= 101{,}325\,(\text{N/m}^2 = \text{Pa}) \\
&= 10.332\,(\text{mAq}) = 10{,}332\,(\text{mmAq}) \\
&= 1.01325\,(\text{bar}) = 1{,}013.25\,(\text{mbar}) \\
&= 14.7\,(\text{psi}) \\
\text{공학대기압 } 1\text{at} &= 1\ \text{ata} = 1\,(\text{kg}_f/\text{cm}^2) \\
&= 10{,}000\,(\text{kg}_f/\text{m}^2) \\
&= 736\,(\text{mmHg}) \\
&= 10\,(\text{mAq}) = 10{,}000\,(\text{mmAq}) \\
&= 14.2\,(\text{psi}) = 980\,(\text{mbar}) \\
&= 98\,(\text{N/m}^2)
\end{aligned}
$$

예 $1\ \text{kg}_f/\text{cm}^2 = 1\ \text{kg}_f/\text{cm}^2 \times \dfrac{760\,\text{mmHg}}{1.033\ \text{kg}_f/\text{cm}^2} = 736\,(\text{mmHg})$

$1\ \text{bar} = 10^5\,(\text{N/m}^2) = 10^6\,(\text{dyne/cm}^2)$

$1\ \text{Pa} = 1\,(\text{N/m}^2) = 1\,(\text{kg/m s}^2) = 1\,(\text{J/m}^3)$

$1\ \text{kPa} = 1{,}000\ \text{Pa}, \quad 1\ \text{mbar} = 1/1{,}000\ \text{bar} = 100\ \text{Pa}$

한편, 완전 진공을 기준으로 한 절대 압력(absolute pressure)은, 국소 대기압과 게이지압에 따라 결정된다. 이는 지역에 따라 국소 대기압이 다르므로 절대 압력을 알아두는 게 매우 편리하다. 따라서 절대 압력은 게이지압에다 그때의 국소 대기압을 더하면 얻어진다.

$$P_{abs} = P_a \pm P_g \qquad (1\text{-}2)$$

게이지압 P_g는 그 값이 +일 때는 정압, −일 때는 진공압으로 나타낸다.

국소 대기압보다 낮은 압력을 진공압(vacuum pressure)이라고 하며, 진공의 정도를 나타낼 때는 mmHg를 쓴다. 이를테면, 700 mmHg(진공)란 표준대기압 760 mmHg와 차이, 즉 760−700=60 (mmHg)가 절대압력이 되고, 진공도는 700/760=0.9210, 즉 92.1%가 된다. 절대압력, 국소 대기압, 및 게이지압과의 관계는 그림 1.5에 표시되고 있다.

그림 1.6은 게이지압을 측정하는 버어든 게이지(bourdon gage)이다.

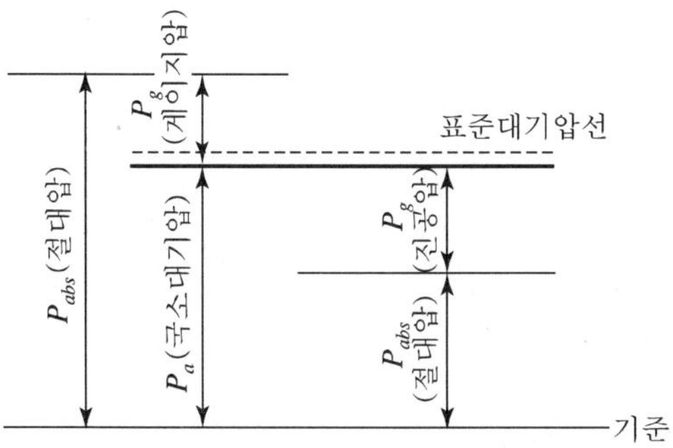

그림 1.5 절대 압력, 국소 대기압 및 게이지압과의 관계

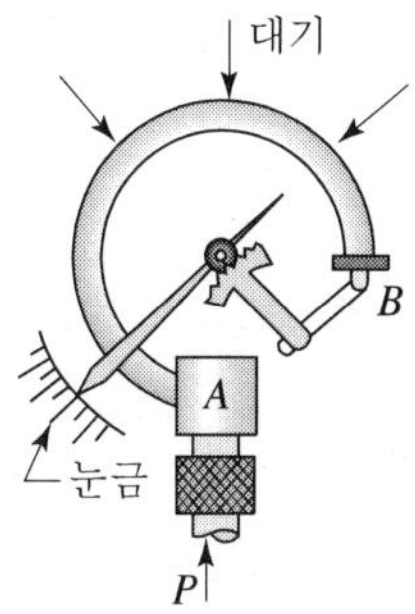

그림 1.6 버어든 게이지

이밖에도 미소압력을 측정할 때 쓰는 U자관 마노미터(U type manometer), 경사 마노미터(inclined manometer) 등을 쓴다. 마노미터에는 수은, 물, 알코올 등을 사용하며, 물을 사용할 때는 $1\,\mathrm{mmAq} = 1\,\mathrm{kg_f/m^2}$이므로 수면의 차를 mm로 읽으면 그 값은 $\mathrm{kg_f/m^2}$이 된다. 그리고 $\mathrm{lb/in^2}$을 psi(pounds per square inch)로 하고 이는 영 · 미국계의 압력 단위이다.

2. 비체적(Specific Volume), 밀도(Density)

계가 차지하는 체적을 $V(\mathrm{m^3})$, 질량을 $m(\mathrm{kg})$이라 할 때, 단위 질량당 물체가 차지하는 체적을 비체적 v라 한다. 단위 체적당 질량을 밀도 ρ라 하는데, 이것은 온도와 압력의 영향을 받는다. 비체적 v, 밀도 ρ는 각각 다음 식으로 표시된다.

$$v = \frac{V}{m} \ (\mathrm{m^3/kg}), \ \ \rho = \frac{\gamma}{\mathrm{g}} (\mathrm{kg/m^3}) \tag{1-3}$$

단, g는 지구의 중력 가속도 $9.8\,\mathrm{m/s^2}$을 나타낸다.

예제 1.1

대기압 750 mmHg에서 게이지압 $318.5\ kpa$이면 절대 압력은 얼마인가?

풀이 대기압을 공학기압으로 바꾸면

$$P_a = \frac{750}{760} \times 101.325 = 99.992(kpa)$$

따라서 절대 압력은 식 (1-2)에 의해서 얻어진다.

$$P_{abs} = P_a + P_g = 99.992 + 318.5 = 418.5(kpa)$$ ■

예제 1.2

비중량이 14 (N/m^3)인 기체의 비체적은 얼마인가?

풀이 비중량과 비체적은 역의 관계가 있으므로

$$v = \frac{1}{\rho g} = \frac{1}{14} = 0.0714(m^3/N)$$ ■

예제 1.3

어떤 기름의 무게가 51,548 N, 체적이 20 m^3이면 비중량, 밀도, 비중은 각각 얼마인가?

풀이

$$\gamma = \frac{G}{V} = \frac{51,548}{20} = 2577.4(N/m^3)$$

$$\rho = \frac{\gamma}{g} = \frac{2,577.4}{9.81} = 263(kg/m^3)$$

또,

$$비중\ s = \frac{263}{1000} = 0.263$$ ■

예제 1.4

보일러의 복수기에서 게이지압이 88.2 kpa 진공이었다. 이때 국소 대기압이 700mmHg이면, 복수기의 절대 압력은 얼마인가? 또, 진공도는 얼마나 되는가?

풀이

$$P_{abs} = \frac{700}{760} \times 101.325 - 88.2 = 5.01(kpa)$$

$$진공도 = \frac{P_g}{P_a} = \frac{88.2}{\frac{700}{760} \times 101.325} = 0.945 = 94.5(\%)$$ ■

1.8 온도 및 열역학 제0법칙

물체가 뜨겁고, 차겁고 한 것은 자체의 분자활동이 활발한지 그렇지 않은지에 따라 정해지는데 이를 온도라 한다. 이는 또 물체가 열을 많이 보유하고 있는지의 여부를 정해주기도 한다. 이러한 온도를 측정하려면 온도계가 있어야 하는데, 물체의 길이, 체적, 열기전력, 전기 저항 등이 변화되는 성질을 이용한다. 이때 온도계의 눈금을 정하려면, 일정한 조건하에서 기본 온도를 결정해야 한다. 이를 **정점**(fixed point)**의 온도**라 한다.

순수한 물의 빙점(ice point)은 760 mmHg 하에서 0℃이고, 증발점(steam point) 또는 비등점(boiling point)은 100℃로 하여 두 개의 정점을 기본 온도로 하는 2정점법을 사용하여 오고 있다. 최근에는 물의 3중점(triple point)에 의한 1정점법을 사용하여 쓰기도 하지만 위의 두 방법은 거의 차이가 없이 쓰이고 있다. 동양에서 미터법 단위를 쓰는 국가는 빙점 0℃에서 비등점 100℃까지 1/100 등분한 값을 1℃로 하고, 서양 등지에서는 빙점을 32°F, 증발점을 212°F로 하고, 그 사이를 1/180 등분한 값을 1°F로 하였다. 이들 사이의 관계는 그림 1.7을 이용하여 다음과 같이 표시되고 있다.

$$0℃ = 32°F, \ \ 100℃ = 212°F$$

$$\frac{t}{100} = \frac{t_f - 32}{180} \tag{1-4}$$

실용되는 온도계는 유리관 속에 수은, 알코올 등을 넣은 온도계와 열전대 온도계, 전기저항 온도계, 광온도계 및 복사 온도계 등이 있다.

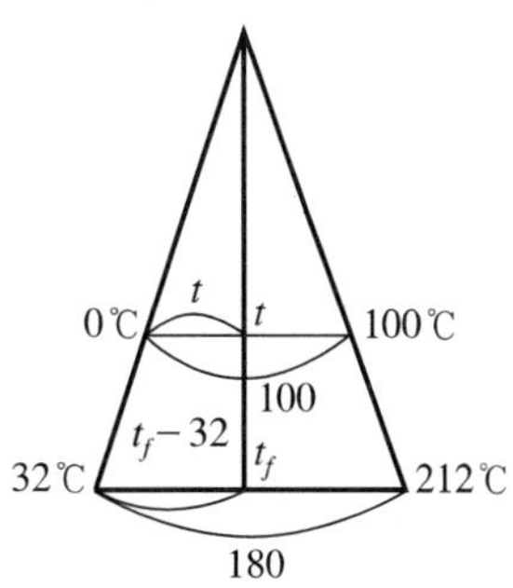

그림 1.7 온도 눈금의 비교

수소 및 질소 같은 기체의 정압 팽창비 및 온도에 대한 정적압력 증감비율은 다른 물질에 비해 대단히 균일하며, 정밀을 요구하는 온도 측정에는 이 같은 기체를 이용한 온도계를 쓴다. 이상 기체에서는 온도에 의한 체적 팽창비 또는 압력변화율은 모든 구간에서 균일하여 온도 1℃마다 0℃의 체적 또는 압력이 1/273.15씩 증감한다. 이상 기체는 존재하지 않으나, 수소나 질소 등을 이상 기체라 간주하여 만든 온도계로 온도를 측정하고, 그 값에 어떤 수정을 가해 기체의 압력을 아주 낮추었을 때 온도를 구하면 이상 기체의 온도와 같게 된다. 이 온도가 4.4절에서 설명할 열역학적 절대온도와 같은 온도로 된다. 기체의 압력이 완전 진공일 때는 분자 활동이 중지되고 온도가 −273.15℃이므로 이를 기준으로 한 온도를 절대온도(absolute temperature)라 하고 −273.15℃를 절대 0°K라 한다.

이 때 단위는 °K(Kelvin)으로 표시하고, 섭씨온도와 절대온도의 관계를 식으로 표시하면 다음과 같다.

$$T = 273.15 + t(°\mathrm{K}) \tag{1-5}$$

또, 화씨온도에서도 절대온도와의 관계는 식 (1.6)과 같다. 즉

$$T_R = 459.67 + t_f \ (°\mathrm{R}) \tag{1-6}$$

또한, 섭씨 및 화씨 절대온도 사이에는 다음 식이 성립한다.

$$\frac{T_R}{T} = \frac{9}{5} \tag{1-7}$$

표 1.4는 온도계 종류 및 측정 온도 범위를 나타내고 있다.

표 1.4 온도계 종류와 측정 범위

온도계	측정 범위(℃)
각종 수은 온도계	−35∼700
알코올 온도계	−70∼0
전기저항 온도계(백금선)	−200∼1,000
열전대 온도계	−200∼1,000
압력계형 온도계	−40∼400
복사 온도계	700 이상
봉상 온도계	−0∼500
제어겔 온도계	600∼2000

이러한 온도가 서로 다른 두 물체를 접촉시키면 온도가 높았던 쪽은 낮아지고, 낮았던 쪽은 높아지며, 드디어 온도차가 없어진다.

즉, 열평형된 두 물체의 온도는 같고, 온도가 같은 두 물체는 열평형 상태에 있다. 따라서 "두 개의 물체가 열평형을 이루고, 또 다른 물체와 열평형을 이루고 있으면, 두 물체는 서로 열평형에 있다."라는 표현이 나오게 되었는데, 이를 **열역학 제0법칙**(The Zeros Law of Thermodynamics)이라고 한다. 이 법칙은 온도를 측정할 때 기초가 되는 개념으로 어떤 물체의 온도를 측정할 때 온도계와 그 물체가 열평형을 이루었을 때 온도계의 눈금을 읽어 측정한다. 따라서 이를 '**열평형의 법칙**'이라고도 한다.

예제 1.5

섭씨 100℃와 화씨 100°F를 각각 화씨와 섭씨로 구하여라.

풀이 식 (1-4)에서

$$\frac{100}{100} = \frac{t_f - 32}{180} \qquad \therefore t_f = 212(°F)$$

또한,

$$\frac{t}{100} = \frac{100 - 32}{180} \qquad \therefore t = 37.8(℃)$$

■

예제 1.6

섭씨온도와 화씨온도의 눈금이 일치하는 경우는 몇 도인가?

풀이 $t_f = t = x$라 하면, 식 (1-4)에서

$$\frac{x}{100} = \frac{x - 32}{180} \qquad \therefore x = -40(℃ \text{ 또는 } °F)$$

■

1.9 증기와 가스, 현열과 잠열

최근 들어서는 대부분 기체들이 충분히 아주 적은 압력 상태에서 액화가 가능하다. 그러나 과거에는 산소, 수소, 질소, 공기 등은 영구기체로 생각하여 지금까지도 이상기체로 간주되고 있다.

이와 같이 상온에서 고압을 가해도 액화하지 않는 물질을 가스(gas)라 하고 이에 대해서 수증기, 암모니아 가스, 프레온 가스 등은 상온에서 쉽게 액화가 되므로 증기(vapor)라 한다. 그러나 이들의 호칭은 어떤 근거가 있는 것이 아니라, 후에 설명되겠지만 이상기체라 생각되던 산소, 수소 등이 액화한다든가 수증기, 암모니아 가스가 이상 기체에 가까워지는 경우가 매우 많게 된다. 또한 증기는 보편적으로 액화온도에 가까운 영역에 있는 기체이고, 가스는 액화온도에서 먼 영역에 있는 기체를 의미한다.

액체에 열을 공급하면, 이는 먼저 온도 상승과 체적 팽창에 쓰인다. 그러나 체적 팽창량은 매우 적다. 이에 더욱 열을 공급하면, 어떤 온도에서 증발(vaporization)이 일어난다. 그때 압력이 일정하면, 온도는 상승하지 않고 가열된 모든 열이 내부 에너지란 것과 체적 팽창에 필요하게 된다. 일정한 압력에서 단위 중량의 액체를 전부 증발시키는데 필요한 열량을 **증발의 잠열**(latent heat of vaporization) **또는 잠열**이라고 한다.

한편, 고체의 융해시에 **융해의 잠열** 또는 **융해열**이 필요하고, 또한 단위 중량의 물체의 온도를 상승시키는데 필요한 열량을 **현열**(sensible heat) **또는 감열**이라고 한다.

그 밖에 드라이 아이스(dry ice) 등은 고체가 직접 기체로 되는 승화현상이 일어나는데, 이 때 필요한 열량을 **승화의 잠열**(latent heat of sublimation) 또는 **승화열**이라고 한다.

연습문제

1. 종량성 상태량과 강도성 상태량에 대하여 설명하여라.

2. 절대압력과 계기압력에 대하여 설명하여라.

3. 열역학 0법칙에 대하여 설명하여라.

4. 직경 150 mm인 실린더에서 피스톤이 200 mm 움직일 때 공기를 490 N 흡입한다면, 이 공기의 비체적과 비중량은 얼마인가?

5. 체적 0.21 m^3인 용기에 가스 19.1 N이 들어 있다. 가스의 비체적은 얼마인가? 가스가 7.8 N 새어나갔다면 비중량과 비체적은 얼마로 되겠는가?

6. 대기압이 1000 mbar일 때 게이지압이 147 *kpa*이었다. 절대압력을 1) Pa, 2) kg_f/cm^2, 3) mAq, 4) atm, 5) mmHg, 6) mbar의 단위로 구하여라.

7. 증기터빈의 입구와 출구의 게이지압이 12,740 *kpa* 및 720 mmHg 진공이었다. 이때 극소대기압이 750 mmHg인 경우 터빈의 입구와 출구의 절대압력을 kg_f/cm^2, bar의 단위로 구하여라.

8. 섭씨온도 30℃는 화씨온도 t(°F)와 절대온도 T(°R)로 각각 몇 도인가?

9. 화씨온도 60°F는 섭씨온도 t(℃)와 절대온도 T(°K)로 각각 몇 도인가?

CHAPTER 02

열역학 제1법칙

2.1 일과 열

1. 일(work) 에너지

일이 얻어지려면 물체에 힘이 작용하고, 물체가 이동하여야 한다. 힘을 F라 하고 변위를 dx라 할 때, 일 dw는

$$dw = F \cdot dx \quad (\mathrm{N \cdot m = J}) \tag{2-1}$$

힘 F는 변위의 일직선상에 작용하여야 한다. 일은 과도적 에너지로 저항을 이기는 힘이 작용하여 변위 사이에서 존재하고 움직이면 일이 얻어지고, 정지하면 일도 소멸된다.

열역학에서 이상적인 일은 마찰을 무시한 상태의 일로, 이 때 발생된 일은 모두 다른 에너지로 변화시킬 수가 있다. 이 때 계(system)가 일을 받으면 $-$의 일이고, 일을 주면 정의 일, 즉 $+$로 규정하기로 한다.

일의 단위는 $Joule(N{\cdot}m)$로 하고, $kg_f \cdot m$, ft · lb, kWh, PSh 등 으로도 표시할 수 있다.

단위 시간당에 행한 일을 공률(power) 또는 **동력**이라고 하고, N · m/s, kW, PS 등이 있다. 즉, 동력 P는 식 (2-2)와 같다.

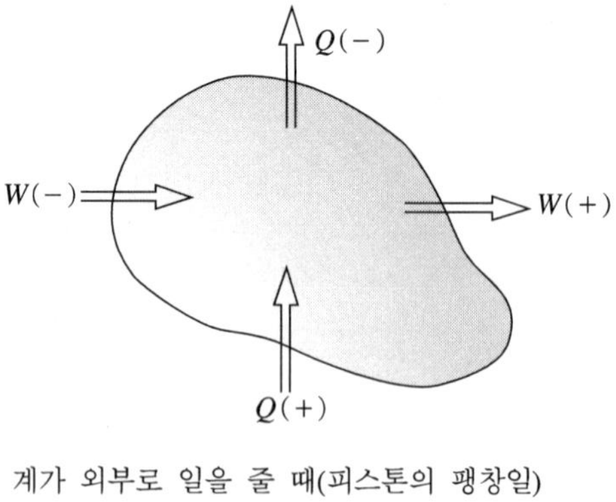

$W>0$: 계가 외부로 일을 줄 때(피스톤의 팽창일)
$W<0$: 계가 외부로부터 일을 받을 때(피스톤의 압축일)
$Q>0$: 열이 주위로부터 계로 이동될 때
$Q<0$: 열이 계로부터 주위로 이동될 때

그림 2.1 시스템내 일과 열의 부호 규정

표 2.1 에너지의 환산표

	Joule	$kg_f \cdot m$	$lb_f \cdot ft$	kWh	PSh	HPh
1 Joule	1	0.10197	0.7376	0.2778×10^{-6}	0.3777×10^{-6}	0.3724×10^{-6}
1 $kg_f \cdot m$	9.807	1	7.233	0.2724×10^{-5}	0.3704×10^{-5}	0.3652×10^{-5}
1 $lb_f \cdot ft$	1.356	0.1383	1	0.3766×10^{-6}	0.5121×10^{-6}	0.5049×10^{-6}
1 kWh	3.6×10^{6}	3.671×10^{5}	2.655×10^{6}	1	1.3596	1.3405
1 PSh	2.648×10^{6}	2.700×10^{5}	1.953×10^{6}	0.7355	1	0.9859
1 HPh	2.686×10^{6}	2.739×10^{5}	1.981×10^{6}	0.746	1.0143	1

표 2.2 동력의 환산표

	PS	HP	kW	J/s	$kg_f \cdot m/s$	$lb_f \cdot ft/s$
1 PS	1	0.986	0.736	7.75	75.00	542.5
1 HP	1.0143	1	0.746	7.76	76.07	550.2
1 kW	1.3596	1.341	1	9.8	101.97	737.6
1 J/s	0.1387	0.137	0.102	1	10.41	75.27
1 $kg_f \cdot m/s$	0.01333	0.013	0.009807	0.102	1	7.233
1 $lb_f \cdot ft/s$	0.000843	0.00182	0.001356	0.014	0.1383	1

$$P = \frac{dw}{dt} = \frac{dF \cdot x}{dt} = F \cdot \frac{dx}{dt} = F \cdot v \tag{2-2}$$

2. 열(Heat) 에너지

열(heat)은 어느 일정한 상태에 있는 계와 주위 또는 다른 계와의 사이의 온도차에 의하여 이동하는 에너지로서 Q로 표시한다.

제군들이 어떤 물체에 접촉하면 그 물체의 냉온을 느끼게 된다. 이는 열이 고온체에서 저온체로 이동하기 때문이다. 열의 본질은 여러 가지 학설이 있는데, 열소설에 의하면 열은 거의 질량을 측정할 수 없을 정도의 미소한 열소(caloric)라는 물질의 일종으로, 임의 물체의 온도는 이것을 얻으면 높아지고, 잃으면 낮아진다는 학설이다. 그러나, 이는 창조할 수도 소멸될 수도 없으므로 마찰에 의한 물체의 온도 상승, 열의 발생에 대해서는 설명할 수 없었다.

그러나 그 이후 럼포어드(Rumford)는 실험에서 열은 물질이 아니고 일종의 운동에너지라는 결론을 얻었고, 대어리(Dary)는 열은 마찰이나 충돌에 의해서 생긴다는 것을 밝혔다. 결국 1842년 메이어(Mayer), 쥬울(Joule)에 의해 열과 일은 같은 에너지임이 밝혀졌다. 따라서 열은 온도차 또는 온도 분배에 따라, 시스템의 경계를 지나 이동하는 에너지의 형태이다. 분자 활동의 정도에 따라서 뜨겁고 차가운 정도를 알 수 있는데, 이러한 열 이동을 열전달(heat transfer)이라 부르고, 이들은 전도(conduction), 대류(convection), 복사(radiation) 등으로 이루어진다.

열은 일과 압력, 온도, 체적 등의 상태량과 달리 과정의 함수이다. 왜냐하면 계에서 어느 과정간의 이동된 열량이 상태가 변화하는 경로에 따라 다르기 때문이다. 이 때 계가 열을 받아들이면 정의 열량, 즉 +이고, 열을 배출시키면 부의 열량, 즉 −의 열량의 의미를 갖는다(그림 2.1 참조). 열량의 단위는 열의 분량이므로, 공학 단위로는 Kcal, BTU, CHU가 사용되고, 지금은 S.I 국제 단위로 Joule이 사용되고 있다.

먼저 cal에는 15° 칼로리, 국제증기표 칼로리, 평균 칼로리 등이 있으나, 이들 사이에는 약 0.025% 정도의 근소한 차를 갖는다(식 2-3 참조).

$$\left.\begin{aligned} 1\,\text{J} &= 0.23900\ \text{cal}_{15^\circ} \\ 1\,\text{J} &= 0.23895\ \text{cal}_{\text{ins.}} \\ 1\,\text{J} &= 0.23889\ \text{cal}_{\text{mean}} \end{aligned}\right\} \tag{2-3}$$

또한, BTU는 미국 또는 영국의 열량 단위로, 1 BTU는 순수한 물 1(lb)의 온도를 1°F 만큼 (61.5°F에서 62.5°F) 올리는데 필요한 열량이다.

표 2.3 열량의 단위환산

KJ	kcal	BTU	CHU
4.1860	1	3.968	2.205
1.0549	0.252	1	0.5556
1.8988	0.4536	1.800	1

$1\,\text{BTU} = 0.4536 \times \frac{5}{9} = 0.252\,(\text{kcal})$

$1\,\text{CHU} = 0.4536 \times 1 = 0.4536\,(\text{kcal})$

그리고, CHU는 kcal와 BTU를 조합한 단위로, 1 CHU는 순수한 물 1(lb)의 물의 온도를 14.5℃에서 15.5℃까지 높이는데 필요한 열량이다.

2.2 비 열(Specific heat)

온도가 서로 다른 두 개의 물체를 접촉시키면 고온체의 온도는 낮아지고, 저온체의 온도는 높아진다.

보통 질량 m(kg)인 어떤 물체에 dQ(kJ)인 열량이 가해져서 온도가 dt만큼 상승한다면, dt는 dQ에 비례하고 질량m에 반비례함을 경험상 알 수 있다. 따라서 이 관계를 수식으로 표현하면

$$dQ = m \cdot C \cdot dt \quad \text{(kJ)} \tag{2-4}$$

이 된다. 이 식에서 비례상수 C는 물체의 재료에 따른 상수이고, 이를 그 물체의 **비열**(specific heat)이라고 한다. 즉, 비열은 어떤 물체 1 kg의 온도를 1℃ 높이는데 필요한 열량으로 표시하고, 그 단위는 kJ/kg ℃ 이다. 미국과 영국에서 사용하는 공학단위 관계는 다음과 같다.

$$1(\text{kcal/kg}_f \cdot ℃) = 1(\text{BTU/lb}_f \cdot °\text{F}) = 1(\text{CHU/lb}_f \cdot ℃) \tag{2-5}$$

비열은 온도가 변해도 일정한 경우와 일정하지 않은 경우가 있다. 식 (2-4)를 사용하여 열량을 구하려면 비열의 변화를 주시해야 한다. 먼저 비열이 일정한 경우에 필요한 열량을 구해 본다.

$$\int_1^2 dQ = m \cdot C \cdot \int_1^2 dt$$

따라서

$$_1Q_2 = m \cdot C \cdot (t_2 - t_1) \quad \text{(kJ)} \tag{2-6}$$

로 된다. 또, 비열이 온도만의 함수인 경우에는 다음과 같이 된다.

$$ {}_1Q_2 = m \cdot \int_1^2 C \cdot dt = m \cdot \int_1^2 f(t) \cdot dt = m \cdot C_m(t_2 - t_1) \ \text{(kJ)} \qquad (2\text{-}7)$$

온도 t_1과 t_2 사이에 평균비열(mean specific heat)을 C_m이라 하면

단,
$$C_m = \frac{\int_{t_1}^{t_2} f(t)dt}{(t_2 - t_1)}$$

이다. 식 (2-4)와 (2-6)은 여러 가지로 응용되고 있는데, 두 종 또는 그 이상의 종류인 물체를 혼합 후에 온도를 구하는 식을 알아본다.

물체들의 질량, 비열, 온도를 각각 $m_1, m_2, C_1, C_2, t_1, t_2$일 때 이들을 서로 혼합하면 화학반응 또는 열손실이 없다고 볼 때, 고온체가 버린 열량과 저온체가 얻은 열량이 같으므로 이들 사이에 열평형을 고려하면 $Q_L = -Q_H$로 된다.

따라서, 혼합 후에 온도를 t_m이라 하면 $m_1 \cdot C_1 \cdot (t_m - t_1) = -m_2 \cdot C_2 \cdot (t_m - t_2)$ ($t_1 < t_2$ 일때)으로 되어, 정리하면 다음과 같다.

$$t_m = \frac{m_1 \cdot C_1 \cdot t_1 + m_2 \cdot C_2 \cdot t_2}{m_1 \cdot C_1 + m_2 \cdot C_2} \quad (℃) \qquad (2\text{-}8)$$

한편, n종의 물체가 혼합시에는 다음 방식으로 평균온도를 구할 수 있다.

$$t_m = \frac{\sum_{i=1}^{n} m_i \cdot C_i \cdot t_i}{\sum_{i=1}^{n} m_i \cdot C_i} \quad (℃) \qquad (2\text{-}9)$$

윗 식에서 이미 혼합된 물체의 온도를 안다면, 비열도 계산이 가능하게 된다. 비열은 그 물체의 열이 가해지는 조건과 상태에 따라 그 값이 변화한다. 특히 기체는 고체와 액체 등과 달리 온도와 가열 방법에 따라 그 값이 아주 다르게 된다. 예를들면 압력을 일정하게 하고 팽창시킬 때와 체적을 일정하게 하고 가열할 때가 다르다.

이와 같이 일정한 압력하에서 비열은 **정압비열**(specific heat at constant pressure), 일정한 체적하에서 비열을 **정적비열**(specific heat at constant volume)이라 하며, 각각 C_p, C_v로 표시한다. 후술하겠지만 항상 $C_p > C_v$인 관계가 성립하고 있으나, 액체나 고체일 경우에는 거의 $C_p \fallingdotseq C_v$이므로 구별할 필요가 없다.

표 2.4 비열의 예

물 질	비 열	물 질	비 열
수은(10℃)	0.333	물 (0℃)	4.2178
수은(40℃)	0.0331	물 (15℃)	4.186
수은(80℃)	0.0329	물 (30℃)	4.1788
철(20℃)	0.107	물 (50℃)	4.1600
구리	0.0916	물 (70℃)	4.1897
납	0.0304	물 (90℃)	4.2052
주석	0.0541	물 (100℃)	4.2161
아연	0.092	은	0.2339
알미늄	0.211	백금	0.1331
유리(프린트)	0.12	놋쇠	0.3809
유리(크라운)	0.16	알코올	2.4153
금	0.0309		

예제 2.1

$1\ \text{kcal/kg}_f \cdot ℃ = 1\ \text{BTU/lb}_f \cdot °\text{F} = 1\ \text{CHU/lb}_f \cdot ℃$ 임을 증명하여라(공학단위계).

풀이 $1(\text{lb}_f) = 0.4536\ \text{kg}_f$이며, 섭씨 1°는 화씨 1.8°에 해당한다. 또, 표 2.3을 활용하면

$$1℃ = \frac{9}{5}°\text{F}$$

$$\begin{aligned} 1\ \text{kcal/kg}_f \cdot ℃ &= 3.968\ \text{BTU}/2.205\ \text{lb}_f \times 1.8°\text{F} = 1(\text{BTU/lb} \cdot °\text{F}) \\ &= 2.205\ \text{CHU}/2.205\ \text{lb}_f \times 1℃ = 1(\text{CHU/lb} \cdot ℃) \end{aligned}$$

■

예제 2.2

공기가 정압하에서 비열이 $C_p = 0.2405 + 0.000019t$인 경우, 질량 5 kg의 공기를 0℃에서 200℃까지 높이는데 필요한 열량과 평균 비열을 구하여라.

풀이 식 (2-7)에 의해

$$\begin{aligned} {}_1Q_2 &= 5 \times \int_0^{200} (0.2405 + 0.000019t)dt = 5 \times \left[(0.2405t + 0.000019\frac{t^2}{2} \right]_0^{200} \\ &= 5 \times \left(0.2405 \times 200 + 0.000019 \times \frac{200^2}{2} \right) \\ &= 242.4 \times 4.186 = 1{,}014.7\ (\text{kJ}) \end{aligned}$$

따라서 평균 비열 C_m은

$$_1Q_2 = m \cdot C_m(t_2 - t_1)$$

$$C_m = \frac{_1Q_2}{m(t_2 - t_1)}$$

$$C_m = \frac{1{,}014.7}{5(200-0)} = 1.015\,(\text{kJ/kg K})$$

■

예제 2.3

질량 7 kg의 강제(鋼製) 용기 속에 온도 25℃의 물 20l가 들어 있다. 이 속에 200℃의 물체 5 kg을 넣었더니 열평형에 도달한 후의 온도가 32℃로 되었다. 이 물체의 비열을 구하여라. 단, 물의 비열은 4.187 kJ / kg·K, 강의 비열은 0.4648 kJ / kg·K이다.

풀이 외부로의 열손실이 없다고 하면 용기 및 물의 흡수한 열량과 물체가 방출한 열량은 같아야 한다. 지금 용기, 물, 물체의 질량을 각각 m_1, m_2, m_3, 비열을 c_1, c_2, c_3로 한다. 물의 온도가 t_1으로부터 t_m으로, 물체의 온도가 t_3로부터 t_m으로 변화하였다면

$$m_1c_1(t_m - t_1) + m_2c_2(t_m - t_1) = m_3c_3(t_3 - t_m)$$

이 된다. 따라서

$$c_3 = \frac{m_1c_1(t_m - t_1) + m_2c_2(t_m - t_1)}{m_3(t_3 - t_m)}$$

여기서 $c_1 = 0.4648\,\text{kJ/kg} \cdot \text{K}$, $c_2 = 4.187\,\text{kJ/kg} \cdot \text{K}$, $m_1 = 7\,\text{kg}$, $m_2 = 20\,\text{kg}$, $m_3 = 5\,\text{kg}$, $t_1 = 25℃$, $t_3 = 200℃$, $t_m = 32℃$ 이므로

$$c_3 = \frac{7 \times 0.4648 \times (32-25) + 20 \times 4.187 \times (32-25)}{5 \times (200-32)}$$
$$= 0.7249\,(\text{kJ/kg} \cdot \text{K})$$

■

예제 2.4

$10\,\text{kcal/kg}_f$을 (BTU/lb_f)로 환산하여라(공학단위계).

풀이 $1\,\text{kg} = 2.205\,\text{lb}_f$, $1℃ = \frac{9}{5}°\text{F}$ 이므로

$$1\,\text{kcal/kg} = (2.205 \times 9/5)/2.205$$
$$= 1.8\,\text{B}(\text{BTU/lb}_f)$$

따라서 $10\,\text{kcal/kg}_f$은

$$10\,\text{kcal} / \text{kg}_f = 10 \times 1.8 = 18\,(\text{BTU} / \text{lb}_f)$$

■

예제 2.5

물 $20\,l$를 온도 20℃로부터 80℃까지 상승시키는 데 필요한 열량은 몇 kJ인가? 단, 물의 비열은 4.1868 kJ / kg·K이다.

풀이 $m = 0.02 \times 1000 = 20\text{ kg}$, $c = 4.1868\text{ kJ/kg}$, $t_1 = 20℃$, $t_2 = 80℃$

식 (2-4)로부터

$$Q = mc(t_2 - t_1)$$
$$= 20 \times 4.1868\,(80 - 20) = 5024.16\,(\text{kJ})$$

가 된다.

■

2.3 열역학 제1법칙

1. 에너지 보존의 법칙(The Law of Conservation of Energy)

에너지는 효과를 일으키는 능력, 즉 일을 할 수 있는 능력이다. 공학상 우리가 필요한 것은 에너지의 변환량이고, 열역학에서 취급하는 에너지는 **기계적 에너지**(mechanical energy), 내부 에너지(internal energy) 및 열 에너지(heat energy)가 있다. 기계적 에너지는 역학적 에너지라고도 하는데 운동 에너지(kinetic energy), 위치 에너지(potential energy) 및 일 에너지(work energy) 등이 여기에 속한다.

앞 절에서 주지한 바에 의하면 열과 일 에너지는 등가관계임을 알 수 있어 쥬울(Joule), 메이어(Mayer) 등에 의해 **에너지 보존의 법칙**이 성립됨을 알았다.

따라서 "독립된 계에서 에너지의 합은 항상 일정하며, 이는 창조될 수도, 소멸될 수도 없다." 이 법칙은 이론적으로 증명된 일은 없으나 지금까지 자연 현상의 관찰 결과 이 법칙에 어긋나는 사실은 발견되지 않았다. 만일, 제1종 영구운동기관이 존재한다면 위의 법칙을 부정하는 기관이라 할 수 있다. 즉, "에너지 소비 없이 동력을 발생시키는 기관은 존재할 수 없다."

2. 열역학 제1법칙(The 1st Law of Thermodynamics)

역학적으로 정의한 에너지 보존의 법칙은 에너지의 합은 항상 일정하다고 했다. 그러나 대기 중의 물체가 운동 중에는 잃어버리는 위치 에너지에 비해 증가된 운동 에너지는 항상 작아져서 에너지 보존의 법칙이 성립되지 않는다. 그러면 여기서 생긴 에너지의 차이는 무엇으로 되는가를 생각할 필요가 있다. 이는 자연계에 존재하는 마찰에 의해 발생하게 되는데, 이것으로 인해 실제적 현상에 대해서는 에너지 보존의 법칙이 성립된다. 이와 같이 역학적 에너지와 열적 에너지를 통하여 열역학은 발전하였다. 에너지란 일을 할 수 있는 능력 또는 저장된 일이라고도 표현되므로 일과 열은 모두 이에 속한다. 이들 사이에서 하나의 법칙이 생겨났는데 이를 **열역학 제1법칙**이라고 한다.

즉, "열은 본질적으로 일과 같이 에너지의 일종이다. 일은 열로, 열은 일로 일정비율 유지하며 변환이 가능하다." 이들 사이에 관계를 양적으로 표현하면 열량 Q (kJ), 일량 W (kJ) 사이에는 다음과 같이 표현된다. 즉,

$$Q = W \tag{2-10}$$

예제 2.6

무게 343 N인 물체를 높이 20 m만큼 들어 올리는데 필요한 에너지를 구하라.

풀이 ${}_1W_2 = F \cdot x$에서

$${}_1Q_2 = {}_1W_2 = 343 \times 20 = 6,860 \text{ (J)}$$ ■

예제 2.7

600 Watt의 전열기로 물 $3l$를 20℃에서 120℃까지 가열할 때 다음을 구하여라.

① 전열기의 발생열이 모두 물의 온도상승에 이용되는 경우 가열에 소요되는 시간(min)

② 전열기의 발생열 중 45%가 유효하게 이용되는 경우 소요시간(min)

풀이 ① 전열기 발생열이 모두 물의 온도상승에 이용되는 경우

· 가열에 필요한 열량 : $Q_1 = mC(t_2 - t_1)$

$$Q_1 = 3\,\text{kg} \times 4.186\,(\text{kJ/kg} \cdot K) \times (120 - 20)K = 1,256\ (\text{kJ})$$

· 전열기 발생열

1 kWh=3,600kJ이므로, 단위시간당 발생열량은

$$Q_2 = 0.6\,\text{kW} \times 3,600\,\text{kJ}/\text{kW h} = 2,160\ (\text{kJ})$$

$$\therefore \text{ 가열에 요하는 시간 } = \frac{Q_1}{Q_2} = \frac{1,256}{2,160} = 0.58\,(\text{h}) = 34.8\,(\text{min})$$

② 전열기 발생열이 45%만 유효하게 이용되는 경우

· 가열에 필요한 열량 : $Q_1 = 3 \times 4.186 \times (120 - 20) = 1,256\,(\text{kJ})$

· 전열기가 발생하는 열량 : $Q_2 = 0.6\,\text{kW} \times 3,600\,\text{kJ/kW} \cdot \text{h} \times 0.45 = 972\,(\text{kJ/h})$

$$\therefore \text{ 가열에 필요한 시간 } = \frac{Q_1}{Q_2} = \frac{1,256}{972} = 1.29\,(\text{h}) \fallingdotseq 77.4\,(\text{min})$$

■

2.4 내부 에너지와 비유동계의 에너지식

내부 에너지(internal energy)란 그 물체 내에 보유하고 있는 에너지를 말한다. 즉, 물체에 저장된 모든 에너지에서 역학적 에너지를 뺀 값이 내부 에너지이다. 예를 들면 두꺼운 철판 위에서 토스트(toast)를 굽는다고 할 때, 철판 밑에서 가해진 열량은 모두 철판이 뜨거워져서 빵 굽는 일을 하는데, 일시적으로 열을 제거하여도 빵 굽는 일이 계속된다면, 이 때 소비된 열량은 내부 에너지라 할 수 있다.

또한 일반적으로 물질은 분자의 집합체이므로 이들은 서로 분자력을 주면서 운동하고 있다. 분자력이 큰 것은 고체, 작은 것은 기체, 그리고 이들 사이의 것은 액체이다. 고체는 분자 사이의 거리가 짧고 밀도가 크며, 기체는 분자 사이의 거리가 길고, 밀도가 작다. 보통 분자력에 의해 분자는 위치 에너지를 가지며, 운동 에너지도 갖는다. 이처럼 분자집단으로서 물질 내부에 보유된 에너지도 내부 에너지이다.

따라서 물질의 내부 에너지는 분자의 현재 상태에 의해 존재하기 때문에 물질의 과정에는 아무런 관계가 없게 되어 상태량이라고 할 수 있다. 이 내부 에너지는 외부에서 열을 받으면 증가되고 반대로 계에서 외부로 열을 버리면 감소된다. 계의 전 내부 에너지를 U (kJ)로 표시하고, 단위 질량일 때는 비내부 에너지 u (kJ/kg)으로 표시된다.

비유동계(nonflow system)의 예는 피스톤(piston) 엔진에서 양쪽 밸브가 닫혀 동작유체가 흐르지 않을 때이다. 이 때 계에 가해진 미소 열량은 내부 에너지 변화와 외부 일의 합과 같다. 즉, 다음 식이 성립한다.

$$dQ = dU + dW$$
$$= dU + pdV \quad (\text{kJ}) \qquad (2\text{-}12)$$
$$dq = du + pdv \quad (\text{kJ/kg}) \qquad (2\text{-}13)$$

식 (2-12)와 (2-13)은 열역학 상 중요한 기초식으로 열역학 제1기초식이라고 한다. 그림 2.2에서 계의 상태가 비유동계이므로 상태 ①에서 상태 ②로 변화할 때, 계에 가해진 열량 및 일량은 모두 과정의 함수이므로, 변화되는 과정을 모르고 구할 수 없다. 그러나 내부 에너지는 두 상태점의 차이에 해당하므로 과정에는 관계없이 상태에서 알 수 있다. 따라서 점의 함수(point function)가 되어 다음 식으로 표시된다.

$$\Delta u = u_2 - u_1 \quad (\text{kJ/kg}) \qquad (2\text{-}14)$$

만일 계의 경계가 이동되지 않을 때, 즉 정적 변화일 때는 $dv = 0$이므로 다음 식이 된다. 즉, 가해진 열량은 모두 내부 에너지 변화량이다.

$$dq = du \quad (\text{kJ/kg}) \qquad (2\text{-}15)$$

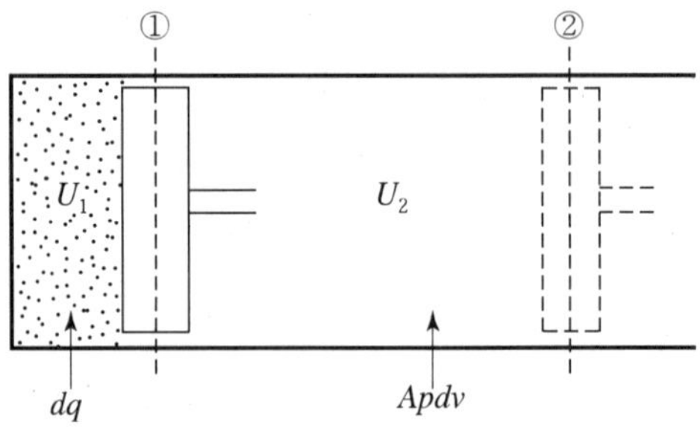

그림 2.2 비유동 과정

계가 가역인 경우는 열역학 제1기초식이 다음과 같이 구해진다.

공기에 가해진 열량=내부 에너지의 증가+외부에 한 일

$$
\begin{aligned}
{}_1Q_2 &= (U_2 - U_1) + {}_1W_2 \\
&= \Delta U + \int_1^2 dW \\
&= \Delta U + \int_1^2 pdV \quad (\mathrm{kJ}) \qquad (2\text{-}16)
\end{aligned}
$$

$$
{}_1q_2 = \Delta u + \int_1^2 pdv \quad (\mathrm{kJ/kg}) \qquad (2\text{-}17)
$$

예제 2.8

어떤 계가 비유동 상태에서 $8.37\,kJ$의 열을 받으면서 10.04 kJ의 일을 했다. 계의 내부 에너지 변화는 얼마인가?

풀이 식 (2-16)에서

$$
\begin{aligned}
\Delta U &= {}_1Q_2 - \int_1^2 dW \\
&= 8.37 - 10.04 = -1.97\ (\mathrm{kJ})
\end{aligned}
$$

즉, 내부 에너지가 1.97 kJ만큼 감소했다. ■

2.5 엔탈피와 유동일

유동계는 계에 동작유체의 출입이 가능하다. 동작유체가 주위에서 계로 유입하기 위해서는 그 유동이 계 내부의 저항을 이기며 유입되어야 하고, 그 내부에서 유출되기 위해서도 유동은 주위의 저항을 이겨야 한다.

이처럼 압력 P, 체적 V인 유체가 임의 단면을 통하여 흐를 때, 유체는 출구의 유동에 대하여 PV의 일을 하게 되는데 이를 유동일이라고 한다. 계 내부를 유체가 통과하며 흐를 때는 세 가지 부분으로 나눌 수 있다. 즉, 유체 자체가 보유하고 있는 운동 에너지, 위치 에너지 등의 역학적 에너지와 내부 에너지, 그리고 유체 자체가 보유하지 않고 흐름에 의해서 생기는 유동 에너지인 **유동일**이다. 공업상 응용에서는 항상 내부 에너지와 유동일은 결합되어 나오고 있어서 $U+PV$를 새로운 물리량 H라 정의하여 **엔탈피**(enthalpy)라 한다. 즉,

엔탈피 $$H = U + PV \quad (\mathrm{kJ}) \tag{2-18}$$

비 엔탈피 $$h = u + pv \quad (\mathrm{kJ/kg}) \tag{2-19}$$

식 (2-18)에서 h는 비 엔탈피(specific enthalpy)이다. 이를 미분하여, 가역적인 상태에 대한 엔탈피 h의 미소변화는 다음과 같이 된다. 즉,

$$\begin{aligned} dh &= du + d(pv) \\ &= du + pdv + vdp \quad (\mathrm{kJ/kg}) \end{aligned} \tag{2-20}$$

식 (2-13)를 대입하면 다음의 식들로 변화되어진다.

$$\begin{aligned} dh &= dq + vdp \\ \therefore\ dq &= dh - vdp \quad (\mathrm{kJ/kg}) \end{aligned} \tag{2-21}$$

식 (2-21)은 유동계에서 **열역학 제2기초식**이라 한다.

예제 2.9

1 kg의 어떤 가스가 압력 4.9 Kpa, 체적 $2.5\,\mathrm{m^3}$의 상태에서, 압력 1.176 Mpa, 체적 $0.2\,\mathrm{m^3}$의 상태로 되었다. 엔탈피 증가량을 구하여라. 단, 내부 에너지는 없다고 본다.

풀이 엔탈피 $h = u + pv\ (kJ)$에서

$$\begin{aligned} \Delta h &= h_2 - h_1 = (u_2 - u_1) + (p_2 v_2 - p_1 v_1) \\ &= 0 + (1{,}176 \times 0.2 - 4.9 \times 2.5) \\ &= 222.95\ (\mathrm{kJ}) \end{aligned}$$

■

예제 2.10

압력 $1.5\ \mathrm{kg_f/cm^2}$, 온도 30℃, 비체적 $0.174\ \mathrm{m^3/kg_f}$, 내부 에너지 $57.7\ \mathrm{kcal/kg_f}$의 증기가 압력이

일정할 때, 냉각되어 온도 10℃, 비체적 $0.0006\ m^3/kg_f$, 내부 에너지 $1.07\ kcal/kg_f$으로 변했다면, 증기 $1\ kg_f$당 방열량은 얼마인가?(공학단위)

풀이 압력 일정시에는 곧 엔탈피 변화량과 같다. 따라서 엔탈피 변화량을 구하면

$$\Delta h = (h_2 - h_1) = (u_2 + Ap_2v_2) - (u_1 + Ap_1v_1)$$

$$= \left(1.07 + \frac{1}{427} \times 1.5 \times 10^4 \times 0.0006\right) - \left(57.7 + \frac{1}{427} \times 1.5 \times 10^4 \times 0.174\right)$$

$$= -62.72\ (kcal/kg_f)$$

따라서 구하는 방출 열량은

$$\therefore\ {}_1q_2 = (h_2 - h_1) = -62.72\ (kcal/kg_f)$$

부호가 −인 것은 방열을 나타낸다. ■

예제 2.11

어떤 가스가 490 kJ의 열을 흡수하고 외부로부터 2,000 N • m의 일을 공급받을 때 내부 에너지 증가량(kJ)을 구하여라.

풀이

$$Q = U + W \text{ 에서}$$

$$U = Q - W = Q - (-W) = Q + W$$

$$= 490\ kJ + 2\ kJ = +492\ (kJ)\ \text{증가}$$

■

2.6 정상유동의 에너지 방정식

정상 유동(steady flow)이란 개방계 과정에서 동작유체의 유·출입할 때, 모든 성질들이 시간의 경과에 따라 불변하는 **유동**이다. 반대로 시간의 경과에 따라 모든 성질들이 변화하는 유동을 **비정상 유동**(unsteady flow)이라고 한다. 한편, 정상 유동인 경우에는 동작유체의 질량이 유입 또는 유출시 동일하여야 한다. 따라서 연속 방정식에 의해 단위 시간에 계 내부로 유입하는 에너지는 계 내부에서 유출되는 에너지와 같아야 한다.

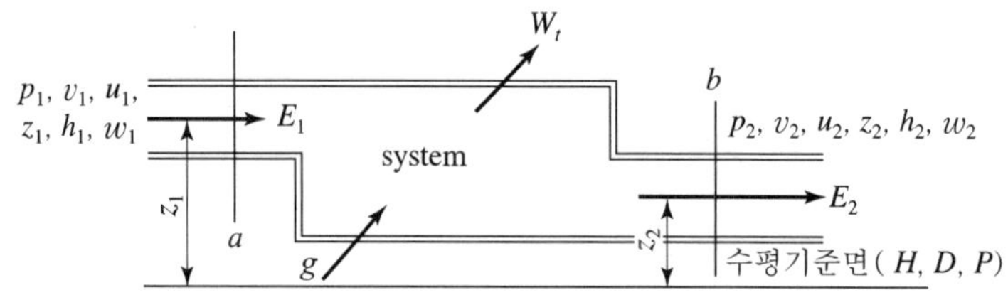

그림 2.3 정상유동계

그림 2.3에서 계 내부로 유입하는 에너지는 유체에 저장되어 있는 역학적 에너지, 내부 에너지, 유체가 계에 행하는 유동일 및 계 내부에서 출입되는 열량 등의 합이고, 계 내부에서 유출하는 에너지는 유체가 갖는 역학적 에너지, 내부 에너지 계가 유체에 대한 유동일 및 외부일의 합이 되므로 이들 사이에 에너지 보존의 법칙에 의해 다음과 같이 구분된다.

첫째, 단면 a로 유입되는 단위 질량당 에너지 e_1

$$e_1 = u_1 + p_1 v_1 + \frac{w_1^2}{2} + g\,z_1 \quad \cdots\cdots \text{(a)}$$

둘째, 단면 b에서 유출되는 단위 질량당 에너지 e_2

$$e_2 = u_2 + p_2 v_2 + \frac{w_2^2}{2} + g\,z_2 \quad \cdots\cdots \text{(b)}$$

셋째, 단면 $a \sim b$ 사이에 외부의 가열량 q ······ (c)

넷째, 단면 $a \sim b$ 사이에 외부로 행한 일량 w_t ······ (d)

라 하면, 유입되는 에너지와 유출되는 에너지는 같으므로, 즉 (a), (b), (c) 및 (d)를 대수적으로 합하여 정리하면

$$e_1 + q = e_2 + w_t \quad \cdots\cdots \text{(e)}$$

으로 된다.

$$u_1 + p_1 v_1 + \frac{w_1^2}{2} + g\,z_1 + q$$
$$= u_2 + p_2 v_2 + \frac{w_2^2}{2} + g\,z_2 + w_t \qquad (2\text{-}22)$$

엔탈피의 정의 식 (2-18) $h = u + pv$를 적용하면, 개방계에 대한 에너지 방정식은

$$h_1 + \frac{{w_1}^2}{2} + g z_1 + q = h_2 + \frac{{w_2}^2}{2} + g z_2 + w_t \tag{2-23}$$

로 되고, 위치 에너지를 무시하면 에너지식은

$$h_1 + \frac{{w_1}^2}{2} + q = h_2 + \frac{{w_2}^2}{2} + w_t \tag{2-24}$$

로 되며, 운동 에너지를 무시하면 다음 식으로 표시된다.

$$q = h_2 - h_1 + w_t \quad (\text{kJ/kg}) \tag{2-25}$$

또한, 단열 유동인 경우 개방계에 대한 일반 에너지식은

$$w_t = h_1 - h_2 \tag{2-26}$$

로 나타난다. 식 (2-26)을 정상 유동계의 에너지 방정식으로 부른다. 한편 식 (2-22)에서 내부 에너지를 무시하면 베르누이(Bernoulli) 방정식이 된다. 식 (2-25)는 식 (2-21)과 잘 비교되므로 w_t의 외부일은 곧 후술할 공업일 $\int vdp$와 같다. 한편, 이는 유동계의 열역학 제2기초식과 같게 표현된다.

예제 2.12

증기 터빈(turbine)에 매시 500 kg의 증기가 유입할 때 출력이 50(ps)마력이면, 증기가 유입시 엔탈피가 3.349 kJ/kg, 속도가 950 m/s이며, 유출시 엔탈피는 3.014 kJ/kg, 속도는 400 m/s가 된다고 할 때, 매 시간당 손실되는 에너지(열량)는 얼마인가?

풀이 1PS = 0.735 kJ/s이므로, $w_t = 0.735 \times 50 \fallingdotseq 36.75$ kJ/s = 132,300 kJ/h이다. 식 (2-24)를 사용하면, 질량 500 kg에 대하여

$$Q = m \cdot q = w_t + m(h_2 - h_1) + m\left(\frac{{w_2}^2 - {w_1}^2}{2}\right)$$

$$= 132{,}300 + 500 \times (3.014 - 3.349) + 500 \times \left(\frac{400^2 - 950^2}{2}\right)$$

$$\fallingdotseq 53.493 \ (\text{MJ/hr})(\text{방열})$$

예제 2.13

증기량이 5 kg/s 인 터빈에서 증기의 엔탈피가 837.2 kJ/kg 감소하면, 이 터빈의 출력은 몇 kW인가? 단, 역학적 에너지와 열 손실은 없다고 본다.

풀이 식 (2-26)에서 증기량 5 kg/s를 고려하면

$$W_t = m(h_1 - h_2) = 5 \times 837.2 = 4.186\ (\mathrm{kJ/s}) = 4.186\ (\mathrm{kW})$$

■

2.7 절대일과 공업일

열을 일로 변환할 때는 계의 상태에 따라 달라진다. 밀폐계의 체적이 증가하면 계는 주위에 대하여 일을 하고, 계의 체적이 감소하면 계는 주위에서 일을 받게 된다. 이와 같이 밀폐계가 준정적 과정에서 하는 일은 비유동계의 **절대일**(absolute work)이라 하고, 개방계에서 동작유체가 유동계를 통과할 때 한 일을 **공업일**(technical work)라 한다.

1. 절대일

그림 2.4의 실린더(cylinder) 속의 가스를 계라 하고, 처음 상태를 P_1, V_1, T_1이라 하면 이 상태는 $P-V$선도의 한 상태점을 말한다. 지금 피스톤에 작용하는 힘이 계의 압력과 평형을 이루면서 상태 변화가 1LM2인 곡선을 그리며 변화한다면 피스톤에 걸리는 힘은, 피스톤 변위에 따라 변화되지만 LM을 극한값으로 취하면 피스톤에 작용하는 힘 F는 이 점의 압력 P와 피스톤의 단면적 A를 곱한 것과 같게 되고, LM 사이의 일은 식 (2-27)로 된다.

$$dW = F \cdot dx = P \cdot A \cdot dx = P \cdot dV \quad (\mathrm{J}) \qquad (2\text{-}27)$$

과정 1, 2 사이에 일은 윗 식을 적분하여 구한다.

$$ {}_1W_2 = \int_1^2 PdV \quad (\mathrm{J}) \tag{2-28} $$

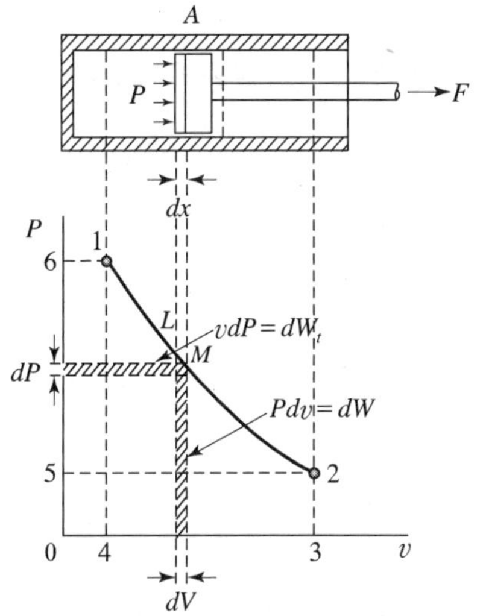

그림 2.4 $P-V$ 선도와 계

이상의 관계에서 $P-V$ 선도상에서 계의 절대일은 변화의 경로를 표시하는 곡선과 V 축으로 둘러싸인 넓이와 같이 된다.

2. 공업일

동작유체가 개방계를 통과할 때 발생하는 유동계의 외부일을 공업일이라고 한다. 즉, 그림 2.3에서 1상태에서 유입되는 동작유체가 압축하여 2상태로 유출되었을 때를 고려하면, 동작유체가 팽창하며 터빈 날개를 회전시켜 외부로 일을 하게 된다. 공업일은 음(-)의 부호가 압축일을 나타내는 것이 아니라, 그림 2-4의 좌표축에서 식의 부호에 유의해야한다. 이 때는 체적이 일정하며 압력이 변하므로, 구간을 2에서 1로 잡으면 공업일은 다음과 같다.

$$ W_t = \int_2^1 VdP = -\int_1^2 VdP \quad (\mathrm{J}) \tag{2-29} $$

이상으로 $P-V$ 선도상에서 계의 공업일은 경로의 변화를 표시하는 곡선과 P축으로 둘러싸인 넓이와 같게 된다. 이처럼 공업일과 절대일은 $P-V$ 선도상에 둘러싸인 값으로 얻을 수 있으며 공업일을 압축일이라 하고, 절대일을 팽창일이라 하기도 한다. 이들 사이의 면적을 보면 다음 관계가 성립한다.

면적 (12561)=면적 (12341)+면적 (14061)-면적 (23052)

즉,

$$W_t = {}_1W_2 + P_1V_1 - P_2V_2 \quad (\mathrm{J}) \tag{2-30}$$

예제 2.14

압력 343 kPa, 체적 0.25 m^3인 공기가 정압하에서 팽창하여 체적이 0.75 m^3으로 되었다. 공기가 행한 일은 얼마인가?

풀이 식 (2-27)에서 $dW = P \cdot dV$이므로

$$ {}_1W_2 = \int_{V_1}^{V_2} PdV = P \cdot (V_2 - V_1)$$

$$= 343 \times (0.75 - 0.25) = 171.5\ (\mathrm{kJ})$$

예제 2.14

압력 125.58 kPa, 체적 0.5 m^3인 어떤 동작유체가 정적하에서 24,500 N · m의 일을 했다면 압력은 얼마로 변했는가?

풀이 식 (2-29)에서 $W_t = -\int_{P1}^{P2} VdP$이므로

$$W_t = -V(P_2 - P_1)$$

$$24{,}500 = -0.5(P_2 - 125.58)$$

$$\therefore\ P_2 = \frac{0.5 \times 125.58 - 24{,}500}{0.5} = 48.874\ (\mathrm{kPa})(\text{감소})$$

연습문제

1. 열과 일의 부호와 그 의미를 설명하여라.

2. 열역할 제1법칙에 대하여 설명하여라.

3. 공업일과 절대일에 대하여 설명하여라.

4. 20℃의 물 250l가 들어있는 물통속에 600℃의 강철판을 196 kg 넣을 경우 물의 상승온도를 구하여라. 단 강철판의 비열은 0.515 kJ/kg K이다.

5. 100℃의 물 400l에 20℃의 물을 몇 l가하면 30℃의 물이 되는지 구하여라.

6. 물 30 kg을 0.5 kW의 전열기로 25℃에서 110℃까지 가열할 때 걸리는 시간은 얼마인가? 단, 전열기에서 발생하는 열은 모두 물의 온도 상승에 이용된다.

7. 기중기로 500 N의 물체를 25 m 들어올렸을 때 일량(kJ)를 구하여라.

8. 체중이 60 kg인 사람 10명을 태운 승강기가 10 m/min의 속도로 운행될 때 필요한 동력 kW, PS을 구하여라.

9. 60 W의 전등을 매일 10시간 정도 사용하는 가정이 있다. 1개월을 30일로 보고 1개월간 몇 kJ을 사용하겠는가?

10. 소형 발전소의 출력이 380 kW이고, 석탄소비율이 매시간 1,450 kg/h일 때 이 발전소의 열효율은 몇 %인가? 단, 석탄의 저위발열량은 2,900 kJ/kg이다.

11. 연료의 발열량이 30,139 kJ/kg이고, 열효율이 42%인 엔진에서 연료소비량이 시간당 35 kg/h이라면 발생하는 동력은 몇 PS인가?

12. 실린더 내의 기체 2 kg을 압축하는데 11,8 N · m의 일을 소비하였다. 이때 기체의 내부에너지는 1 kg에 대해서 3.35 kJ 증가하였다면 이 압축에서 외부로 방산되는 열량은 몇 kJ인가?

13. 기체가 117.6 kPa gauge의 일정압력으로 10 m^3에서 5 m^3까지 가역적으로 압축되면서 307.7 kJ의 열을 방출하였다. 이때 내부에너지의 변화를 구하여라.

14. 물의 증발잠열(증발열)은 표준대기압에서 2.256 MJ/kg 이고 그 비체적은 증발에 의하여 0.0010435 m^3/kg (포화수)에서 1.673 m^3/kg (포화증기)로 변화한다. 이때 증발과정에 대한 내부에너지(u)와 엔탈피(h)의 변화를 구하여라.

15. 기계에 대하여 83.7 kJ의 열을 공급하였더니 외부에 대하여 19.6 kJ의 일을 하였다. 이때 내부에너지 증가량을 구하여라.

16. 가스 1 kg이 압력 $P_1 = 196$ kPa, 체적 $V_1 = 3$ m^3 상태에서 압력 $P_2 = 490$ kPa, 체적 $V_2 = 0.2$ m^3으로 변화하면서 내부에너지가 167.44 kJ로 증가하였다면 엔탈피 증가량은 얼마인가?

17. 증기터빈의 입구, 출구의 엔탈피는 각각 3,223.2 kJ/kg , 2,592.32 kJ/kg , 속도는 900 m/s, 300 m/s로 유출되며, 증기터빈은 1,200 PS의 일을 한다. 터빈의 열손실이 104.65 kJ/s일 때, 매시간당 공급되는 증기는 몇 kg인가?

18. 증기터빈이 1.25 kg/s의 증기를 사용하여 750 kW의 기계적 일을 할 때 터빈의 입구 및 출구에서의 증기가 갖는 엔탈피가 각각 2,921.8 kJ/kg, 2,239.5 kJ/kg이다. 터빈의 입구 및 출구에서의 증기의 유속을 각각 90 m/s, 240 m/s라면 이 터빈의 열손실은 얼마인가?

19. 10 kg의 공기가 노즐에 20 m/s의 속도로 유입하여 180 m/s의 속도로 유출된다면 엔탈피 변화량은 얼마인가?

20. 압력 294 kPa, 체적 0.8 m^3인 공기를 정압하에서 열을 방출시켰더니 체적이 $\frac{1}{2}$로 감소하였다. 이 때 공기가 한 일은 얼마인가?

21. 수직으로 세워진 노즐에서 물이 초속 15 m/sec로 분출한다. 이때 마찰손실을 포함한 모든 손실이 무시된다면, 그 물은 얼마의 높이까지 올라갈 수 있겠는가?

CHAPTER 03

이상기체의 성질

3.1 이상 기체

일반적으로 이상 기체는 저온 고압에서도 액화되지 않는 기체를 말하고 있다. 그러나 이것은 어떤 규정에 의한 것이 아니고 편의상 실제 기체의 근사적 성질로부터 얻어진 보일의 법칙과 샤를의 법칙을 모두 만족시켜야만 **이상 기체**(perfect gas, ideal gas)라 한다. 이상 기체의 필요조건은 기체의 분자가 체적이 없고, 분자간의 인력이 작용하지 않을 경우에만 만족되는 것이다. 이런 기체는 존재하지도 않고, 존재할 수도 없지만 공기, 산소, 질소, 수소 등은 상온에서 이상 기체로 간주할 수 있으나 이론상으로는 불가능한 예들이다.

한편 수증기, 암모니아 가스, 프레온 가스 등은 상온에서도 쉽게 액화되기 때문에 실제 기체로 불리어지고 있다. 이와 같이 열기관 등에서 작동되는 동작유체는 이상 기체가 아니지만 실제 동작유체의 작동을 연구하는데 큰 도움을 준다.

따라서 이상 기체의 기체 운동론적인 조건으로 분자력이 없고, 분자는 자유롭게 운동하고, 분자 크기를 무시하며, 분자 간에 대한 충돌은 완전 탄성적이라는 가정하에서 동작유체라 생각해 볼 수 있다.

3.2 보일 · 샤를의 법칙

1. 보일의 법칙(Boyle's Law)

1662년경에 영국의 보일(Boyle)과 1676년도 마리오(Mariotte)는 온도가 일정할 때, 압력과 체적 사이에는 다음과 같은 관계가 성립함을 밝혔다. 즉 "온도가 일정할 때, 이상기체의 압력과 체적은 서로 반비례한다." 이를 보일의 법칙 또는 마리오의 법칙이라 한다. 그림 3.1에서 나타낸 것과 같이 등온선은 직각 쌍곡선이 된다. 또, 임의의 등온과정($t=$ 일정)에서 압력, 체적 P_1, V_1가 P_2, V_2로 변화했다면

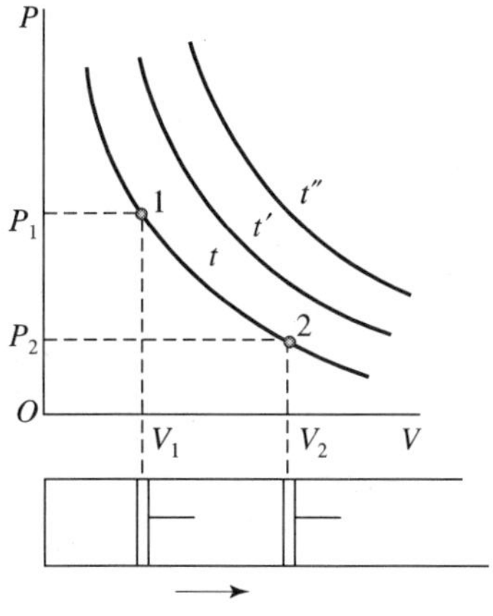

그림 3.1 $P-V$ 선도

$$P_1 V_1 = P_2 V_2 = PV = \text{일정, 혹은 } \frac{P_2}{P_1} = \frac{V_1}{V_2} \tag{3-1}$$

만일, 단위 질량당 보일의 법칙을 쓰면 다음과 같이 된다.

$$P_1 v_1 = P_2 v_2 = Pv = \text{일정} \tag{3-2}$$

2. 샤를의 법칙(Charle's Law)

1782년에 프랑스의 샤를(Charle's Law), 1802년에 게이루삭(Gay-Lussac)은 각각 다음과 같은 관계를 밝혔다. 즉, "압력이 일정한 상태에 있는 이상 기체의 체적은 온도가 1℃ 변화하면 0℃일 때 체적의 1/273.15씩 변화한다."라는 것을 발견하였는데, 이는 일정 압력하에서 체적과 온도의 관계를 나타낸 샤를의 법칙 또는 게이루삭의 법칙이라고 한다(그림 3.2, 그림 3.3 참조). 어떤 압력이 P일 때, 이상 기체가 0℃에서 체적이 V_0였다면 t℃ 일 때는 다음과 같은 체적이 될 수 있다.

$$V = V_0 + V_0 \frac{t}{273.15} = V_0 \left(\frac{273.15 + t}{273.15} \right) = V_0 \cdot \frac{T}{T_0} \tag{3-3}$$

$T = 273.15 + t$이므로, 정리하면 다음과 같다. 즉, 압력이 일정할 때

$$\frac{V_1}{T_1} = \frac{V_2}{T_2} \text{ 또는 } \frac{T_2}{T_1} = \frac{V_2}{V_1} \tag{3-4}$$

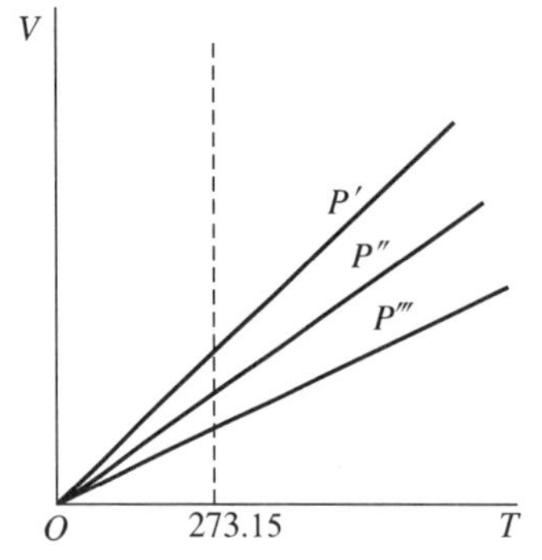

그림 3.2 $V-T$ 선도

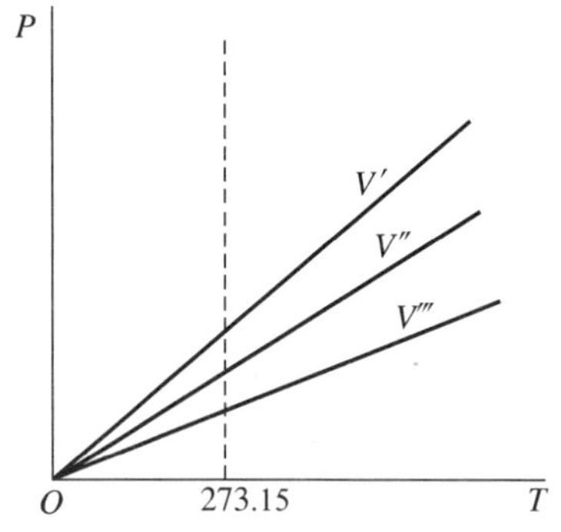

그림 3.3 $P-T$ 선도

마찬가지로, 체적이 일정한 경우에도 마찬가지로 압력과 온도의 관계는 다음과 같다.

$$\frac{P_1}{T_1} = \frac{P_2}{T_2} \text{ 또는 } \frac{T_2}{T_1} = \frac{P_2}{P_1} \tag{3-5}$$

인 관계가 성립됨도 알 수 있다. 단위 질량당에 식 (3-4)을 정리하면 다음과 같다.

$$\frac{T_2}{T_1} = \frac{v_2}{v_1} \tag{3-6}$$

3. 상태 방정식(state equation)

보일의 법칙과 샤를의 법칙을 조합하면 보일・샤를의 법칙이 얻어지는데, 이를 변환하면 상태 방정식을 얻을 수 있다.

압력 P_1, 온도 T_1의 기체 m(kg)을 그림 3.4와 같은 상태에서 등온 상태에서 압력이 P_0로 나타나는 상태까지 팽창시켜 V_0의 체적이 되었다면, $P_1 V_1 = P_0 V_0$로 되고 또, 그 상태에서 압력 P_0인 정압 과정에서 변화된 체적이 V_2, 온도가 T_2로 되었다면, 이 과정에서는 $\frac{V_0}{T_0} = \frac{V_2}{T_2}$로 된다. 따라서 등온 변화일 때와 정압변화일 때 V_0는 식 (3-7)이 된다. 즉,

$$\frac{P_1}{P_0} V_1 = \frac{T_0}{T_2} V_2 \tag{3-7}$$

한편, 위 식에서 $P_0 = P_2$, $T_0 = T_1$이므로 다음과 같이 된다.

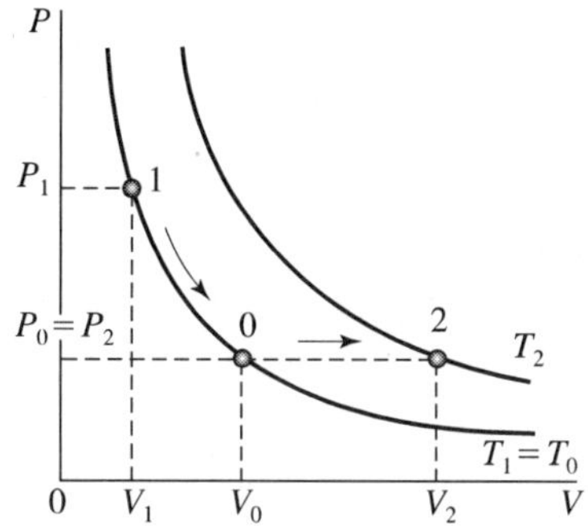

그림 3.4 보일 · 샤를의 법칙

$$\frac{P_1V_1}{T_1}=\frac{P_2V_2}{T_2}=\frac{PV}{T}=\text{일정}=mR \tag{3-8}$$

식 (3-8)을 보일 · 샤를의 법칙이라고 한다. 위 식은 항상 일정하므로 P, V, T의 관계는 특정한 비례 상수 즉, 기체 상수를 얻어낼 수 있는데 이를 정리하면 상태 방정식이 유도된다. 즉,

$$PV=mRT \text{ 혹은 } Pv=RT \tag{3-9}$$

식 (3-9)에서 R을 특정한 이상 기체의 기체 상수(gas constant)라 한다. 따라서 R은 1 kg의 기체가 압력이 일정할 때, 온도 1°씩 변화하면서 외부로 행하는 일로서, 이상 기체의 비체적을 알면 곧 구할 수 있다(0℃, 760 mmHg에서).

예를 들면 표준 상태(0℃, 760 mmHg)에서 공기의 비체적이 $\frac{1}{1.2922}\text{m}^3/\text{kg}$이면 기체 상수 R은 다음과 같이 된다. 즉,

$$R=\frac{101,325\times\frac{1}{1.2922}}{273.15}\fallingdotseq 286.9\ (\text{N}\cdot\text{m/kg}\cdot\text{K})$$

예제 3.1

공기 1 kg을 압력 9.8 kPa, 온도 20℃인 상태에서 변화하여 압력 19.6 kPa, 온도 100℃로 되었다면 체적은 몇 배가 되겠는가?

풀이 보일 · 샤를의 법칙에 따르면

$\frac{P_1 v_1}{T_1} = \frac{P_2 v_2}{T_2}$ 에서

$$\frac{v_2}{v_1} = \frac{T_2}{T_1} \times \frac{P_1}{P_2} = \frac{(273.15+100)}{(273.15+20)} \times \frac{9.8}{19.6} ≒ 0.6365(\text{배})$$ ■

예제 3.2

101.325 kPa, 20℃의 메탄(methane)가스 10 m^3의 질량은 얼마인가? 단, $R = 518.42$ (J/kg ·)K 이다.

풀이 $m = \frac{PV}{RT} = \frac{101.325 \times 1{,}000 \times 10}{518.42 \times 293.15} ≒ 6.67$ (kg) ■

예제 3.3

등온변화에서 이상 기체가 압력 196 kPa, 비체적 0.4 m^3/kg인 상태에서 압력 784 kPa인 상태로 변했다면 비체적은 얼마인가?

풀이 $P_1 v_1 = P_2 v_2$에서

$$v_2 = \frac{P_1}{P_2} \cdot v_1 = \frac{196}{784} \times 0.4 = 0.1\ (m^3/kg)$$ ■

예제 3.4

어떤 이상 기체 1 kg이 압력 98 kPa, 온도 30℃에서 체적이 0.8m^3이 되었다. 이 기체의 기체 상수는 얼마인가?

풀이 $$R = \frac{P \cdot v}{T} = \frac{98{,}000 \times 0.8}{303} = 258.75\ (J/kg \cdot K)$$ ■

3.3 아보가드로의 법칙과 일반기체 상수

기체의 상태 변화를 알려고 할 때는 물리학에서 쓰는 부피($kmol$)를 쓰고 있다. 기체 질량 m을 분자량 M으로 나눈 값을 몰 수 n($mole\,number$)이라 한다. 따라서 1 $kmol$이란 어떤 이상기체의 분자량이 M일 때 그 질량 m(kg)을 말한다.

아보가드로의 법칙(Avogadro's law)에 따르면 "압력과 온도가 같은 모든 기체는 체적 속에 같은 분자 수를 갖는다." 즉, 이 법칙은 분자설을 주장하고, 분자로 인해 기체 반응의 법칙을 설명하려고 만들어진 법칙이다. 이 법칙에 의하면 모든 기체 1kmol은 22.41 m^3의 체적을 가지며, 그 속에는 아보가드로의 수인 6.0221367×10^{23}개의 분자가 존재한다.

예를 들어, 표 3.1에서 산소(O_2)의 분자량을 32로 하고 표준상태에서 밀도는 1.4276 kg/m^3이므로, 1 $kmol$의 산소가 차지하는 몰 체적 V_{kmol}은 다음과 같다. 즉,

$$V_{kmol} = M\,v = \frac{M}{\rho} = \frac{32}{1.4276} \fallingdotseq 22.41\,(m^3/kmol) \tag{3-10}$$

따라서 이때 몰 체적 V_{kmol}을 식 (3-9)에 대입하면 방정식은 다음과 같다. 즉,

$$P\,M\,v = P\,V_{kmol} = MRT \tag{3-11}$$

표준상태에서는 $P = 101,325$ Pa, $V_{kmol} = 22.41\,m^3$ 및 $T = 273.15°K$이므로 위 식에서 MR을 구해 보면,

$$MR = \frac{101,325 \times 22.41}{273.15} = 8,314\,(J \cdot m/kmol \cdot K) \tag{3-12}$$

R_u는 임의 기체에서 분자량만 안다면, 특정한 기체 상수를 구할 수 있는데 이것을 일반기체 상수(universal gas constant)라 한다. 상태 방정식(3-9)를 고려하면 질량$m\ Kg$ 및 몰 수 n $kmol$에 대한 상태식은 각각 다음과 같이 얻어진다. 즉,

$$PV = mRT \text{에서 } PV = \frac{8,314}{M} m\,T \quad (N \cdot m) \tag{3-13}$$

$$P V = n R_u T \tag{3-14}$$

중요한 기체의 기체 상수 및 여러 가지 성질을 표 3.1에 나타냈다.

표 3.1 각종 가스의 특성값

가스의 종류	분자기호	원자수	분자량 M		가스상수 R	밀도 (0℃, 760 mmHg에서의)		공기에 대한 비중	비열(0℃와 낮은 압력에서) (kJ/kg ℃),		(kJ/kmol ℃)		$k=\frac{C_p}{C_v}$
			개략값	정확값	(J/kg K)	계산값	실측값		C_p	C_v	C_p	C_v	
헬륨	He	1	4	4.0026	2,078.0	0.1788	0.1785	0.1381	5.24	3.16	5.00	3.01	1.660
아르곤	Ar	1	40	39.9454	21.23	1.7821	1.7834	1.3790	0.523	0.315	5.00	3.01	1.660
수소	H_2	2	2	2.0164	4,126.4	0.0899	0.8987	0.0695	14.2	10.10	6.84	4.85	1.409
질소	N_2	2	28	28.0160	296.91	1.2499	1.2505	0.9680	1.039	0.743	6.96	4.97	1.400
산소	O_2	2	32	32.0000	260.83	1.4276	1.4289	1.1050	0.914	0.654	6.99	5.00	1.399
공기	-	2	29	28.9640	286.9	1.2922	1.2928	1.0000	1.0046	0.717	6.95	4.96	1.402
일산화탄소	CO	2	28	28.0100	296.93	1.2495	1.2500	0.9670	1.041	0.743	6.96	4.97	1.400
일산화질소	NO	2	30	30.0080	277.19	1.3388	1.3402	1.0370	0.998	0.721	7.16	5.17	1.385
염화수소	HCl	2	36.5	36.4650	228.12	1.6265	1.6391	1.2680	0.799	0.571	6.96	4.97	1.400
수증기	H_2O	3	18	18.016	461.70	0.8033	-	0.620	1.858	1.398	8.00	6.01	1.330
탄산가스	CO_2	3	44	44.010	188.99	1.9634	1.9768	1.530	0.819	0.630	8.62	6.63	1.301
산화질소	N_2O	3	44	44.016	188.98	1.9637	1.9878	1.538	0.892	0.703	9.36	7.47	1.270
아황산가스	SO_2	3	64	64.060	129.83	2.8581	2.9265	2.264	0.608	0.479	9.29	7.30	1.200
암모니아	NH_3	4	17	17.032	488.38	0.7598	0.7713	0.596	2.06	1.57	8.36	6.37	1.313
아세틸렌	C_2H_2	4	26	26.036	319.43	1.1607	1.1709	0.906	1.513	1.216	10.13	8.14	1.255
메탄	CH_4	5	16	16.042	518.46	0.7152	0.7168	0.554	2.16	1.63	8.27	6.28	1.319
메틸클로라이드	CH_3Cl	5	50.5	50.491	164.74	2.2522	2.3084	1.785	0.736	0.571	8.87	6.88	1.290
에틸렌	C_2H_4	6	28	28.052	296.48	1.2506	1.2604	0.385	1.61	1.29	10.02	8.03	1.249
에탄	C_2H_6	8	30	30.068	276.60	1.3406	1.3560	1.049	1.73	1.44	12.41	10.34	1.200
에틸클로라이드	C_2H_5Cl	8	64.5	64.511	164.74	2.8776	2.8804	0.320	0.736	0.571	20.30	17.80	1.1610

예제 3.5

수소를 이상 기체로 보고, $P = 980\ \text{kPa}$, $t = 100℃$ 에 있어, 비체적 v는 몇 m^3/kg인가? 단, 분자량 $M = 2.016$ 이다.

풀이

$$R = \frac{R_u}{M} = \frac{8{,}314}{2.016} = 4.124\ (\text{kJ/kg}\cdot\text{K})$$

$$v = \frac{RT}{P} = \frac{4.214 \times 373}{980} = 1.574\ (\text{m}^3/\text{kg})$$

■

예제 3.6

온도 20℃, 압력 529.2 kPa일 때, 산소 3 kmol이 차지하는 체적은 얼마인가?

풀이

$$PV = 8{,}314nT$$

$$V = \frac{8{,}314 \times 3 \times 293}{529.2} \fallingdotseq 13.81\ (\mathrm{m}^3)$$

예제 3.7

자동차 타이어(tire)에 온도가 15℃, 압력이 245 kPa인 공기가 들어 있다. 타이어 내에 체적이 0.3 m^3이면 공기의 무게는 얼마인가?

풀이

$$m = \frac{PV}{RT} = \frac{245 \times 1{,}000 \times 0.3}{286.85 \times 288} = 0.889\ (\mathrm{kg})$$

3.4 이상 기체의 비열

이상 기체의 비열을 구하려면 압력 P, 온도 T, 비체적 v일 때 그 온도가 ΔT만큼 상승하는데 필요한 열량 Δq를 측정하는 식에서 얻는다. 즉,

$$C = \frac{\Delta q}{\Delta T} \tag{3-15}$$

여기서 Δq는 과정의 함수이므로 같은 온도 상승 ΔT에 필요한 열량은 일정하지 않으므로, 가열 과정에 따라 변한다. 보통 이상 기체의 체적을 일정하게 유지했을 때 필요 열량 $\Delta q|_{v=c}$는 압력을 일정하게 유지했을 때 필요 열량 $\Delta q|_{p=c}$보다 작다.

2장에서 언급한 바와 같이 체적이 일정할 때 비열을 C_v, 압력이 일정할 때 비열은 C_p라고 한다. C_v는 **정적비열**이라 하고 이상 기체 1 kg을 체적이 일정한 상태에서 1K 변화시키는데 필요한 열용량이고, C_p는 **정압비열**이라 하고 이상 기체 1 kg을 압력이 일정한 상태에서 1K 변화시키는 데 필요한 열용량이다. 이들 비열의 단위는 kJ/kg · K이다. 그림 3.5에서 알 수 있듯이 정적과정과 정압과정에서 같은 온도 변화에 필요한 열량이 다른 이유는 정압과정에서 기체가 외부일 $P \cdot \Delta v$를 하기 때문이다. C_p 및 C_v의 관계를

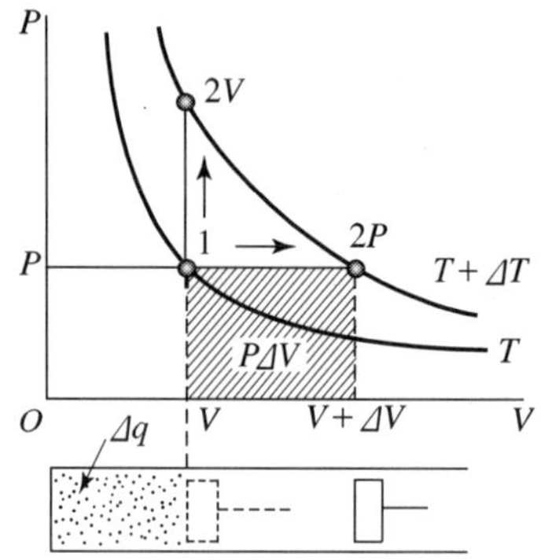

그림 3.5 비열 관계

알기 위하여 엔탈피 h를 생각하면

$$h = u + P \cdot v = u + R \cdot T$$

이들의 미소변화량은 $\Delta h = \Delta u + R \cdot \Delta T$로 되고, $\Delta h = C_p \cdot \Delta T$ 및 $\Delta u = C_v \cdot \Delta T$이므로 이를 대입하면 $C_p \cdot \Delta T = C_v \cdot \Delta T + R \cdot \Delta T$가 된다. 따라서 이들을 정리하면

$$C_p - C_v = R \tag{3-16}$$

여기서, $k = C_p / C_v$를 대입하면 식 (3-17)이 된다.

$$C_v = \frac{1}{k-1} R, \quad C_p = \frac{k}{k-1} R \tag{3-17}$$

k는 비열비(ratio of specific heat)라 한다. 그런데 k 값은 기체의 분자수에 따라 정해지는데 다음과 같이 된다.

$$\left.\begin{array}{lll} \text{1원자 분자 : He, Ne, Ar 등} & & k \fallingdotseq 1.66 \\ \text{2원자 분자 : } H_2,\ O_2,\ N_2, \text{ 공기 등} & & k \fallingdotseq 1.40 \\ \text{3원자 분자 : } H_2O,\ CO_2 & & k \fallingdotseq 1.33 \end{array}\right\} \tag{3-18}$$

예제 3.8

수증기가 이상 기체라 간주될 때 정적 및 정압비열을 구하여라.
단, $C_p / C_v = 1.33$이고 $R = 0.462\ \mathrm{kJ/kg \cdot K}$이다.

풀이 $C_p - C_v = R$이므로

$$1.33C_v - C_v = 462$$

$$\therefore\ C_v = \frac{462}{0.33} = 1.44\ (\text{kJ/kg} \cdot \text{K})$$

또한, $$C_p = 1.33 \times 1.44 = 1.915\ (\text{kJ/kg} \cdot \text{K})$$ ■

예제 3.9

질소의 비열비가 1.40일 때 C_p의 값은 얼마인가?

풀이 표 3.1에서 $R = 296.91$ J/kg · K이므로

$$C_p = \frac{k}{k-1}R = \frac{1.40}{1.40-1} \times 296.91 \fallingdotseq 1.0392\ (\text{kJ/kg} \cdot \text{K})$$ ■

3.5 쥬울(Joule)의 실험과 내부 에너지 및 엔탈피

이상 기체의 내부에너지는 그 상태에 따라 결정된다. 그리고 상태를 나타내는 가스의 성질 p, v 및 T중 가스의 상태식 p는 v, T의 함수로 나타낼 수 있으므로 내부에너지 u도 또한 v, T의 함수가 된다. 이 사실을 쥬울이 실험하였다. 그림 3.6은 쥬울의 실험 장치이다. 1844년 영국의 물리학자 쥬울(James P. Joule)은 v 및 T의 u에 대한 관계를 밝히기 위해 실험을 행하여 그 결과 기체가 외부와의 일과 열의 주고받음 없이 자유 팽창할 때는 온도 변화가 없음을 알았다.

즉, **기체의 내부 에너지는 다만 온도만의 함수이고 압력과 체적에는 관계가 없다는 결론을 얻었다.** 이것을 이상 기체의 쥬울의 법칙(Joule's law)이라고 한다. 그러나 실제 기체는 분자간의 인력이 작용하므로 자유 팽창시에는 일을 해야 하며 그만큼 분자 운동 에너지의 일부가 소비되므로 어느 정도의 온도는 하강한다. 따라서 분자간의 인력을 무시할 경우에만 내부 에너지와 엔탈피는 온도만의 함수로 취급될 수 있다. 즉, $u = f(T)$, $h = f(T)$이다.

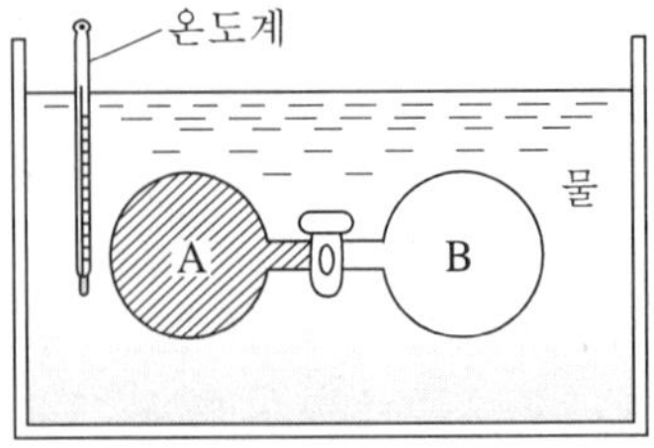

그림 3.6 쥬울의 실험장치

예제 3.10

어떤 이상 기체가 $2\ m^3$의 탱크에 압력 196 kPa, 온도 20℃인 상태로 들어 있다. 이 기체의 압력을 343 kPa까지 올리려면 얼마의 열량을 더해야 하는가? 단, 이 기체의 기체 상수는 460.6 J/kg · K, 정적비열 $C_v = 1.394$ kJ/kg · K이다.

풀이 샤알의 법칙에 따라

$$T_2 = T_1 \cdot \frac{P_2}{P_1} = 293 \times \frac{3.5}{2} \fallingdotseq 513(°K)$$

이상 기체의 상태 방정식으로부터

$$m = \frac{P \cdot V}{R \cdot T} = \frac{196 \times 1{,}000 \times 2}{406.6 \times 293} = 3.29\ (kg)$$

$$_1Q_2 = m \cdot C_v \cdot (T_2 - T_1) = 3.29 \times 1.394 \times (513 - 293) = 1.009\ (kJ)$$

■

예제 3.11

분자량이 44인 이상기체 5kg을 정압시 10℃에서 80℃까지 가열하는데 284.7kJ의 열량이 필요했다. 이 기체를 정적시 10℃에서 100℃까지 높이는데 필요한 열량은 얼마인가? 또, 내부 에너지(ΔU)와 엔탈피(ΔH) 변화는 얼마인가? 단, $R_u = 8{,}314$ J/kg · K이다.

풀이 정압 변화의 경우 가열량 $_1Q_2|_p$는

$_1Q_2|_p = m \cdot C_p \cdot (t_2 - t_1)$에서 구해지는데 먼저 C_p는 다음 식으로 구해진다.

$$C_p = \frac{284.7}{5 \times (80 - 10)} = 0.8134\ (kJ/kg \cdot K)$$

$$C_v = C_p - R = 0.8134 - \frac{8.314}{44} = 0.6245\ (kJ/kg \cdot K)$$

따라서 정적 변화의 경우 가열량 ${}_1Q_2|_v$는

$${}_1Q_2|_v = m \cdot C_v \cdot (t_2 - t_1) = 5 \times 0.6245 \times (100 - 10) = 281.03\,(\mathrm{kJ}) = \Delta \mathrm{U}$$

그리고 엔탈피 ΔH는

$$\Delta H = m \cdot C_p \cdot (T_2 - T_1) = 5 \times 0.8134 \times (100 - 10) = 366.03\,(\mathrm{kJ})$$

■

3.6 이상기체의 상태 변화

각종 열기관의 사이클(cycle)을 해석하거나 계산하기 위해서는 그 대상이 되는 동작유체를 이상 기체라 가정하여 이들 상태 변화를 추적하면 열적인 상태량과 일 및 열량을 쉽게 얻을 수 있다. 본 절에서는 이상 기체의 정압 변화, 정적 변화, 등온 변화, 단열 변화 및 폴리트로프 변화 등에서 압력 p, 온도 T, 비체적 v와 열량 ${}_1q_2$ 및 일량 ${}_1w_2$, w_t 그리고 내부 에너지 Δu, 엔탈피 Δh을 각각 알아보기로 한다.

1. 정압 변화(Isobaric Change)

그림 3.7은 계(system)에 압력을 일정하게 유지하면서 변화하는 경우이다. $p-v$ 선도는 수평선이고, $T-S$ 선도는 완만한 경사를 이루며 좌측 아래에서 우측 위로 표시된다. 1상태에서 2상태로 상태 변화가 생기면 일량은 +, 열량도 +를 의미하게 된다.

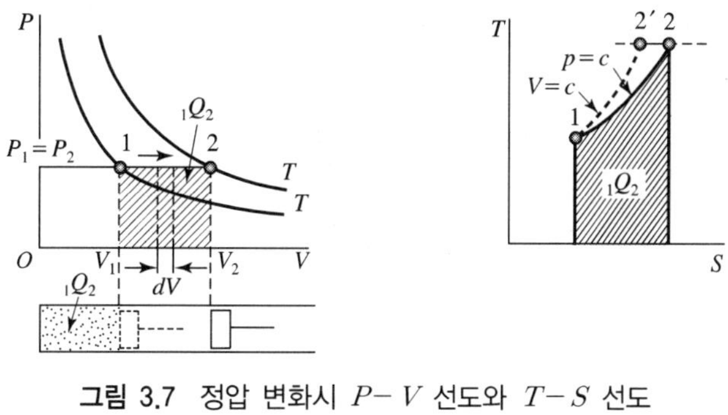

그림 3.7 정압 변화시 $P-V$ 선도와 $T-S$ 선도

◎ 절대일(팽창일) : ${}_1w_2$ (kJ/kg)

$$ {}_1w_2 = \int_1^2 dw = \int_1^2 pdv = p(v_2 - v_1) = R(T_2 - T_1) \qquad (3\text{-}25) $$

◎ 공업일(압축일) : w_t (kJ/kg)

$$ dw_t = -vdp $$

$$ w_t = -\int_1^2 vdp = -v(P_2 - P_1) = 0 \qquad (3\text{-}26) $$

◎ 열량 : ${}_1q_2$ (kJ/kg)

유동계에서 열역학 제2기초식에서

$$ dq = dh - vdp = dh \qquad (\because dp = 0) $$

$$ {}_1q_2 = \int_1^2 dq = \int_1^2 dh = h_2 - h_1 = \int_1^2 C_p dT $$

$$ \therefore {}_1q_2 = h_2 - h_1 = C_p(T_2 - T_1) \qquad (3\text{-}27) $$

◎ 내부 에너지 변화량 : Δu (kJ/kg)

$$ \Delta u = u_2 - u_1 = \int_1^2 C_v dT $$

$$ = C_v(T_2 - T_1) = \frac{R}{k-1}(T_2 - T_1) $$

$$ = \frac{1}{k-1}p(v_2 - v_1) \qquad (3\text{-}28) $$

◎ 엔탈피 변화량 : Δh (kJ/kg)

$$ \Delta h = h_2 - h_1 = \int_1^2 dh = \int_1^2 C_p dT $$

$$ \Delta h = C_p(T_2 - T_1) = \frac{kR}{k-1}(T_2 - T_1) $$

$$ = \frac{k}{k-1} \cdot p(v_2 - v_1) \qquad (3\text{-}29) $$

예제 3.12

3 kg의 공기가 10℃를 나타내고 있다. 정압 변화시 가열을 하였더니 147.1 kJ의 일을 할 수 있었다. 최후 온도와 엔탈피 변화는 얼마인가? 단, 공기의 $R = 0.287\,\mathrm{kJ/kg \cdot K}$이고, C_p는 $1.005\,\mathrm{kJ/kg \cdot K}$이다.

풀이 먼저 ${}_1W_2 = mR(T_2 - T_1)$에서 온도 T_2를 구하여 본다.

$$T_2 = \frac{{}_1W_2}{mR} + T_1 = \frac{147.1}{3 \times 0.287} + 283 = 453.85\,(\mathrm{K}) = 180.7\,(℃)$$

또한, 엔탈피 ΔH는 열량 ${}_1Q_2$와 같으므로

$$\Delta H = {}_1Q_2 = m \cdot C_p \cdot (T_2 - T_1) = 3 \times 1.005 \times (180 - 10) = 512.55\,(\mathrm{kJ})$$

■

예제 3.13

공기 0.5 kg이 처음 온도가 20℃였다. 압력이 일정한 경우 상태 변화를 하여 체적이 처음의 2배로 되었다면 열량은 얼마나 가해야 하는가? 또한, 공기는 얼마의 일을 하는가?

풀이 $\dfrac{T_2}{T_1} = \dfrac{V_2}{V_1}$에서

$$T_2 = T_1 \cdot \frac{V_2}{V_1} = 293 \times 2 = 586\,(\mathrm{K}) = 313\,(℃)$$

따라서 ${}_1Q_2 = m \cdot C_p \cdot (T_2 - T_1) = 0.5 \times 1.005 \times 293 = 147.23\,(\mathrm{kJ})$

그리고 일량 ${}_1W_2$는

$${}_1W_2 = m \cdot R \cdot (T_2 - T_1) = 0.5 \times 0.287 \times 293 = 42.05\,(\mathrm{kJ})$$

■

예제 3.14

온도 20℃, 압력 3.5 kPa인 공기 1 kg이 정압하에서 가열되어 온도가 180℃로 되었을 때 다음을 구하여라.(공기의 $R = 0.287\,\mathrm{J/kg \cdot K}$, $C_v = 0.718\,\mathrm{kJ/kg \cdot K}$, $C_p = 1.005\,\mathrm{kJ/kg \cdot K}$이다.)

① 변화전 공기의 비체적 v_1

② 가열량 ${}_1Q_2$

③ 절대일량 ${}_1W_2$

④ 엔탈피 변화량 ΔH

⑤ 내부 에너지 변화량 Δu

풀이 ① 변화전 공기의 비체적 v_1

$$p_1 v_1 = RT_1$$

$$v_1 = \frac{RT_1}{p_1} = \frac{0.287 \times 10^3 \times (273+20)}{3.5 \times 10^3} = 24.026\ (\mathrm{m^3/kg})$$

② 공기에 가한 열량 ${}_1Q_2$

$${}_1q_2 = h_2 - h_1 = C_p(T_2 - T_1) = 1 \times 1.005 \times (453 - 293) = 160.8\ (\mathrm{kJ/kg})$$

③ 절대일량 ${}_1W_2$

정압 변화이므로 $v_1/v_2 = T_1/T_2$이다.

$$v_2 = v_1 \cdot \frac{T_2}{T_1} = 24.026 \times \frac{453}{293} = 37.146\ (\mathrm{m^3/kg})$$

$${}_1W_2 = p(v_2 - v_1) = 3.5 \times 10^3 \times (37.146 - 24.026) = 45.92\ (kJ/kg)$$

④ 엔탈피 변화량 Δh

$${}_1q_2 = \Delta h = h_2 - h_1 = C_p(T_2 - T_1) = 1.005 \times (453 - 293) = 160.8\ (\mathrm{kJ/kg})$$

⑤ 내부 에너지 변화량 Δu

$$\Delta u = u_2 - u_1 = C_v(T_2 - T_1)$$
$$= 1 \times 0.718 \times (453 - 293) = 114.88\ (\mathrm{kJ/kg})$$

2. 정적 변화(Isometric Change)

이상 기체가 체적이 일정할 때 열적 상태량과 일량, 열량 그리고 내부 에너지 엔탈피

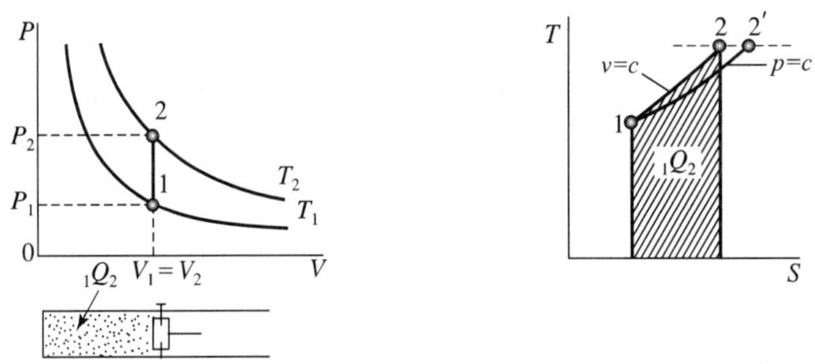

그림 3.8 정적 변화시 $P-V$ 선도와 $T-S$ 선도

는 그림 3.8과 같이 표시된다. 이 때 $T-S$ 선도에서 정적선의 기울기는 정압 변화의 경우보다 급경사이다. 이는 $C_p/C_v > 1$이기 때문이다. $P \cdot V \cdot T$ 관계식은 샤를의 법칙에 따라 체적 V가 일정하므로

$$\frac{P_1}{T_1} = \frac{P_2}{T_2}, \quad \frac{T_2}{T_1} = \frac{P_2}{P_1} \tag{3-30}$$

◎ **절대일(팽창일)** : ${}_1w_2$ (kJ/kg)

$${}_1w_2 = \int_1^2 dw = \int_1^2 pdv = p(v_2 - v_1) = 0 \tag{3-31}$$

정적과정에서 절대일은 없다.

◎ **공업일(압축일)** : w_t (kJ/kg)

$$w_t = \int_1^2 dw_t = -\int_1^2 vdp = v(p_1 - p_2) = R(T_1 - T_2) \tag{3-32}$$

◎ **열량** : ${}_1q_2$ (kJ/kg)

열역학 제1 기초식에서

$$dq = du + pdv = du \qquad (\because dv = 0)$$

$${}_1q_2 = \int_1^2 dq = \int_1^2 du = \int_1^2 C_v dT = C_v(T_2 - T_1)$$

$${}_1q_2 = u_2 - u_1 = C_v(T_2 - T_1) \tag{3-33}$$

정적 변화에서 가열량을 내부 에너지 변화량과 같다.

◎ **내부 에너지 변화량** : Δu (kJ/kg)

$$\Delta u = u_2 - u_1 = \int_1^2 C_v dT = C_v(T_2 - T_1)$$

$$= \frac{R}{k-1}(T_2 - T_1) = \frac{v}{k-1}(P_2 - P_1) \tag{3-34}$$

◎ 엔탈피 변화량 : Δh (kJ/kg)

$$\Delta h = h_2 - h_1 = \int_1^2 C_p dT = C_p(T_2 - T_1)$$
$$= \frac{kR}{k-1}(T_2 - T_1) = \frac{k}{k-1}v(P_2 - P_1)$$
$$= k(u_2 - u_1) = k\ {}_1q_2 \tag{3-35}$$

엔탈피 변화량은 가열량과 비열비의 곱과 같다. 따라서 정적 변화인 경우에는 공급 열량이 모두 내부 에너지 변화로 바뀌게 된다.

예제 3.15

체적 0.03 m^3의 밀폐 용기 속에 들어 있는 t_1이 15℃, P_1인 196 kPa의 공기를 t_2가 250℃까지 가열했을 때 가열에 필요한 열량과 가열 후의 압력을 구하여라. 단, 공기의 정적비열 $C_v = 0.716$ kJ/kg · K이고, $R = 0.287$ kJ/kg · K이다.

풀이 우선 열량 ${}_1Q_2$는 식 (3-33)에 의해서 구해진다. 즉,

$${}_1Q_2 = m \cdot C_v \cdot (T_2 - T_1)$$

그런데 질량을 구하려면 상태식을 이용해야 하므로 따라서 질량 m는

$$m = \frac{Pv}{RT} = \frac{196 \times 0.03}{0.287 \times 288} = 0.0711\ (\text{kg})$$

로 얻어진다.

$${}_1Q_2 = 0.0711 \times 0.716 \times (250 - 15) = 11.963\ (\text{kJ})$$

또, 가열 후의 압력 P_2는 샤를의 법칙에 의해서 구해진다.

$$P_2 = P_1 \frac{T_2}{T_1} = 196 \times \frac{523}{288} = 355.93\ (\text{kPa})$$

■

예제 3.16

체적이 0.5 m^3인 탱크(tank)에 압력 294 kpa, 온도 0℃의 산소가 들어 있다. 이 산소의 질량을 구하고, 100℃까지 가열하였을 때 압력 증가량 ΔP 및 열량을 구하여라. 단, 산소의 기체 상수는

259.6 J/kg K이고 정적비열은 0.6539 kJ/kg ℃ 이다.

풀이 질량은 상태 방정식에 의해 구해진다.

$$m = \frac{294{,}000 \times 0.5}{259.6 \times 273} = 2.074\ (\text{kg})$$

또, 압력 증가량은

$$\Delta P = P_2 - P_1 = \frac{T_2}{T_1} \cdot P_1 - P_1 = P_1\left(\frac{T_2}{T_1} - 1\right)$$
$$= 294 \times \left(\frac{373}{273} - 1\right) = 107.69\ (\text{kpa})$$

끝으로 열량 ${}_1Q_2$는

$${}_1Q_2 = 2.074 \times 0.6539 \times (373 - 273) = 135.619\ (\text{kJ})$$

■

예제 3.17

온도 20℃인 공기 6 kg을 정적하에서 120℃까지 가열하는데 필요한 열량 Q(kJ), 내부 에너지 변화량 ΔU(kJ), 엔탈피 변화량 ΔH(kJ)를 구하여라. 단, 공기의 정적비열은 0.7158 kJ/kg ℃, 정압비열은 1.0046 kJ/kg ℃ 이다.

풀이 ① 가열량 ${}_1Q_2$

$${}_1Q_2 = U_2 - U_1 = mC_v(T_2 - T_1) = 6 \times 0.7158 \times (120 - 20)$$
$$= 429.48\ (\text{kJ})$$

② 내부 에너지 변화량 ΔU

$$U_2 - U_1 = {}_1Q_2 = mC_v(T_2 - T_1) = 429.48\ (\text{kJ})$$

③ 엔탈피 변화량 ΔH (kJ)

$$\Delta H = H_2 - H_1 = mC_p(T_2 - T_1) = 6 \times 1.0046 \times (120 - 20)$$
$$= 602.76\ (\text{kJ})$$

■

3. 등온 변화(Isothermal Change)

계가 외부에 일을 함과 동시에 이에 상당하는 열량을 주위로부터 받아 들인다면 계의 내부 에너지는 일정하게 유지되고, 상태 변화는 온도가 일정할 때 진행된다. 이를 등온 변화라 하고 그림 3.9와 같이 표시된다. 이 때 정의 열량은 +값이고, 역의 경우에는 − 값을 나타낸다. $P-V$ 선도상에서 등온선은 직각 쌍곡선 중 +값만 취급한다. P, V, T의 상호 관계식은 보일의 법칙에 의해 얻어진다. 즉, T가 일정하면

$$P_1 \cdot V_1 = P_2 \cdot V_2, \quad \frac{P_2}{P_1} = \frac{V_1}{V_2} \tag{3-36}$$

◎ 비유동계에서 절대일 : ${}_1w_2$ (kJ/kg)

$$\begin{aligned} {}_1w_2 &= \int_1^2 pdv \\ &= RT\int_1^2 \frac{dv}{v} \\ &= RT\ln\frac{v_2}{v_1} = RT \cdot \ln\frac{P_1}{P_2} \quad \left(\because P = \frac{RT}{v}\right) \\ &= P_1 v_1 \ln\frac{v_2}{v_1} = P_1 v_1 \ln\frac{P_1}{P_2} \end{aligned} \tag{3-37}$$

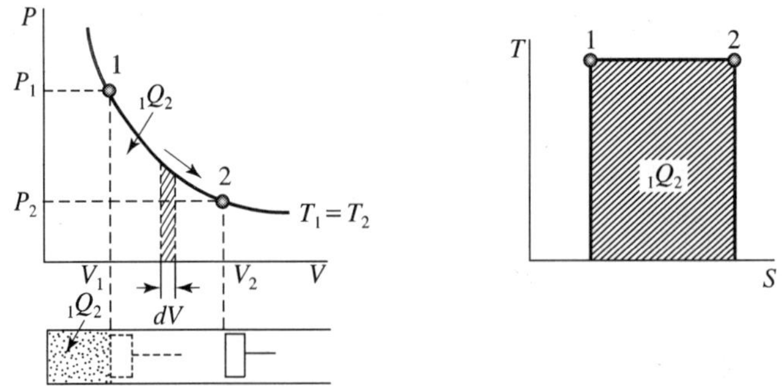

그림 3.9 등온 변화시 $P-V$ 선도와 $T-S$ 선도

◎ 유동계에서 공업일 : w_t (kgJ/kg)

$$w_t = -\int_1^2 vdp = \int_2^1 vdp$$
$$= -RT\int_1^2 \frac{dp}{p}$$
$$= -RT\ln\frac{P_2}{P_1} = -RT\ln\frac{v_1}{v_2} \quad \left(\because v = \frac{RT}{P}\right)$$
$$= -p_1v_1\ln\frac{P_2}{P_1} = -p_1v_1\ln\frac{v_1}{v_2}$$
$$= {}_1w_2 \tag{3-38}$$

등온 변화에서 공업일과 절대일은 크기가 같다.

◎ 열량 : ${}_1q_2$ (kJ/kg)

열역학 제1기초식에서

$$dq = du + pdv = C_v dT + pdv$$
$$= pdv = d_1W_2 = dW_t \quad (\because dT = 0)$$
$${}_1q_2 = \int_1^2 dq = {}_1W_2 = W_t \tag{3-39}$$

등온 변화에서 가열량은 절대일, 공업일과 같다.

◎ 내부 에너지 변화량 : Δu (kJ/kg)

$$\Delta u = u_2 - u_1 = \int_1^2 C_v dT$$
$$= C_v(T_2 - T_1) = 0 \tag{3-40}$$

◎ 엔탈피 변화량 : Δh (kJ/kg)

$$\Delta h = h_2 - h_1 = \int_1^2 C_p dT$$
$$= C_p(T_2 - T_1) = 0 \tag{3-41}$$

등온 변화에서 내부 에너지 변화량과 엔탈피 변화량은 없다.

예제 3.18

온도 100℃, 압력 1 bar인 공기 5 kg을 압력 5 bar까지 등온 압축하려면 외부로 얼마나 열량을 방출해야 하는가? 또, 엔탈피 변화를 구하여라.

풀이 ${}_1Q_2 = A\,{}_1W_2$이므로 식 (3-38)을 쓰면

$$ {}_1Q_2 = m\int_1^2 pdv = mRT\ln\frac{P_1}{P_2} = 5\times 286.9\times 373\times\ln\left(\frac{1}{5}\right) $$
$$ = -861.159\ (\text{kJ}) $$

따라서 열량이 861.2 (kJ) 감소한다. 또, 엔탈피는 등온 변화시 변화가 없으므로 0이 된다. ■

예제 3.19

진공 압력이 0.1 bar, 온도가 20℃인 공기 1 kg을 등온 과정에서 게이지압력 7 bar까지 압축했다. 압축 후 압력, 비체적 및 압축일을 구하여라. 단, 주위의 대기압은 720 mmHg이다.

풀이 압축 후의 절대압력은

$$ P_2 = \frac{720}{760}\times 1.01325 + 7 = 7.9599\ (\text{bar}) $$

또한, 압축전의 절대압력은

$$ P_1 = \frac{720}{760}\times 1.01325 - 0.1 = 0.9729\ (\text{bar}) $$

따라서 단위 질량당 공업일을 구하면 곧 압축일이다.

$$ W_t = mRT\ln\left(\frac{P_1}{P_2}\right) = 1\times 286.9\times 293\times\ln\left(\frac{0.9729}{7.9599}\right) = -187.162\ (\text{kJ}) $$

압축일은 187.162 (kJ)로 된다.

비체적 v_2를 구하려면 상태 방정식을 이용한다. 즉,

$$ v_2 = \frac{RT_2}{P_2} = \frac{286.9\times 293}{7.9599\times 10^5} = 0.1506\ (\text{m}^3/\text{kg}) $$ ■

예제 3.20

압력 3 bar, 체적 2.5 m^3, 온도 100℃인 완전가스 5 kg이 등온하에서 외부로부터 열을 흡수하여 그 체적이 2배로 팽창하였을 때 다음을 구하여라.

① 변화 후의 압력 P_2

② 가열량 $_1Q_2$

③ 팽창일 $_1W_2$

풀이 ① 변화 후의 압력 $P_2(T_1 = T_2 = C)$

$$P_1 V_1 = P_2 V_2$$

$$P_2 = P_1 \times \frac{V_1}{V_2} = P_1 \times \frac{V_1}{2V_1} = 3 \times \frac{1}{2} = 1.5 \text{ (bar)}$$

② 가열량 $_1Q_2$

$$_1Q_2 = {}_1W_2 = P_1 V_1 \ln\left(\frac{V_2}{V_1}\right) = 3 \times 10^5 \times 2.5 \times \ln\left(\frac{2V_1}{V_1}\right) = 519.86 \text{ (kJ)}$$

③ 팽창일 $_1W_2$

$$_1W_2 = {}_1Q_2 = 519.86 \text{ (kJ)}$$

■

4. 단열 변화(Adiabatic Change)

계의 상태 변화 중에서 열의 출입이 완전히 차단되어 있는 경우는, 내부 에너지가 일에 상당하는 만큼 증감하는데 쓰인다. 즉, 계가 일을 받아들이면 내부 에너지는 증가하고, 반대로 주위로 일을 하면 내부 에너지는 감소한다. 열기관 중 엔진이 가역 단열 팽창이라 가정하고 또 노즐 내의 유동도 이 변화에 속한다고 간주한다. 후술하겠지만 가역 단열 변화인 경우는 엔트로피 값이 불변하여 등엔트로피 변화라고도 부른다. P, V, T 관계식을 구하려면 앞서의 여러 가지 변화와는 달리 압력, 체적, 온도가 모두 변화하는 경우이므로 간단하지 않다. 따라서 P, V 관계 및 T, P 관계를 각각 구하면 이들 사이에 P, V, T 관계식이 얻어진다.

단열 변화는 기체와 주위 사이에 열 교환이 없는 변화이다. 단열 변화할 때의 열역학 제1법칙은 $dQ = 0$이 된다.

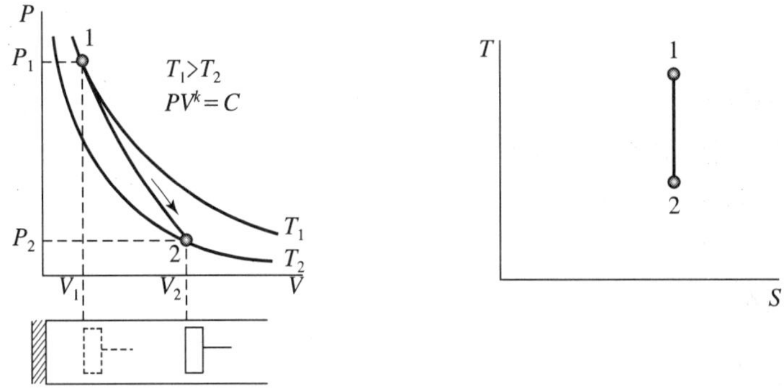

그림 3.10 단열 변화시 $P-V$ 선도 및 $T-S$ 선도

$$dQ = mC_v dT + PdV = 0$$

또는,

$$C_v dT + Pdv = 0 \tag{3-42}$$

이 된다. 한편, 상태 방정식 $Pv = RT$을 미분하면

$$Pdv + vdP = RdT$$

여기서 dT를 구하면

$$dT = \frac{1}{R}(Pdv + vdP) \tag{3-43}$$

식 (3-42), (3-43)으로부터 dT를 소거하면

$$C_v(Pdv + vdP) + R \cdot Pdv = 0$$

이 된다. 또, $C_p - C_v = R$이므로, 윗 식은

$$C_v(Pdv + vdP) + (C_p - C_v)Pdv = 0$$

또는

$$vdP + kPdv = 0$$

이 되며, 변수 분리하여 미분방정식을 풀면

$$\frac{dP}{P} + k\frac{dv}{v} = 0$$

으로 표시된다. 이 식을 적분하면

$$\ln P + k \cdot \ln v = \text{상수}$$

또는

$$\left.\begin{aligned} Pv^k &= \text{상수} \\ PV^k &= \text{상수} \end{aligned}\right\} \tag{3-44}$$

가 된다. 여기서 비열비 또는 단열지수 $k = \dfrac{C_p}{C_v}$ 이다.

다음으로, 상태식 $Pv = RT$에서 $P = \dfrac{RT}{v}$를 식 (3-44)에 대입하면

$$\frac{RT}{v} v^k = C$$

$$Tv^{k-1} = \frac{C}{R} = \text{상수} \tag{3-45}$$

끝으로 식 (3-44)에 상태식 $Pv = RT$로부터 T, P 사이의 관계 $v = \dfrac{RT}{P}$를 대입하면 식 (3-44)은 다음과 같이 된다.

$$P\left(\frac{RT}{P}\right)^k = C \text{ 또는 } T^k P^{1-k} = C$$

$$\frac{T}{P^{\frac{k-1}{k}}} = \text{상수} \tag{3-46}$$

따라서 P, V, T 관계식을 얻기 위해 식 (3-44), 식 (3-45) 및 식 (3-46)을 상태 변화한다고 하면 다음 식들이 얻어진다.

$$P_1 V_1^{\ k} = P_2 V_2^{\ k}, \quad \frac{P_2}{P_1} = \left(\frac{V_1}{V_2}\right)^k \tag{3-44}'$$

$$T_1 V_1^{\ k-1} = T_2 V_2^{\ k-1}, \quad \frac{T_2}{T_1} = \left(\frac{V_1}{V_2}\right)^{k-1} \tag{3-45}'$$

및

$$T_1 P_1^{\frac{1-k}{k}} = T_2 P_2^{\frac{1-k}{k}}, \quad \frac{T_2}{T_1} = \left(\frac{P_2}{P_1}\right)^{\frac{k-1}{k}} \qquad (3\text{-}46)'$$

로 되므로 이상의 결과로부터 P, V, T 사이의 관계를 정리하면 다음과 같다.

$$\frac{T_2}{T_1} = \left(\frac{V_1}{V_2}\right)^{k-1} = \left(\frac{P_2}{P_1}\right)^{\frac{k-1}{k}} \qquad (3\text{-}47)$$

한편, 일을 구하려면 절대일은 비유동계의 열역학 제1기초식을, 공업일은 유동계의 열역학 제2기초식을 각각 활용해야 한다.

◎ 절대일(팽창일) : ${}_1w_2$ (kJ/kg)

열역학 제1기초식에서 $dq = du + Pdv = 0$이므로 $Pdv = -du$가 된다.

$$\begin{aligned}
{}_1w_2 &= \int_1^2 Pdv = -\int_1^2 du = -\int_1^2 C_v\, dT \\
&= C_v(T_1 - T_2) \\
&= \frac{R}{k-1}(T_1 - T_2) = \frac{RT_1}{k-1}\left[1 - \frac{T_2}{T_1}\right] \qquad \left(\because C_v = \frac{R}{k-1}\right) \\
&= \frac{RT_1}{k-1}\left[1 - \left(\frac{v_1}{v_2}\right)^{k-1}\right] = \frac{RT_1}{k-1}\left[1 - \left(\frac{P_2}{P_1}\right)^{\frac{k-1}{k}}\right] \qquad (3\text{-}48) \\
&= \frac{P_1 v_1}{k-1}\left[1 - \frac{T_2}{T_1}\right] \qquad (\because P_1 v_1 = RT_1) \\
&= \frac{P_1 v_1}{k-1}\left[1 - \left\{\frac{v_1}{v_2}\right)^{k-1}\right] = \frac{P_1 v_1}{k-1}\left[1 - \left(\frac{P_1}{P_2}\right)^{\frac{k-1}{k}}\right] \\
&= \frac{1}{k-1}(P_1 v_1 - P_2 v_2)
\end{aligned}$$

◎ 공업일(압축일) : w_t (kJ/kg)

열역학 제2기초식에서 $dq = dh - Avdp = 0$이므로

$$-vdp = -dh = -C_p dT$$

$$w_t = -\int_1^2 vdp = -\int_1^2 dh = -\int_1^2 C_p dT$$

$$= -C_p(T_2 - T_1) = C_p(T_1 - T_2) \tag{3-49}$$

$$= \frac{kR}{k-1}(T_1 - T_2) = \frac{k}{k-1}RT_1\left[1 - \frac{T_2}{T_1}\right] \quad \left(\because C_p = \frac{kR}{k-1}\right)$$

$$= \frac{k}{k-1}RT_1\left[1 - \left(\frac{v_1}{v_2}\right)^{k-1}\right] = \frac{k}{k-1}RT_1\left[1 - \left(\frac{P_2}{P_1}\right)^{\frac{k-1}{k}}\right]$$

$$= \frac{k}{k-1}P_1 v_1\left[1 - \frac{T_2}{T_1}\right]$$

$$= \frac{k}{k-1}P_1 v_1\left[1 - \left(\frac{v_1}{v_2}\right)^{k-1}\right] = \frac{k}{k-1}P_1 v_1\left[1 - \left(\frac{P_2}{P_1}\right)^{\frac{k-1}{k}}\right]$$

$$= \frac{k}{k-1}(P_1 v_1 - P_2 v_2) = k \cdot {}_1w_2$$

단열과정에서 공업일 w_t은 절대일 ${}_1w_2$의 k배이다.

◎ 열량 : ${}_1q_2$ (kJ/kg)

$$dq = du + pdv = dh - vdp = 0 \tag{3-50}$$

$${}_1q_2 = \int_1^2 dq = 0$$

단열변화에서는 열의 출입이 없고 계 내부의 열이 일정하게 유지된다.

◎ 내부 에너지 변화량 : Δu (kJ/kg)

$$\Delta u = u_2 - u_1 = \int_1^2 du = \int_1^2 C_v dT$$

$$= C_v(T_2 - T_1) = \frac{R}{k-1}(T_2 - T_1)$$

$$= \frac{1}{k-1}(P_2 v_2 - P_1 v_1) = \frac{RT_1}{k-1}\left(\frac{T_2}{T_1} - 1\right) \tag{3-51}$$

$$= \frac{RT_1}{k-1}\left[\left(\frac{v_1}{v_2}\right)^{k-1} - 1\right] = \frac{RT_1}{k-1}\left[\left(\frac{P_2}{P_1}\right)^{\frac{k-1}{k}} - 1\right]$$

$$= -{}_1w_2$$

단열변화에서 내부 에너지 감소량은 절대일과 같다.

◎ 엔탈피 변화량 : Δh (kJ/kg)

$$\Delta h = h_2 - h_1 = \int_1^2 dh = \int_1^2 C_p dT$$

$$= C_p(T_2 - T_1) = \frac{kR}{k-1}(T_2 - T_1)$$

$$= \frac{k}{k-1}(P_2v_2 - P_1v_1) = \frac{kRT_1}{k-1}\left(\frac{T_2}{T_1} - 1\right)$$

$$= \frac{kR}{k-1}T_1\left[\left(\frac{v_1}{v_2}\right)^{k-1} - 1\right] = \frac{kRT_1}{k-1}\left[\left(\frac{P_2}{P_1}\right)^{\frac{k-1}{k}} - 1\right]$$

$$= -w_t = k \cdot \Delta u$$

단열변화에서 엔탈피 감소량은 공업일과 같다.

예제 3.21

탄산가스 1 kg이 압력 1 bar, 체적 0.62 m^3인 상태에서 가역 단열 변화를 이루면서 압력 8 bar까지 압축시킨다면 필요한 절대일은 얼마나 되겠는가? 단, 단열지수 $k = 1.3$이다.

풀이 식 (3-44)에서 체적 V_2를 구한다.

$$V_2 = \left(\frac{P_1}{P_2}\right)^{\frac{1}{k}} \cdot V_1 = \left(\frac{1}{8}\right)^{\frac{1}{1.3}} \times 0.62 = 0.125\ (m^3)$$

따라서 구하고자 하는 절대일은 다음과 같이 구한다.

$${}_1W_2 = \frac{m}{k-1}(P_1V_1 - P_2V_2) = \frac{1}{1.3-1}(1\times10^5\times0.62 - 8\times10^5\times0.125)$$

$$= -125\ (kJ)$$

■

예제 3.22

공기가 압력 2 bar, 체적 1 m^3, 온도 40℃인 상태에서, 압력 14 bar로 될 때까지 가역 단열 변화를 할 경우 공기의 무게, 체적, 온도, 행한 일 및 내부 에너지 변화량을 구하여라. 단, $k = 1.4$이고

$R = 286.9\ \text{J/kg K}$이다.

풀이 질량 m은 $\frac{PV}{RT}$에서 구한다.

$$m = \frac{2\times 10^5 \times 1}{286.9\times 313} = 2.227\ (\text{kg})$$

또, 체적 $V_2 = \left(\frac{P_1}{P_2}\right)^{\frac{1}{k}} \cdot V_1 = \left(\frac{2}{14}\right)^{\frac{1}{1.4}} \times 1 = 0.249\ (\text{m}^3)$

온도 $T_2 = T_1 \cdot \left(\frac{P_2}{P_1}\right)^{\frac{k-1}{k}} = 313 \times \left(\frac{14}{2}\right)^{\frac{1.4-1}{1.4}} = 546^{\circ}(\text{K}) = 273(℃)$

한편, 행한 일량 ${}_1W_2$는

$$ {}_1W_2 = \frac{1}{k-1}(P_1V_1 - P_2V_2) = \frac{1}{1.4-1}(2\times 10^5 \times 1 - 14\times 10^5 \times 0.249)$$
$$= -371.5\ (\text{kJ})$$

끝으로 내부 에너지 변화량 ΔU는

$$\Delta U = -{}_1W_2 = 371.5\ (\text{kJ})$$

따라서 내부 에너지는 371.5 kJ만큼 증가되었다. ■

예제 3.23

공기 4 kg이 20℃로부터 단열 압축되어 나중 압력이 처음 압력의 20배로 되었다. $k = 1.4$일 때 다음을 구하여라.

① 압축 후 공기 온도 T_2

② 절대일 ${}_1W_2$

③ 엔탈피 변화량 ΔH

④ 내부 에너지 변화량 ΔU

⑤ 공업일 W_t

풀이 ① 압축 후 공기 온도 T_2℃

$$T_2 = T_1 \cdot \left(\frac{P_2}{P_1}\right)^{\frac{k-1}{k}} = 293 \times \left(\frac{20P_1}{P_1}\right)^{\frac{1.4-1}{1.4}} = 689.6^{\circ}(\text{K}) = 416.6(℃)$$

② 절대일 ${}_1W_2$

$$ {}_1W_2 = \frac{1}{k-1} mR(T_1 - T_2) = \frac{1}{1.4-1} \times 4 \times 286.9 \times (20 - 416.6) $$

$$ = -1{,}137.85\ (\mathrm{kJ}) $$

③ 엔탈피 변화량 ΔH

$$ \Delta H = \frac{k}{k-1} mR(T_2 - T_1) = \frac{1.4}{1.4-1} \times 4 \times 286.9 \times (416.6 - 20) $$

$$ = 1{,}592.98\ (\mathrm{kJ}) $$

④ 내부 에너지 변화량 ΔU

$$ \Delta U = \frac{1}{k-1} mR(T_2 - T_1) $$

$$ = \frac{1}{1.4-1} \times 4 \times 286.9 \times (416.6 - 20) = 1{,}137.85\ (\mathrm{kJ}) $$

⑤ 공업일 W_t

$$ W_t = k \cdot {}_1W_2 = 1.4 \times (-1{,}137.85) = -1{,}592.98\ (\mathrm{kJ}) $$ ■

예제 3.24

20℃, 1.0325 bar, 체적 2.5 m^3인 공기를 단열 압축하여 그 체적을 $\frac{1}{4}$로 감소시켰다. 공기의 $k = 1.4$일 때 다음을 구하여라.

① 변화 후 공기의 압력 P_2
② 변화 후 공기의 온도 T_2
③ 절대일 ${}_1W_2$
④ 공업일 W_t
⑤ 내부 에너지 변화량 ΔU
⑥ 엔탈피 변화량 ΔH

풀이 공기의 무게 m는 상태 방정식으로부터

$$ m = \frac{P \cdot V}{RT} = \frac{101325 \times 2.5}{286.9 \times 293} = 3.013\ (\mathrm{kg}) $$

① 변화 후 공기의 압력 P_2

단열 변화에 대한 P, V, T 관계식

$$\frac{T_2}{T_1} = \left(\frac{V_1}{V_2}\right)^{k-1} = \left(\frac{P_2}{P_1}\right)^{\frac{k-1}{k}} \text{에서부터}$$

$$P_2 = P_1 \cdot \left(\frac{V_1}{V_2}\right)^k = 101{,}325 \times \left\{\frac{V_1}{\frac{V_1}{4}}\right\}^{1.4} = 7.06\ (\text{bar})$$

② 변화 후 공기의 온도 T_2

$$T_2 = T_1 \left(\frac{V_1}{V_2}\right)^{k-1} = 293 \times \left\{\frac{V_1}{(\frac{V_1}{4})}\right\}^{1.4-1} = 510.14^\circ(\text{K}) = 237(℃)$$

③ 절대일 ${}_1W_2$

$${}_1W_2 = \frac{mR}{k-1}(T_1 - T_2) = \frac{3.013 \times 286.9}{1.4-1} \times (20-237) = -468.953\ (\text{kJ})$$

④ 공업일 W_t

$$W_t = \frac{k}{k-1} mR(T_1 - T_2) = k \cdot {}_1W_2 = 1.4 \times (-468.953) = -656.534\ (\text{kJ})$$

⑤ 내부 에너지 변화량 ΔU

$$\Delta U = \frac{mR}{k-1}(T_2 - T_1)$$
$$= \frac{1}{1.4-1} \times 3.013 \times 286.9 \times (237-20) = 468.953\ (\text{kJ})$$

⑥ 엔탈피 변화량 ΔH

$$\Delta H = \frac{k \cdot mR}{k-1}(T_2 - T_1) = k \cdot \Delta U = 1.4 \times 468.953 = 656.534\ (\text{kJ})$$ ■

5. 폴리트로프 변화(Polytropic Change)

계가 열량과 일량을 주고 받으며 준정적으로 변화할 때는 변화의 경로에서 상태 방정식과 에너지식이 그대로 성립되며, 따라서 이 과정은 상태 변화의 일반적인 성격을 나타내게 된다. 압력과 체적의 관계가 다음과 같이 표현될 때 이를 **폴리트로프 변화**라고 한다. 즉,

$$P \cdot V^n = C\ (\text{일정}) \tag{3-53}$$

단, n은 변화중 일정하며 n의 값에 따라 앞서 네 가지 변화를 모두 알 수 있으며 n을 폴리트로프 비열이라 한다. 이는 열역학을 이해하는데 아주 필요한 변화로 조이너(Zeuner)에 의해 유도되었다. 특별한 경우 n의 값에 따라 다음 상태가 얻어진다.

$n=0$이면 $p=c$ 즉, 정압 변화

$n=1$이면 $T=c$ 즉, 등온 변화

$n=k$이면 $pv^k=c$ 즉, 가역단열 변화

$n=\infty$이면 $v=c$ 즉, 정적 변화라 할 수 있다.

그런데 n의 값은 일반적으로 다음 범위에 속한다. 즉, $1<n<k$ 그러나 $0<n<1$, $\infty>n>k$로 정의될 수도 있다. 따라서 폴리트로프 변화는 $pv^n=c$로 표시되므로 모든 열적 상태량 및 각종 관계식은 가역단열 변화의 경우 k 대신 n을 대입하면 쉽게 얻어진다.

그림 3.11은 폴리트로프 변화를 나타낸 것이다. 우선 P, V, T 관계식은

$$PV^n=c \tag{3-54}$$

$$TV^{n-1}=c \tag{3-55}$$

$$TP^{\frac{1-n}{n}}=c \tag{3-56}$$

이 된다. 따라서 이들 사이의 관계식은 다음과 같다.

$$\frac{T_2}{T_1}=\left(\frac{V_1}{V_2}\right)^{n-1}=\left(\frac{P_2}{P_1}\right)^{\frac{n-1}{n}} \tag{3-57}$$

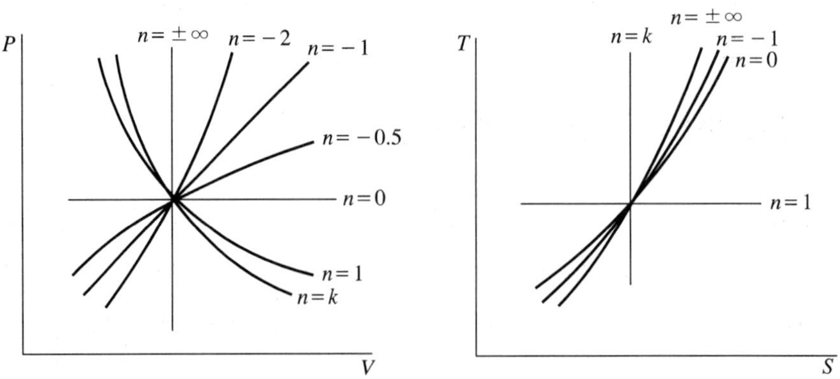

그림 3.11 폴리트로프 변화시 $P-V$ 선도 및 $T-S$ 선도

◎ 절대일 : ${}_1w_2$ (kJ/kg)

$$
\begin{aligned}
{}_1w_2 &= \int_1^2 dw = \int_1^2 Pdv \\
&= \frac{R}{n-1}(T_1 - T_2) = \frac{RT_1}{n-1}\left[1 - \frac{T_2}{T_1}\right] \\
&= \frac{RT_1}{n-1}\left[1 - \left(\frac{v_1}{v_2}\right)^{n-1}\right] = \frac{RT_1}{n-1}\left[1 - \left(\frac{P_2}{P_1}\right)^{\frac{n-1}{n}}\right] \\
&= \frac{P_1v_1}{n-1}\left[1 - \left(\frac{v_1}{v_2}\right)^{n-1}\right] = \frac{RV_1}{n-1}\left[1 - \left(\frac{P_2}{P_1}\right)^{\frac{n-1}{n}}\right] \\
&= \frac{1}{n-1}(P_1v_1 - P_2v_2)
\end{aligned}
\tag{3-58}
$$

◎ 공업일 : w_t (kJ/kg)

$$
\begin{aligned}
w_t &= -\int_1^2 vdP \\
&= \frac{n}{n-1}R(T_1 - T_2) = \frac{nRT_1}{n-1}\left[1 - \frac{T_2}{T_1}\right] \\
&= \frac{n}{n-1}RT_1\left[1 - \left(\frac{v_1}{v_2}\right)^{n-1}\right] = \frac{n}{n-1}RT_1\left[1 - \left(\frac{P_2}{P_1}\right)^{\frac{n-1}{n}}\right] \\
&= \frac{n}{n-1}P_1v_1\left[1 - \left(\frac{v_1}{v_2}\right)^{n-1}\right] = \frac{n}{n-1}RT_1\left[1 - \left(\frac{v_1}{v_2}\right)^{\frac{n-1}{n}}\right] \\
&= \frac{n}{n-1}(P_1v_1 - P_2v_2)
\end{aligned}
\tag{3-59}
$$

◎ 열량 : ${}_1q_2$ (kJ/kg)

열역학 제1기초식에서 $dq = du + Pdv = C_v dT + {}_1w_2$

$$
\begin{aligned}
{}_1q_2 &= \int_1^2 dq = \int_1^2 C_v dT + {}_1w_2 \\
&= C_v(T_2 - T_1) + \frac{R}{n-1}(T_1 - T_2) \\
&= \left(C_v - \frac{R}{n-1}\right)(T_2 - T_1)
\end{aligned}
$$

$$= \left[\frac{C_v(n-1) - (C_p - C_v)}{n-1} \right] (T_2 - T_1)$$

$$= \frac{1}{n-1} (nC_v - C_p)(T_2 - T_1)$$

$$= \frac{n-k}{n-1} C_v (T_2 - T_1)$$

$$= C_n (T_2 - T_1) \tag{3-60}$$

여기서 $C_n = \dfrac{n-k}{n-1} C_v$이고 폴리트로프 비열이라 한다.

◎ 내부 에너지 변화량 : Δu (kJ/kg)

$$\Delta u = u_2 - u_1 = \int_1^2 C_v \, dT = C_v (T_2 - T_1)$$

$$= \frac{R}{k-1}(T_2 - T_1) = \frac{RT_1}{k-1} \left[\frac{T_2}{T_1} - 1 \right]$$

$$= \frac{RT_1}{k-1} \left[\left(\frac{v_1}{v_2} \right)^{n-1} - 1 \right] = \frac{RT_1}{k-1} \left[\left(\frac{P_2}{P_1} \right)^{\frac{n-1}{n}} - 1 \right]$$

$$= \frac{P_1 v_1}{k-1} \left[\left(\frac{v_1}{v_2} \right)^{n-1} - 1 \right] = \frac{P_1 v_1}{k-1} \left[\left(\frac{P_2}{P_1} \right)^{\frac{n-1}{n}} - 1 \right]$$

$$= \frac{1}{k-1} (P_2 v_2 - P_1 v_1) \tag{3-61}$$

◎ 엔탈피 변화량 : Δh (kJ/kg)

$$\Delta h = h_2 - h_1 = \int_1^2 C_p \, dT = C_p (T_2 - T_1)$$

$$= \frac{k}{k-1} R (T_2 - T_1) = \frac{k}{k-1} RT_1 \left[\frac{T_2}{T_1} - 1 \right]$$

$$= \frac{k}{k-1} RT_1 \left[\left(\frac{v_1}{v_2} \right)^{n-1} - 1 \right] = \frac{k}{k-1} RT_1 \left[\left(\frac{P_2}{P_1} \right)^{\frac{n-1}{n}} - 1 \right]$$

$$= \frac{k}{k-1} P_1 v_1 \left[\left(\frac{v_1}{v_2} \right)^{n-1} - 1 \right] = \frac{k}{k-1} P_1 v_1 \left[\left(\frac{P_2}{P_1} \right)^{\frac{n-1}{n}} - 1 \right]$$

$$= \frac{k}{k-1} (P_2 v_2 - P_1 v_1) \tag{3-62}$$

예제 3.25

압력 $P_1 = 1\,bar$, 온도 $t_1 = 80℃$인 공기 1 kg이 압력 $P_2 = 20$ bar까지 $PV^{1.3} = c$에 따라서 압축할 경우의 압축비 V_1/V_2, 최종 온도 t_2, 압축일 $_1W_2$, 내부 에너지 변화 ΔU, 압축중 출입하는 열량 $_1Q_2$ 및 엔탈피 변화 ΔH를 각각 구하여라. (C_v와 C_p 값은 표 3.1을 참조)

풀이 우선 $V_1/V_2 = (P_2/P_1)^{1/1.3} = 20^{1/1.3} = 10.01$을 구한다.

보일 · 샤를의 법칙에서 T_1/T_2를 구하면 t_1이 얻어진다. 즉,

$$\frac{T_1}{T_2} = \frac{P_1}{P_2} \cdot \frac{V_1}{V_2} = \frac{1}{20} \times 10.01 = 0.501$$

따라서 $T_2 = \dfrac{353}{0.501} = 704.6°(\mathrm{K})$ 이므로, t_2=704.6-273=431.6(℃)

또, 압축일은

$$_1W_2 = -\frac{mR}{n-1}(T_2 - T_1) = -\frac{1 \times 286.9}{1.3-1} \times (704.6 - 353) = -336.247(\mathrm{kJ})$$

압축중 출입 열량을 구하려면 식 (3-60)을 쓰면 된다.

$$_1Q_2 = m \cdot C_n \cdot (T_2 - T_1)$$

$$= 1 \times \frac{1.3-1.4}{1.3-1} \times 0.717 \times (704.6 - 353) \fallingdotseq -84.03\ (\mathrm{kJ})$$

내부 에너지의 변화량 ΔU는

$$\Delta U = m \cdot C_v \cdot (T_2 - T_1)$$

$$= 1 \times 0.717 \times 351.6 \fallingdotseq 252.10\ (\mathrm{kJ})$$

끝으로 엔탈피 변화량 ΔH는

$$\Delta H = m \cdot C_P \cdot (T_2 - T_1)$$

$$= 1 \times 1.0046 \times 351.6 \fallingdotseq 353.2\ (\mathrm{kJ})$$

■

예제 3.26

처음 압력 1.05 bar, 체적이 1.85 m^3을 차지하는 2 kg의 공기가 있다. 폴리트로프 변화 후 압력이 4.5 bar로 되었다면 압축일은 얼마인가? 단, $n = 1.2$이다.

풀이

$$ {}_1W_2 = \frac{1}{n-1}(P_1V_1 - P_2V_2) $$

$$ = \frac{1}{1.2-1}(1.05\times 1.85 - 4.5\times 0.55)\times 10^5 = -266.25\,(\text{kJ}) $$

여기서, $V_2 = V_1 \cdot \left(\frac{P_1}{P_2}\right)^{1/n} = 1.85\times\left(\frac{1.05}{4.5}\right)^{1/1.2} = 0.55\,(\text{m}^3)$ ■

예제 3.27

디젤 기관으로 20℃, $1\,bar$의 공기를 실린더 속에 흡입하여 $PV^{1.3}=C$에 따라 $22\,bar$까지 압축하여 체적이 130 cc로 되었다. 정적비열 $C_v = 0.7185\,kJ/kg\,K$이 이면 다음사항을 구하여라.

① 변화 전의 공기 체적 V_1

② 공기의 질량 m

③ 변화 후 공기의 온도 T_2

④ 절대일 ${}_1W_2$

⑤ 가열량 ${}_1Q_2$

⑥ 내부 에너지 변화량 ΔU

⑦ 엔탈피 변화량 ΔH

⑧ 공업일 W_t

풀이 ① 변화 전의 공기 체적 V_1

$$ V_1 = V_2 \cdot \left(\frac{P_2}{P_1}\right)^{\frac{1}{n}} = 130\times 10^{-6}\times\left(\frac{22}{1}\right)^{\frac{1}{1.3}} = 1{,}401.5\times 10^{-6} = 1{,}401.5\,(\text{cc}) $$

② 공기의 질량 m

상태 방정식 $P_1V_1 = mRT_1$에서

$$ m = \frac{P_1V_1}{RT_1} = \frac{10^5\times 1{,}401.5\times 10^{-6}}{286.9\times(273+20)} = 1.667\times 10^{-3}\,(\text{kg}) = 1.667\,(\text{gr}) $$

③ 변화 후 공기의 온도 T_2

$$ T_2 = T_1 \cdot \left(\frac{P_2}{P_1}\right)^{\frac{n-1}{n}} = (20+273)\times\left(\frac{22}{1}\right)^{\frac{1.3-1}{1.3}} = 597.94^{\circ}(\text{K}) = 324.94\,(℃) $$

④ 절대일 ${}_1W_2$

$$ {}_1W_2 = \frac{1}{n-1} mR(T_1 - T_2) $$
$$ = \frac{1}{1.3-1} \times 1.667 \times 10^{-3} \times 286.9 \times (293 - 597.94) = -486.14\ (\text{J}) $$

⑤ 가열량 ${}_1Q_2$

$$ {}_1Q_2 = m \cdot C_n \cdot (T_2 - T_1) = m \cdot C_V \cdot \frac{n-k}{n-1} \cdot (T_2 - T_1) $$
$$ = 1.667 \times 10^{-3} \times 0.7158 \times \frac{1.3-1.4}{1.3-1} \times (597.94 - 293) = -0.1213\ (\text{kJ}) $$

⑥ 내부 에너지 변화량 ΔU

$$ \Delta U = mC_V(T_2 - T_1) = 1.667 \times 10^{-3} \times 0.7158 \times (597.94 - 293) = 0.3639\ (\text{kJ}) $$

⑦ 엔탈피 변화량 ΔH

$$ \Delta H = mC_p(T_2 - T_1) = 1.667 \times 10^{-3} \times 1.0046 \times (597.94 - 293) = 0.5107\ (\text{kJ}) $$

⑧ 공업일 W_t

$$ W_t = n \cdot {}_1W_2 = 1.3 \times (-486.14) = -631.982\ (\text{kJ}) $$

■

예제 3.28

80 kPa, 20℃의 공기 12 m³가 800 kPa까지 압축되어 최종 체적이 2 m³일 경우 폴리트로프 지수, 압축에 소요된 일, 열전달량 및 최종 온도를 구하여라. 단 $R = 286.9$ J/kg K, $C_v = 0.7158$ kJ/kg K 이다.

풀이 공기의 질량

$$ m = \frac{P_1 V_1}{RT_1} = \frac{80{,}000 \times 12}{286.9 \times (273 + 20)} = 11.42\ (\text{kg}) $$

폴리프로프 지수

$$ P_1 V_1^{\,n} = P_2 V_2^{\,n} \text{에서} \left(\frac{V_1}{V_2}\right)^n = \frac{P_2}{P_1} \text{이므로} $$

$$ \left(\frac{12}{2}\right)^n = \left(\frac{800}{80}\right) \text{에서} \quad 6^n = 10 \text{이므로} \quad n = 1.2851 $$

압축에 소요된 일은

$$_1W_2 = \frac{P_1V_1 - P_2V_2}{n-1} = \frac{80 \times 12 - 800 \times 2}{1.2851 - 1} = -2{,}244.8264\,(\text{kJ}) = -2.245\,(\text{MJ})$$

최종 온도

$$T_2 = \frac{P_2V_2}{mR} = \frac{800{,}000 \times 2}{11.42 \times 286.9} = 488.34^{\circ}(\text{K})\text{이므로} \quad t_2 = 488.34 - 273.15 = 215.19\,℃$$

열량 $_1Q_2$

$$_1Q_2 = mC_v\frac{n-k}{n-1}(T_2 - T_1)$$

$$= 11.42 \times 0.7158 \times \frac{1.2851 - 1.4}{1.2851 - 1}(488.34 - 293.15) = -643.04\,(\text{kJ})$$

■

연습문제

1. 보일 · 샤를의 법칙에 대하여 설명하여라.

2. 이상기체의 비열에 관한 식을 설명하고, 정압비열 C_p와 정적비열 C_v의 차를 구하여라.

3. 단열변화에서 $Pv^k=$ 일정, 또는 $Tv^{k-1}=$ 일정으로 표시됨을 증명하여라. k는 비열비이다.

4. 3 kg의 공기가 3 m^3, 1 bar 상태에서 등온하에 압력이 3 bar이 되었다면 변화후의 비체적을 구하여라.

5. 어느 이상 기체 10 kg을 280℃만큼 온도 상승시키는데 필요한 열량이 압력 일정의 경우와 체적 일정의 경우 그 차가 415 kJ이었다. 이 기체의 기체 상수는 얼마인가?

6. 분자량이 44인 어떤 가스의 정압비열이 0.8192 kJ/kg ℃일 때, 정적비열 C_v와 비열비 k는 얼마인가?

7. 질소 5 kg을 300℃, 1 MPa의 상태에서 등압하에 체적이 처음 체적의 1/3이 될 때까지 냉각하였다. 필요한 열량, 한일, 내부에너지의 변화를 구하여라.

8. $k=1.3$인 이상기체 0.5 kg이 단열된 실린더속에서 팽창한다. 처음의 압력 $P_1=$ 10 bar, 체적 $V_1=0.111\ m^3$이었고, 상태변화 후에 체적 $V_2=0.3\ m^3$이 되었다. 다음을 각각 구하여라. 단, $R=460.6$ J/kg K, $C_v=1.3814$ kJ/kg ℃이다.

1) 한일 2) 내부에너지의 감소 3) 온도강하 4) 엔탈피 감소

9. 1 kg의 공기가 일정온도 100℃하에서 처음 체적의 5배가 되었다. 팽창일과 소비된 열량을 구하여라.

10. 압력 15 bar, 온도 600℃인 이상 기체가 실린더내에서 압력 1 bar까지 가역 단열 팽창

시킨다. 팽창후의 가스의 온도와 하는 일을 구하여라. 단, $k = 4/3, R = 287.14$ J/kg K 이다.

11. 0℃, 3 bar의 이상 기체를 일정한 체적을 갖는 탱크속에 넣고 80℃까지 가열했을 때 탱크속의 압력상승은 얼마인가?

12. 이상 기체 1 kg이 압력 100 kPa, 온도 25℃로부터 온도 920℃까지 정적가열된 다음, 단열적으로 압력 100 kPa까지 팽창하였다. 다음을 각각 구하여라.
단, $C_v = 0.745$ kJ/kg K, $C_p = 1.043$ kJ/kg K이다.

1) P_2/P_1 2) v_3/v_1 3) $_1Q_2$ 4) $_2W_3$

13. 압력 50 bar, 온도 2,030℃의 공기 0.001 kg이 팽창하여 체적이 9배가 되었다. 팽창후의 한일, 열량, 내부에너지 변화를 다음의 상태 변화에 대하여 구하여라. 단, $k = 1.3$, $n = 1.35$, $C_v = 0.228$ kJ/kg K이다.

1) 등온 변화 2) 단열 변화 3) 폴리트로프 변화

14. 대기압하에서 비체적이 0.8 m^3/kg인 공기 1 kg을 단열 상태로 압축하였더니 압력이 10 bar, 비체적이 0.1 m^3/kg로 되었다. 엔탈피 증가량은 얼마인가?

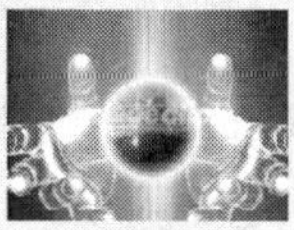

CHAPTER 04

열역학 제2법칙과 엔트로피

4.1 열역학 제2법칙과 열기관

열역학 제1법칙은 열과 일 등이 항상 일정한 비로 전환되는 것을 나타내고 있다. 그러나 이것은 단지 양적 관계를 나타내는 것만으로 전환 방향이 쉽고, 어려움을 밝힌 것은 아니었다. 즉, $Q=W$인 관계가 주어졌을 뿐, Q(kJ)의 열을 모두 W(kJ)의 일로 바꾸는 것과 W의 일을 모두 Q의 열로 바꾸는 것이 마치 가능한 것처럼 보였다.

그러나 실제 자연계에 대해서 우리들이 경험한 대로는 일을 소비하여 열을 얻는 것은 쉽지만, 열로부터 일을 얻는데는 어떤 제한이 있다. 예를 들어 수중에서 프로펠러(propeller)를 회전시키면 물의 온도가 상승하지만 이 물을 냉각하여도 그만큼 프로펠러를 회전시키는 것은 불가능하다. 이와 같이 일은 쉽게 열로 변하는데 열은 일로 변하는 것이 쉽지 않다.

그런데 에너지계는 모두 그 자체의 변화대로 맡겨져서 다른 에너지로부터 영향을 전혀 받지 않으면 반드시 안정상태로 되려고 하는 경향이 있다.

열에너지에 대해서도 마찬가지로 열이동은 반드시 고온체 열원에서 저온체 열원으로 향하여 행해지고, 이 두 물체의 온도가 평형 상태에 이르러 중지한다. 그리고 이 현상을 이용하는 경우에는 열로부터 일을 얻어 낼 수가 있는 것이다.

이상의 관계를 설명한 것이 **열역학 제2법칙**(The 2nd Law of Thermodynamics)이다. 이 법칙은 카르노(Carnot), 클라우시우스(Clausius), 켈빈(Kelvin) 및 프랭크(Planck) 등에 의해 제창되어 발전한 것이다.

이는 제1법칙에 비해 실험적으로 관찰되었지만 매우 타당한 것으로 믿게되었다. 그리고 이 법칙이 맞지 않는 사실을 찾아 내어 잘못인 것을 증명하려고 노력했지만 더욱더 그 법칙이 옳음을 뒷받침하게 되었다. 따라서 열역학 제2법칙은 실험적으로 정확한 것이 인정되어 제1법칙과 같이 열역학에 대한 기초법칙으로서 중요한 위치를 차지하게 되었다.

클라우시우스(Clausius)는 1850년에 이 법칙의 가장 근본적인 표현으로 다음과 같이 나타내었다. "**열은 그 스스로 저열원체에서 고열원체로 이동할 수 없다.**" 지금 고열원체와 저열원체가 서로 접촉되는 경우, 열은 고온체에서 저온체로 향해 이동하고, 양자가 동일 온도에 도달하면 즉, 열의 평형 상태로 되면 이동이 정지된다.

이것에 대하여 저열원체로부터 고열원체로 열을 이동시키는데는 냉동기(refrigerator)처럼 외부에서 에너지를 공급받아야만 한다. 즉, 열 자신은 어떤 에너지의 도움을 받지 않는 한 스스로 자연히 저열원체에서 고열원체로 이동할 수 없다. 여기서 스스로라는 말은 매우 중요한 의미를 갖는다.

또한, 열역학 제2법칙의 다른 표현으로 켈빈(Kelvin), 플랭크(Planck)는 다음과 같이 말하였다. **"열기관에 대해서 동작유체에 일을 시키려면 이보다 낮은 열원의 물체가 있어야 한다."**

열기관에 대해서 열로부터 일로의 변화는 다음과 같이 행해진다. 우선 동작유체는 고열원체에서 열량을 받아 고온 고압으로 된 후 열기관에서 일부는 일을 하고 나머지 열량을 저열원체로 버리게 한다. 따라서 연속으로 열의 일부를 일로 바꾸는 것은 불가능하고, 일로 변하는데 이용하는 열은 그 일부에 지나지 않는다.

한편, 열원에서 열이 온도 강하를 따르지 않고, 다른 변화도 일으키지 않으며 기계적 일로 변하는 운동을 행하는 기관을 **제2종 영구운동기관**(perpetual motion engine of the second type)이라 한다. 이 경우는 열을 전부 일로 바꾸어 이용하는 것이 되고 따라서 열로부터 일, 일로부터 열로 에너지 변환을 반복함에 따라, 외부로부터 어떤 에너지 공급을 받지 않고 영구히 일을 계속하는 기관이 된다.

그런데 열역학 제2법칙에 의하면 열에서 일을 만들어 내는 데도 반드시 온도 강하와 저온도에 대한 열의 방출을 필요로 한다. 따라서 외부로부터 에너지 공급을 받지 않고 영구적으로 일을 얻는 것은 절대로 불가능하다. 그러므로 열역학 제2법칙은 제2종 영구운동의 존재를 부정하는 법칙이기도 하다. 앞서 설명된 열역학 제2법칙을 기초로 하여, 연속적으로 열에서 일을 만들어 내는 경우 열은 그 일부를 일로 바꿀 수 있을 뿐이지만, 가장 효율이 좋은 일을 만들어 내려면 어떻게 하면 좋은가를 나타내는 것이 후술할 카르노사이클(Carnot cycle)이다.

또한, 열 현상은 자연대로 반드시 일정한 방향으로 변화한다. 이 사실을 양적으로 표현한 것을 후술할 엔트로피(entropy)량이다.

열기관 사이클에서 계의 상태 변화에 따르는 절대일을 그림 4.1에서 보는 바와 같은 사이클을 생각해 보면 알 수 있다.

유체가 여러 가지 변화를 연속적으로 행하여 다시 처음 상태로 되돌아올 때 그 변화를

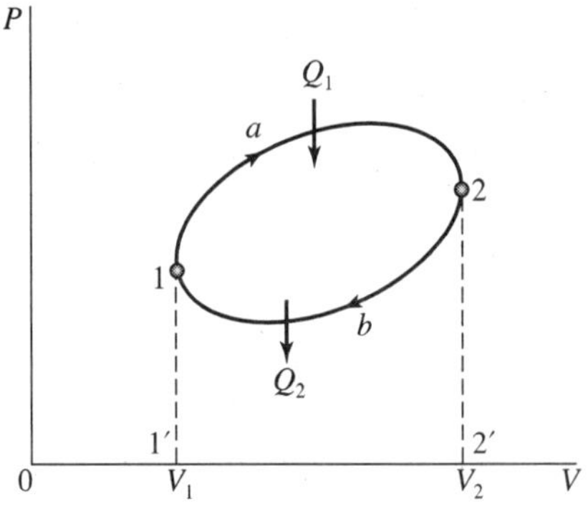

그림 4.1 사이클

표시하면 폐쇄 곡선이 나타나는데 이 궤적을 사이클이라 한다. 열에서 일을 얻는 기관이나, 일로 열을 빼앗는 냉동 기관도 모두 동작유체가 행한 사이클을 이용하여 목적의 에너지 변환을 수행하는 것이다.

그림 4.1의 상태 변화 $1a2$ 과정에서 열량 Q_1을 공급받고, 경로 $2b1$을 거치는 사이에 열량 Q_2를 방열하고 처음의 상태로 되돌아오는 사이클에 열역학 제1법칙을 적용하면

$$Q_1 = (U_2 - U_1) + \int_{1\to a}^{2} PdV$$

$$-Q_2 = (U_1 - U_2) + \int_{2\to b}^{1} PdV$$

가 된다.

이들 두 식을 더하면,

$$Q_1 - Q_2 = \int_{1\to a}^{2} PdV + \int_{2\to b}^{1} PdV$$

$$= \oint PdV \tag{4-1}$$

가 된다.

이 일을 다시 표현하면

$$w_{net} = \oint PdV = \text{면적 } 1a22'1' - \text{면적 } 1b22'1' = \text{면적 } 1a2b1 \tag{4-2}$$

로 표시된다. 사이클 과정중에 한 일은 $P-V$ 선도상의 폐곡선으로 둘러 싸인 면적과 같다.

외부로부터 열을 받아서 사이클 과정을 거쳐 일을 발생시키는 기계를 열기관이라 한다. 열기관에서 유체에 열량 q_1이 공급되어 그 중 $q_1 - q_2$만큼이 일로 변하는 것이다. 따라서 $q_1 - q_2$의 q_1에 대한 비를 열효율(thermal efficiency)이라 하고 다음 식으로 나타낸다.

$$\eta = \frac{q_1 - q_2}{q_1} = \frac{Q_1 - Q_2}{Q_1} = 1 - \frac{Q_2}{Q_1} = \frac{W}{Q_1} \tag{4-3}$$

열효율은 1보다 항상 작으므로, "열효율 100%인 열기관을 제작할 수 없다."라는 것도 또 하나의 열역학 제2법칙을 표현하는 것이다.

예제 4.1

어떤 화력 발전소가 60,000 kW의 전력을 발생할 경우 이 때 석탄 소요량이 시간당 35톤이라면, 이 발전소의 열효율은 얼마인가? 단, 이때에 얻어진 열량은 모두 전력으로 바뀌고 석탄의 저위 발열량은 27,200 kJ/kg이다.

풀이 식 (4-3)에 의해 열효율은 얻어진다.

$$\eta = \frac{Q_1 - Q_2}{Q_1} = \frac{60,000 \times 3,600}{35 \times 1,000 \times 27,200} \fallingdotseq 0.227 = 22.7(\%)$$

■

4.2 가역과 비가역(Reversible and Irreversible)

앞 절에서 열이 일로 되려면, 변화 과정에 따라 다른 것을 알 수 있었다. 이 관계를 명백하게 하기 위해 제2법칙에 의한 열손실 이외에는 에너지 손실이 없는 이상 사이클을 가정하고, 이 사이클에 대해 고찰해야 한다. 이는 제1법칙에서 마찰을 무시한 이상일을 가정하고, 열과 일의 관계를 구하는 방법과 같다.

사이클에서 에너지 손실에는, 우선 마찰 손실을 생각할 수 있으므로 이상 사이클에서는 마찰을 무시할 필요가 있다. 그러나 이것 외에 어떤 모양의 손실이 있는지 명확하지는 않다. 여기서 사이클의 역행을 고려하여 열기관 사이클에서 얻은 일만을 계에 주므로서 모든 것이 처음 상태로 되면, 이 사이클을 이상 사이클이라 한다. 이처럼 역행이 가능한 사이클을 **가역 사이클**(reversible cycle)이라 하고, 이와 반대로 역행 불가능한 사이클을 **비가역 사이클**(irreversible cycle)이라 한다.

한편, 가역 변화란 계가 어떤 상태 변화를 했을 때 변화 후의 상태에서 어느 방법으로나 계를 처음 상태로 되돌릴 수 있고, 계가 처음 상태로 되었을 때 자연계에는 아무런 변화를 남기지 않은 상태 변화를 말한다. 이미 설명한 대로 자연계에서 일어나는 현상에는 방향성이 있으므로 일단 생긴 변화를 처음 상태로 되돌려도 후에 변화가 남게 된다. 따라서 가역 변화는 이상적 현상으로, 이 변화에서는 이상적일 때와 같이 마찰을 무시함과 동시에 열이동의 방향성도 무시하게 된다.

가역 사이클에서 밝힌 바와 같이, 가역 변화에서는 계가 일을 할 때, 열원에서 받아들인 열량은 계가 같은 일을 외부로부터 받아들일 때, 외부에 변화를 남기는 일 없이 계로부터 열원으로 돌아가야만 한다. 그러나 제2법칙에 의해 저온체에서 고온체로 열이동은 스스로 불가능하므로 열원과 계와의 사이에는 열이 외부에 변화를 남기지 않고 왕복할 수 있는 것은 양자가 동일 온도여서 열이 어느쪽으로나 이동할 수 있을 때 뿐이다.

또, 열의 이동에 의하여 계나 열원의 온도 변화가 있어서는 안 되므로 계는 등온 변화하면 열원의 열용량이 무한히 커서 계에 열을 주어도 온도 변화는 무시해야 한다.

준정적 변화에서는 계의 평형만 생각하고 변화의 원인이 되는 주위에 대해서는 언급하지 않았다. 따라서 준정적 변화가 무한소의 연속일 것만이 요구되며, 방향성은 문제가 되지 않으므로 변화가 한 방향으로 진행되어도 상관 없다.

즉, 준정적 변화에서 계내의 평형만이 요구되는 것에 반하여 가역 변화에서는 변화의 원인이 되는 주위(surrounding)와도 평형을 유지하지 않으면 안 된다. 이 점에서 계의 준정적 변화를 **내부 가역 변화**(internal reversible process)라고 한다. 따라서 가역 변화에서는 계의 변화는 반드시 준정적이나, 계의 준정적 변화는 반드시 가역 변화는 아니다.

다음에 두 가지 경우를 준정적 변화라 생각하고 어느 경우나 반대방향으로도 변화가 일어날 수 있는 가역 변화를 알아본다.

첫째로 온도차가 무한히 작은 변화가 있을 때 열의 이동에 대하여 그림 4.2에 나타내고 있다. 계는 주위와 단열되어 있고, 온도 T_A인 열원 A와 온도 T_B인 물체 B가 서로 접촉해서 온도 T_A와 T_B에 무한소의 온도차 ΔT가 있을 때 열이 이동한다. 즉,

$$T_A = T_B + \Delta T, \quad \Delta T \fallingdotseq 0$$

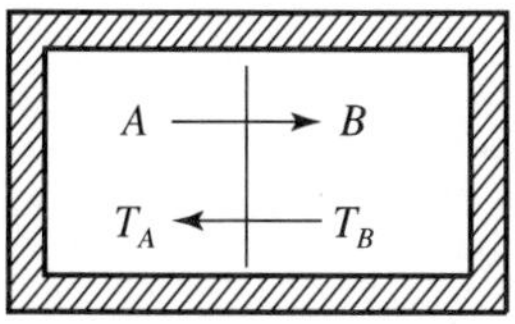

그림 4.2 등온 변화

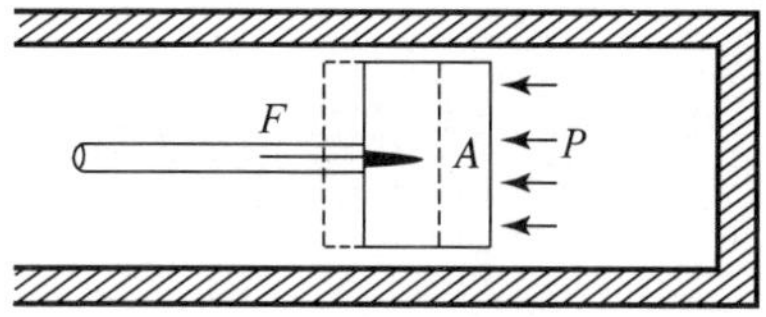

그림 4.3 가역 단열 변화

지금 $\Delta T > 0$일 때는 열역학 제1법칙에 따라 A에서 B로 열이 이동한다. 여기서 ΔT는 무한으로 0에 가깝다고 생각한다. 마찬가지로 $\Delta T < 0$일 때는 ΔT가 무한으로 0에 가깝다고 생각하면 열은 B에서 A로 이동하게 된다. 이와 같이 온도차가 무한소일 때 열의 출입은 준정적이고, 가역 변화이다. 이를 **가역 등온 변화**(reversible isothermal change)라 한다.

둘째로 단열실 내에서의 가역 변화는 그림 4.3과 같이 기밀이 유지되고 마찰이 없는 실린더와 피스톤 사이에 기체가 들어 있다. 피스톤과 실린더 면이 단열되어 있다고 하면 그 안의 기체가 가역 변화를 하기 위해서는 피스톤에 작용하는 기체가 압력(P)과 단면적(A)의 곱은 피스톤 로드(rod)에 작용하는 외력(F)과 같고, 또, 그 평형 상태를 잃는 일 없이 피스톤이 아주 조용히 운동을 한다.

만일 피스톤이 왼쪽으로 움직이면 기체는 팽창하지만 평형 상태를 유지하면서 아주 조용히 팽창하므로 팽창 도중의 임의 위치에서 피스톤을 정지시켜도 기체의 상태에는 아무런 변화가 없다. 그리고 반대로 피스톤이 오른쪽으로 아주 조용히 움직일 때는 기체가 압축되어 체적이 감소해 앞의 팽창 도중에 경과 상태를 밟아 팽창하기 전의 상태로 완전히 되돌아갈 수 있다. 이와 같이 변화가 가역 변화이고 주위가 단열되어 있으므로 **가역 단열 변화**(reversible adiabatic change)라 한다.

그러나 자연계에서 일어나는 모든 변화는 비가역 변화이며 특히 중요한 것은 다음과 같은 원인들이 있다.

- 마찰에 의한 일의 열로 변환
- 고온에서 저온으로 열 이동
- 기체의 자유 팽창
- 서로 다른 기체의 혼합
- 교축 유동
- 기타

4.3 카르노 사이클(Carnot Cycle)

열을 일로 변환시키는 방법은 열이 고온체 열원에서 저온체 열원으로 이동하는 도중에 이 열을 동작유체에 가하여 상태 변화를 일으켜 일을 얻는 방법이다. 그러나 동작유체에 열을 가하는 방법, 상태 변화의 형태, 저온체 열원에 방열하는 수단 등은 여러 가지가 있으므로, 이를 이용한 사이클도 많이 있다. 그러나 어떻게 하여 공급열량 Q_1이 유효한 일 AW로 바뀔 수 있는지 즉, 열효율의 개선과 그 사이클의 실제적인 적용성 여부가 중요하다.

이유는 사이클에서는 저온체 열원으로 반드시 방출열량 Q_2가 불가피하므로 열효율이 100%는 불가능하기 때문이다. 주어진 고·저온체 열원의 온도 T_H, $T_L(T_H > T_L)$ 사이에는 여러 가지 사이클을 생각할 수 있지만 우선 이론적인 최고 열효율을 얻기 위해서는 무엇보다도 사이클을 형성하는 각 상태 변화가 모두 가역 사이클이어야 한다. 왜냐하면 비가역 변화는 반드시 에너지 손실을 수반하기 때문에 그만큼 효율이 저하된다.

따라서 등온, 단열 두 변화를 제외하고는 열출입과 온도 변화가 있으므로 앞 절에서 설명한 바와 같이 **가역 등온 변화 2개와 가역 단열 변화 2개**로 이루어진 것이라야 가역 사이클을 이룰 수 있다. 이 이론을 착안한 사람이 카르노(Carnot)이며 이 사이클을 **카르노 사이클**(Carnot cycle)이라 한다.

1824년 프랑스의 사디 카르노(Sadi Carnot)가 이것을 발표했을 때 그의 나이가 28세였는데, 세상 사람들이 이에 관해 전혀 주목을 하지 않았다. 20년 후 쯤 돼서야 그 가치가 나타나기 시작했으나 그는 이미 36세에 타계한 후였다. 그림 4.4에서와 같이 카르노 사이클은 12, 34의 등온 변화와 23, 41의 가역 단열 변화로 구성되어 있다. 동작유체는 실린더 속에 들어 있고 실린더는 열의 완전 부양도체, 실린더와 피스톤의 사이에는 마찰이 없는 것으로 보고 실린더 헤드는 열의 완전 양도체로 생각하면 카르노 사이클은 다음과 같이 이루어진다.

① 과정 1→2 : 등온 팽창과정

온도가 T_H인 고열원에서 Q_1인 열량을 공급받아 등온 팽창하며 외부에 대하여 팽

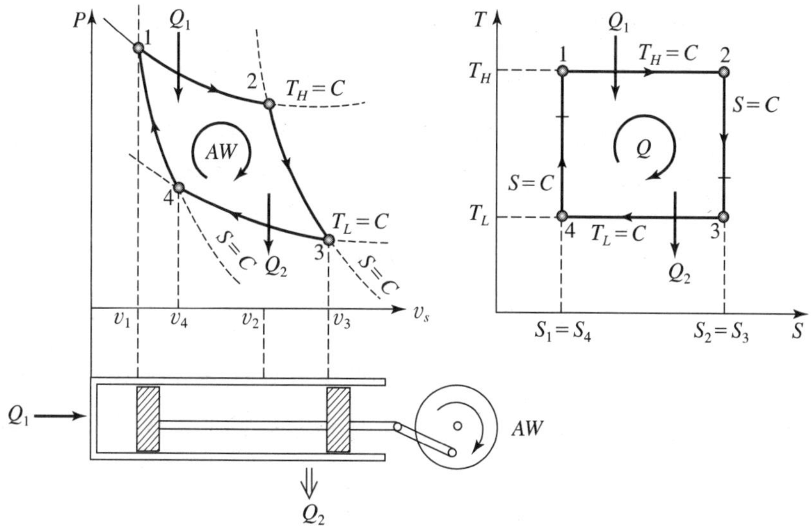

그림 4.4 카르노 사이클의 $P-V$와 $T-S$ 선도

창일을 한다. 흡수열량 Q_1은 다음과 같다.

$$Q_1 = mRT_H \ln\left(\frac{V_2}{V_1}\right) = mRT_H \ln\left(\frac{P_1}{P_2}\right) \tag{4-4}$$

② 과정 2→3 : 단열 팽창과정

상태 2에서 단열 상태하에서 팽창시켜 온도 T_2에서 T_3가 되는 상태 3이 될 때까지 외부에 대하여 일을 한다. 이 때 피스톤은 마찰이 없고 과정은 준정적이므로 가역 단열 팽창으로 생각한다. 따라서 온도비는 다음과 같다.

$$\frac{T_L}{T_H} = \frac{T_3}{T_2} = \left(\frac{V_2}{V_3}\right)^{k-1} \tag{4-5}$$

③ 과정 3→4 : 등온 압축과정

작동유체는 상태 3에서 T_L인 저열원으로 Q_2의 열량을 방출하고 등온 압축하여 상태 4로 된다. 이 때 방출되는 열량 Q_2는 다음과 같다.

$$Q_2 = mRT_L \ln\left(\frac{V_3}{V_4}\right) = mRT_L \ln\left(\frac{P_4}{P_3}\right) \tag{4-6}$$

④ 과정 4→1 : 가역 단열 압축과정

상태 4에서 동작유체와 저열원과의 접촉을 차단하고 고열원 온도 T_H까지 단열 압축시켜 상태 1로 되돌아 온다. 외부에서 압축일을 공급받고 내부 에너지는 증가하며 온도는 T_L에서 T_H으로 증가한다. 온도비는 다음과 같다.

$$\frac{T_L}{T_H} = \frac{T_4}{T_1} = \left(\frac{V_1}{V_4}\right)^{k-1} \tag{4-7}$$

이와 같이 완성된 사이클에서 고온체 열원에 의해 공급된 열량은 Q_1이고, 저온체 열원으로 방출한 열량은 Q_2이다. 따라서 사이클 중에서 열로부터 바뀐 일W에 대해서 다음 관계가 성립된다.

$$Q_1 - Q_2 = 0 + W$$

즉,

$$Q_1 - Q_2 = W \quad (\text{kJ}) \tag{4-8}$$

식 (4-4)는 열역학 제1법칙에서 내부 에너지가 변하지 않는 경우와 같으므로 나타내어진 식이다. 따라서 **카르노 사이클의 열효율**은

$$\eta_c = \frac{Q_1 - Q_2}{Q_1} = \frac{W}{Q_1} = 1 - \frac{Q_2}{Q_1} \tag{4-9}$$

이 된다.

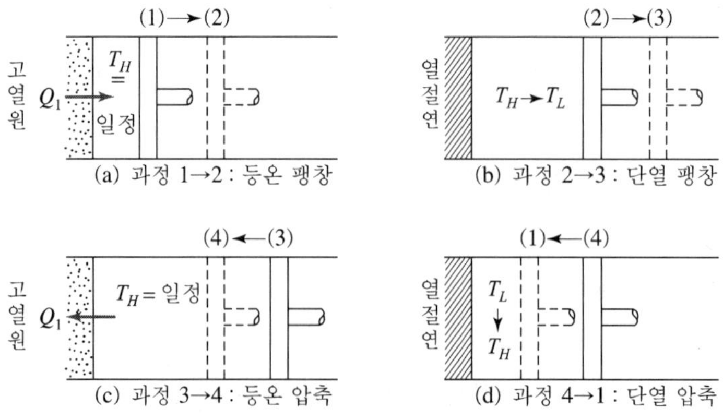

그림 4.5 카르노 사이클의 과정

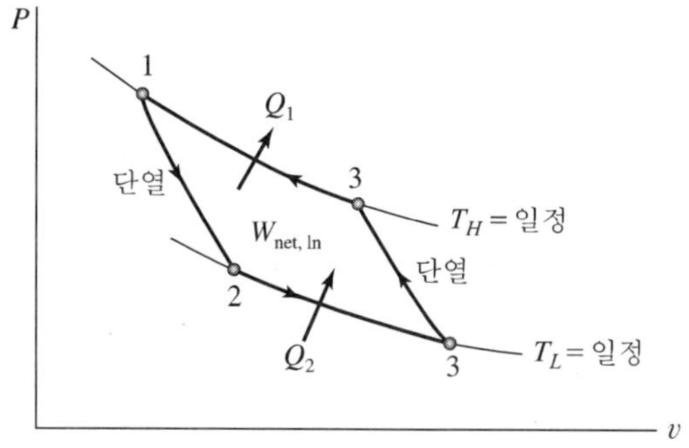

그림 4.6 역 카르노 사이클의 원리

이와 같이 네 과정으로 이루어지는 카르노 사이클이 효율에서 다음과 같은 중요한 사실을 알 수 있다. 첫째, 같은 열 저장소(reservoir)에서 작동하는 기관중에서는 가역 사이클로 작동하는 기관의 효율이 가장 좋다. 둘째, 임의의 2개 온도의 열 저장소 사이에서 가역 사이클인 카르노 사이클로 작동하는 기관은 모두 같은 열효율을 갖는다.

한편, 카르노 사이클의 작동은 시계방향으로 이루어지지만, 그림 4.6과 같이 이와 반대로 반시계방향으로 이루어지는 카르노 사이클도 있다. 이를 **역 카르노 사이클**(inverse carnot cycle)이라 한다. 이는 외부에서 일 W를 받아서 T_L인 저온체 열원으로부터 열량 Q_2를 흡수하여 고온체 열원 T_H으로 Q_1의 열량을 방열하는 경우이다. 이 때에도 식 (4-8)은 성립된다.

역 카르노 사이클에서 계는 저온체 열원에서 열을 흡수하여 이것을 고온체 열원으로 방열하므로 열은 사이클의 도움을 받아 저온부에서 고온부로 이동한다. 이 사이클은 냉동기(refrigerator)나 열 펌프(heat pump)에 이용하므로 **냉동 사이클**(refrigerator cycle)이라고도 한다. 역 카르노 사이클을 냉동기에 적용하면 외부에서 받은 일로 저온체 열원에서 흡수하는 열량이 얼마나 큰지에 따라 성능을 알 수 있다. 이를 **성능계수** 또는 **성적계수**(coefficient of performance) COP_R이라 한다. 즉,

$$COP_R = \frac{Q_2}{W} = \frac{Q_2}{Q_1 - Q_2} \tag{4-10}$$

같은 사이클을 열 펌프에 적용시켰을 때는 Q_2를 흡수하여 Q_1을 이용하며 난방 등에 사용하게 되는데 이에 대한 성능계수를 COP_H라 한다면

$$COP_H = \frac{Q_1}{W} = \frac{Q_1}{Q_1 - Q_2} \tag{4-11}$$

이 되고 COP_R과 COP_H의 관계는 다음과 같다.

$$COP_H = COP_R + 1 \tag{4-12}$$

예제 4.2

카르노 열기관이 다음 그림과 같이 700℃의 고열원으로부터 600 kJ의 열량을 받아서 30℃인 저열원에 방열하는 경우 다음 사항을 구하여라.

① 열효율 η_c

② 저열원에 방열하는 열량 Q_2

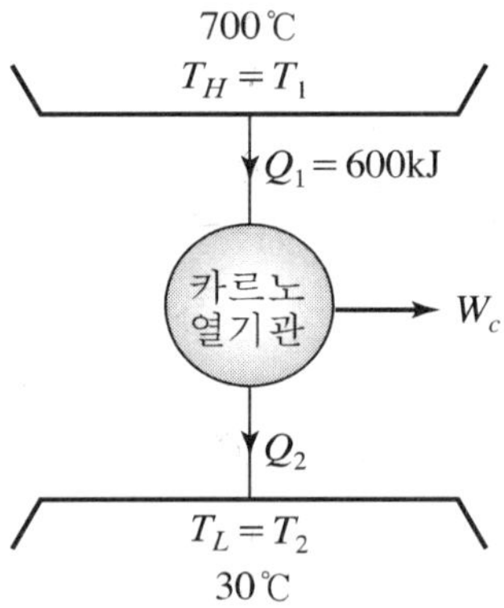

풀이 ① 카르노 기관의 열효율

$$\eta_c = 1 - \frac{Q_2}{Q_1} = 1 - \frac{T_L}{T_H} = 1 - \frac{30+273}{700+273} = 0.689 = 68.9(\%)$$

이다. 따라서 이 기관은 공급받은 열량의 68.9%를 일로 변환시킨다.

② 방열량 Q_2

$$\eta_c = 1 - \frac{Q_2}{Q_1}$$

$$Q_2 = Q_1(1-\eta_c) = 600(1-0.689) = 186.6\ (\mathrm{kJ})$$

따라서 고열원으로부터 받은 열량 600 kJ 중 186.6 kJ을 방열한 결과가 된다. ■

예제 4.3

어떤 냉동기가 1 kWh의 동력을 소모하여 압축기를 작동시켰다. 한 시간 동안 13.22 MJ의 열을 저온체 열원에서 제거하면, 이 냉동기의 성능계수는 얼마인가? 또, 열펌프의 성능계수는 얼마인가?

풀이 식 (4-9)에 $1\,kWh = 3.6 \times 10^6\,(J)$임을 고려하여 대입하면

$$COP_R = \frac{Q_2}{W} = \frac{Q_2}{Q_1 - Q_2} = \frac{13{,}220}{3{,}600} = 3.672$$

또한, $COP_H = COP_R + 1 = 3.672 + 1 = 4.672$가 된다. ■

4.4 열역학적 절대 온도

일상 생활에서 사용하고 있는 온도계는 그 작동유체의 팽창을 이용하는 것으로 이는 동작유체의 성질을 활용한 것이다. 그러나 실제의 온도계란 동작유체에는 관계없는 것이라야 하고 온도의 눈금을 정하는 방법도 동작유체 성질과 무관한 카르노 사이클 이론을 이용하여야 한다. 이와 같이 정해진 온도를 **열역학적 절대 온도**(absolute temperature of thermjodynamics) 또는 **켈빈의 절대 온도**라 한다.

그림 4.7에서 τ를 열역학적 절대 온도라 하고, aa 및 bb를 임의의 두 가역 단열선이라 한다. 여기서 11′, 22′를 등온선으로 하면 사이클 11′2′2는 카르노 사이클에서 행한 일의 열량은 $W=(Q_1-Q_2)$=면적 11′2′2로 된다. 계속해서 각 등온선을 적당히 정하여 면적 11′2′2, 22′3′3, 33′4′4 …… 등을 전부 같게 만들면 각 사이클이 하는 일량은 같으므로 $Q_1-Q_2=Q_2-Q_3=Q_3-Q_4=\cdots\cdots=W$가 된다. 이때 등온선 $\tau_1, \tau_2, \tau_3, \tau_4, \cdots\cdots$는 각 카르노 사이클의 열량을 갖게 하므로 정해진 것이다. 이때 정해진 온도 눈금은 수은 또는 가스 온도계와 사용되는 동작유체의 종류에는 무관하게 된다. 이처럼 정해진 온도 눈금에서 기준 온도를 τ_n이라고 하면 카르노 사이클 $11'n'n$이 행한 일은 다음 식으로 표시된다.

$$Q_1-Q_2=(n-1)W=K(\tau_1-\tau_n) \quad (K : \text{상수}) \tag{4-13}$$

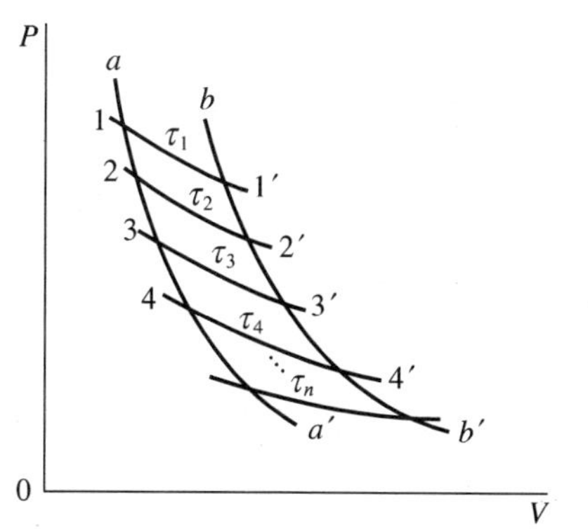

그림 4.7 열역학적 절대 온도

그러므로 τ_1, τ_n 사이에서 작동하는 카르노 사이클 $11'n'n$의 효율은

$$\eta_n = \frac{Q_1 - Q_n}{Q_1} = \frac{K}{Q_1}(\tau_1 - \tau_n) = C(\tau_1 - \tau_n) \tag{4-14}$$

로 된다. 여기서 $C = K/Q_1$으로 효율은 τ_1만의 함수이고 τ_n과는 무관하다. 이것은 **카르노 함수**(carnot function)라 한다. 이제 τ_n에 관한 사이클의 효율이 $\eta_n = 1$이 되도록 기준 온도를 정한다. 즉, 이 때는 사이클에 공급된 열량 Q_1은 전부가 일로 바뀌어 이용할 수 있다. 이와 같이 기준 온도 τ_n은 0으로 정하면 되는데 이는 자연계에 존재가 불가하다. 이 때는 효율이 1보다 크게 되고 에너지 보존의 법칙을 위반한다. 왜냐하면 **"최저 온도를 절대 온도 0도 이하로 낮출 수는 없다."** (4.10절 참조)

따라서 식 (4-14)는 $\tau_n = 0$일 때

$$\eta_c = C \cdot \tau_1 = 1$$

그러므로

$$C = 1/\tau_1$$

이 된다. 카르노 사이클 $11'2'2$의 효율은 다음과 같이 된다.

$$\eta_c = \frac{Q_1 - Q_2}{Q_1} = C(\tau_1 - \tau_2) = \frac{\tau_1 - \tau_2}{\tau_1} = 1 - \frac{\tau_2}{\tau_1} \tag{4-15}$$

아울러 위의 식은 다음으로 표시된다.

$$\frac{Q_2}{Q_1} = \frac{T_2}{T_1} = \frac{\tau_2}{\tau_1} \tag{4-16}$$

식 (4-16)에서 이상 기체 온도계의 절대 온도와 열역학적 절대 온도는 서로 비례한다. 즉, 한 쪽이 0일 때는 다른 한 쪽도 0이므로 0도는 다같이 일치하며 같은 크기의 눈금으로 잡아 두면 모든 온도에서 그 눈금은 일치하게 된다. 따라서, 열역학적으로 τ를 절대 온도를 써야 하지만 T로 편이상 사용하고 있다. 수소 온도계를 표준 온도계로 쓰는 이유는 이상 기체에 가깝기 때문이다.

4.5 가역 사이클의 효율

가역 사이클로 작동하는 가역 기관 R과 비가역 기관 S를 생각하여 그림 4.8과 같이 온도 T_1인 고온체 열원 I과 온도 T_2인 저온체 열원 II와의 사이에 연결시키고, 비가역 기관 S의 효율이 가역 기관 R의 효율보다 높다고 가정한다.

두 기관에서 같은 열량의 일을 할 때 가역 기관 R은 I에서 열량 Q_1을 받아 II로 Q_2를 버린다고 한다. 이 경우 두 기관이 행한 일은 같으므로

$$Q_1 - Q_2 = Q_1' - Q_2'$$

두 기관의 효율에 대해서 위의 가정에 의하면,

$$\eta_R = 1 - \frac{Q_2}{Q_1} < \eta_s = 1 - \frac{Q_2'}{Q_1'}$$

이므로 다음의 관계가 성립한다. 즉, $Q_1 > Q_1'$ 또는 $Q_2 > Q_2'$이 된다.

다음에 비가역 기관 S로 가역 기관 R을 움직여 R이 역 사이클이 되도록 한다. R는 가역 사이클로 움직이므로 II로부터 열량 Q_2를 받아 I에 열량 Q_1을 준다. 여기서는 결국 외부와 일의 교환은 없고, $Q_2 - Q_2' = Q_1 - Q_1'$의 열량이 저온체 열원 II에서 빠져 나와 고온체 열원 I로 이동된 셈이다. 이것은 명백히 열역학 제2법칙을 위반하므로 다음과 같

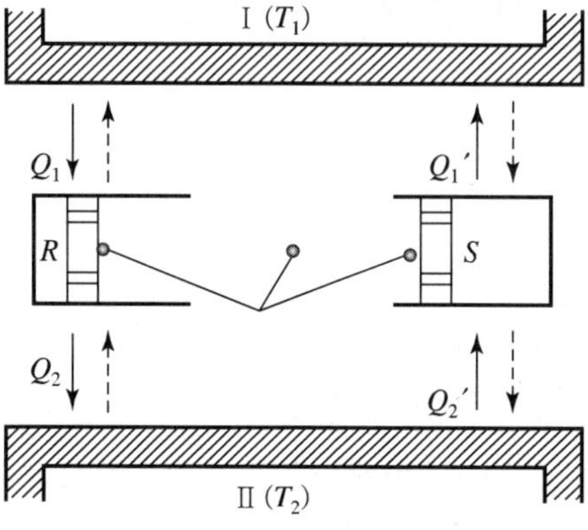

그림 4.8 가역 사이클의 효율

이 될 수 없다. 즉,

$$1-\frac{Q_2}{Q_1}<1-\frac{Q_2'}{Q_1'}$$

따라서 앞의 가정은 잘못이다. 왜냐하면 비가역 기관 S의 효율은 같은 온도 사이에 움직이는 가역 기관 R의 효율보다 크게 될 수 없다. 또한, 일정한 열원 사이에 적용하는 모든 가역 기관의 효율은 같고, 이보다 효율이 높은 기관은 존재할 수 없는 것을 알 수 있다. 따라서 효율은 동작유체가 어떤 것인지에는 전혀 무관하여 다만 T_1, T_2에 의해서 정해진다. 즉,

$$\eta_R=1-\frac{Q_2}{Q_1}=1-f(T_1,\ T_2) \tag{4-17}$$

그러므로 가역 사이클과 비가역 사이클 사이의 효율은 다음과 같다. 즉,

$$\eta_R>\eta_S$$

또는,

$$1-\frac{T_2}{T_1}>1-\frac{Q_2}{Q_1} \tag{4-18}$$

4.6 클라우시우스의 적분

1. 가역 사이클

그림 4.9는 가역 사이클 ABC에서 이것을 무한히 작은 단열선으로 작은 사이클을 나누면 각 사이클은 각각 단열선 사이에서 일정 온도의 경우에 열의 주고 받음이 일어난다고 생각할 수 있다. 그리고 이러한 작은 카르노 사이클이 모이면 원래의 가역 사이클 ABC가 된다. 다음에 이 같은 세분된 단열선 사이에서 각 사이클이 각각 T_1, T_1',

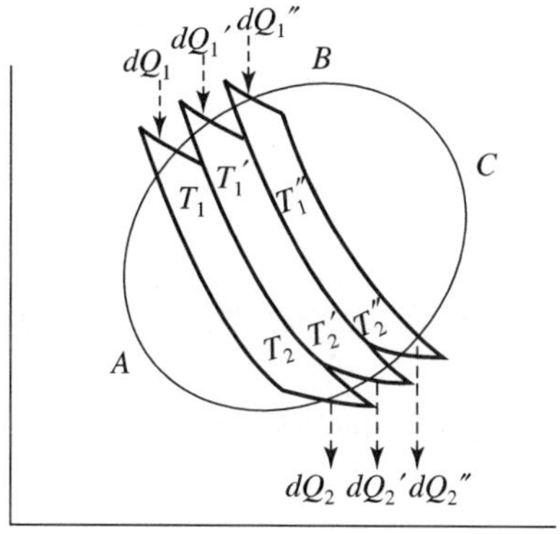

그림 4.9 사이클 적분

T_1'' ……에서 공급받은 열량이 dQ_1, dQ_1', dQ_1'', ……로 하고, 또한 온도 T_2, T_2', T_2'', ……에서 방출하는 열량을 dQ_2, dQ_2', dQ_2'', …로 한다. 이 경우 식 (4-16)에서

$$\frac{dQ_2}{dQ_1} = \frac{T_2}{T_1} \quad \text{또는} \quad \frac{dQ_1}{T_1} - \frac{dQ_2}{T_2} = 0$$

로 표시된다. 다음 사이클에 대해서도 마찬가지 관계가 성립하므로,

$$\frac{dQ_1'}{T_1'} - \frac{dQ_2'}{T_2'} = 0$$

$$\frac{dQ_1''}{T_1''} - \frac{dQ_2''}{T_2''} = 0$$

$$\vdots \qquad \vdots$$

$$\frac{dQ_1^{\,n}}{T_1^{\,n}} - \frac{dQ_2^{\,n}}{T_2^{\,n}} = 0$$

전 사이클에 대한 총 합은

$$\sum \frac{dQ_1}{T_1} - \sum \frac{dQ_2}{T_2} = 0$$

지금 공급 열량을 +로 하고, 방출 열량을 −라고 볼 수 있으므로 위의 식은 다음 식으로 된다.

$$\sum \frac{dQ}{T} = 0 \tag{4-19}$$

이것을 적분의 모양으로 바꾸어 전 사이클에 대한 적분을 $\oint$로 하면,

$$\oint \frac{dQ}{T} = 0 \tag{4-20}$$

따라서 일반 가역 사이클에 대하여 적분 $\oint \frac{dQ}{T}$는 항상 0으로 됨을 알았다. 이것을 **클라우시우스의 적분식**(Clausius integral equation)이라 한다. 여기서 T는 계와 열원의 절대 온도이다.

2. 비가역 사이클

만일, 비가역 변화시에는 식 (4-18)에 의하면

$\frac{Q_2}{T_2} > \frac{Q_1}{T_1}$이므로

$$\sum \frac{dQ_1}{T_1} - \sum \frac{dQ_2}{T_2} < 0$$

이 되어 식 (4-20)는 다음과 같이 표시한다.

$$\oint \frac{dQ}{T} < 0 \tag{4-21}$$

이 식을 **클라우시우스의 부등식**(Clausius inequality equation)이라고 한다. 여기서 T는 열원의 절대 온도이고, 계의 온도는 아니다.

예제 4.4

카르노 사이클로 작동되는 열기관에서 3,000 $N \cdot m$의 일을 얻기 위해서 42 kJ의 열을 공급할 때 고온체 열원의 온도는 몇 ℃인가? 이 때 저온체 열원의 온도는 20℃이다.

풀이 효율은 $\eta = \frac{W}{Q_1} = 1 - \frac{Q_2}{Q_1} = 1 - \frac{T_2}{T_1}$이므로 T_1을 구할 수 있다.

$$T_1 = \frac{T_2}{1-\eta} = \frac{293}{1 - \frac{3,000}{42,000}} = 315.54(°K)$$

따라서 t_2는

$$t_2 = 315.54 - 273 = 42.54(℃)$$

■

예제 4.5

카르노 사이클 기관이 0℃와 200℃에서 작동될 때와 500℃와 700℃ 사이에서 작동할 때 열효율은 처음 기관과 나중 기관의 어느 쪽이 더 높은가?

풀이 0℃와 200℃ 열원에서 열효율은

$$\eta_1 = 1 - \frac{T_2}{T_1} = 1 - \frac{273}{473} = 0.43 = 43(\%)$$

또한, 500℃와 700℃ 열원에서 열효율은

$$\eta_2 = 1 - \frac{T_2}{T_1} = 1 - \frac{773}{973} = 0.21 = 21(\%)$$

따라서 낮은 열원체의 효율이 높은 열원체의 효율보다 높다. ■

예제 4.6

고온체 열원 350℃ 저온체 열원 15℃에서 작동하는 카르노 사이클이 1사이클당 4 kJ의 열을 공급받는다면 이 카르노 기관의 1사이클당 일량은 얼마인가?

풀이

$$\eta = 1 - \frac{T_2}{T_1} = -\frac{288}{623} = 0.538 = 53.8(\%)$$

그런데 $W = \eta \cdot Q_1 = 0.538 \times 4 = 2.152\ (\mathrm{kJ})$

따라서 $W = 2{,}152(N \cdot m)$이다. ■

4.7 엔트로피

카르노 사이클에서 등온 과정에서 흡수된 열, 또는 방출된 열은, 그 과정에서 온도에 좌우된다는 것을 알았다. 즉, 열량이 dQ일 때 열원의 온도가 T라면 **엔트로피** dS라 하고,

다음과 같이 표시된다.

$$dS = \frac{dQ}{T}$$

따라서

$$\Delta S = S_2 - S_1 = \int_1^2 \frac{dQ}{T} \quad (\mathrm{kJ/K}) \tag{4-22}$$

1850년 클라우시우스는 $\frac{dQ}{T}$는 성질이 될 수 있으나 dQ는 온도가 변하면 달라지므로 성질이 아니라는 것을 알았다. 톰슨(W.Thomson)도 마찬가지로 $\frac{dQ}{T} = 0$인 경우, dQ는 가역 과정이어야 한다고 생각하였다. 즉, 엔트로피란 동작유체나 계의 상태에만 관계가 되는 것이지 그 과정에는 가역이나 비가역이나 무관하고, 동작 유체의 종류에는 아무 관계가 없다는 것을 알았다.

엔트로피 변화가 계의 성질임을 알아보자.

극히, 미소 열량을 가역적으로 흡수하는 가역 사이클을 생각하여 보자. 클라우시우스에 의해 엔트로피 변화 $dS = \frac{dQ}{T}$로 나타내어지는데 dQ는 과정에 함수이므로 다른 함수로 바꾸어 보면 열역학 제1법칙에서

$$dQ = dU + PdV = mC_v \cdot dT + mRT\frac{dV}{V}$$

각 항을 T로 나누면

$$\frac{dQ}{T} = m \cdot C_v\frac{dT}{T} + mR\frac{dV}{V} \tag{4-23}$$

로 되어 적분이 가능하고 모두 상태만의 함수임을 알 수 있다. 가역 사이클에 있어서는 클라우시우스 적분식 $\oint \frac{dQ}{T} = 0$이지만 비가역 사이클에서는 엔트로피가 보통 증가하는데 이는 열전도나 마찰 저항 등의 영향 때문이다. 여기서 가역 및 비가역 엔트로피는 어떻게 되는가 알아보자.

1. 가역 변화일 때 엔트로피

그림 4.10에 있어서 상태 1에서 2까지 두 개의 다른 가역 변화 $1a2$ 및 $2b1$을 고려하여 각각의 엔트로피 변화량을 m kg의 동작유체에 대하여 S_1 및 S_2라 한다. 이 때 사이클 $1a2b1$은 경로 $1a2$ 및 $2b1$의 합으로 생각된다. 따라서 식 (4-20)은

$$\oint \frac{dQ}{T} = \int_{1.a}^{2} \frac{dQ}{T} + \int_{2.b}^{1} \frac{dQ}{T} = 0$$

이 된다.

지금 우변 둘째 항의 구간을 역으로 취하면

$$\int_{1.a}^{2} \frac{dQ}{T} - \int_{1.b}^{2} \frac{dQ}{T} = 0$$

의 관계가 성립하여 어느 경로로나 $\frac{dQ}{T}$는 같은 것을 알 수 있다.

따라서

$$\int_{1}^{2} \frac{dQ}{T} = \text{일정} \tag{4-24}$$

식 (4-22)에서 이들의 적분값은 ΔS로 표시되어 엔트로피라 하고 (kJ/ K) 단위를 갖고, 단위 질량에 대한 엔트로피를 비엔트로피 Δs라 하여(kJ/kg K)로 표시할 수 있다. 식 (4-23)을 적분하면

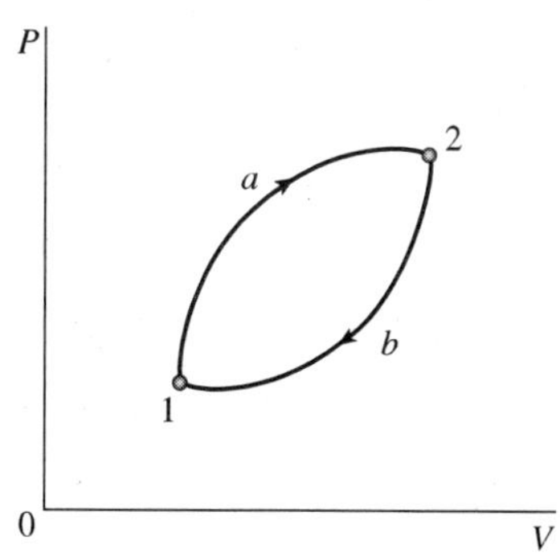

그림 4.10 엔트로피 변화

$$\Delta S = S_2 - S_1 = mC_v \ln\frac{T_2}{T_1} + mR\ln\frac{V_2}{V_1} \quad (\text{kJ / K}) \tag{4-25}$$

단위 중량에 대한 경우는

$$\Delta s = s_2 - s_1 = C_v \ln\frac{T_2}{T_1} + AR\ln\frac{v_2}{v_1} \quad (\text{kJ/kg K}) \tag{4-26}$$

이 된다.

2. 비가역 변화일 때 엔트로피

한편, 그림 4.10에서 경로 $1a2$를 비가역 과정, 경로 $2b1$을 가역 과정이라면 이 사이클은 비가역 사이클이 되고 식 (4-21)에서

$$\oint\frac{dQ}{T} = \int_{1.a}^{2}\frac{dQ}{T} + \int_{2.b}^{1}\frac{dQ}{T} < 0$$

으로 된다.

여기서, 경로 $2b1$은 가역이므로

$$\int_{2.b}^{1}\frac{dQ}{T} = -\int_{1.b}^{2}\frac{dQ}{T} = -(S_2 - S_1)$$

이 된다. 따라서 다음 관계가 성립된다.

$$\Delta S = S_2 - S_1 > \int_{1.a}^{2}\frac{dQ}{T} \quad (\text{kJ / K}) \tag{4-27}$$

$$\Delta s = s_2 - s_1 > \int_{1.a}^{2}\frac{dq}{T} \quad (\text{kJ/kg K}) \tag{4-28}$$

위의 식에서 주의할 점은 dQ는 계의 주고 받는 열량이지만, T는 계의 온도가 아니고 열원 온도이며 비가역 과정에서는 계의 온도와 일치하지 않는다. 계가 열량을 받을 때는 열원의 온도가 계의 온도보다 높고 반대로 계가 열을 줄 때는 열원의 온도가 낮다. 따라서 우변 적분은 dQ가 가역적으로 이동했을 때의 엔트로피 변화이며 열원의 엔트로피 변화에 대응되는 것이다.

3. 비가역 변화의 원인

(1) 열이동의 경우

각각 고온도 T_1 및 저온도 T_2의 두 물체 A, B가 있어 미소량의 ΔQ가 A에서 B로 이동한다고 하자. 이 때

$$A\text{의 엔트로피 감소는} \quad \Delta S_1 = \frac{\Delta Q}{T_1}$$

$$B\text{의 엔트로피 증가는} \quad \Delta S_2 = \frac{\Delta Q}{T_2}$$

$T_1 > T_2$이므로, $\Delta S_1 < \Delta S_2$가 되어 $\Delta S = \Delta S_2 - \Delta S_1 > 0$으로 증가한다.

(2) 마찰 또는 와동의 경우

마찰 또는 와동이 생기는 경우는 그들 저항에 이기기 위해 일을 필요로 한다. 즉, 기계적 에너지 일부 ΔW가 열량 $\Delta Q = \Delta W$로 변환하여 헛되게 소비되어 여기에 비가역 변화가 행해진다. 이 계의 온도를 T라 하면 엔트로피는 $\Delta S = \dfrac{\Delta Q}{T}$만큼 증가한다.

(3) 일을 열로 변환하는 경우

열기관에 있어서는 고온체 열원으로부터 공급열량 Q_1이 기계적 일로 변환되어, 나머지 열량 Q_2가 저온체 열원으로 버려진다. 이미 설명한 대로 열에서 일로 변환은 자연적 과정이며 이것을 수행하기 위해서는 아무런 다른 자연적 과정의 도움을 받지 않으면 안 된다. 앞에서의 열기관에 대해 이 자연적 과정은 열량 Q_1의 고온체 열원에서 저온체 열원으로 이동한다. 이 때 열을 일로 변하게 하는 비자연적 과정에 의해 엔트로피는

$$\Delta S = \frac{Q_1 - Q_2}{T}$$

만큼 감소한다. 또 열량 Q_2의 이동에 의한 엔트로피 증가량은

$$\Delta S' = \frac{Q_2}{T_2} - \frac{Q_1}{T_1}$$

자연적 과정이 가역 과정이면 $\Delta S' = \Delta S$이지만 실제의 비가역 과정이므로 되고 $\Delta S' > \Delta S$이 $(\Delta S' - \Delta S)$만큼 엔트로피 증가를 갖는다. 이와 같이 비가역 변화가 생길 때 그 계 전체의 에너지 합은 변하지 않지만, 엔트로피는 항상 증가하는 경향이 있다. 열역학 제2법칙은 위의 엔트로피 증가의 원리를 나타내는 것 이외에는 아무 것도 알 수 없다. 이처럼 에너지는 모두 열로 되려 하고 그 열은 온도를 평균으로 하려는 경향이 있다. 즉, 엔트로피는 보통의 방향을 향해 우주가 모두 같은 온도로 될 때 그 기대 값에 도달한다.

4.8 온도 엔트로피 선도

압력과 비체적을 좌표로 선택한 pv 선도에서는 상태 변화 곡선과 v축 사이의 넓이는 한 계가 행한 일량 $dw = pdv$ 즉, $w = \int pdv$를 표시할 수 있기 때문에 실용적으로 가치 있는 선도이다. 그러나 이 선도는 상태 변화 중 열의 출입량 dQ는 등온 변화를 제외하고는 알아 볼 수 없는 결점이 있다.

그러나 온도를 세로축으로 하고 엔트로피를 가로축으로 한 $T-S$ 선도는 $dQ = T \cdot dS$인 관계로부터 상태 변화 곡선과 S축 사이의 넓이로 열의 출입량을 알 수 있는 열역학상 매우 중요한 선도가 된다. 이 선도를 **온도-엔트로피 선도**($T-S$ diagram) 또는 **열 선도**(heat diagram)라 한다. 그림 4.11에 표시한 바와 같이 동작유체가 1에서 2로 상태 변화를 하는 경우 우선 그 미소부분을 ab를 고려하면 면적 $abb'a' = T \cdot dS = dq$로 나타내어진다. 그러므로 면적 $122'1'$는

$$\int_1^2 T \cdot ds = \int_1^2 dq = {}_1q_2 \quad (\text{kJ/kg}) \tag{4-29}$$

다음으로 그림 4.12에 나타내어진 것 같이 변화 1, 2의 임의점 c에 있어서 곡선 1, 2에 접선 c, d를 그으면 점 c에 대한 곡선의 기울기 dT/ds는 다음과 같다.

$$dT/ds = \overline{ce}/\overline{de} = \tan\theta$$

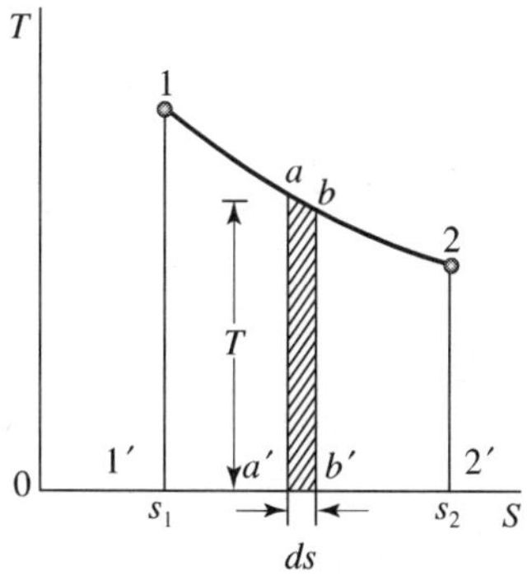

그림 4.11 $T-S$ 선도

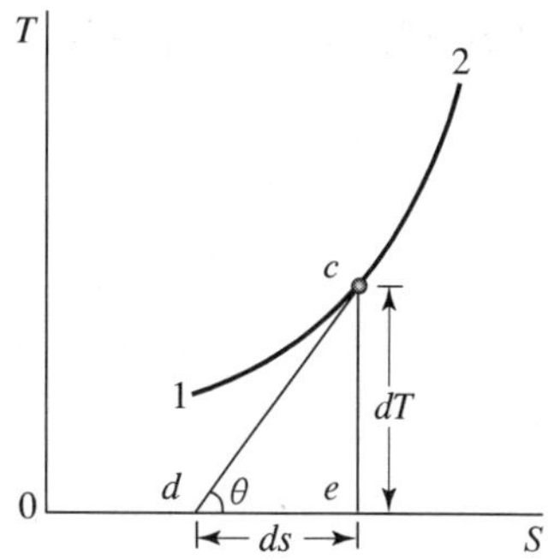

그림 4.12 C_p, C_v 관계

따라서

$$\overline{de} = \overline{ce} \times \frac{ds}{dT} = T \cdot \frac{ds}{dT} = \frac{dq}{dT}$$

그런데 점 c에 대한 비열 C도 2-2절에서 아는 바와 같이

$$C = \frac{dq}{dT} = \overline{de} \qquad (4\text{-}30)$$

로 된다. 이처럼 $T \cdot S$ 선도에 의해서 비열은 선분의 길이로 표시할 수 있다. 또한, 위의 관계에서 알 수 있는 것처럼 비열이 작은 만큼 변화의 곡선이 급해진다. 예를 들면 $C_p > C_v$의 관계에서 정적선의 기울기는 정압선의 기울기보다 급하다.

4.9 이상 기체의 엔트로피 변화

이상 기체의 엔트로피 변화는 열역학 제1기초식으로부터 다음과 같이 구한다.

$$dq = du + pdv = C_v dT + pdv$$

$$ds = \frac{dq}{T} = C_v \cdot \frac{dT}{T} + \frac{pdv}{T}$$

$$ds = C_v \cdot \frac{dT}{T} + R\frac{dv}{v}$$

1 kg에 대한 엔트로피 변화량은 다음과 같다.

$$\therefore \Delta s = s_2 - s_1 = \int_1^2 ds = \int_1^2 C_v \frac{dT}{T} + R\int_1^2 \frac{dv}{v}$$

$$= C_v \cdot \ln\left(\frac{T_2}{T_1}\right) + R \cdot \ln\left(\frac{v_2}{v_1}\right)$$

$$= C_v \cdot \ln\left(\frac{p_2 v_2}{p_1 v_1}\right) + R \cdot \ln\left(\frac{v_2}{v_1}\right)$$

$$= C_v \cdot \ln\left(\frac{p_2}{p_1}\right) + C_v \cdot \ln\left(\frac{v_2}{v_1}\right) + R \cdot \ln\left(\frac{v_2}{v_1}\right)$$

$$= C_v \cdot \ln\left(\frac{p_2}{p_1}\right) + \ln\left(\frac{v_2}{v_1}\right)(C_v + R)$$

$$= C_v \cdot \ln\left(\frac{p_2}{p_1}\right) + C_p \cdot \ln\left(\frac{v_2}{v_1}\right) \quad (\text{kJ/kg K}) \tag{4-31}$$

m kg에 대한 엔트로피 변화량 ΔS는 다음과 같이 구한다.

$$\Delta S = S_2 - S_1 = m \cdot C_v \cdot \ln\left(\frac{T_2}{T_1}\right) + m \cdot R \cdot \ln\left(\frac{V_2}{V_1}\right)$$

$$= m \cdot C_v \cdot \ln\frac{P_2}{P_1} + m \cdot C_p \cdot \ln\frac{V_2}{V_1} \quad (\text{kJ/ K}) \tag{4-32}$$

또한, 열역학 제2기초식을 이용하여 엔트로피 변화를 구하면 다음과 같다.

$$Tds = dq = dh - vdp = C_p dT - vdp$$

$$ds = \frac{dq}{T} = C_p \frac{dT}{T} - v\frac{dp}{T}$$

$$= C_p \frac{dT}{T} - R\frac{dp}{p}$$

1 kg의 이상 기체에 대한 엔트로피 변화량은 다음 식으로 구한다.

$$\Delta s = s_2 - s_1 = \int_1^2 ds$$

$$= \int_1^2 C_p \frac{dT}{T} - R\int_1^2 \frac{dp}{p}$$

$$= C_p \cdot \ln\left(\frac{T_2}{T_1}\right) - R \cdot \ln\left(\frac{P_2}{P_1}\right) \tag{4-33}$$

m kg의 이상 기체에 대한 엔트로피 변화량은

$$\begin{aligned} \Delta S &= S_2 - S_1 \\ &= m \cdot C_p \cdot \ln\left(\frac{T_2}{T_1}\right) - m \cdot R \cdot \ln\left(\frac{P_2}{P_1}\right) \quad (\mathrm{kJ/\ K}) \end{aligned} \tag{4-34}$$

가 된다.

다음에 상태 1에서 상태 2로 상태 변화를 일으키는 몇 가지 유형에 대한 $T-S$ 선도를 활용하여 각각의 엔트로피 변화를 알아본다.

1. 등온 변화

온도가 일정한 등온 변화에 대한 $P-v$, $T-s$ 선도는 다음과 같다.

이상 기체가 등온하에서 상태 1에서 상태 2로 변화할 때, 엔트로피 변화량은 식 (4-31, 4-33)으로부터

$$\Delta s = s_2 - s_1 = R\ln\left(\frac{v_2}{v_1}\right) = R\ln\left(\frac{P_1}{P_2}\right) \tag{4-35}$$

이 된다.

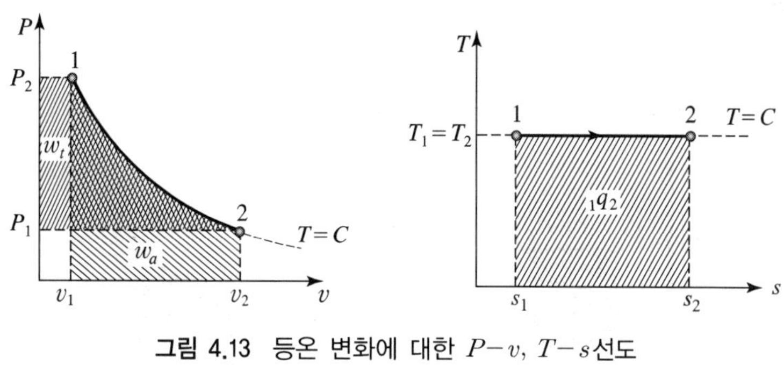

그림 4.13 등온 변화에 대한 $P-v$, $T-s$선도

2. 정적 변화

정적 변화에 대한 $P-v$, $T-s$ 선도는 다음과 같다.

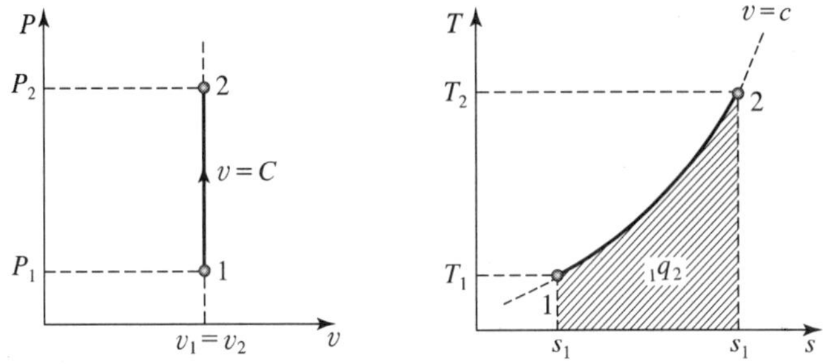

그림 4.14 정적 변화에 대한 $P-v$, $T-s$ 선도

체적이 일정한 $v_1 = v_2$의 변화이므로 열역학 제1기초식으로부터 엔트로피 변화를 구하면 다음과 같다.

$$Tds = dq = du + pdv = du = C_v dT$$

$$ds = \frac{dq}{T} = C_v \frac{dT}{T}$$

$$\Delta s = \int_1^2 ds = \int_1^2 C_v \frac{dT}{T}$$

$$= C_v \ln\left(\frac{T_2}{T_1}\right) = C_v \ln\left(\frac{P_2}{P_1}\right) \quad (\text{kJ/kg K}) \qquad (4\text{-}36)$$

3. 정압 변화

정압 변화에 대한 $P-v$, $T-s$ 선도는 다음과 같다.

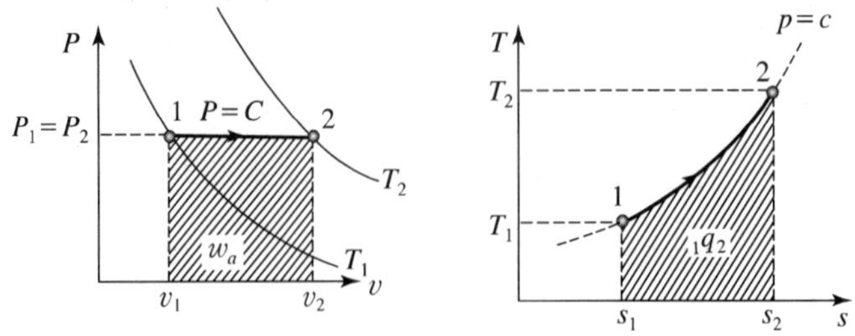

그림 4.15 정압 변화에 대한 $P-v$, $T-s$ 선도

압력이 일정한 $P_1 = P_2$의 변화이므로 열역학 제2기초식으로부터 엔트로피 변화를 구하면 다음과 같다.

$$Tds = dq = dh - vdP = dh = C_p dT$$

$$ds = \frac{dq}{T} = C_p \frac{dT}{T}$$

$$\Delta s = \int_1^2 ds = \int_1^2 C_p \frac{dT}{T}$$

$$= C_p \ln\left(\frac{T_2}{T_1}\right) = C_p \ln\left(\frac{V_2}{V_1}\right) \quad (\text{kJ/kg K}) \tag{4-37}$$

4. 단열 변화

단열 변화에 대한 $P-v$, $T-s$ 선도는 다음과 같다.

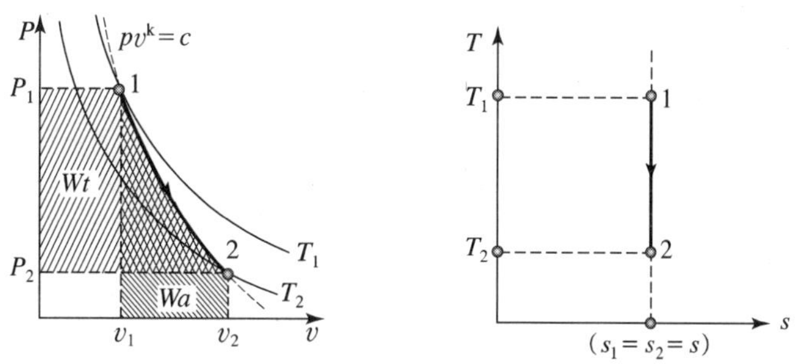

그림 4.16 단열 변화에 대하 $P-v$, $T-s$ 선도

가역 단열 변화는 $dq = Tds = 0$이므로 $ds = 0$인 변화이다. 따라서 $s_1 = s_2$이고 단열 변화에서 엔트로피는 변하지 않는다.

5. 폴리트로프 변화

폴리트로프 변화에 대한 $P-v$, $T-s$ 선도는 다음과 같다.

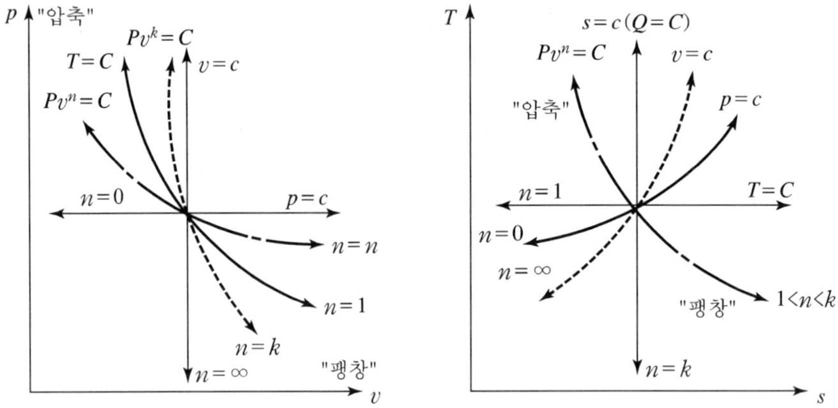

그림 4.17 폴리트로프 변화에 대한 $P-v$, $T-s$ 선도

이상 기체가 폴리트로프 변화를 하는 경우 가열량 dq는 다음과 같다.

$$Tds = dq = C_n dT$$

$$ds = \frac{dq}{T} = C_n \frac{dT}{T}$$

$$\Delta s = S_2 - S_1 = \int_1^2 C_n \frac{dT}{T}$$

$$= C_n \ln\left(\frac{T_2}{T_1}\right) \quad (\text{kJ/kg K}) \tag{4-38}$$

예제 4.7

공기 1 kg을 120℃에서 200℃까지 가열시 정압, 정적 과정인 경우 엔트로피 증가량을 구하여라. 단, 공기의 정압비열 $C_p = 1.0046$ (kJ/kg K)이고, 정적비열 $C_v = 0.7158$ (kJ/kg K)이다.

풀이 식 (4-36)과 식 (4-37)에서 구하면 된다.

$$\Delta S|_p = C_v \ln\left(\frac{T_2}{T_1}\right) = 1.0046 \times \ln\left(\frac{473}{393}\right) = 0.1861 \ (\text{kJ/kg K})$$

$$\Delta S|_v = C_v \ln\left(\frac{T_2}{T_1}\right) = 0.7158 \times \ln\left(\frac{473}{393}\right) = 0.1326 \ (\text{kJ/kg K})$$

■

예제 4.8

1 kg의 공기가 압력 5 bar, 100℃에서 압력 2 bar, 비체적 0.5 m^3/kg의 상태로 변화했을 때 엔트

로피의 변화를 구하여라.

풀이 상태 변화 후 온도는 상태식에서 구한다.

$$T_2 = \frac{P_2 v_2}{R} = \frac{2 \times 10^5 \times 0.5}{286.9} = 348.55\,(°\mathrm{K})$$

정압 비열 $C_p = 1.0046$ kJ/kg ℃이므로 식(4-33)의 엔트로피의 변화는 쉽게 구해진다.

$$\Delta s = s_2 - s_1 = C_p \ln\left(\frac{T_2}{T_1}\right) - R\ln\left(\frac{P_2}{P_1}\right)$$
$$= 1.0046 \times \ln\left(\frac{348.55}{373}\right) - 0.2869 \times \ln\left(\frac{2}{5}\right) = 0.1948\ (\mathrm{kJ/kg\ K})$$

■

예제 4.9

공기 2 kg을 압력이 일정한 상태에서 0℃로부터 80℃까지 가열한 경우의 엔트로피 변화를 구하여라. 단, $C_p = 1.005$ kJ/kg ℃이다.

풀이

$$\Delta S = S_2 - S_1 = m C_p \ln\left(\frac{T_2}{T_1}\right)$$
$$= 2 \times 1.005 \times \ln\frac{353.15}{273.15} = 0.516\ (\mathrm{kJ/K})$$

■

예제 4.10

체적 0.6 m^3인 용기에 1.5 MPa, 200℃인 공기를 충전하였다. 정적 상태에서 압력을 0.9 MPa까지 내릴 때 열량과 엔트로피 변화를 구하여라. 단, 공기의 정적비열은 $C_v = 0.719$ kJ/kg℃로 한다.

풀이 정적 변화이므로 방열량 ${}_1Q_2$는

$${}_1Q_2 = m C_v (T_2 - T_1)$$
$$= 6.630 \times 0.719 \times (283.89 - 473.15) = -902.196\ (\mathrm{kJ})$$

$P_1 V_1 = mRT_1$에서

$$m = \frac{P_1 V_1}{R T_1} = \frac{1.5 \times 10^6 \times 0.6}{286.9 \times 473.15} \fallingdotseq 6.630\ (\mathrm{kg})$$

상태 변화 후의 온도 T_2는

$$T_2 = T_1\left(\frac{P_2}{P_1}\right) = 473.15 \times \left(\frac{0.9}{1.5}\right) = 283.89\,(\mathrm{K})$$

엔트로피 변화량 ΔS는

$$\Delta S = mC_v \ln\left(\frac{P_2}{P_1}\right)$$

$$= 6.630 \times 0.719 \times \ln\left(\frac{0.9}{1.5}\right) = -2.435\,(\mathrm{kJ/K})$$

여기서 (−)부호는 엔트로피가 감소하였음을 나타낸다. ■

예제 4.11

공기 1 kg의 온도 25℃, 압력 3 bar에서 등압가열되어 온도가 280℃로 되었을 때 다음을 구하여라.(단, $C_p = 1.0046$ kJ/kg℃, $R = 286.9$ J/kg K, $k = 1.4$이다.)

① 가열량 ${}_1Q_2$

② 절대일 ${}_1W_2$

③ 내부 에너지 변화량 ΔU

④ 엔탈피 변화량 ΔH

⑤ 엔트로피 변화량 ΔS

풀이 ① 가열량 ${}_1Q_2$

정압가열이므로 $dq = dh - vdP = C_p dT$에서

$${}_1Q_2 = mC_p(T_2 - T_1)$$

$$= 1 \times 1.0046 \times (553 - 298) = 256.17\,(\mathrm{kJ})$$

② 절대일 ${}_1W_2$

$${}_1W_2 = P(V_2 - V_1) = mR(T_2 - T_1)$$

$$= 1 \times 286.9 \times (553 - 298) = 73.1595\,(\mathrm{kJ})$$

③ 내부 에너지 변화량 ΔU

$$\Delta U = mC_v(T_2 - T_1) = 1 \times 0.7176 \times (553 - 298) = 182.99\,(\mathrm{kJ})$$

왜냐하면 $C_p = kC_v$에서 $C_v = \dfrac{C_p}{k} = \dfrac{1.0046}{1.4} = 0.7176\,(\mathrm{kJ/kg\ ℃})$

④ 엔탈피 변화량 ΔH

$$\Delta H = {}_1Q_2 = 256.17\,(\text{kJ})$$

⑤ 엔트로피 변화량 ΔS

$$\Delta S = mC_p \ln\left(\frac{T_2}{T_1}\right) = 1 \times 1.0046 \times \ln\left(\frac{553}{298}\right) = 0.6211\,(\text{kJ/kg K})$$ ■

4.10 열역학 제3법칙

네른스트(Nernst)에 의해서 고안된 열정리로 이 법칙은 1906년 발표되었다. 이는 1902년 리차드(F. W. Richards) 등에 의한 자유 에너지와 절대 온도 T와의 곡선 기울기가 $T=0$에 가까워진다는 지적을 얻은 후에 결론지어졌다. 즉, $T=0\,°\text{K}$에서는 $\Delta S \fallingdotseq 0$이라는 사실을 알게 되었다. 0 K에서 $C_p = 0$이 실험에 의해 얻어졌고 이 때 팽창 계수도 0에 접근함을 알게 되었다.

그러나 이와 같은 사실들로 미루어 볼 때 $T=0\,°\text{K}$에 도달한다는 것은 불가능하다는 일이므로 "**어떤 방법에 의해서도 물체의 온도를 −273.15℃ 이하로 내릴 수 없다.**"라는 하나의 법칙을 얻었는데 그림 4.18에 가역 과정일 때 증명이 가능하다.

즉, 열기관에서 저열원이 절대 0°K로 된다면

$$dQ = T \cdot dS = 0$$

로 되어 방출 열량은 없으므로 T_1인 단일 고열원만으로 열교환을 하는 결과가 되어 이는 열역학 제2법칙을 위반하게 된다.

따라서 절대 온도 0°K는 어떤 방법에 의해서도 실현 불가능하며 이 사실에서 순수 물질의 엔트로피값은 절대 0°K에 접근할 때 0에 가까워진다는 결론을 얻는다. 이것을 **열역학 제3법칙**(3rd law of thermodynamics) 또는 **네른스트의 열정리**(heat theorem of Nernst)라 한다.

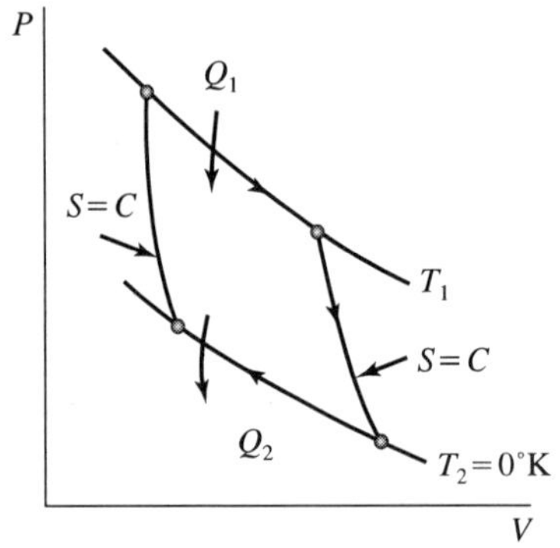

그림 4.18 카르노 사이클

4.11 유효 에너지와 무효 에너지

카르노 사이클은 두 개의 등온 과정과 두 개의 가역 단열 과정으로 이루어진다는 것은 이미 알고 있는 사실이다. 그러므로 카르노 사이클은 직사각형이 되어 면적 1 2 S_2S_1은 T 고열원에서 공급된 열량 Q가 되고 면적 4 3 S_2S_1은 T_0 저열원으로 방출된 열량 Q_0가 됨을 알 수 있다. 그러나 Q의 열량을 받더라도 일로 전환될 수 있는 것은 일부분인 Q_a 뿐이고 나머지 부분 $Q_0 = Q - Q_a$는 저열원 T_0에 버려야 한다는 것은 주지된 사실이다. 이 때 Q_a를 **유효 에너지**(available energy), Q_0를 **무효 에너지**(unavailable energy)라 한다. 카르노 사이클에서 유효 에너지 Q_a 및 무효 에너지 Q_0를 $T-S$ 선도상의 면적으로 표시

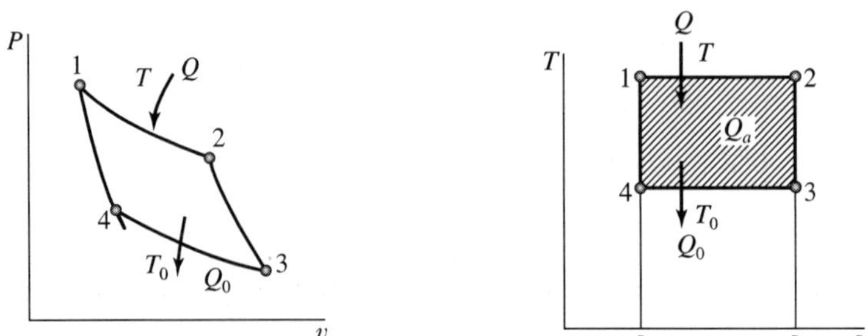

그림 4.19 유효 에너지와 무효 에너지

하였다.

엔트로피 변화 ΔS는

$$\Delta S = Q_0 / T_0 = Q / T \tag{4-39}$$

따라서 무효 에너지

$$Q_0 = T_0 \cdot \Delta S \quad (\text{kJ}) \tag{4-40}$$

유효 에너지

$$Q_a = Q - Q_0 = Q - T_0 \cdot \Delta S \quad (\text{kJ}) \tag{4-41}$$

로 되고, 동작유체가 고열원으로서 열량 Q를 받을 때의 엔트로피 증가 ΔS는 무효 에너지 Q_0에 비례하고 유효 에너지 Q_a에 반비례한다. 이로부터 엔트로피는 에너지의 무효성을 나타내는 척도로 짐작되고 제2법칙은 엔트로피라는 상태량을 질적 에너지 관계(유, 무효성)를 밝힌 법칙이고, 제1법칙은 에너지의 양적 관계를 밝힌 법칙이다.

예제 4.12

공기 1 kg을 정적하에서 10℃에서 100℃까지 가열한 후 다시 정압하에서 100℃에서 200℃까지 가열했다. 저열원의 온도가 0℃일 때 무효 에너지는 얼마인가?

풀이 정적비열 $C_v = 0.7158$ kJ/kg ℃, 정압비열 $C_p = 1.0046$ kJ/kg ℃이면

$$\Delta S_1 = S_2 - S_1 = C_v \ln\left(\frac{T_2}{T_1}\right) = 0.7158 \times \ln\left(\frac{373}{283}\right) = 0.1977 \ (\text{kJ/kg K})$$

$$\Delta S_2 = S_3 - S_2 = C_p \ln\left(\frac{T_3}{T_2}\right) = 1.0046 \times \ln\left(\frac{473}{373}\right) = 0.2386 \ (\text{kJ/kg K})$$

$$\Delta S = \Delta S_1 + \Delta S_2 = 0.4363 \ (\text{kJ/kg K})$$

무효 에너지 Q_0는

$$Q_0 = T_0 \cdot \Delta S = 273 \times 0.4363 = 119.11 \ (\text{kJ/kg})$$

■

예제 4.13

다음 $P-V$ 선도를 $T-S$ 선도로 표시하여라.

풀이

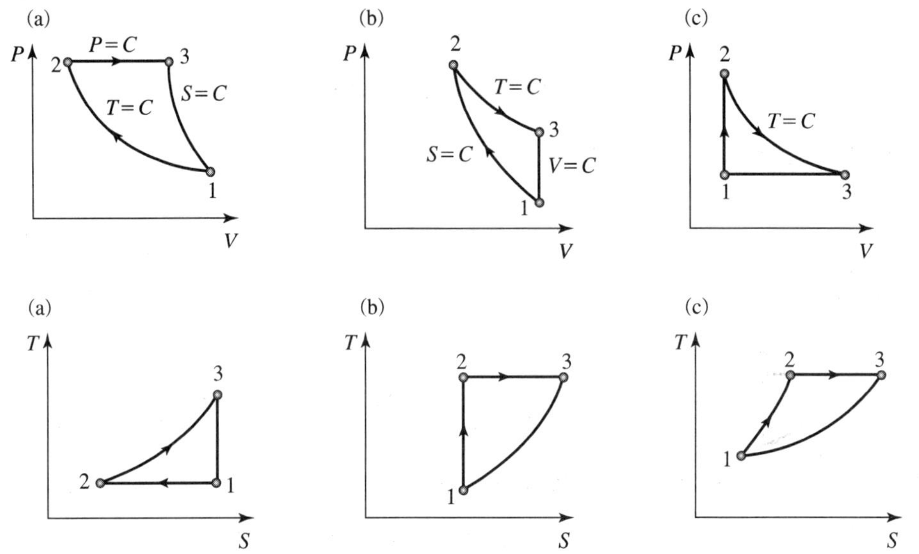
(a)
P
V
P=C
T=C
S=C
1
2
3
(b)
P
V
T=C
S=C
V=C
1
2
3
(c)
P
V
T=C
1
2
3
(a)
T
S
1
2
3
(b)
T
S
1
2
3
(c)
T
S
1
2
3

연습문제

1. 열역학 제2법칙을 설명하여라.

2. 냉동기와 열 펌프의 성적 계수를 구하고 그 차이점을 설명하여라.

3. 카르노 사이클의 $P-v$ 및 $T-s$ 선도를 그리고 열효율을 유도하여라.

4. 클라우시우스의 적분과 부등식에 대하여 설명하여라.

5. 550℃의 고열원과 20℃의 저열원 사이에서 작동하는 카르노 사이클의 열효율과 기관 출력을 구하여라. 단 고열원에서 받는 열량은 720 kJ/h이다.

6. 카르노 열기관이 고열원의 온도 610℃에서 400 kJ의 열량을 받아서 일을 하고 온도 25℃인 저열원에 방열한다. 이 카르노기관의 열효율과 방열량을 구하여라.

7. -10℃의 저열원에서 1시간당 21,000 kJ의 열량을 흡수하여 25℃의 고열원에 방열하면서 작동하는 역카르노 사이클이 있다. 다음을 구하여라.

1) 성적 계수 2) 방열량 3) 최소 소요동력

8. 냉동 사이클의 냉동실이 −3℃로 유지하기 위하여 제거되어야 할 열량이 1200 kJ/h이다. 만일 방열하는 고열원의 온도가 25℃라면 이 사이클을 구동하는데 필요한 일은 몇 kW인가?

9. 공기 1 kg이 압력 392kPa, 온도 10℃인 상태로부터 정압하에서 온도가 200℃로 변화하였다. 다음을 각각 구하여라. 단, $R = 286.85$ J/kg K, $C_p = 1.00464$ kJ/kg ℃ 이다.

1) 가열량 2) 일량 3) 엔트로피 변화량

10. 물 10 kg을 10℃에서 100℃까지 가열할 때 엔트로피 변화를 구하여라.

11. 정적하에서 공기 10 kg을 50℃ 상태에서 가열하여 350℃로 만들었다. 엔트로피 변화를 구하여라. 단, $C_v = 0.7158$ kJ/kg ℃이다.

12. 2 kg의 공기가 압력 588 kPa, 온도 10℃ 상태로부터 정압하에서 온도가 300℃로 변화할 때 엔트로피 변화를 구하여라. 단, $C_p = 1.00464$ kJ/kg ℃이다.

13. 표준 대기압하에서 공기 1 kg의 온도 20℃에서 100℃로 가열되는 동안에 체적이 0.825 m^3에서 0.937 m^3으로 되었다면 이 때 엔트로피 변화를 구하여라. 단, $C_v = 0.7158$ kJ/kg ℃, $C_p = 1.00464$ kJ/kg ℃이다.

14. 산소 1 kg이 30℃, 196 kPa 상태로 등온하에서 열을 공급받아 그 체적이 2 m^3으로 되었을 때 엔트로피의 변화량은 얼마인가? 단, $R = 259.60$ J/kg K이다.

15. 98Pa, 15℃의 공기 5 kg을 490Pa까지 $n = 1.25$인 폴리트로프 과정으로 압축한다. 엔트로피의 변화는 얼마인가? 단, $C_v = 0.7158$ kJ/kg ℃, $k = 1.4$이다.

16. $k = 1.3$인 연소 가스가 0.1 m^3, 980 kPa에서 0.18 m^3, 490 kPa까지 폴리트로프로 팽창할 때 폴리트로프지수 n과 엔트로피 변화량을 구하여라.

17. 공기 1 kg이 300 K, 400 kPa에서 600 K, 300 kPa로 상태 변화할 때 엔트로피의 변화량은 몇 kJ/kg K인가? 단, $C_p = 1.0035$ kJ/kg ℃, $R = 0.287$ kJ/kg ℃이다.

18. 공기 1 kg을 정적 변화 밑에서 20℃에서 100℃까지 가열하고 정압하에서 100℃에서 200℃까지 가열한다. 가열에 필요한 열량과 저열원의 온도를 0℃로 하였을 때 유효에너지와 무효에너지를 구하여라. 단, $C_v = 0.7158$ kJ/kg ℃, $C_p = 1.00464$ kJ/kg ℃이다.

19. 1 kg의 공기가 147 kPa의 정압하에서 40℃에서 250℃까지 가열할 때 유효에너지는 얼마인가? 단, $C_p = 1.005$ kJ/kg ℃이다.

20. 기체상수 $R = 274.4$ J/kg K, $k = 1.4$인 완전가스 1 kg을 압력 2.107 MPa, 온도 20℃의 상태로부터 압력 1.96 MPa까지 $PV^{1.25}$=상수의 변화로 압축되었다. 이때 엔트로피의 증가 및 압축 후의 온도를 구하여라.

21. 온도 15℃, 압력 147 kPa의 산소 10 kg이 $PV^{1.2}$=상수의 변화를 하여 체적이 1/8로 될 때까지 압축되었다. 이 변화에 필요하는 열량 및 엔트로피의 변화를 구하여라. 단, 정적비열 C_v은 0.653 kJ/kg ℃이다.

22. 고온 500℃, 저온 20℃의 온도범위에서 작용하는 카르노 사이클의 열효율을 구하여라. 이 카르노 사이클에 있어서 사이클당 공급되는 열량이 104.65 kJ이라면 사이클 당 제동일(Net work)은 얼마이겠는가?

23. 물 1 kg이 정압하에서 25℃로부터 170℃까지 가열된다. 이때 공급열량이 -25℃를 기준온도로 하였을 때 공급열량 중 무효에너지 및 유효에너지를 구하여라. 이 과정을 $T-s$ 선도상에 그리고 각각의 에너지를 도시하여라.

24. 열용량 3.14 kJ/K, 온도 5℃인 물질이 그 주위의 물질(열용량 2.093 kJ/K, 560℃)로부터 104.65 kJ의 열을 전달받아서 온도가 상승하였다. 이 과정이 비가역과정임을 밝혀라.

25. 고온 527℃, 저온 27℃의 온도범위로 작용하는 카르노 사이클(Carnot cycle)의 열효율 및 방열량과 수열량의 비율을 구하여라. 또한 $k = 1.4$일 때 단열팽창비를 구하여라.

CHAPTER 05

가스 사이클

5.1 개 요

열 기관은 동작유체 안에서 연소가 행해져서 그 자체가 열을 받아들이는 내연 기관과 동작유체 밖에서 연소가 행해지고 동작유체는 관로를 통해 열을 받아들이는 외연 기관으로 나뉜다. 그런데 가스 사이클은 내연 기관 등에 쓰이는 이론 공기 사이클과 가스 터빈에서 쓰이는 가스 터빈 사이클로 구분할 수 있다. 본 장에서는 내연기관에 대하여 설명하고, 외연기관인 증기 원동소에 쓰이는 증기 사이클은 다음 장에서 설명하기로 한다.

내연 기관 중에서 피스톤의 왕복운동에 의한 것을 **피스톤 기관**, 또는 **체적형 기관**이라 부르고, 터빈, 제트(jet) 기관과 같은 것은 **속도형 기관**, 또는 **정상류 기관**이라고 부른다.

우선 피스톤 기관에 대해서 알아본다. 이들의 기본 구성은 실린더(cylinder), 피스톤(piston), 점화 플러그(ignition plug) 또는 분사기(injector) 및 연소실(combustion chamber) 등으로 되어 있다.

그림 5.1은 피스톤식 가솔린 기관의 주요부 명칭을 나타낸 것이다. 피스톤은 실린더 내의 두 사점(dead point) 사이를 왕복 운동하는데 최고 상승위치를 상사점(Top dead center)이라 하고 피스톤이 최하의 하강위치로 왔을 때의 위치를 하사점(Bottom dead center)이라 한다.

그림 5.2는 크랭크축 2회전에 1사이클을 마치는 4사이클 기관을 나타낸 것이다. 상사점과 하사점 사이의 거리를 행정(stroke)이라 하고 이 사이의 행정을 행정 체적 V_s라 한다. 피스톤이 상사점에 있을 때 형성되는 실린더 내의 체적을 연소실 체적(V_c)이라 하며, 실린더 체적(V_1)과 간극 체적의 비를 압축비 ε라고 한다. 즉, 압축비는

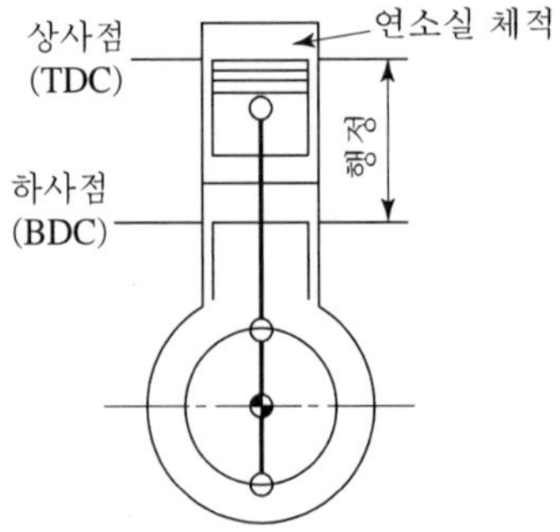

그림 5.1 피스톤과 실린더

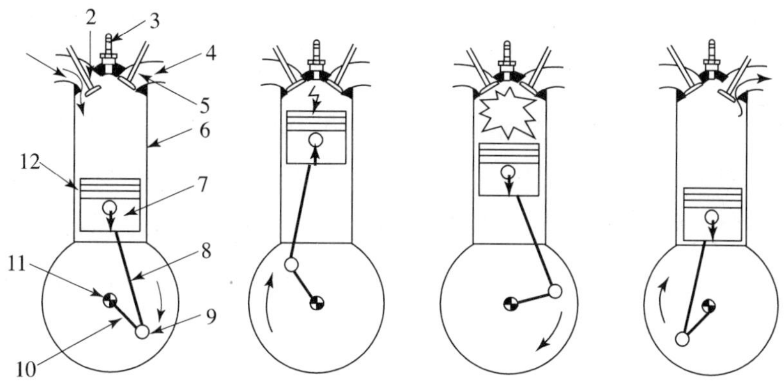

1. 흡기관 2. 흡기밸브 3. 점화 플러그 4. 배기관 5. 배기 밸브
6. 실린더 7. 피스톤 8. 커넥팅 로드 9. 크랭크 핀 10. 크랭크 암
11. 크랭크 축(회전 중심) 12. 피스톤 링

그림 5.2 4사이클 가솔린 기관의 작동

$$\varepsilon = \frac{V_s + V_c}{V_c} = \frac{V_1}{V_c} = \frac{\text{전체 체적}}{\text{연소실 체적}}$$

여기서 V_1 : 실린더 체적, V_c : 극간(연소실) 체적

V_s : 행적 체적 (m^3), $V_1 = V_c + V_s$

로 되고 이는 피스톤 기관의 성능을 좌우하는 변수이다. 피스톤이 실린더 내를 왕복운동하면서 사이클 과정을 이룰 때의 동작 과정을 설명하면 다음과 같다.

① **흡입 행정** : 피스톤이 내려가면서 흡입 밸브를 열고 실린더 내로 연료-공기의 혼합기를 흡입한다. 연료는 흡기관에 부착되어 있는 *MPI*나 연료 분사기에서 분사되고 이것이 혼합 기화되어 실린더 안으로 들어간다.

② **압축 행정** : 피스톤이 상승하면서 혼합기를 고온, 고압으로 압축하는 행정이다.

③ **폭발 행정** : 압축 행정이 끝날 무렵에 실린더 헤드에 있는 점화 플러그에서 전기 스파크를 발생시켜 점화 폭발시키는 행정이다. 이 행정에서 피스톤이 하향하면서 크랭크축을 회전시켜 회전 일을 얻는다.

④ **배기 행정** : 피스톤이 상승하면서 배기 밸브를 열고 연소가스를 밖으로 배출시키는 행정이다.

이와 같이 4개의 행정을 하면서 1사이클을 완료하는 기관을 4행정 기관이라 한다. 이에 대하여 피스톤이 2개의 행정을 하면서 1사이클을 마치는 기관을 2행정 기관이라 한다. 이론적으로는 동일한 지름, 행정, 회전속도라면 2행정 기관이 4행정 기관의 2배의 동력을 얻을 수 있지만 실제로는 여러 가지 손실이 수반되어 2배가 되지 못한다.

한편 가스 터빈의 기본 구성은 압축기(compressor), 연소기(combustor), 터빈(turbine) 등의 조합으로 되어 있다. 공기가 압축기에서 정압하에 압축된 후 연소기에 보내지며 여기에 연료가 분사 송입되어 연소되고, 고온으로 된 연소 가스가 터빈으로 보내어져 팽창하며 일을 얻어낸다. 상세한 내용은 5.8절에서 서술한다.

5.2 이론 공기 사이클

이론 공기 사이클은 다음과 같은 가정에서 해석되고 있다.

① 동작유체가 순수한 공기라고 한다.

② 공기는 이상 기체라 하고, 비열은 일정하다.

③ 밀폐 사이클로 고열원에서 열을 받아, 저열원으로 방출한다.

④ 각 과정은 가역적이다.

열기관에서 가장 효율이 좋은 것은 카르노 사이클이지만, 실제로 이 사이클을 실현하기에는 매우 어려움이 있다. 그러나 실제 기관을 비교 연구하기 위해서는 카르노 사이클을 이론 공기 사이클로 볼 수 있다.

카르노 사이클에 대해서는 이미 4장에서 설명했으므로 구체적인 것은 생략하고 열량 Q_1을 받아들여 이론적인 일 W를 하는 데 대해 실제적으로는 기계적, 열적 손실 때문에 이것에 따르지 못하여 효율은 이론 공기 사이클의 열효율이 실제 공기 사이클의 열효율보다 크게 된다. 즉, 이론적 열효율 $\eta_{theo.} = \dfrac{T_1 - T_2}{T_1}$이고, 실제적 열효율 $\eta' = \dfrac{Q_1 - Q_2}{Q_1}$로 된다. 이들 사이의 열효율의 비를 η라 하면,

$$\eta = \frac{\eta_{theo.}}{\eta'} \tag{5-2}$$

로 되어 이를 **열역학적 열효율**(thermodynamics efficiency) 또는 **효율비**(efficiency ratio)라 한다.

예제 5.1

고열원이 400℃, 저열원이 15℃인 카르노 사이클 기관에서 열효율을 구하고, 만일 열효율이 70%로 되려면 저열원이 15℃일 때 고열원은 몇 ℃인가?

풀이

$$\eta = 1 - \frac{288}{673} = 0.572 = 57.2(\%)$$

또,

$$0.7 = 1 - \frac{288}{t_1 + 273} \quad \text{따라서} \quad t_1 = 687(℃)$$

5.3 오토 사이클

오토 사이클(Otto Cycle)은 1876년 니콜라스 에이 오토(Nicolas A. Otto)에 의해 제안된 것으로, 가솔린 기관 및 가스 기관의 기본적 사이클이다. 또한, 2개의 정적과정과 2개의 단열과정으로 구성된 사이클로 체적이 일정할 때 연소가 이루어지므로 **정적 사이클**(constant volume cycle)이라고도 한다.

그림 5.3에서 (a)는 오토 사이클의 $P-V$ 선도, $T-S$ 선도이고 (b)는 오토 사이클로 작동되는 스파크 점화 기관의 각 행정을 설명한 것이다. 단위 질량의 새로운 가스가 정압 변화 0→1에 따라 실린더 내에 흡입되어, 가역 단열 압축 1→2를 하고 나서,

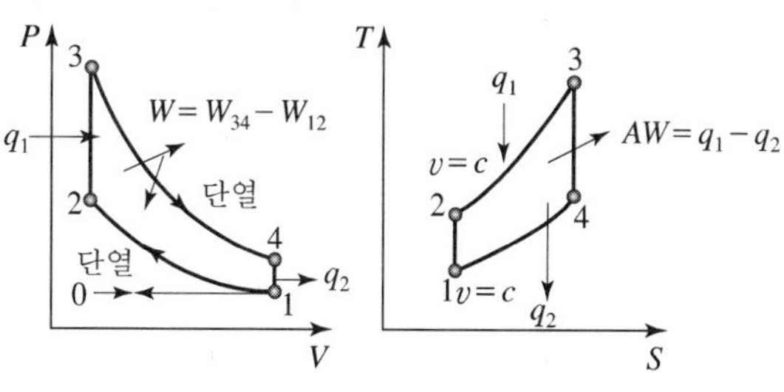

(a) $T-S$선도

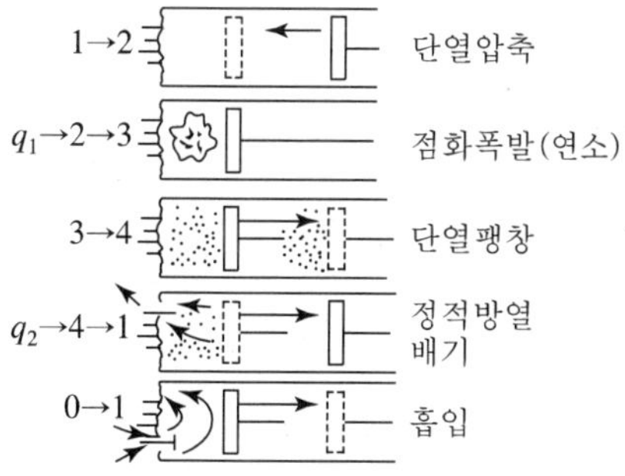

(b) 스파크 점화 기관

그림 5.3 오토 사이클

점화 폭발에 의해 정적 변화 2→3으로 되어 압력이 상승하고, 다음으로 가역 단열 팽창 3→4와 정적 변화 4→1을 하고 나서, 변화 0→1에 따라 정압 배기한다. 이들 중 변화 0→1과 1→0의 흡입 및 배기는 $T-S$ 선도에서 나타나지 않고 본 사이클을 설명하는 경우에 이들은 무시해도 무관하다. 즉, 일정량의 가스가 1→2→3→4→1을 반복하는 것으로 생각한다. 이상이 4행정 기관의 경우이지만 2행정 기관의 경우는 0→1 및 1→0이 없고, 배기는 상태 4인 조금 전에 시작되고, 연이어 행해지는 흡입은 상태 1인 조금 후에 끝난다. 그런데 오토 사이클에 있어서는 단위 질량에 동작유체에 대하여 변화 2→3의 사이에 열량 q_1이 공급되고, 변화 4→1의 사이에 열량 q_2가 버려진다고 생각하면, 이 두 변화는 정적 과정이므로 비열이 일정하므로

$$\text{가열량} : q_1 = \int_{T2}^{T3} C_v dT = C_v(T_3 - T_2) \quad (\text{kJ/kg}) \tag{5-3}$$

$$\text{방열량} : q_2 = \int_{T1}^{T4} C_v dT = C_v(T_4 - T_1) \quad (\text{kJ/kg}) \tag{5-4}$$

$$\text{유효일} : w = q_1 - q_2$$

따라서 열효율은

$$\eta_o = \frac{\text{유효한 열량}}{\text{공급한 열량}} = \frac{w}{q_1} = \frac{q_1 - q_2}{q_1} = 1 - \frac{q_2}{q_1} = 1 - \frac{T_4 - T_1}{T_3 - T_2}$$

$$= 1 - \frac{T_1\left(\dfrac{T_4}{T_1} - 1\right)}{T_2\left(\dfrac{T_3}{T_2} - 1\right)} \tag{5-5}$$

정적 변화 2→3 및 4→1에 있어서는 $v_2 = v_3$, $v_4 = v_1$이 되고, 가역 단열 변화 1→2 및 3→4에서

$$\frac{T_2}{T_1} = \left(\frac{v_1}{v_2}\right)^{k-1}, \ \frac{T_3}{T_4} = \left(\frac{v_4}{v_3}\right)^{k-1}$$

이므로, 위의 관계에서

$$\frac{T_2}{T_1} = \frac{T_3}{T_4} = \left(\frac{v_1}{v_2}\right)^{k-1}$$

이 된다.

따라서 열효율 식 (5-5)는 다음과 같이 표시된다.

$$\eta_o = 1 - \frac{T_1}{T_2} = 1 - \frac{T_3}{T_4} = 1 - \left(\frac{v_2}{v_1}\right)^{k-1} = 1 - \left(\frac{1}{\varepsilon}\right)^{k-1} \tag{5-6}$$

여기서 $\varepsilon = \dfrac{v_1}{v_2}$는 압축비(compression ratio)이며 압축 전후의 체적비이다. 위의 식 (5-6)에서 알 수 있는 것처럼 오토 사이클에 대해서는 비열이 일정하면 효율은 다만 ε만의 함수이고, ε의 크기만큼 효율이 높게 된다. 그러나 실제의 오토 사이클 기관에서는 압축비가 너무 높으면 노킹(knocking)이 일어나고, 이 때문에 ε을 함부로 높일 수는 없다.

그림 5.4는 오토 사이클의 이론 열효율 η_o를 종축에, 압축비 ε을 횡축에 취하여, 비열비 k를 파라미터로 취해 표시한 것이다. 실제의 스파크 점화 기관에서는 압축비가 5~10이고, 열효율은 18~35% 정도이다. 그림 5.3(a)의 $P-V$선도에서 면적 1-2-3-4는 1사이클 중에 동작유체 1 kg이 외부에 대해 행한 유효일을 표시하는 데, 이 때 피스톤에 일정 압력이 작용해서 같은 일을 했다고 생각할 경우의 압력을 평균 유효 압력(mean effective pressure) P_m이라고 하며, 다음과 같이 표시된다.

$$P_m = \frac{w}{(v_1 - v_2)} = \frac{\eta_o \cdot q_1}{(v_1 - v_2)}$$

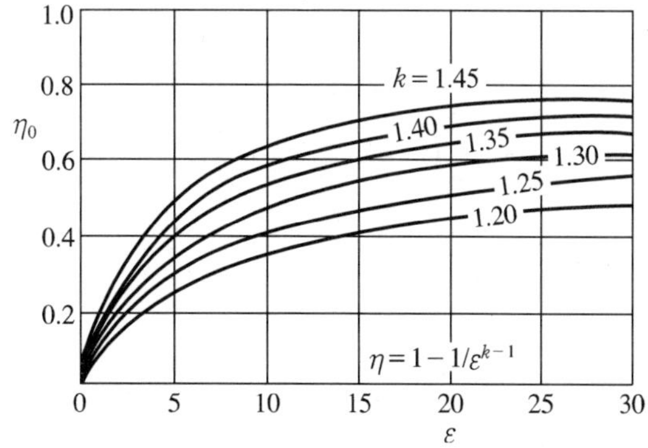

그림 5.4 오토 사이클의 이론 효율

$$= \frac{C_v(T_3 - T_2 - T_4 + T_1)}{v_1\left(1 - \frac{1}{\varepsilon}\right)} = \frac{P_1 \cdot q_1}{RT_1}\frac{\varepsilon}{\varepsilon - 1}\left[1 - \left(\frac{1}{\varepsilon}\right)^{k-1}\right]$$

$$= P_1 \frac{\rho - 1}{k - 1}\frac{\varepsilon^k - \varepsilon}{\varepsilon - 1} \quad (\text{kPa}) \tag{5-7}$$

위식에서 ρ는 $\dfrac{P_3}{P_2}$로 압력비이다.

예제 5.2

압축비가 7.5인 오토 사이클의 열효율을 구하여라. 단, $k = 1.3$이다.

풀이 식 (5-6)에서 쉽게 구할 수 있다.

$$\eta_0 = 1 - \frac{1}{7.5^{(1.3-1)}} = 0.454 = 45.4(\%)$$

■

예제 5.3

압축비 7의 가솔린 기관이 압축초의 압력 88.2 kPa, 온도 80℃인 오토 사이클을 행할 경우 열효율 및 평균 유효 압력을 구하여라. 단, 공급열량은 2,750 kJ/kg, 단열지수 1.4, 가스정수는 0.287 kJ/kg K인 공기라 한다.

풀이 식 (5-6)에서 열효율 식 (5-7)에 의해 평균 유효 압력을 얻을 수 있다.

$$\eta_o = 1 - \frac{1}{7^{(1.4-1)}} = 0.54 = 54(\%)$$

또한,

$$P_m = \frac{p_1 \cdot q_1}{RT_1}\frac{\varepsilon}{\varepsilon - 1}\left[1 - \left(\frac{1}{\varepsilon}\right)^{k-1}\right] = \frac{88.2 \times 2{,}750}{0.287 \times 353} \cdot \frac{7}{7-1} \cdot \left[1 - \frac{1}{7^{1.4-1}}\right]$$

$$= 612.4 \ (\text{kPa})$$

■

예제 5.4

간극비가 25%인 오토 기관이 최저압력 98kPa, 최저온도 300K, 최고온도 2,500K에서 작동된다. 다음 값을 각각 구하여라. 단, $k = 1.3$, $R = 287\,\text{J/kg K}$이다.

① 압축비 ε, 행정 체적 V_s

② 압축 후 온도, 압력 및 최고 압력

③ 공급열량 q_1, 이론 열효율 η_o

④ 이론 평균 유효 압력 P_{mo}

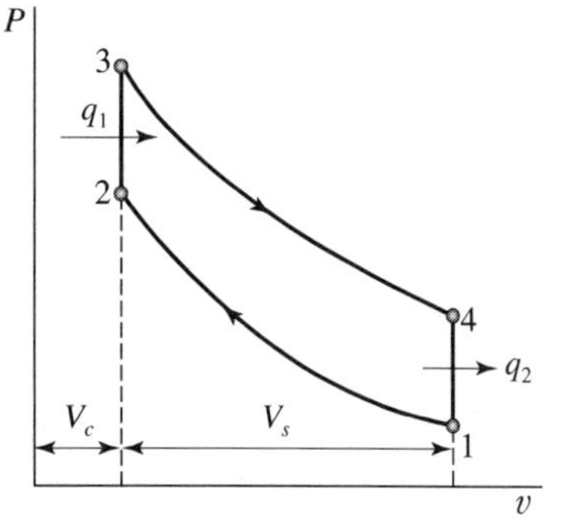

풀이 ① $\varepsilon = \dfrac{v_1}{v_2} = \dfrac{V_s + V_c}{V_c} = \dfrac{1+\varepsilon_o}{\varepsilon_o} = \dfrac{1.25}{0.25} = 5$

$$v_1 = \frac{RT_1}{P_1} = \frac{287\times 300}{98{,}000} = 0.8786\ (\mathrm{m^3/kg})$$

$$v_2 = \frac{v_1}{\varepsilon} = \frac{0.8786}{5} = 0.1757\ (\mathrm{m^3/kg})$$

$$V_s = v_1 - v_2 = 0.8786 - 0.1757 = 0.7029\ (\mathrm{m^3/kg})$$

② $T_2 = T_1\left(\dfrac{v_1}{v_2}\right)^{k-1} = 300\times 5^{0.3} = 486.2\ (K)$

$$P_2 = P_1\left(\frac{v_1}{v_2}\right)^{k} = 98\times 5^{1.3} = 793.8\ (\mathrm{kPa}),$$

$$P_3 = P_{\max} = P_2\left(\frac{T_3}{T_2}\right) = 793.8\times\frac{2{,}500}{486.2} = 4.082\ (\mathrm{MPa})$$

③ $q_1 = C_v(T_3 - T_2) = \dfrac{R}{k-1}(T_3 - T_2) = \dfrac{287}{0.3}(2{,}500 - 486.2) = 1.927\ (\mathrm{MJ/kg})$

$$\eta_o = 1-\left(\frac{1}{\varepsilon}\right)^{k-1} = 1-\left(\frac{1}{5}\right)^{0.3} = 0.383\quad(38.3\%)$$

④ 압력비 $\rho = \dfrac{P_3}{P_2} = \dfrac{T_3}{T_2} = \dfrac{2{,}500}{486.2} = 5.14$

$$\therefore\ P_{mo} = P_1\frac{\rho-1}{k-1}\,\frac{\varepsilon^k-\varepsilon}{\varepsilon-1} = 98\times\frac{5.14}{0.3}\times\frac{5^{1.3}-5}{4} = 1.273\ (\mathrm{MPa})$$

■

예제 5.5

간극비가 22%인 오토 사이클 기관이 고온공기 1 kg으로 작동된다. 최저압력 147 kPa, 최저온도 20 ℃, 최고온도 2,400℃이다. 다음 값을 구하여라.

① 압축비 ε

② 단열압축 전후의 체적 v_1, v_2

③ 단열압축 후의 온도 T_2, 압력 P_2

④ 단열팽창 후의 온도 T_4

⑤ 공급열량 q_1, 방출열량 q_2

⑥ 유효일 W

⑦ 열효율 η_o

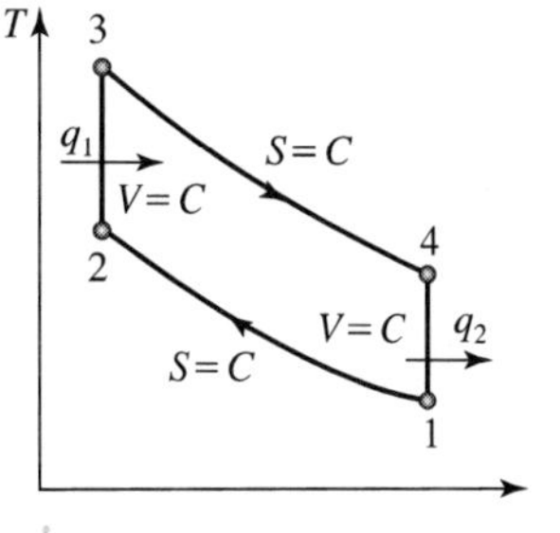

⑧ 평균 유효 압력 P_{mo}

풀이 ① 압축비(ε)

$$\varepsilon = \frac{v_1}{v_2} = \frac{\text{연소실 체적}+1}{\text{연소실 체적}} = \frac{V_c + V_s}{V_c} = \frac{1.22}{0.22} = 5.55$$

② 단열 압축 전, 후의 체적 v_1, v_2

$$v_1 = \frac{RT_1}{P_1} = \frac{287 \times (273+20)}{147{,}000} = 0.572\,(\text{m}^3/\text{kg})$$

$$v_2 = \frac{v_1}{\varepsilon} = \frac{0.572}{5.55} = 0.103\,(\text{m}^3/\text{kg})$$

단열 압축 후의 온도 T_2, 압력 P_2

$S = C$일 때, P, v, T 관계식

$$\frac{T_2}{T_1} = \left(\frac{v_1}{v_2}\right)^{k-1} = \left(\frac{P_2}{P_1}\right)^{\frac{k-1}{k}}$$

이므로

$$T_2 = T_1\left(\frac{v_1}{v_2}\right)^{k-1} = 293 \times \left(\frac{1.22}{0.22}\right)^{1.4-1} = 581.4\,(\text{K})$$

$$P_2 = P_1 \cdot \left(\frac{v_1}{v_2}\right)^{k} = 147 \times \left(\frac{1.22}{0.22}\right)^{1.4} = 1{,}617.44\,(\text{kPa})$$

단열팽창 후의 온도 T_4, 압력 P_4

$$\frac{T_3}{T_4} = \left(\frac{v_4}{v_3}\right)^{k-1} = \left(\frac{v_1}{v_2}\right)^{k-1}$$

으로부터

$$\therefore\ T_4 = \frac{T_3}{\left(\frac{v_1}{v_2}\right)^{k-1}} = \frac{2{,}673}{5.55^{0.4}} = 1{,}346.7\,(\text{K})$$

공급열량 q_1

$$q_1 = C_v(T_3 - T_2) = \frac{R}{k-1}(T_3 - T_2)$$

$$= \frac{287}{1.4-1} \times (2{,}673 - 581.4) = 1.5007\,(\text{MJ/kg})$$

방출열량 q_2

$$q_2 = -C_v(T_1 - T_4) = C_v(T_4 - T_1) = \frac{R}{k-1}(T_4 - T_1)$$
$$= \frac{287}{1.4-1} \times (1{,}346.7 - 293) = 756.03 \ \ (\text{kJ/kg})$$

유효일 W

$$W = q_1 - q_2 = 1500.7 - 756.03 = 744.67 \ (\text{kJ/kg})$$

열효율 η_o

$$\eta_o = \frac{W}{q_1} = 1 - \left(\frac{1}{\varepsilon}\right)^{k-1}$$
$$= 1 - \left(\frac{1}{5.55}\right)^{k-1} = 0.4962 = 49.62(\%)$$

이론 평균 유효 압력 P_{mo}

$$P_{mo} = P_1 \frac{\rho - 1}{k-1} \frac{\varepsilon^k - \varepsilon}{\varepsilon - 1}$$
$$= 147 \times \frac{4.6-1}{1.4-1} \times \frac{5.55^{1.4} - 5.55}{5.55 - 1} = 1{,}589.2 \ (\text{kPa})$$

■

5.4 디젤 사이클

디젤 사이클(Diesel Cycle)은 1893년 루돌프 디젤(Rodolf Diesel)에 의해 제안된 것으로 1897년에 압축 점화 기관의 제작에 성공하였는데, 이는 압력이 일정할 때 연소가 일어나므로 **정압 사이클**(constant pressure cycle)이라고도 한다. 디젤 사이클은 2개의 단열 과정과 1개의 정적 과정, 1개의 정압 과정으로 구성된 사이클이다.

그림 5.5의 (a)는 디젤 사이클의 $P-V$선도, $T-S$선도이고, (b)는 디젤 사이클로 작동되는 압축점화 기관이다.

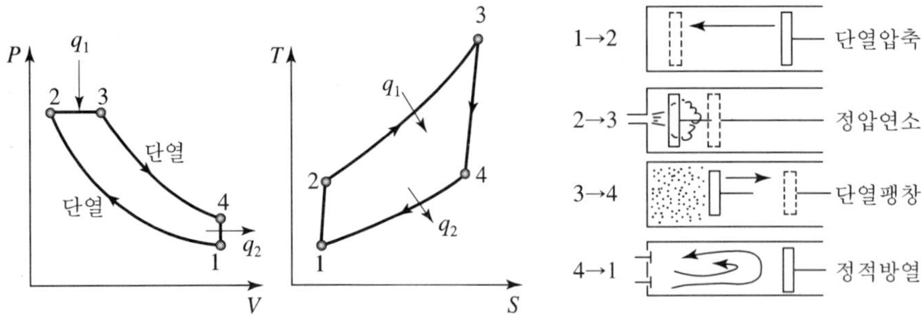

(a) $P-V$선도, $T-S$선도 (b) 압축 점화 기관

그림 5.5 디젤 사이클

정압 변화에서는 흡입 및 배기 과정으로 오토 사이클과 동일하다. 흡입된 공기는 가역 단열 변화 1→2를 따라 압축하고, 이 공기의 압축열만으로 착화 온도에 도달하게 된다. 압축 2→3 과정에서 정압연소를 행해 연료 공급을 적절히 조절하여 3에서 연료 주입을 차단한 후 가역 단열 팽창 3→4를 행한 후, 변화 4→1의 사이에서 방열하면서 최후에는 실린더 밖으로 배출된다.

마찬가지로 디젤 사이클에 대해서도 4행정 기관과 2행정 기관 등이 고려된다.

이 사이클에 있어서 가스 1 kg 의 흡열량 및 방열량은 비열이 일정하다고 생각하여

$$q_1 = \int_{T2}^{T3} C_p dT = C_p(T_3 - T_2) \quad (\text{kJ/kg}) \tag{5-8}$$

$$q_2 = \int_{T1}^{T4} C_v dT = C_v(T_4 - T_1) \quad (\text{kJ/kg}) \tag{5-9}$$

따라서 열효율은

$$\eta_d = 1 - \frac{q_2}{q_1} = 1 - \frac{C_v(T_4 - T_1)}{C_p(T_3 - T_2)} = 1 - \frac{(T_4 - T_1)}{k(T_3 - T_2)} \tag{5-10}$$

만일 σ를 체절비 또는 연료 단절비(cut-off ratio)라 하면, $\sigma = \dfrac{v_3}{v_2}$로 된다. 그런데 가역 단열 변화 1→2에서

$$\frac{T_2}{T_1} = \left(\frac{v_1}{v_2}\right)^{k-1} = \varepsilon^{k-1}\text{이므로, 따라서 } T_2 = \varepsilon^{k-1} \cdot T_1\text{이다.}$$

정압 변화 2→3에서는 샤를의 법칙에서 $\frac{T_3}{T_2} = \frac{v_3}{v_2} = \sigma$이므로

$$T_3 = \sigma \cdot T_2 = \sigma \cdot \varepsilon^{k-1} \cdot T_1$$

가역 단열 변화 3→4에 대해서도

$$\frac{T_4}{T_3} = \left(\frac{v_3}{v_4}\right)^{k-1} \text{이기 때문에,} \quad T_4 = \left(\frac{v_3}{v_4}\right)^{k-1} \cdot T_3 = \left(\frac{v_3}{v_4}\right)^{k-1} \cdot \sigma \cdot \varepsilon^{k-1} \cdot T_1$$

$$= \left(\frac{v_2}{v_1}\right)^{k-1} \cdot \sigma^{k-1} \cdot \sigma \cdot \varepsilon^{k-1} \cdot T_1 = \sigma^k \cdot T_1 \text{로 나타내어진다.}$$

이들 T_2, T_3 및 T_4의 식을 식 (5-10)에 대입하면,

$$\eta_d = 1 - \frac{1}{\varepsilon^{k-1}} \cdot \frac{\sigma^k - 1}{k(\sigma - 1)} \tag{5-11}$$

위 식에서 알 수 있는 것처럼 디젤 사이클 효율은 비열을 일정하게 하면 ε뿐만 아니라 σ에 의해서도 영향을 준다. 여기서 식 (5-11)에서

$$F = \frac{\sigma^k - 1}{k(\sigma - 1)}$$

이라 하면, F는 항상 1보다 크므로 만일 ε이 같으면 디젤 사이클의 열효율은 오토 사이클의 효율보다 적게 된다. 그러나 디젤 사이클에서는 녹킹(knocking)의 염려가 적으므로, ε을 오토 사이클보다 아주 높게 취할 수 있어서 실제로 열효율이 크게 된다. 다만 디젤 사이클의 압축비를 필요 이상으로 크게 취하면, 최대 압력도 증가하고 구조나 강도적인 면에서 무게가 늘어 비경제적이 된다. 현재 오토 사이클 기관의 압축비가 5~10인데 비해, 디젤 사이클 기관에서는 13~18 정도로 취하고 있다.

그림 5.6은 압축비 ε과 체절비 σ에 의한 디젤 사이클의 열효율 변화를 나타낸 것이다. 디젤 기관에서는 녹킹 문제가 없을 뿐 아니라, 발화연소에서도 고압축비 즉, $\varepsilon > 15$의 압축비가 채택되어, 결과적으로 가솔린 기관보다 높은 열효율을 얻을 수 있다. 평균 유효 압력 P_{md}은 다음 식으로 표현된다.

$$P_{md} = \frac{\eta_d \cdot q_1}{(v_1 - v_2)}$$

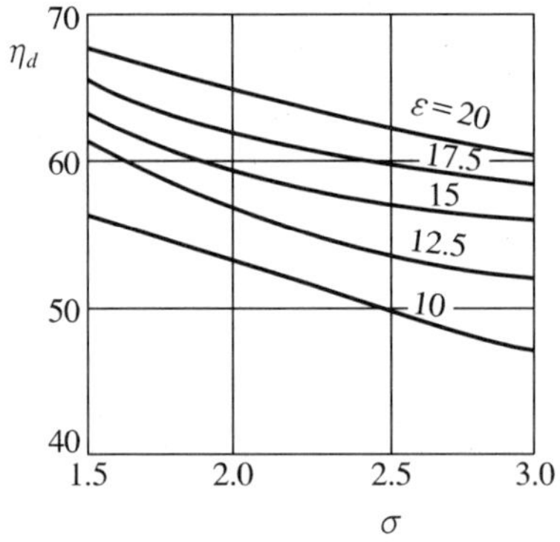

그림 5.6 디젤 사이클의 열효율 변화

$$= \frac{q_1 \cdot p_1}{RT_1} \cdot \frac{\varepsilon}{\varepsilon - 1}\left[1 - \left(\frac{1}{\varepsilon}\right)^{k-1} \cdot \frac{\sigma^k - 1}{k(\sigma - 1)}\right] \ (\text{kPa}) \tag{5-12}$$

예제 5.6

디젤 사이클에 있어서 압축비 $\varepsilon = 14$, 체절비 $\sigma = 1.5$인 경우 열효율을 구하여라. 단, $k = 1.4$이다.

풀이 식 (5-11)에 대입하여 풀면 된다.

$$\eta_d = 1 - \frac{1}{\varepsilon^{(k-1)}} \cdot \frac{\sigma^k - 1}{k(\sigma - 1)}$$

$$= 1 - \frac{1}{14^{(1.4-1)}} \cdot \frac{1.5^{1.4} - 1}{1.4 \times (1.5 - 1)} = 0.619 = 61.9(\%)$$ ■

예제 5.7

압축비 $\varepsilon = 14.5$, 체절비 $\sigma = 1.8$인 디젤 기관의 공기 표준 사이클의 열효율을 구하여라. 단, $k = 1.4$이다.

풀이

$$\eta_d = 1 - \frac{1}{14.5^{(1.4-1)}} \cdot \frac{1.8^{1.4} - 1}{1.4(1.8 - 1)} = 0.6085 = 60.85(\%)$$ ■

예제 5.8

압축비 15, 체절비 2의 공기 표준 디젤 사이클에서 압축초의 압력이 88.2 kPa, 온도 80℃라 할 때 평균 유효 압력을 구하여라. 단, 공급열량은 1,055 kJ/kg, 공기의 기체상수는 287 J/kg K이다.

풀이 식 (5-12)에 의해 구할 수 있다.

$$P_m = \frac{q_1 \cdot p_1}{RT_1} \cdot \frac{\varepsilon}{\varepsilon - 1}\left[1 - \left(\frac{1}{\varepsilon}\right)^{k-1} \cdot \frac{\sigma^k - 1}{k(\sigma - 1)}\right]$$

$$= \frac{1{,}055 \times 88.2}{0.287 \times 353} \times \frac{15}{(15-1)} \times \left[1 - \left(\frac{1}{15}\right)^{(1.4-1)} \cdot \frac{2^{1.4} - 1}{1.4(2-1)}\right]$$

$$= 593.397\,(\mathrm{kPa})$$

■

예제 5.9

공기 표준 사이클로 작동하는 디젤 사이클의 작동조건이 다음과 같을 때, 각각을 구하여라.
사이클 조건 : $k = 1.3$, 최고온도 : 2,500K, 최저온도 : 300K, 최대압력 : 3.92 MPa, 최저압력 : 98 kPa

① 압축비 ε, 단절비 σ

② 이론 열효율 η_d

③ 동일 압축비인 오토 사이클의 열효율 η_o

④ 이론 평균 유효 압력 P_{md}

풀이 ① $\varepsilon = \dfrac{v_1}{v_2} = \left(\dfrac{P_2}{P_1}\right)^{\frac{1}{k}} = (40)^{\frac{1}{1.3}} = 17$

그리고, $T_2 = T_1\,\varepsilon^{k-1} = 300 \times 17^{0.3} = 702$ (°K)

$$\therefore \sigma = \frac{V_3}{V_2} = \frac{T_3}{T_2} = \frac{2{,}500}{702} = 3.6$$

② $\eta_d = 1 - \left(\dfrac{1}{\varepsilon}\right)^{k-1}\left\{\dfrac{\sigma^k - 1}{k(\sigma-1)}\right\} = 1 - \left(\dfrac{1}{17}\right)^{0.3}\left\{\dfrac{3.6^{1.3} - 1}{1.3 \times (3.6 - 1)}\right\} = 0.458$ (45.8%)

③ $\eta_0 = 1 - \left(\dfrac{1}{\varepsilon}\right)^{k-1} = 1 - \left(\dfrac{1}{17}\right)^{0.3} = 0.573$ (57.3%)

※ 압축비가 동일할 경우 가솔린 기관이 디젤 기관보다 11.5% 열효율이 좋으나, 가솔린 기관에서는 압축비가 10이상일 경우 녹킹 현상이 발생한다.

④ $P_{md} = P_1 \dfrac{\varepsilon^k k(\sigma-1) - \varepsilon(\sigma^k - 1)}{(k-1)(\varepsilon-1)} = 98{,}000 \times \dfrac{17^{1.3} \times 1.3 \times 2.6 - 17(3.6^{1.3} - 1)}{0.3 \times 16}$

$= 125 \cdot 68\ (kPa)$

■

예제 5.10

디젤 사이클 기관에서 비열비 $k=1.4$, 최고온도 2,800°K, 최저온도 280°K, 최고압력 4.9 MPa, 최저압력 294 kPa일 때 다음을 구하여라.

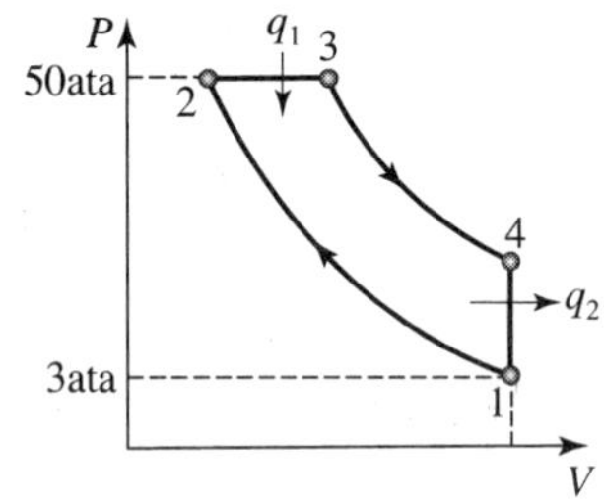

① 압축비 ε
② 단열 압축 후의 온도 T_2, 압력 P_2
③ 정압 가열 후의 온도 T_3, 비체적 v_3
④ 체절비 σ
⑤ 단열 팽창 후의 온도 T_4
⑥ 공급열량 q_1, 방출열량 q_2
⑦ 유효일 W
⑧ 열효율 η_d
⑨ 평균 유효 압력 P_{md}

풀이 ① 압축비 ε

1→2, 3→4 과정은 단열 과정이므로

$$\frac{T_2}{T_1}=\left(\frac{v_1}{v_2}\right)^{k-1}=\left(\frac{P_2}{P_1}\right)^{\frac{k-1}{k}}$$

로부터

$$\therefore\ \varepsilon=\frac{v_1}{v_2}=\left(\frac{T_2}{T_1}\right)^{\frac{1}{k-1}}=\left(\frac{P_2}{P_1}\right)^{\frac{1}{k}}=\left(\frac{4{,}900}{294}\right)^{\frac{1}{1.4}}=7.46$$

② 단열 압축 후의 온도 T_2

$$\frac{T_2}{T_1}=\left(\frac{v_1}{v_2}\right)^{k-1}=\left(\frac{P_2}{P_1}\right)^{\frac{k-1}{k}}$$

$$\therefore\ T_2=T_1\cdot\left(\frac{v_1}{v_2}\right)^{k-1}=280\times(7.46)^{1.4-1}=625.5\,(°\mathrm{K})$$

단열 압축 후의 압력 P_2

$$\therefore\ P_2=P_1\cdot\left(\frac{v_1}{v_2}\right)^{k}=294\times(7.46)^{1.4}=4.8998\,(\mathrm{MPa})$$

③ 정압 가열 후의 온도 T_3

$$\therefore\ T_3=2{,}800\ (°\mathrm{K})$$

정압 가열 후의 비체적 v_3, 단열압축 전의 비체적 v_1은

$$\therefore\ v_1 = \frac{RT_1}{P_1} = \frac{287\times280}{294\times10^3} = 0.273\ (\mathrm{m^3/kg})$$

단열 압축 후의 비체적 v_2는 $\varepsilon = v_1/v_2$로부터

$$\therefore\ v_2 = \frac{v_1}{\varepsilon} = \frac{0.273}{7.46} = 0.037\ (\mathrm{m^3/kg})$$

이므로 정압 가열 후의 비체적 v_3는

$$\therefore\ v_3 = v_2\cdot\frac{T_3}{T_2} = 0.037\times\frac{2{,}800}{625.5} = 0.166\ (\mathrm{m^3/kg})$$

④ 체절비 σ

$$\therefore\ \sigma = \frac{v_3}{v_2} = \frac{0.166}{0.037} = 4.5$$

⑤ 단열 팽창 후의 온도 T_4

$$\therefore\ T_4 = T_3\left(\frac{v_3}{v_4}\right)^{k-1} = T_3\left(\frac{v_3}{v_1}\right)^{k-1} = T_3\left(\frac{v_3}{v_2}\cdot\frac{v_2}{v_1}\right)^{k-1} = T_3\left(\sigma\cdot\frac{1}{\varepsilon}\right)^{k-1}$$

$$= 2{,}800\times\left(4.5\times\frac{1}{7.46}\right)^{1.4-1} = 2{,}287\ (°\mathrm{K})$$

⑥ 공급열량 q_1

$$q_1 = C_p(T_3 - T_2) = 1.00464\times(2{,}800-625.5) = 2{,}184.67\ (\mathrm{kJ/kg})$$

방출열량 q_2

$$q_2 = -C_v(T_1 - T_4) = C_v(T_4 - T_1) = 0.7158\times(2{,}287-280) = 1{,}436.6\ (\mathrm{kJ/kg})$$

⑦ 유효일 W

$$W = q_1 - q_2 = 2{,}184.67 - 1{,}436.6 = 748.07\ (\mathrm{kJ/kg})$$

⑧ 열효율 η_d (%)

$$\eta_d = \frac{W}{q_1} = 1-\frac{q_2}{q_1} = 1-\left(\frac{1}{\varepsilon}\right)^{k-1}\cdot\frac{\sigma^k-1}{k(\sigma-1)}$$

$$= 1-\left(\frac{1}{7.46}\right)^{1.4-1}\cdot\frac{4.5^{1.4}-1}{1.4(4.5-1)} = 0.3411 = 34.11(\%)$$

⑨ 평균 유효 압력 P_{md}

$$P_{md} = P_1 \cdot \frac{\varepsilon^k \cdot k \cdot (\sigma - 1) - \varepsilon(\sigma^k - 1)}{(k-1) \cdot (\varepsilon - 1)} = \frac{q_1 \cdot p_1}{RT_1} \cdot \frac{\varepsilon}{\varepsilon - 1} \cdot \eta_d$$

$$= \frac{2,184.67 \times 294 \times 10^3}{287 \times 280} \times \frac{7.46}{7.46 - 1} \times 0.3411 = 3.148\ (MPa)$$

■

5.5 사바테 사이클

이 사이클은 사바테(Sabathe)에 의해 고안된 사바테 사이클(Sabathe Cycle)로 정적・정압시 연소가 일어난다. 따라서 **정적 정압 사이클**(constant volume-constant pressure cycle)이라 불린다.

그림 5.7은 사바테 사이클로 중속 및 고속 디젤 기관의 기본 사이클이다. $P-V$ 선도와 $T-S$ 선도를 보고 각 과정에 대해 알아보기로 한다. 우선 공기가 가역 단열 압축 1→2를 받고, 그 압축열에 의해 고온도로 된다. 이 때 상태 2에서 정적 연소 2→2′ 및 정압 연소 2′→3으로 된다. 가역 단열 팽창 3→4, 변화 4→1에서 연소 생성 가스가 실린더 외부로 배기된다. 단위 질량당 흡열량 q_1 및 방열량 q_2는 다음과 같이 구한다. 이 때 비열은 각각 일정하다고 본다.

$$q_1 = C_v(T_2' - T_2) + C_p(T_3 - T_2') \quad (\text{kJ/kg}) \tag{5-13}$$

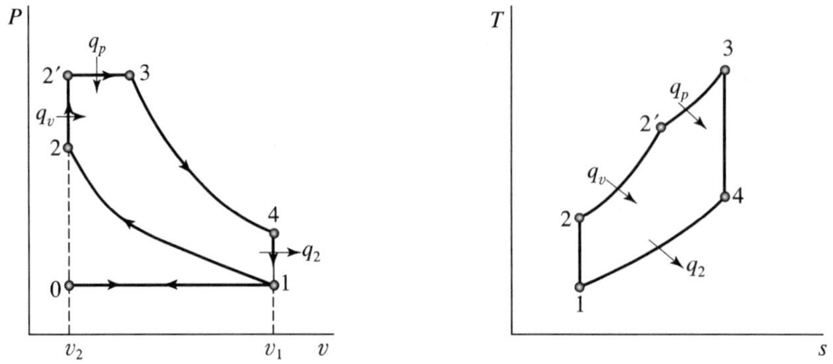

그림 5.7 사바테 사이클의 $p-v$ 선도 및 $T-S$ 선도

$$q_2 = C_v(T_4 - T_1) \quad (\text{kJ/kg}) \tag{5-14}$$

따라서 열효율은

$$\eta_s = 1 - \frac{C_v(T_4 - T_1)}{C_v(T_2' - T_2) - C_p(T_3 - T_2')}$$

$$= 1 - \frac{T_4 - T_1}{(T_2' - T_2) - k(T_3 - T_2')} \tag{5-15}$$

각 과정에서 온도를 구하여, 다음 식 (5-15)에 대입하여 본다.

먼저 가역 단열 변화 1→2에 있어서

$$T_2 = \left(\frac{v_1}{v_2}\right)^{k-1} \cdot T_1 = \varepsilon^{k-1} \cdot T_1$$

정적 변화 2→2′에 있어서

$$T_2' = \frac{P_2'}{P_2} T_2 = \varepsilon^{k-1} \cdot \frac{P_2'}{P_2} \cdot T_1$$

정압 변화 2′→3에 있어서

$$T_3 = \frac{v_3}{v_2'} T_2' = \sigma \cdot \varepsilon^{k-1} \cdot \frac{P_2'}{P_2} \cdot T_1$$

가역 단열 변화 3→4에 있어서

$$T_4 = \left(\frac{v_3}{v_4}\right)^{k-1} T_3 = \left(\frac{\sigma}{\varepsilon}\right)^{k-1} \cdot \sigma \cdot \varepsilon^{k-1} \cdot \frac{P_2'}{P_2} \cdot T_1 = \sigma^k \cdot \frac{P_2'}{P_2} \cdot T_1$$

따라서 사바테 사이클의 열효율은 식 (5-15)에서 구할 수 있다. 즉

$$\eta_s = 1 - \frac{\sigma^k \cdot \frac{P_2'}{P_2} - 1}{\varepsilon^{k-1} \cdot \left(\frac{P_2'}{P_2} - 1\right) + k \cdot \varepsilon^{k-1} \cdot \frac{P_2'}{P_2}(\sigma - 1)}$$

$$= 1 - \frac{1}{\varepsilon^{k-1}} \cdot \left\{\frac{\sigma^k \cdot \rho - 1}{(\rho - 1) + k\rho(\sigma - 1)}\right\} \tag{5-16}$$

윗 식에서 사바테 사이클의 열효율은 압축비 ε, 체절비 σ 및 폭발비 또는 압력비 $\rho = \dfrac{P_2'}{P_2}$ 등의 함수임을 알 수 있다.

따라서 사바테 사이클은 오토 사이클과 디젤 사이클과의 조합이며 위의 식에서

① $V_2' = V_3$일 때, 오토 사이클의 효율이 얻어진다($\sigma = 1$).

$$\eta_s = 1 - \frac{1}{\varepsilon^{k-1}}$$

② $P_2 = P_2'$일 때, 디젤 사이클의 효율이 얻어진다($\rho = 1$).

$$\eta_s = 1 - \frac{1}{\varepsilon^{k-1}} \cdot \frac{\sigma^k - 1}{k(\sigma - 1)}$$

한편, 평균 유효 압력 P_{ms}은 식 (5-17)로 표시된다.

$$P_{ms} = \frac{\eta_s \cdot q_1}{(v_1 - v_2)}$$

$$= \frac{q_1 \cdot p_1}{RT_1} \cdot \frac{\varepsilon}{\varepsilon - 1}\left[1 - \left(\frac{1}{\varepsilon}\right)^{k-1} \cdot \frac{\sigma^k \cdot \rho - 1}{(\rho - 1) + \rho \cdot k(\sigma - 1)}\right] \text{(kPa)} \qquad (5\text{-}17)$$

예제 5.11

압축비 $\varepsilon = 13$, 체절비 $\sigma = 2.0$, 압력비 $\rho = 1.1$일 때 사바테 사이클의 공기 표준 사이클 열효율을 구하여라. 단, $k = 1.4$이다.

풀이 식 (5-16)에서 구한다.

$$\eta_s = 1 - \frac{1}{\varepsilon^{k-1}} \cdot \frac{\rho \cdot \sigma^k - 1}{(\rho - 1) + k\rho(\sigma - 1)}$$

$$= 1 - \frac{1}{13^{(1.4-1)}} \times \frac{1,1 \times 2.0^{1.4} - 1}{(1.1 - 1) + 1.4 \times 1.1 \times (2.0 - 1)} = 58.4(\%)$$

■

예제 5.12

사바테 사이클을 행하는 내연 기관에서 압축비 15, 압축초의 압력 88.2 kPa, 온도 60℃. 최고압력 5.88 MPa, 온도 2,400℃, $k = 1.35$일 때 다음 값을 구하여라.

① 압축 압력, ② 압축 온도, ③ 폭발 온도, ④ 체절비, ⑤ 최고압력비, ⑥ 열효율
⑦ 평균 유효 압력

풀이 ① 압축 압력 $P_2 = P_1 \cdot \varepsilon^k = 88.2 \times 15^{1.35} = 3.41\,(\mathrm{MPa})$

② 압축 온도 $T_2 = \varepsilon^{k-1} \cdot T_1 = 15^{(1.35-1)} \times 333 = 859\,(\mathrm{K})$

③ 폭발 온도 $T_2' = T_2 \cdot \dfrac{P_2'}{P_2} = 859 \times \dfrac{5.88}{3.41} = 1{,}481\,(\mathrm{K})$

④ 체절비 $\sigma = \dfrac{v_3}{v_2'} = \dfrac{T_3}{T_2'} = \dfrac{2{,}673}{1{,}481} = 1.805$

⑤ 최고압력비 $\rho = \dfrac{P_2'}{P_2} = \dfrac{5.88}{3.41} = 1.724$

⑥ 열효율 $\eta_s = 1 - \dfrac{1}{\varepsilon^{k-1}} \cdot \dfrac{\rho\sigma^k - 1}{(\rho-1) + k \cdot \rho(\sigma-1)}$

$$= 1 - \frac{1}{15^{(1.35-1)}} \cdot \frac{1.724 \times 1.806^{1.35} - 1}{(1.724-1) + 1.35 \times 1.724(1.806-1)} = 57.8(\%)$$

⑦ 평균 유효 압력 $P_{ms} = \dfrac{q_1 \cdot p_1}{RT_1} \times \dfrac{\varepsilon}{\varepsilon - 1} \times \eta_s$

$$= 1.049\,(\mathrm{MPa})$$

■

5.6 각 사이클의 비교

그림 5.8은 이론 열효율과 압축비와의 관계를 표시하였고, 그림 5.9는 식 (5-16)에서 { }안의 값은 언제나 1보다 크고, 압축비 일정시와 최고온도 일정시의 각 사이클을 비교한 것이다. 또, 최고 압력비 ρ가 작을수록, 체절비 σ가 클수록 커져서 열효율이 나빠진다.

그런데 정적 사이클에서는 { }안의 값이 1로 되고, 정압 사이클에서는 $\rho = 1$에서 최소가 되므로, 압축비가 같을 경우 열효율은 정적 사이클이 가장 좋고, 다음으로 사바테 사이클이고, 정압 사이클이 가장 낮은 식 (5-18)로 된다.

$$\eta_o > \eta_s > \eta_d \tag{5-18}$$

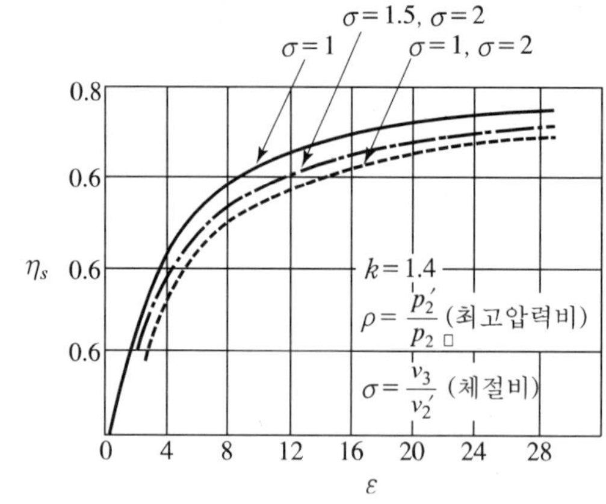

그림 5.8 이론 열효율과 압축비와의 관계

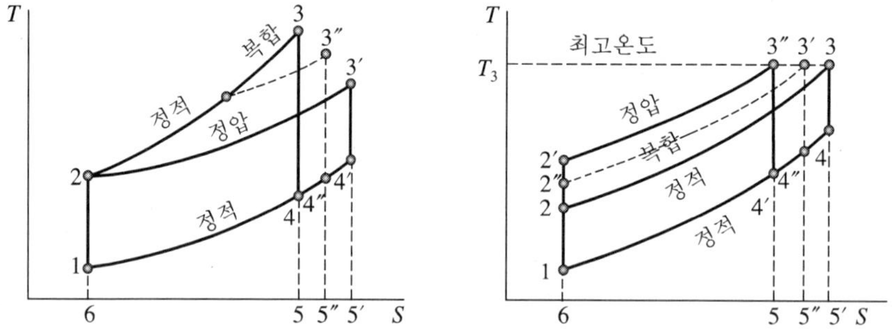

그림 5.9 압축비와 최고온도의 사이클 비교

$$\eta_d > \eta_s > \eta_o \tag{5-19}$$

한편, 최고압력 및 최고온도를 같이 할 경우 압축비가 변화하면서 열효율은 정압 사이클이 가장 좋고, 다음으로 사바테 사이클이고, 다음으로 정적 사이클인 식 (5-19)로 표시된다.

그림 5.10은 사바테 사이클의 공급 열량 q_1에 대하여, 즉 정적, 정압 열량의 비 q_1/q_2에 대한 열효율의 변화를 나타낸 것이다.

여기서 정적 열량이 0일 때는 디젤 사이클이고 정압 열량이 0일 때는 오토 사이클이다. 따라서 압축비 일정시에는 오토 사이클의 효율이 가장 훌륭하고 최대압력이 일정할 때는 디젤 사이클의 효율이 가장 좋은 것으로 밝혀졌다.

그런데 이들 사이클 중에서 오토 사이클의 열효율은 k가 일정하면 단지 압축비

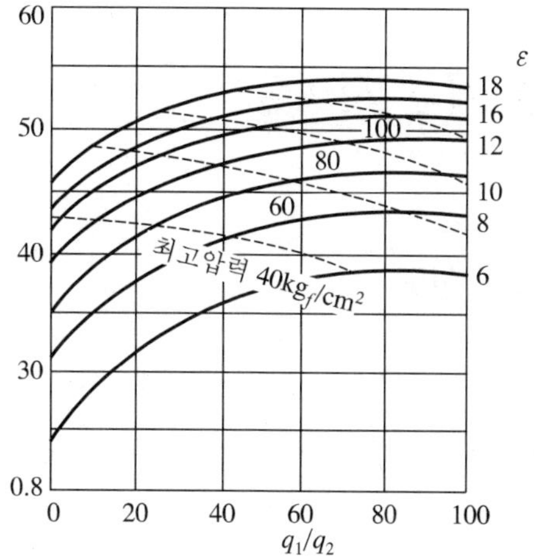

그림 5.10 열효율의 변화

ε만의 함수로 나타내어진다. 이것에 대하여 디젤 사이클의 열효율은 ε뿐만이 아니라 σ에도 관계되어 있다. 그러나 주로 ε만에 의해 좌우되므로 근사적으로 나타낼 수가 있다.

$$\eta = 1 - \frac{1}{\varepsilon^{k-1}} \tag{5-20}$$

동작유체를 공기만으로 생각하여 $k = 1.4$로 한 때의 효율을 공기 표준 효율이라 한다. 그러나 실제로 내연 기관에 쓰여진 가스는 그 성분이 복잡하여 비열이 온도와 함께 변화하고, 또한 고온도에서는 연소가스가 열해리(thermal dissociation)를 일으킨다. 그런데 실제 사이클에 있어서는 팽창 및 압축이 바르게 단열적으로 행해지지 않는다. 또한, 디젤 사이클로는 압축 행정시 공기만이고, 분사 이후는 혼합가스가 동작하는 것이다. 이 때문에 실제 사이클은 그 효율이 매우 낮으므로 비교를 위해 표준 효율로써 공기 표준 효율을 쓰면 그 비율은 상당히 적은 값으로 된다. 그리고 팽창 및 압축에 대하여 단열 변화의 대신에 폴리트로프 변화를 생각하여 k 대신 n을 쓰면 다음 식이 된다.

$$\eta = 1 - \frac{1}{\varepsilon^{(n-1)}} \tag{5-21}$$

5.7 실제의 내연 기관 사이클

1. 인디케이터(Indicator) 선도

내연 기관에서 완전 연소가 일어난 후, 모두 유효한 일로 변환되는 것이 이상적이지만 실린더 벽, 냉각수 등에 빼앗기는 열량, 배기가스에 빼앗기는 열량, 마찰 손실, 보조구동 동력, 복사열 손실열량 등의 원인으로 유효 출력을 얻는 것은 20~40% 정도 밖에 안 된다.

만일, 완전 연소 후 열량을 100%라 할 때, 변화되는 에너지가 각각 어떤 방법으로 배분되는가를 나타내는 것이 열평형(heat balance)이다. 그림 5.11에 가솔린 기관의 열평형을, 그림 5.12에 실제의 오토 사이클 기관과 디젤 사이클 기관의 지압 선도(indicator diagram)를 비교하여 나타내고 있다.

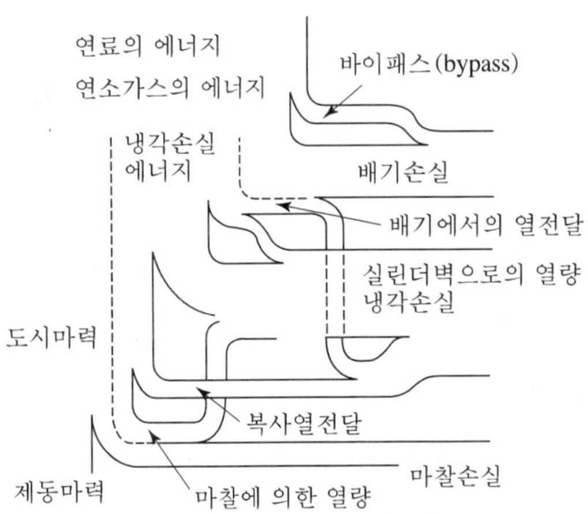

그림 5.11 내연기관의 열평형

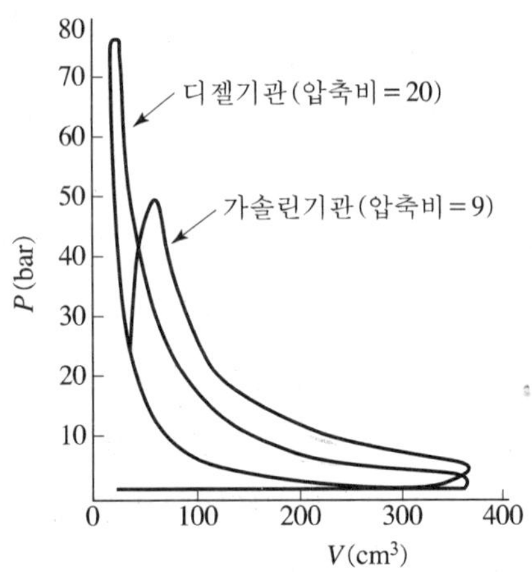

그림 5.12 오토 사이클과 디젤 기관의 지압 선도

2. 성 능

이론적인 오토 사이클 또는 디젤 사이클의 이론일에 대한 지압 선도의 일과의 비를 선도 효율(efficiency of diagram) η_{id}라 한다. 즉,

$$\eta_{id} = \frac{\text{지압 선도의 일}}{\text{이론일}} = \frac{\int_0^v p_i \cdot dv}{\int_0^v p \cdot dv} \tag{5-22}$$

엔진의 출력축 끝에서 일량은 지시 선도의 일보다도 피스톤이나 다른 기계부분의 마찰 손실만큼 감소한다. 그러므로 기계 효율 η_m은 다음과 같이 정의된다.

$$\eta_m = \frac{\text{출력축의 일}}{\text{지시 선도의 일}} = \frac{\text{축동력}}{\text{지시동력}} \tag{5-23}$$

그러므로 열효율은 η는 오토 사이클, 디젤 사이클 등의 이론 열효율 η_{th}일 때

$$\eta = \eta_{th} \cdot \eta_{id} \cdot \eta_m \tag{5-24}$$

로 표시된다.

평균 유효 압력은 P_m이라 하는데, 실린더 안의 평균압력을 생각한 것을 **도시 평균 유효 압력**(indicated mean pressure) P_{im}이고, 출력축에서의 평균압력을 고려한 것이 **제동 평균 유효 압력**(brake mean pressure) P_{bm}인데 이는 다음과 같이 표시된다.

$$P_{im} = \frac{P-v\ \text{선도상의 지시 면적}}{\text{피스톤의 행정체적}} = \frac{\int_0^{vs} p_i dv}{v_s} \quad (\text{kPa}) \tag{5-25}$$

또한,

$$P_{bm} = \text{도시 평균 유효 압력} \times \text{기계 효율} = P_{im} \cdot \eta_m \quad (\text{kPa}) \tag{5-26}$$

대부분 가솔린 기관에서 P_{im}은 약 784~1,176 kPa, 디젤 기관의 P_{im}은 980~1,470 kPa 정도로, 점점 향상되어 가고 있다. 실제 내연 기관에서 실린더 체적을 v_c라고 하면 그 동력 L은 도시 평균 유효 압력을 알 때

$$L = \eta_m \cdot \frac{P_{im} \cdot v_c \cdot N}{600} \quad (\text{kW}) \tag{5-27}$$

로 표시된다. N의 값은 분당 폭발 회수로 4사이클에서는 회전수의 1/2, 2사이클에서는 회전수와 동일하다.

예제 5.13

행정 체적 1,500 cc의 4사이클 가솔린 기관이 4,000 rpm에서 출력 50 PS, 연료소비율 230 g_f/PSh, 기계 효율 78%일 때 도시 및 제동 열효율을 구하고, 도시 및 제동 평균 유효 압력을 구하여라.

단, 가솔린의 발열량은 10,500 kcal/kg이다.

풀이 제동 열효율 $\eta_b = \dfrac{632.3 \times 1{,}000}{10{,}500 \times 230} ≒ 0.262 = 26.2(\%)$

도시 열효율 $\eta_i = \dfrac{\eta_b}{\eta_m} = \dfrac{0.262}{0.78} ≒ 0.336 = 33.6(\%)$

제동 평균 유효 압력은

$$P_{bm} = \frac{75 \times 60 \times 2 \times \mathrm{PS}}{V_s \cdot N} = \frac{75 \times 60 \times 2 \times 50}{1{,}500 \times 10^{-6} \times 4{,}000} = 735\ (\mathrm{kPa})$$

도시 평균 유효 압력은

$$P_{im} = \frac{P_{bm}}{\eta_m} = \frac{735}{0.78} = 942\ (\mathrm{kPa})$$

5.8 가스 터빈 사이클

내연 기관에서는 연소가스가 갖는 열에너지를 피스톤의 왕복운동을 거쳐 회전일로서 기계적 에너지로 변환하여 동력을 발생시킨다. 그러나 가스 터빈은 피스톤 같은 에너지 전달 매개 장치를 생략하고, 연소가스가 갖는 열에너지를 이용하여 터빈을 회전시켜 일을 얻는 열기관이다.

가스 터빈(Gas Turbine Cycle)은 다음과 같이 구성되어 있다. 즉, 공기를 압축시키는 압축기(compressor), 연료 분사로 가스를 연소시키는 연소실(combustion chamber), 분사 가스로 출력을 얻는 터빈(turbine) 등으로 구성되고, 터빈 및 압축기 열효율을 적절히 조절하고, 공기를 적당한 압축비로 조정하여 항공기 등의 원동기에 사용하고 있다. 가스 터빈의 기본 사이클은 정압 연소 사이클과 정적 연소 사이클의 두 가지가 있다. 전자는 연속적으로 정압하에서 연소가 행해지고, 후자는 간헐적으로 정적하에서 연소가 행해진다.

1. 브레이턴 사이클

그림 5.13은 **정압 연소 사이클** 또는 브레이턴 사이클(Brayton cycle)의 예이다. 브레이턴 사이클은 **2개의 단열과정**과 **2개의 등압과정**으로 이루어진 가스 터빈의 이상적 사이클이다.

앞서 말한 대로 터빈에 고온, 고속의 연소가스를 분사시켜 직접 회전일을 얻어 동력을 발생시키는 기관을 가스 터빈이라 할 수 있다.

이 가스 터빈 중에 대표적인 브레이턴 사이클은 개방식과 밀폐식이 있다. 이 사이클에서 $P-V$ 선도 및 $T-S$ 선도로 각 과정의 상태 변화를 파악하여 열효율을 구해본다(그림 5.14 참조).

과정 1→2는 압력 P_1의 혼합공기가 압축기에 흡입하여 가역 단열 압축 과정을 지나며 흡입 공기를 압축시킨다.

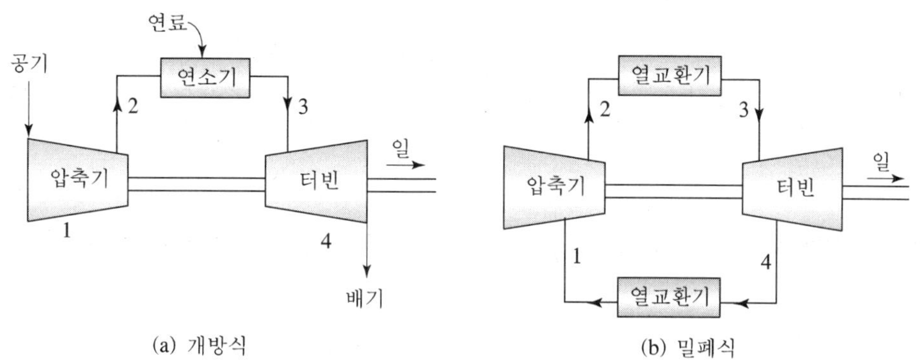

그림 5.13 브레이턴 사이클의 구조

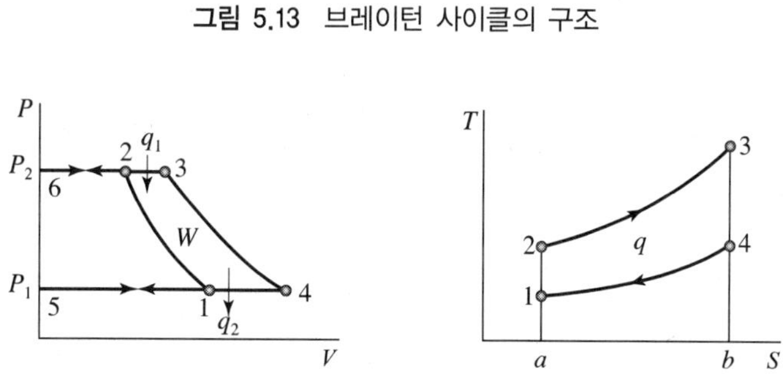

그림 5.14 브레이턴 사이클

과정 2→3은 정압 연소로서 고열원 열교환기(연소기)에서 연료를 분사하여 연소시켜 열량 q_1을 받는다.

과정 3→4는 가역 단열 팽창 과정으로 고온, 고압의 연소 가스가 터빈을 회전시켜 팽창일을 한다.

과정 4→1은 정압 냉각으로 저열원 열교환기(냉각기)에서 방열되기도 하고, 압축기로 들어가기 전에 q_2를 버리는 셈이다.

과정 2→3에 공급된 열량과 과정 4→1에서 방출되는 열량은

$$q_1 = C_p(T_3 - T_2) \quad (\text{kJ/kg}) \tag{5-28}$$

$$q_2 = C_p(T_4 - T_1) \quad (\text{kJ/kg}) \tag{5-29}$$

이다. 따라서 사이클의 일은 다음과 같이 된다.

$$w_{net} = q_1 - q_2 = C_p(T_3 - T_2) - C_p(T_4 - T_1) \quad (\text{kJ/kg}) \tag{5-30}$$

그러므로 브레이턴 사이클의 열효율은

$$\eta_b = 1 - \frac{q_2}{q_1} = 1 - \frac{C_p(T_4 - T_1)}{C_p(T_3 - T_2)} = 1 - \frac{T_1\left(\dfrac{T_4}{T_1} - 1\right)}{T_2\left(\dfrac{T_3}{T_2} - 1\right)} \tag{5-31}$$

여기서, **압력비**(pressure ratio) ρ를 $\dfrac{P_2}{P_1} = \dfrac{P_3}{P_4}$라 하고, P, V, T 관계를 이용하면

$$\rho = \frac{P_2}{P_1} = \left(\frac{T_2}{T_1}\right)^{\frac{k}{k-1}} = \left(\frac{T_3}{T_4}\right)^{\frac{k}{k-1}} \tag{5-32}$$

따라서, $\dfrac{T_2}{T_1} = \dfrac{T_3}{T_4}$ 또는 $\dfrac{T_3}{T_2} = \dfrac{T_4}{T_1}$, $\dfrac{T_3}{T_2} - 1 = \dfrac{T_4}{T_1} - 1$이 되므로 이들을 모두 식 (5-31)에 대입하면

$$\eta_b = 1 - \frac{T_1}{T_2} = 1 - \left(\frac{1}{\rho}\right)^{\frac{k-1}{k}} \tag{5-33}$$

열효율은 압력비만의 함수이며, 압력비가 클수록 효율은 증가한다. 그러나 압력비가 너

무 크면 열효율은 커져서 카르노 사이클의 효율에 가까워지지만 출력은 감소되고, 압력비가 너무 작으면 열효율과 출력 모두가 감소한다.

예제 5.14

브레이톤 사이클에서 $P_1 = 98\,\text{kPa}$, $P_2 = 372.4\,\text{kPa}$, $T_1 = 100℃$, $T_3 = 800℃$일 경우 공급한 열량과 열효율을 구하여라. 단, $k = 1.4$, $C_p = 1.00464\,\text{kJ/kg K}$이다.

풀이 T_2 및 T_4를 구하기 위해 가역 단열 과정의 상태식을 활용하면

$$T_2 = T_1\left(\frac{P_2}{P_1}\right)^{\frac{k-1}{k}} = 373 \times \left(\frac{372.4}{98}\right)^{\frac{0.4}{1.4}} = 346\,(°\text{K})$$

$$T_4 = T_3\left(\frac{P_1}{P_2}\right)^{\frac{k-1}{k}} = 1{,}073 \times \left(\frac{98}{372.4}\right)^{\frac{0.4}{1.4}} = 734\,(°\text{K})$$

따라서 압축일은

$$w_c = C_P(T_2 - T_1) = 1.00464 \times (546 - 373) = 173.8\,(\text{kJ/kg})$$

터빈은

$$w_t = C_P(T_3 - T_4) = 1.00464 \times (1{,}073 - 734) = 340.6\,(\text{kJ/kg})$$

유효일은 터빈 일에서 압축기 일을 빼면 된다. 즉,

$$\begin{aligned} w_{net} &= w_t - w_c \\ &= 340.6 - 173.8 = 166.8\,(\text{kJ/kg}) \end{aligned}$$

공급한 열량 $q_1 = C_p(T_3 - T_2) = 1.00464 \times (1{,}073 - 546) = 529.45\,(\text{kJ/kg})$이다.
열효율은

$$\eta_B = \frac{w_{net}}{q_1} = \frac{166.8}{529.45} \fallingdotseq 0.318 = 31.5\ (\%)$$

■

그러나 실제로는 비가역 단열 변화가 발생하므로 이 경우는 다음 이유로 열효율이 저하된다. 압축기 손실, 터빈에서 팽창시 손실 및 가스 누설, 연료 펌프 등을 가동하기 위한 손실이 있기 때문이다.

이를 그림 5.15로 표시하고 압축기 및 터빈의 단열 효율을 구해 본다. 즉,

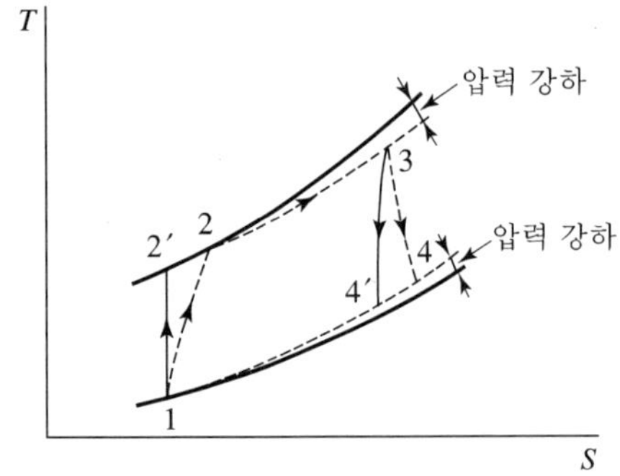

(a) 압축기 효율

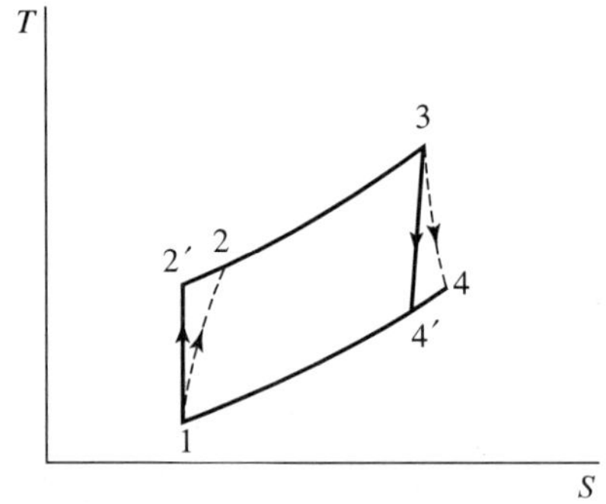

(b) 터빈 효율

그림 5.15 단열 효율

$$\eta_c = \frac{\text{단열 압축에 필요한 일}}{\text{실제 압축에 필요한 일}}$$

$$= \frac{h_2' - h_1}{h_2 - h_1} = \frac{T_2' - T_1}{T_2 - T_1} \tag{5-34}$$

$$\eta_t = \frac{\text{실제 팽창시에 필요한 일}}{\text{단열 팽창시 일}}$$

$$= \frac{h_3 - h_4}{h_3 - h_4'} = \frac{T_3 - T_4}{T_3 - T_4'} \tag{5-35}$$

η_c는 **압축기 효율**이고, η_t은 **터빈 효율**이다. 2′과 4′는 각각 압축기와 터빈 출구의 등 엔트로피 상태를 나타낸 것이고 등 엔트로피 효율은 일반적으로 80~90% 정도이다.

2. 재생 사이클

가스 터빈으로부터 배출된 온도는 매우 높으므로 이 열을 회수해서 공기의 예열에 이용하여 열효율을 증진시킬 수 있는데, 이러한 사이클을 **재생 사이클**(Regenerative cycle)이라 하고, 공기를 예열하는 장치를 열교환기(heat exchange)라 한다. 그림 5.16과 그림 5.17은 재생 사이클의 구조와 $P-V$ 선도 및 $T-S$ 선도이다.

선도에서 나타난 것처럼 과정 4→6에서 방출열로, 압축기에서 나오는 압축 기체를 예열한 것을 알 수 있다. 즉,

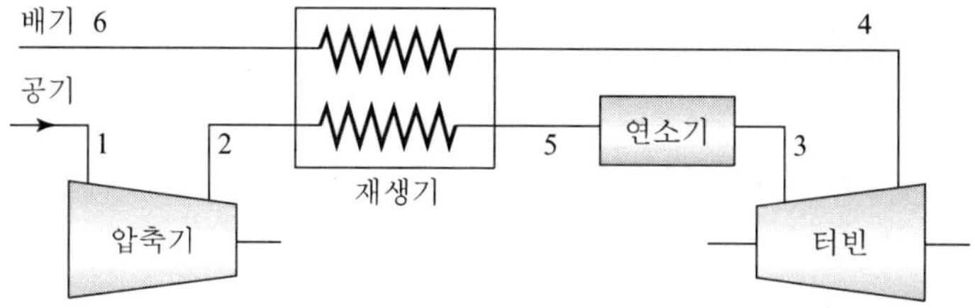

그림 5.16 재생 사이클의 구조

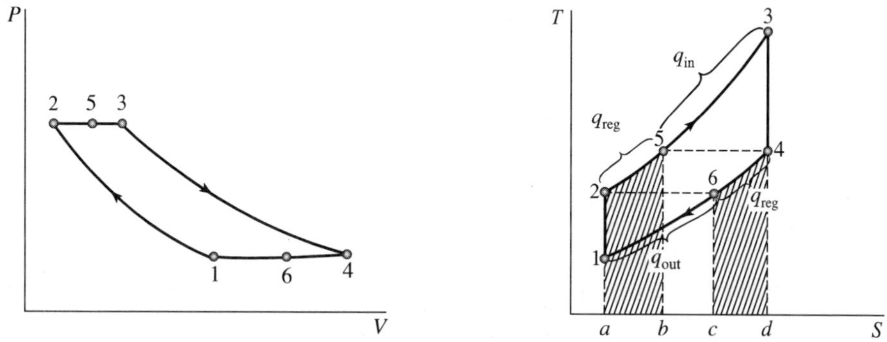

그림 5.17 $P-V$ 선도와 $T-S$ 선도

$$\text{면적}(2\ 5\ b\ a\ 1\ 2) = \text{면적}(6\ 4\ d\ c\ 6)$$

으로 되어, 이는 공기의 가열로 재생된 셈이다. 이 때 연소기에서 가열은 과정 5, 3에서 행해진다.

사이클의 공급 열량 $q_1(q_{in})$은 $T_4 = T_5$이므로,

$$q_1 = h_3 - h_5 = C_p(T_3 - T_4) = C_p(T_3 - T_5) \quad (\text{kJ/kg}) \tag{5-36}$$

사이클당의 방출 열량 $q_2(q_{out})$는 $T_2 = T_6$이므로

$$q_2 = h_6 - h_1 = C_p(T_6 - T_1) = C_p(T_2 - T_1) \quad (\text{kJ/kg}) \tag{5-37}$$

따라서 열효율은 다음 식으로 된다.

$$\eta_{Re} = 1 - \frac{q_2}{q_1} = 1 - \frac{C_p(T_2 - T_1)}{C_p(T_3 - T_4)} = 1 - \frac{T_2 - T_1}{T_3 - T_4} = 1 - \frac{T_2\left(1 - \dfrac{T_1}{T_2}\right)}{T_3\left(1 - \dfrac{T_4}{T_3}\right)}$$

$$= 1 - \frac{T_2}{T_3} \tag{5-38}$$

과정 1→2를 가역 단열 과정이라 하면

$$\frac{T_2}{T_1} = \left(\frac{P_1}{P_2}\right)^{\frac{1-k}{k}} = \left(\frac{P_2}{P_1}\right)^{\frac{k-1}{k}} = \rho^{\frac{k-1}{k}}$$

이므로, 식 (5-38)에 대입하면 다음과 같다.

$$\eta_{re.} = 1 - \frac{T_1}{T_3} \cdot \rho^{\frac{k-1}{k}} = 1 - \left(\frac{\varphi}{\theta}\right) \tag{5-39}$$

단, $\theta = \dfrac{T_1}{T_3}$이고, $\varphi = \rho^{\frac{k-1}{k}}$이다.

따라서 식 (5-39)에서와 같이 재생 사이클의 열효율은 압력비 ρ, 최고 온도비 θ의 함수로 표시되므로, 최고 온도 T_3가 증가하면 열효율은 증가하지만, 압력비가 증가하면 열효율은 감소한다.

예제 5.15

재생 사이클에서 유효일이 108.42 kJ/kg이고, 공급 열량이 372.14 kJ/kg이다. 연소 효율이 0.97이라고 한다면 열효율은 얼마인가? 또, 저 발열량이 39,767 kJ/kg이면, 연소 소비율 B는 얼마인가? 단, 동력은 735 kW이다.

풀이

$$\eta = \frac{W}{q_1} \times \text{연소 효율} = \frac{108.42}{372.14} \times 0.97 = 28.2(\%)$$

또한, 연소 소비율 B는

$$B = \frac{\mathrm{L}}{H_e \times \eta} = \frac{735}{39{,}767 \times 0.282} \fallingdotseq 236\ (\mathrm{kg/kWh})$$

■

예제 5.16

재생 브레이턴 사이클에서 압축기 입구압력이 100 kPa, 온도가 300 K, 터빈 입구 온도가 1300 K, 압력이 1.2 MPa일 경우 유효일과 열효율을 구하여라. 단, $k = 1.4$, $C_p = 1.005$ kJ/kg K이다.

풀이 터빈 입구 상태 $P_3 = 1200$ kPa, $T_3 = 1300$ K

압축기 입구 상태 $P_1 = 100\,\text{kPa},\ T_1 = 300\,\text{K}$

T_2, T_4를 구하면

$$T_2 = T_1 \cdot \rho^{\frac{k-1}{k}} = 300 \times \left(\frac{1200}{100}\right)^{\frac{1.4-1}{1.4}} = 610.181\,(\text{K})$$

$$T_4 = \frac{T_3}{\rho^{\frac{k-1}{k}}} = \frac{1300}{12^{\frac{1.4-1}{1.4}}} = 639.1545\,(\text{K})$$

이다. 열효율

$$\eta_{Re} = 1 - \frac{q_2}{q_1} = 1 - \frac{C_p(T_2 - T_1)}{C_p(T_3 - T_4)}$$

$$= 1 - \frac{610.181 - 300}{1300 - 639.1545} = 0.5306 = 53.06\,(\%)$$

유효일

$$W = W_t - W_c$$

$$= (h_3 - h_4) - (h_2 - h_1)$$

$$= C_p[(T_3 - T_4) - (T_2 - T_1)]$$

$$= 1.005[(1300 - 639.1545) - (610.181 - 300)]$$

$$= 352.4178\,(\text{kJ/kg})$$

■

3. 재열 사이클

금속의 내열성 문제로 터빈으로 유입되는 연소가스의 온도는 어느 일정 온도 이상으로 높을 수 없으나, 그 온도는 연소기의 연료 · 공기비에 따라서 어느 정도 제어될 수 있다. 그러므로 터빈 입구 온도를 높이지 않고 가스 터빈의 효율을 증가시킬 목적으로 그림 5.18과 같이 재열에 의하여 터빈 팽창 과정을 2단으로 하면 열효율을 증진시킬 수 있는데, 이러한 사이클을 **재열 사이클**(Reheating Cycle)이라 한다.

고압 터빈에서 상태 3으로부터 a까지 팽창하고, 동작유체는 a→b까지 압력 일정하에서 재열기에 의해 재열된다. 재열 온도는 $T_b = T_3$로 하거나 T_3보다 낮게 한다. 재열된 가스는 터빈으로 들어가서 상태 b→4까지 단열 팽창한다. 이렇게 함으로써 터빈 일은

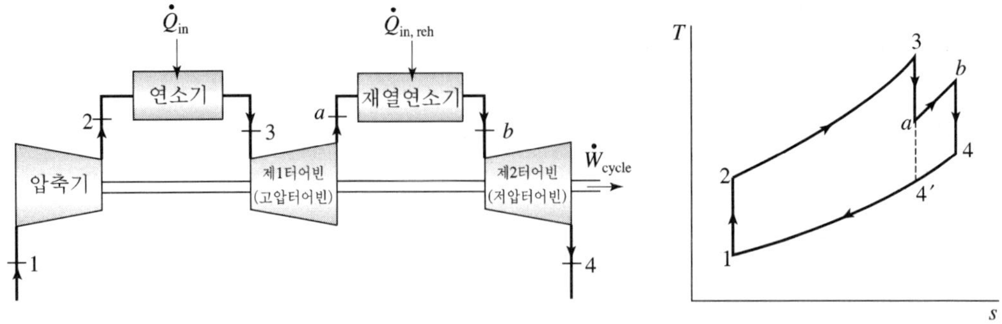

(a) 계통도 (b) $T-s$선도

그림 5.18 재열 가스 터빈 사이클

$$w_t = w_{tH} + w_{tL} = (h_3 - h_a) + (h_b - h_4) \quad (\text{kJ/kg}) \tag{5-40}$$

으로 표시된다. 여기서 w_{tH}는 제1(고압) 터빈의 압축일, w_{tL}은 제2(저압) 터빈의 압축일이다. 따라서 사이클 유효 일은 면적(ab44′a)만큼 증가하는 결과로 표시된다. 그러므로 재열 가스 터빈의 사이클의 열효율은

$$\eta_{\text{Reh}} = \frac{w_t - w_c}{q_{\text{in}}} = \frac{w_{tH} + w_{tL} - w_c}{q_{\text{in}}} \tag{5-41}$$

여기서

$$q_{\text{in}} = q_{\text{in}\cdot\text{comb}} + q_{\text{in}\cdot\text{reh}} = (h_3 - h_2) + (h_b - h_a) \quad (\text{kJ/kg})$$

$$w_{tH} = (h_3 - h_a) \quad (\text{kJ/kg})$$

$$w_{tL} = (h_b - h_4) \quad (\text{kJ/kg})$$

$$w_c = (h_2 - h_1) \quad (\text{kJ/kg})$$

따라서

$$\eta_{\text{Reh}} = \frac{(h_3 - h_a) + (h_b - h_4) - (h_2 - h_1)}{(h_3 - h_2) + (h_b - h_a)} \tag{5-42}$$

또한, 동작 물질의 질량 유량을 $\dot{m}$ kg/s라 하면 사이클의 유효 일은

$$\dot{W}_{\text{cycle}} = \dot{m}(w_t - w_c) = \dot{m}[(h_3 - h_a) + (h_b - h_4) - (h_2 - h_1)] \quad (\text{kW}) \tag{5-43}$$

가 된다.

예제 5.17

재열 브레이턴 사이클에서 압축기 입구압력이 100 kPa, 온도가 300 K이고 제1터빈 입구의 압력이 1,200 kPa, 팽창 후의 압력이 300 kPa, 이것이 재열기에서 정압가열되어 1,300 K가 되어 제2터빈으로 공급된다. 이 사이클의 열효율을 구하여라. 단, 재생기 출구 온도는 T_4와 같다.
($k = 1.4$, $C_p = 1.005$ kJ/kg °K)

풀이 이론 열효율

$$\eta_{\text{Reh}} = \frac{w_t - w_c}{q_{\text{in}}}$$

T_2는

$$T_2 = T_1\left(\frac{P_2}{P_1}\right)^{\frac{k-1}{k}} = 300\left(\frac{1200}{100}\right)^{\frac{1.4-1}{1.4}} = 610.1811\ (\text{K})$$

T_a는

$$T_a = T_3\left(\frac{P_a}{P_3}\right)^{\frac{k-1}{k}} = 1300\left(\frac{340}{1200}\right)^{\frac{1.4-1}{1.4}} = 906.686\ (\text{K})$$

T_4

$$T_4 = T_b\left(\frac{P_4}{P_b}\right)^{\frac{k-1}{k}} = 1300\left(\frac{100}{340}\right)^{\frac{1.4-1}{1.4}} = 916.415\ (\text{K})$$

T_b는

$$T_b = T_3 = 1300\ (\text{K})$$

이다.

$$\begin{aligned} w_t &= (h_3 - h_a) + (h_b - h_4) \\ &= C_p[(T_3 - T_a) + (T_b - T_4)] \\ &= 1.005[(1300 - 906.686) + (1300 - 916.415)] = 780.784\ (\text{kJ/kg}) \end{aligned}$$

$$\begin{aligned} w_c &= h_2 - h_1 \\ &= C_p(T_2 - T_1) \\ &= 1.005(610.1811 - 300) = 311.732\ (\text{kJ/kg}) \end{aligned}$$

$$q_{\text{in}} = (h_3 - h_{3a}) + (h_b - h_a)$$

$$= C_p[(T_3 - T_{3a}) + (T_b - T_a)]$$
$$= 1{,}005[(1{,}300 - 916.415) + (1{,}300 - 906.686)] = 780.783\ (\text{kJ/kg})$$

이론적 열효율은

$$\eta_{\text{Reh}} = \frac{780.7835 - 311.732}{780.7835} = 0.6007 = 60.07(\%)$$

사이클 일은

$$w = w_t - w_c = 780.7835 - 311.732 = 469.0515\ (\text{kJ/kg})$$

이다. ■

4. 제트 사이클

여기서는 가스 터빈 사이클의 응용인 제트 엔진이 이루는 사이클을 알아본다. 대표적인 회전식 공기 압축기가 있는 **터보 제트**(turbo jet), 공기 압축기가 없는 **램 제트**(ram jet) 및 간헐 연소를 하는 **펄스 제트**(pulse jet) 등에 대해 알아보자. 일반적으로 제트, 로켓트 등의 분류 추진 장치의 전 효율 η_{jet}는 보통의 열기관의 효율과는 다르며, 단위 시간에 들어간 열에너지에 대한 추진동력의 비 즉,

$$\eta_{jet} = \frac{\text{추력} \times \text{속도}}{\text{들어간 열량}} \tag{5-44}$$

이것은 보통 에너지를 얼마만큼 운동 에너지로 변환되는지를 나타내는 내부 효율 η_{in}은 다음 식과 같이 된다.

$$\eta_{\text{in}} = \frac{\text{분류의유량} \times \text{운동 에너지의 증가량}}{\text{단위시간당 들어간 열량}} \tag{5-45}$$

또한, 분류의 운동 에너지를 어느 정도 추진 일로 유효하게 사용되는가 하는 추진 효율(외부효율) η_{out}은 다음과 같다.

$$\eta_{\text{out}} = \frac{\text{추력} \times \text{속도}}{\text{분류 유량} \times \text{운동 에너지 증가량}} \tag{5-46}$$

따라서 동력비 η_{jet}는

$$\eta_{jet} = \eta_{\in} \cdot \eta_{out} \tag{5-47}$$

으로 된다. 여기서 내부 효율 η_{in}은 보통 열기관의 열효율에 해당된다. 터보 제트, 램 제트 및 펄스 제트에 관한 과정은 그림 5.19, 5.20, 5.21 및 5.22에 의해 알 수 있다.

터보 제트는 흡입구 A에서 동압에 의해, 압력이 상승한 공기를 공기 압축기 B에서 더욱 압축해서 연소실 C에서 연료를 분사 연소된 후 가스 터빈 D에 들어가 팽창일을 한 후, 일부는 공기 압축기 B에 필요한 동력을 공급하고, 나머지 압력을 이용하여 후방 노즐(nozzle) E에서 분류를 분출시킨다. 분류를 증가시키기 위해 후연소기(after burner) F를 사용하기도 하는데, 후연소기가 없으면 브레이턴 사이클과 거의 같다고 볼 수 있다(그림 5.19, 그림 5.20 참조).

램 제트는 압축기가 없이 공기 흡입구 1에서 동압에 의해 압력을 상승시킨 것을 버너

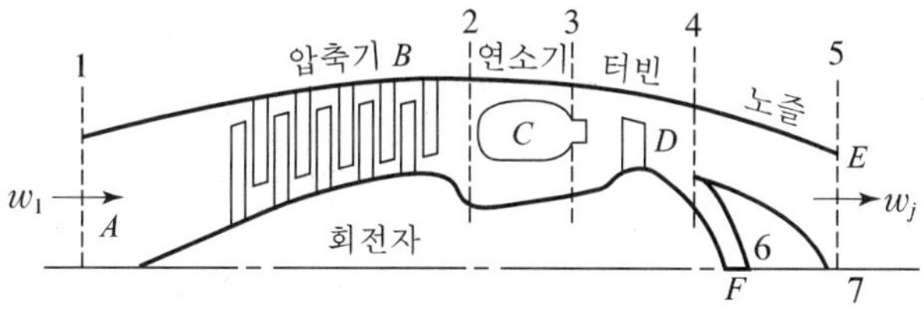

그림 5.19 터 보 제트 기관 구조

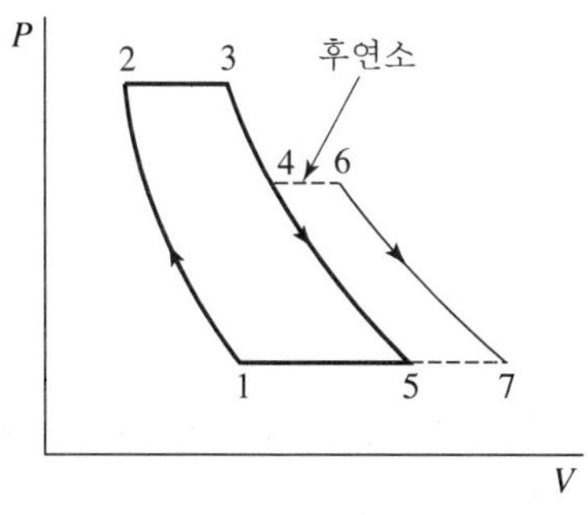

그림 5.20 터보 사이클

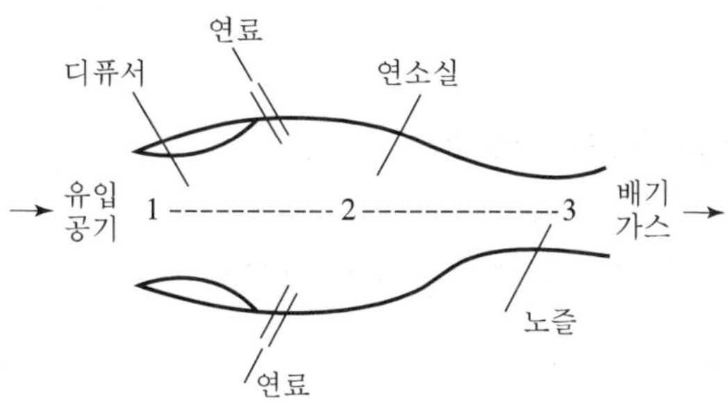

그림 5.21 램 제트

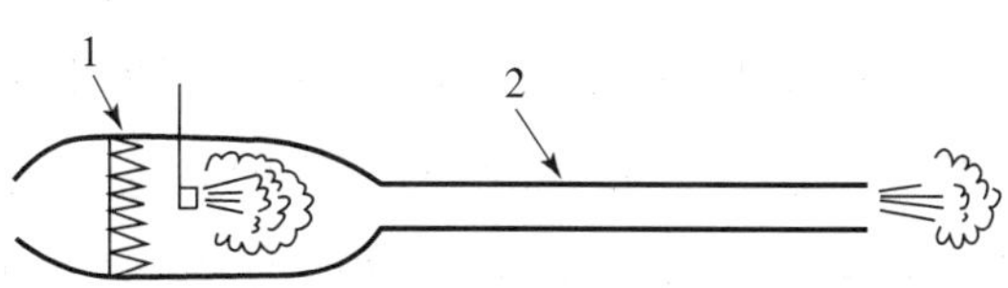

그림 5.22 펄스 제트

2에서 가열해서 노즐 3으로 분출시키며, 압축기 및 터빈이 없는 경우의 터보 제트와 같다(그림 5.21 참조). **펄스 제트**는 전방에 금속판으로 된 역지 진동 밸브 1이 있고, 후방 파이프 2의 속에 오르간 파이프(organ pipe)와 같은 기류의 정상 파동을 일으켜 후방으로 분출시키는 것으로 연소는 정적연소로 간헐적이다(그림 5.22 참조).

5. 로켓 사이클

그림 5.23과 같이 2종의 액체 연료를 연소실에 분사시키는 액체 로켓이 있으며, 로켓 추진 장치의 열역학적 취급은 이른바 사이클을 행하는 열기관으로 취급하기 보다는 터빈 노즐과 마찬가지로 단순한 팽창기로서 취급하는 것이 보통이다. 이 밖에도 고체 연료를 연소시키는 고체 로켓 등이 있다.

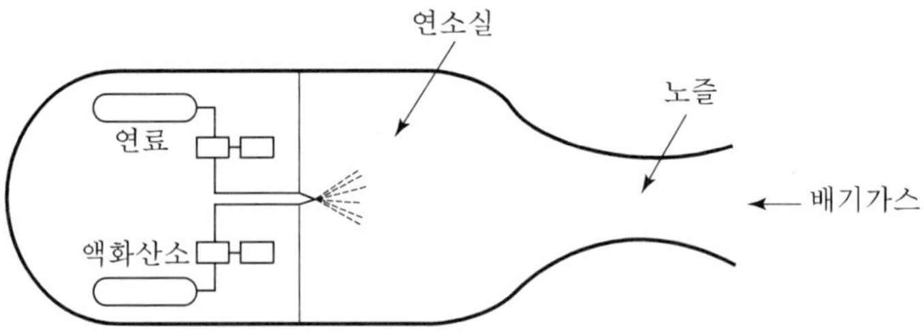

그림 5.23 액체 로켓 엔진

6. 기타 터빈 사이클

(1) 에릭슨 사이클(Ericsson Cycle)

브레이턴 사이클의 단열 과정을 등온 과정으로 변화한 사이클로, 실제 실용이 곤란한 이론적 사이클이다. 즉, 두 개의 등온 과정과 두 개의 정압 과정으로 이루어진 사이클이다. 그림 5.24에 이를 나타내고 있다. 이는 100% 열 교환과 등온 압축, 팽창의 조합이 실현된다면, 온도의 열효율이 얻어지지만 실제로는 등온압축, 팽창은 실현 불가능하다. 압축 과정의 도중에 냉각하여 최초의 온도 가까이 냉각하면, 등온 압력도 접근되는 팽창 과정 중에서 가스의 연료를 불어 넣어 연소시켜, 다시 그 온도를 팽창 전의 온도 근처까지 올리면 등온 팽창에 접근할 수가 있다.

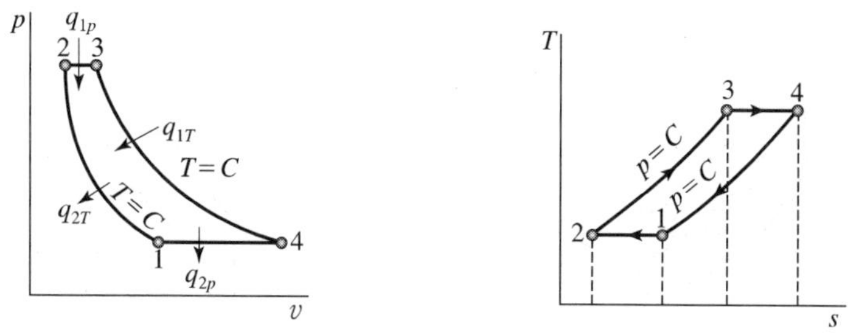

그림 5.24 에릭슨 사이클

(2) 앗킨슨 사이클(Atkinson Cycle)

그림 5.25는 정적 연소 사이클의 대표적인 열이다. 오토 사이클 중 정적 방열 대신 정압 방열 과정으로 이루어진 사이클이다.

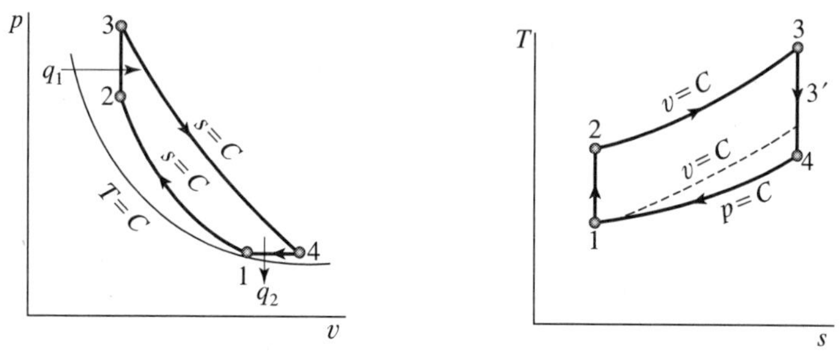

그림 5.25 앗킨슨 사이클

(3) 스터링 사이클(Stirling Cycle)

열원 온도가 일정할 때, 모든 열기관 중에서도 카르노 사이클 기관의 열효율이 가장 높다. 실제 기관에 적용할 때, 등온 가열 또는 등온 방열의 과정을 실현이 곤란하고, 피스톤의 행정이 길어져서 기관이 대형이 되고, 또한 압축 행정에 비교적 큰 일을 필요로 하기 때문에, 1사이클 당의 일량이 적어지는 단점이 많다. 그림 5.26은 그 예이다.

그러나 19세기경 실용상 어려움을 겪다가, 근년에 와서 헬륨을 동작유체로 하여 이 사이클의 실용 기관이 개발되었다. 이 사이클은 냉동 사이클 기관이나 열펌프의 사이클에도 쓰이는 데, 정적 과정을 정압 과정으로 바꾼 것이 앞서의 에릭슨 사이클이다. 이 밖에 르노 사이클(Lenior cycle)이 있다.

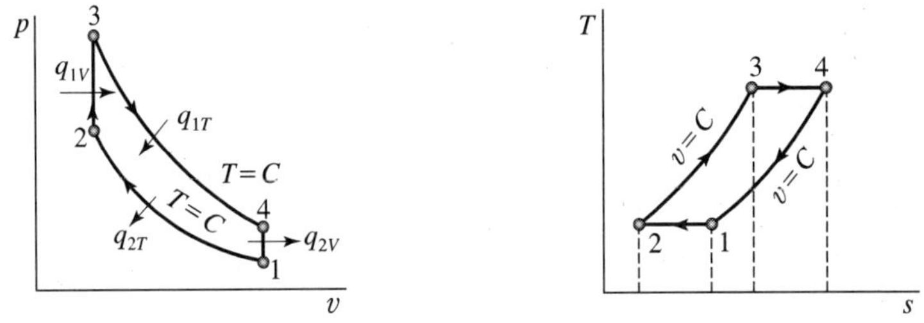

그림 5.26 스터링 사이클

연습문제

1. 오토 사이클의 $P-V$, $T-S$ 선도를 그리고 열효율을 구하여라.

2. 디젤 사이클의 $P-V$, $T-S$ 선도를 그리고 열효율을 구하여라.

3. 사바테 사이클의 $P-V$, $T-S$ 선도를 그리고 열효율을 구하여라.

4. 브레이턴 사이클의 $P-V$, $T-S$ 선도를 그리고 이론 열효율을 구하여라.

5. 오토 사이클에서 압축비는 8이다. 압축 행정 초에 있어서 압력은 0.1 MPa이고, 온도는 15℃이고, 사이클 당 전열량은 1.8 kJ / kg이다. 다음을 구하여라.
단, $C_v = 0.717\text{kJ/kg K}$, $R = 287\text{ J/kg K}$이다.

1) 단열 압축 후의 온도와 압력
2) 정적 팽창 후의 온도와 압력
3) 단열 팽창 후의 온도와 압력
4) 열효율
5) 평균 유효압력

6. 실린더 간극 체적이 15%일 때 오토 사이클의 열효율은 얼마인가?
단, $k = 1.3$이다.

7. 오토 사이클에서 작동 가스의 온도가 가열 전후에는 각각 200℃, 1,100℃, 방열 전후에는 각각 400℃, 100℃라면 이 기관의 열효율은 얼마인가?

8. 오토 사이클에서 압축비가 9이고 초기 상태가 100 kPa, 17℃, 압축초의 체적이 650 cm^3일 경우 사이클의 최고 온도와 최고 압력, 공급열량, 열효율, 평균 유효압력을 구하여라. 단, 등 엔트로피 팽창 후의 온도는 800 K이다.

9. 공기를 작동유체로 하는 디젤 기관에서 압축비가 19이고, 압축팽창 전의 온도는 18℃, 압력은 1bar이다. 최고 온도가 2,500 K일 때 열효율과 평균 유효압력을 구하여라.

10. 디젤 사이클에서 초온 400 K, 단절비 $\sigma = 2$, 압축비 $\varepsilon = 10$일 때 최고 온도는 몇 ℃인가? 단, $k = 1.4$이다.

11. 최저 압력 98 kPa, 최저 온도 300 K, 최고 온도 2,500 K, 최고 압력 3.92 MPa 상태로 작동하는 디젤 엔진이 있다. 이 엔진의 압축비 ε과 단절비 σ와 열효율, 평균 유효 압력은 얼마인가? 단, $k = 1.4$이다.

12. 압축비 18, 체절비 1.5, 압력비 1.7인 공기를 작동 물질로 하는 사바테 사이클에서 열효율을 구하여라.

13. 최저 온도 60℃, 최저 압력 88.2 kPa, 최고 온도 2,400℃, 최고 압력 5.88 MPa 상태로 작동되는 사바테 사이클이 있다. 압축비 15, $k = 1.35$라 할 때 다음을 구하여라.

1) 압축 후의 압력(P_2)와 온도(T_2)
2) 폭발온도
3) 체절비와 압력비
4) 열효율

14. 최고 압력이 588 kPa, 최저 압력이 98 kPa, 최고 온도가 700℃, 최저 온도가 20℃인 경우 이론 열효율은 얼마인가? 단, $k = 1.4$이다.

15. 브레이턴 사이클에서 공기는 0.1 MPa, 15℃에서 압축기로 유입된다. 압축기에서 나오는 압력은 0.5 MPa이고, 사이클의 최고 온도가 900℃일 때 다음을 구하여라. 단, $C_p = 1\text{ kJ/kg °K}$, $k = 1.4$이다.

1) 단열 압축 후의 온도
2) 압축기의 일
3) 가열량
4) 단열 팽창 후의 온도
5) 터빈일
6) 열효율

CHAPTER 06

증기의 성질

6.1 증기의 개요

어떤 액체를 정압상태에서 가열하면, 처음에는 온도 상승과 더불어 다소의 체적 증가가 일어난다. 계속하여 가열하면, 어느 온도에 도달하면서 증발이 시작되고, 동시에 온도 상승이 멈춰지고, 액체가 완전히 증발할 때까지 일정하게 유지된다. 이 온도는 그 액체의 성질 및 압력에 따라 정해지는 것으로 그 압력에 대한 **포화 온도**(saturated temperature)라 부르고, 이 온도에 대응한 액체를 **포화 액**(saturated liquid)라 한다.

압력이 변하면 그것에 대한 포화 온도가 변하고, 양자 사이에는 일정한 관계가 성립된다. 따라서 거꾸로 온도가 정해지면 그것에 대응하는 압력이 정해진다. 이 압력을 **포화 압력**(saturated pressure)이라 한다.

압력이 일정할 때 증발이 시작된 액체가 전부 증기로 변할 때까지는 액체와 증기의 혼합체이며, 이것을 **습 증기** 또는 **습 포화 증기**(wet saturated vapor)라 한다. 그리고 액체가 증발하여 전부 증기가 되었을 때 이것을 **건 포화 증기**(dry saturated vapor)라 한다. 이들 습 포화 증기와 건 포화 증기를 합하여 **포화 증기**(saturated vapor)라 한다.

또 다시 정압하에서 가열을 계속하면 온도가 상승하여 높은 열량을 포함하게 된다. 이처럼 포화 온도보다 상승되어 있는 고온의 증기를 **과열 증기**(superheated vapor)라 하고, 이 과열 증기의 온도와, 이 압력에 대한 포화 온도와의 차를 **과열도**(degree of superheat)라 한다.

이 과열도가 크게 되면 증기는 점점 이상 기체에 가까운 성질을 갖게 되는데, 이 상태의 과열 증기를 기체(gas)라 부를 수 있다.

이와 같이 임의 압력시에 가열을 하였을 때 변화를 그림 6.1로 표시하고 있다. 대부분 공업용으로 쓰이는 증기에는 수증기, 암모니아 및 프레온 냉매 등이 활용되고 있는데, 그림 6.1은 수증기(H_2O)에 대한 $P-V$ 선도, $T-S$ 선도를 나타낸 것이고, 그림 6.2는 정압시 증발과정을 표시하고 있다.

그림 6.1은 대기압(760 mmHg)인 상태인 물을 가열하여(A상태), 온도가 100℃로 되었을 때 증발이 시작하여(B 상태), 계속 가열하여 액체와 기체가 공존하는 습 포화 증기(C 상태)로 되어, 건 포화 증기가 될 때까지(D 상태) 계속 증발을 하여 완전히 기체로 바뀐

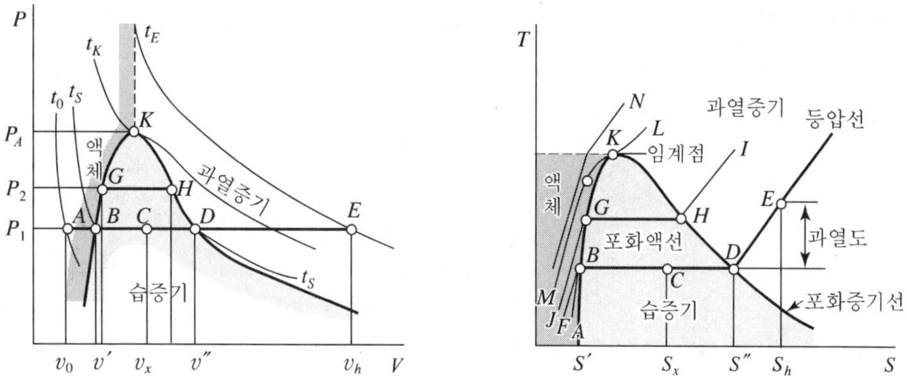

그림 6.1 수증기의 $P-V$ 선도 및 $T-S$ 선도

액체 (불포화수, 압축수)	포화수 (포화액)	습포화 증기 (습증기, 포화증기)	건포화 증기 (포화증기, 건증기)	과열 증기
		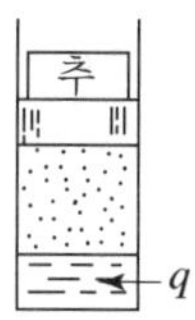	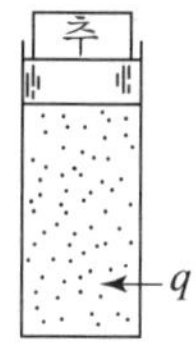	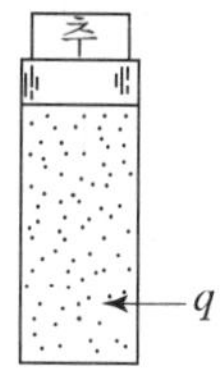
건도 : $x=0$	건도 : $x=0$	건도 : $0<x<1$	건도 : $x=1$	건도 : $x=1$
포화온도 이하 (100℃ 이하)	포화온도 (100℃)	포화온도 (100℃)	포화온도 (100℃)	포화온도 이상 (100℃ 이상)

그림 6.2 수증기의 증발과정

것을 나타낸 그림이다. 다시 건 포화 증기를 정압 상태로 계속 가열하면, 증기는 과열 증기 상태(E 상태)로 바뀌어 거의 이상 기체로 된다.

한편, 대기압보다 높은 압력이나 낮은 압력인 경우에도 마찬가지로 가열하면 포화증기의 구역 이 $P-V$ 선도, $T-S$ 선도로 나타내어진다.

AK 곡선은 포화 액 상태를 표시한 **포화 액선**(saturated liquid line)이고, KD 곡선은 건 포화 증기 상태를 나타내는 **건 포화 증기선**(dry saturated vapor line)이다. 압력이 높아감에 따라, 두 곡선은 서로 접근하여 드디어 K 점에서 일치하게 된다. 이 점을 **임계점**(critical point)이라 하고, 이 때 압력 P_k를 **임계 압력**(critical pressure), 온도 t_k를 **임계 온도**(critical temperature)라 한다. 물인 경우에는 임계 온도가 647.30K(374.15℃), 임계 압력은 22.13Mpa(225.56 ata) 및 비체적은 0.00318 m^3/kg이고, 다른 각종 동작유체의 경우 임계값은 표 6.1에 나타내어 있다.

표 6.1 각종 동작유체의 임계값

성 질	기 호	비등 온도(K)	임계 온도(K)	임계 압력 (Mpa)	임계 체적 (cm^3/kg)
수은	Hg	630.15	1,743.15	98.10	200
물	H_2O	373.15	647.30	22.13	3,180
벤졸	C_6H_6	353.15	563.15	4.91	3,300
알코올	C_2H_5OH	351.15	516.15	6.38	3,600
아황산가스	SO_2	263.15	430.45	7.88	1,920
암모니아	NH_3	240.15	406.15	11.38	4,240
탄산가스	CO_2	195.15	304.15	7.39	2,160
메탄	CH_4	109.15	190.25	4.64	6,180
산소	O_2	90.15	154.15	5.04	2,330
일산화탄소	CO	83.15	134.15	3.51	3,220
공기	–	80.15	132.15	3.78	3,200
질소	N_2	77.15	126.15	3.38	3,220
수소	H_2	20.15	33.15	1.29	32,300
헬륨	He	4.15	5.15	0.23	15,000

이 때는 증발열이 영이 되고, 임계 압력보다 높은 영역을 초임계 압력 영역(supercritical pressure zone)이라 한다. 이 영역에서는 액체를 가열하면 계속하여 과열 증기로 변화한다.

6.2 증기의 상태 방정식

3.6절에서 설명한 것과 같이 이상 기체의 등온 변화에 대한 상태 방정식 $p \cdot v = c$(일정)인 관계가 성립했다. 그러나 증발 현상을 따르는 실제 증기의 등온 변화는 상당히 복

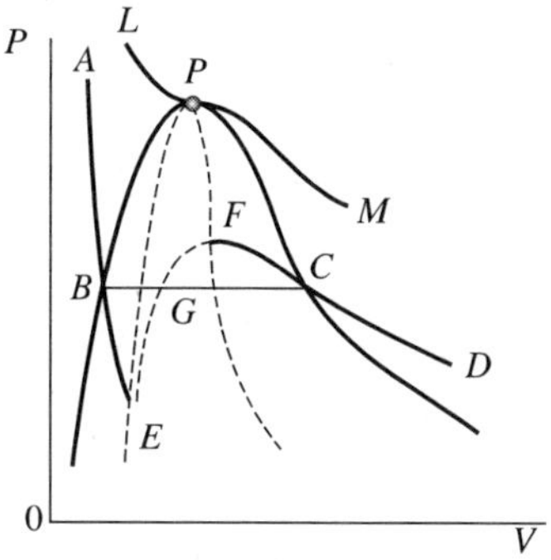

그림 6.3 실제증기의 $P \cdot V$ 선도

잡하며, 일반적으로 그림 6.3의 ABCD와 같이 표시된다. 여기서 직선 BC는 포화 증기의 등온 변화를 나타내지만, 이 증발 과정에 있는 유체는 등 건도가 아니고 포화 액과 건 포화 증기의 혼합체이다. 제임스 톰슨(James Thomson)은 임계 온도 이하의 증발을 따르는 등온 변화에 대해서도, 그림에 나타낸 ABEGFCD와 같이 연속등온선의 존재를 주장했다. 사실 이 경우에 따라서는 어느 정도 이 톰슨의 등온선의 일부 BE, CF에 따른다고 볼 수 있는 등 건도의 액체 및 증기의 실재가 인정된다.

예를 들어 특별한 경우 액체 그대로 증발하는 일 없이 포화 온도 이상으로 가열될 수 있다. 이 같은 액체를 **과열 액**(superheated liquid)이라 한다. 또한, 증기 터빈의 노즐로부터 증기가 노출하는 경우는 건 포화 증기 상태로 포화 온도 이하로 존재할 수가 없다. 이와 같은 증기를 **과냉 증기**(undercooled vapor) 또는 **과포화 증기**(supersaturated vapor)라 한다. BE, FC는 모두 압력이 높아지면 비체적이 감소하는 등온 변화이므로, 그 실제의 가능성이 있음을 알 수 있다. 그것에 비해 변화 EGF는 압력이 높아짐에 따라 비체적도 커짐을 의미하고, 이 같은 변화는 아주 불안정하여 확실하게 어떤 증기에 대해서도 실현 가능하다.

과열 액 및 과냉 증기는 모두 등 건도이지만 그 실제의 극한은 각각 E 및 F점으로 표시된다. 그런데 톰슨의 등온선과 같은 것을 생각하고 액체 및 기체에 걸친 단일 특성식을 만들려고 하면, 그것은 v의 3차식으로 된다. 이는 임계 온도 이하에 있어서는 일정한 P 및 T에 대하여 v는 세 가지 다른 값을 갖는 셈이다.

임계점에서는 세 개의 실수 근이 모두 일치하고, 그 이상의 온도에서는 한 개의 실수 근과 두 개의 허수 근이 주어지는 셈이다. 이 같은 경우의 특성을 가장 대표적으로 쓰이고 있는 식 (6.1)은 **반데르 발스**(Van der Waals)의 식이라 부른다.

$$\left(P+\frac{a}{v^2}\right)(v-b)=RT \tag{6-1}$$

이 식에서 이상 기체의 특성식 $Pv=RT$와 다른 점은 수정항의 $\frac{a}{v_2}$ 및 b이다. 이상 기체에서는 분자의 크기를 갖지 않고, 또 분자간에 서로 인력이 없다고 가정했다. 전자에 대한 수정항은 b이고, 분자 자신의 체적을 나타낸 것이다. 또 후자는 분자력의 영향을 나타내고 P에 대한 보정량이 $\frac{a}{v^2}$이다. 그리고 a, b 및 R은 상수로 각각 물질에 대한 특정 값이다. 임계 온도의 등온선에 있어서 임계점 k는 변곡점이고, 또 이 점의 접선은 v축에 평행하게 된다.

따라서 $\left(\frac{\partial P}{\partial v}\right)_T=0$, $\left(\frac{\partial^2 P}{\partial v^2}\right)_T=0$에 의해 임계점의 비체적 v_c, 압력 P_c, 온도 T_c는 다음과 같이 구해진다.

$$v_c=3b,\quad P_c=\frac{1}{27}\frac{a}{b^2},\quad T_c=\frac{8}{27}\frac{a}{R\cdot b} \tag{6-2}$$

또는, 식 (6-2)를 다시 쓰면 다음과 같다.

$$a=3P_c\cdot v_c^{\ 2},\quad b=\frac{1}{3}v_c,\quad R=\frac{8}{3}\frac{P_c\cdot v_c}{T_c} \tag{6-3}$$

그러나 반데르 발스 식은 적용 범위도 넓고, 일반 유체의 성질에 의하여 그 경향을 잘 나타내고 있지만 수치적으로는 실제와 다른 결과를 준다. 따라서 이들을 보정하기 위해 클라우시우스(Clausius), 베데롯(Berthelot) 등에 의한 식들이 제안되었다. 즉,

$$\text{클라우시우스 식 : } P=\frac{RT}{v-a}-\frac{C}{T(v+b)^2} \tag{6-4}$$

$$\text{베데롯 식 : } \left(P+\frac{a}{Tv^2}\right)(v-b)=RT \tag{6-5}$$

산업분야에서 사용되는 기체나 증기에 대하여는 일반적으로 다음과 같은 특성식을 쓰고 있다.

$$Pv=RT-f(P,\ T) \tag{6-6}$$

$f(P,\ T)$는 압력 및 온도의 함수로 이상 기체에서의 차이를 나타내는 수정 항이다. 따

라서 과열도가 크게 되어 이상 기체에 가까우면 성질에 $f(P, T)$는 0에 가깝다. 보통 이 식은 임계점 부근에서는 적용이 곤란하다.

6.3 증기의 열적 상태량

이상 기체에서 내부 에너지 u, 엔탈피 h 및 엔트로피 s 중에서 증기에서 주로 실용되고 있는 것은 h 및 s이다. 종래에는 0℃ 포화 액을 기준으로 하여 h 및 s의 값을 0으로 기준 값을 정하였으나, 1963년 이후부터는 물의 3중점(273.16K)을 기준점으로 개정하여, 이 때 h 및 s값을 0으로 기준 삼아 오고 있다. 이는 273.16K의 물의 3중점에서 안정감을 갖는 것을 인정하게 되었기 때문이다.

그러나 냉동기에 쓰이는 냉매 류(암모니아, 프레온……)등은 포화 액의 엔탈피를 418.6 kJ/kg, 엔트로피를 4,186 $kJ/kg\ K$으로 기준하고 있다. 본 절에서는 물이 갖고 있는 열적 상태량을 파악하기로 한다. 포화 액 및 건 포화 증기에서 비체적, 내부 에너지, 엔탈피 및 엔트로피를 각각 v', v'', u', u'', h', h'' 및 s', s''로 표기한다. 본 저서에서는 편의상 기준 온도를 0℃라고 가정한다.

1. 압축 액과 포화 액

앞서 설명한 대로, 일정한 압력에 대하여 그에 대응하는 포화 온도를 갖는 액체를 포화 액이라 하고, 이보다 낮은 온도를 갖는 액체를 압축 액이라 한다. 그러나 포화 액이나 압축 액은 서로 다른 점이 별로 없어, 공학 상으로는 이런 액체를 포화 액으로 부르고 있다. 일정 압력에 대해서, 0℃의 압축(액) 1 kg을 그 압력에 상당한 포화 온도 t_s까지 가열하는데 필요한 열량을 **액체 열**(liquid heat)이라 하고 다음과 같이 표시한다.

$$q_l = \int_0^{ts} C\,dt \quad (\mathrm{kJ/kg}) \tag{6-7}$$

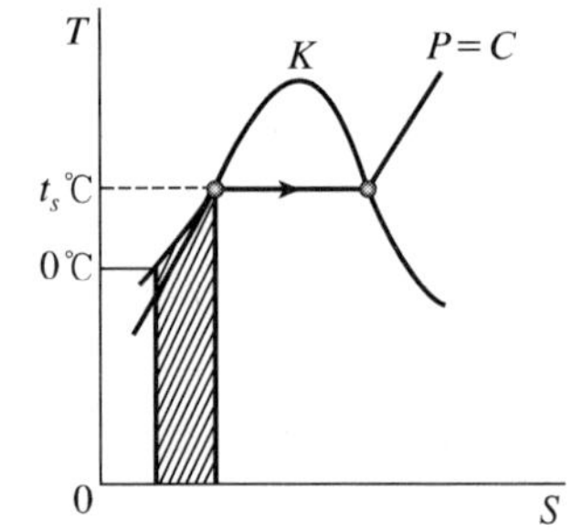

그림 6.4 액체 열의 크기

액체의 비열은 가열 상태의 여하에도 불구하고 온도만의 함수로 표시할 수 있다. 그러나 물은 대부분 비열이 약 1이다. 이 액체열의 크기를 그림 6.4에 표시하고 있다. 이 액체열의 대부분은 액체의 내부 에너지 증가로 인해 온도가 상승하고, 체적 증가는 무시할 정도로 작다. 이 때 포화 액의 비체적을 v', 내부 에너지를 u'라 하여 액체 열을 구하면

$$q_l \fallingdotseq u' + AP(v' - v_0) \quad (\mathrm{kJ/kg}) \tag{6-8}$$

v'와 v_0는 거의 같은 값으로 간주하면

$$q_l \fallingdotseq u' \quad (\mathrm{kJ/kg}) \tag{6-9}$$

그리고 포화 액의 엔탈피 h'는 다음 식으로 된다.

$$h' = u' + Pv' \fallingdotseq q_l \quad (\mathrm{kJ/kg}) \tag{6-10}$$

이는 $h_0 = 0,\ u_0 = 0$ 및 $v_0 \fallingdotseq v'$이기 때문이다.

한편, 포화 액에서는 엔트로피 s'는 다음 식으로 표시된다.

$$s' = \int_0^{t_s} \frac{dq}{T} = C\int_0^{t_s} \frac{dT}{T} = C \cdot \ln\left(\frac{T_s}{T_0}\right) \quad (\mathrm{kJ/kg\ K}) \tag{6-11}$$

예제 6.1

포화 액 2 kg이 표준상태에서 엔탈피와 비체적이 각각 $h' = 419.04\ \mathrm{kJ/kg}$, $v' = 0.001044\ \mathrm{m^3/kg}$일 때 내부 에너지는 얼마인가?

풀이 $h' = u' + Pv'$에서 표준대기압 $P = 101.35\ \mathrm{kPa}$이라 하면

$$u' = h' - Pv'$$
$$= 419.04 - 101.35 \times 0.001044$$
$$= 418.93\ (\mathrm{kJ/kg})$$

따라서 포화 액 2 kg에 대하여 내부 에너지는

$$U' = 2u' = 837.87 \text{ (kJ)}$$

■

예제 6.2

1.0021MPa일 때 1 kg의 포화 액의 엔트러피를 구하여라. 단, 포화 온도는 180℃이고, 이 온도까지 비열이 $C = 4.228$ kJ/kg K이다.

풀이 식 (6-11)에서

$$s' = C \cdot \ln\left(\frac{T_s}{T_0}\right) = 4.228 \times \ln\left(\frac{452}{273}\right) \fallingdotseq 2.1318 \text{ (kJ/kg K)}$$

■

2. 습 증기 또는 습 포화증기

지금 1 kg의 습 증기가 x(kg/kg)의 건 포화 증기와 $(1-x)$(kg/kg)의 포화 액으로 구성되어 있을 때, x를 **건조도**(dryness fraction) 또는 **질**(quality)이라 하고, $(1-x)$를 **습도**(wetness fraction)라 한다. 이 때 건 포화 증기의 건도와 포화 액의 건도는 각각 1 및 0이다(그림 6.2).

그림 6.5는 단위 질량의 습 포화 증기가 건도 x일 때, 비체적 v, 엔탈피 h, 엔트로피 s, 및 내부 에너지 u의 값을 구하는 관계를 나타낸 것이다.

먼저 압력 P에 대한 건 포화 증기 및 포화 액의 비체적을 v'' 및 v'라 하면, 건도 x의 습증기의 비체적 v는 다음과 같이 된다.

$$v = xv'' + (1-x)v' = v' + x(v'' - v') \quad (\text{m}^3/\text{kg})$$

마찬가지로 엔탈피, 엔트로피 및 내부 에너지도 같은 방법으로 구해진다. 즉,

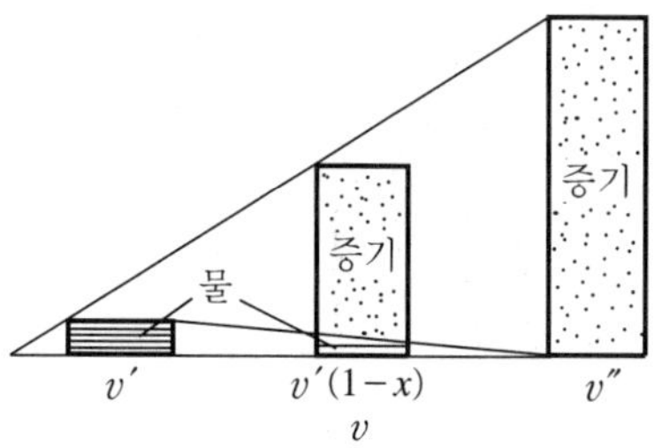

그림 6.5 습증기의 성질

$$h = h' + x(h'' - h') \quad (\text{kJ/kg}) \tag{6-13}$$

$$s = s' + x(s'' - s') \quad (\text{kJ/kg K}) \tag{6-14}$$

$$u = h - Pv \quad (\text{kJ/kg}) \tag{6-15}$$

한편, 단위질량의 포화 액을 건 포화 증기로 만드는데 필요한 열량을 증발의 **잠열**(latent heat of vaporization) 또는 **증발열**(heat of vaporization) γ라 한다. 증발열 γ는 압력의 함수로 압력이 증가함에 따라 감소하는데 다음 식으로 표시된다.

$dq = du + Pdv$로부터

$$\begin{aligned} \gamma &= \int_1^2 dq = \int_1^2 du + P\int_1^2 dv \\ &= (u'' - u') + P(v'' - v') = \rho + \psi \\ &= (u'' + Pv'') - (u' + Pv') = h'' - h' \quad (\text{kJ/kg}) \end{aligned} \tag{6-16}$$

식 (6-16)에서 증발열 γ의 대부분을 차지하는 열량인 내부 에너지 ρ를 **내부 증발열**, 체적 증가에 소비되는 일의 열당량 ψ을 **외부 증발량**이라 한다. 증발열 γ를 나타낸 것이 그림 6.6이다.

일정한 온도에서 증발량 γ가 주어지면 엔트로피 증가는 다음 식으로 표시된다.

$$S'' - S' = \frac{h'' - h'}{T_s} = \frac{\gamma}{T} \quad (\text{kJ/kg K}) \tag{6-17}$$

또는,

$$S'' = S' + \frac{\gamma}{T_s} \quad (\text{kJ/kg K}) \tag{6-18}$$

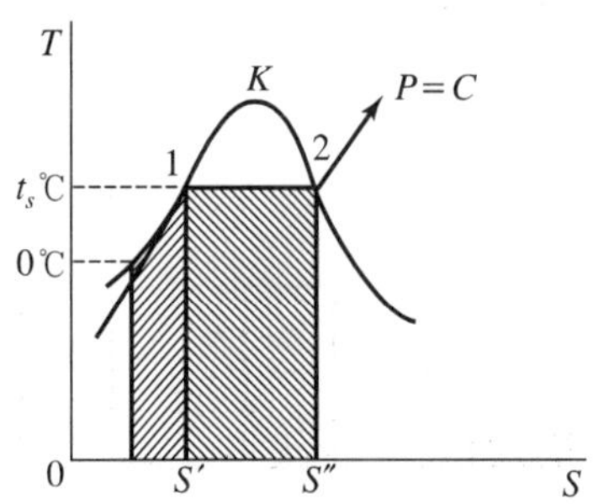

그림 6.6 증발열의 크기

예제 6.3

1.013 bar에서 포화액 1 kg이 증발하여 $x = 1$이 되었다. 내부 증발열과 외부 증발열을 구하여라. (증기표 참조)

풀이 식 (6-16)에 의해서 $\gamma = \rho + \psi$이므로

증기표에서, $\gamma = 2{,}286.9\ \text{kJ/kg}$이고, $v' = 0.001\ \text{m}^3/\text{kg}$, $v'' = 1.673\ \text{m}^3/\text{kg}$이므로

$$\begin{aligned}\rho &= \gamma - \psi \\ &= \gamma - p(v'' - v') \\ &= 2{,}286.9 - 103.3 \times (1.673 - 0.001) \fallingdotseq 2{,}114.18\ (\text{kJ/kg})\end{aligned}$$

$$\psi = 2{,}286.9 - 2{,}114.18 \fallingdotseq 172.72\ (\text{kJ/kg})$$

■

예제 6.4

압력 2 bar인 포화액 2 kg이 있다. 모두 건포화 증기로 된다면 엔트로피의 변화는 얼마인가?

풀이 증기표에서 $\gamma = 2{,}201.6\ \text{kJ/kg}$이므로

$$\varDelta s = s'' - s' = \frac{\gamma}{T_s} = \frac{2{,}201.6}{(120.23 + 273.15)} = 5.597\ (\text{kJ/kg K})$$

따라서 2 kg인 경우

$$\varDelta S = G\varDelta s = 2 \times 5.597 = 11.194\ (\text{kJ/K})$$

■

예제 6.5

건도 $x = 0.85$인 습포화 증기 55 m^3이 60 bar에서 습포화 증기의 중량을 구하여라. 단, 60 bar일 때 $v' = 0.001319\ \text{m}^3/\text{kg}$, $v'' = 0.03244\ \text{m}^3/\text{kg}$이다.

풀이
$$\begin{aligned}v &= v' + x(v'' - v') \\ &= 0.001319 + 0.85 \times (0.03244 - 0.001319) = 0.028277\ (\text{m}^3/\text{kg})\end{aligned}$$

따라서 $V = G \cdot v$이므로

$$G = \frac{V}{v} = \frac{55}{0.028277} = 1945.04\ (\text{kg})$$

■

3. 과열 증기

과열 증기는 주어진 압력에 대한 포화 온도보다 높은 온도를 갖는 증기를 말한다. 따라서 과열 증기는 압력과 무관하게 온도를 높일 수가 있다. 그리고 온도와 압력이 주어

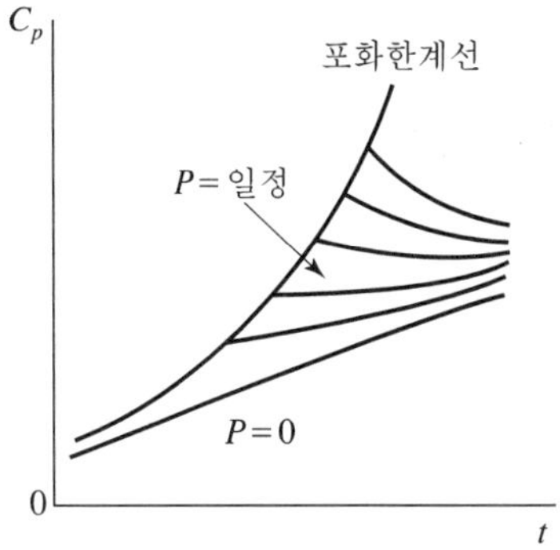

그림 6.7 과열 증기구역

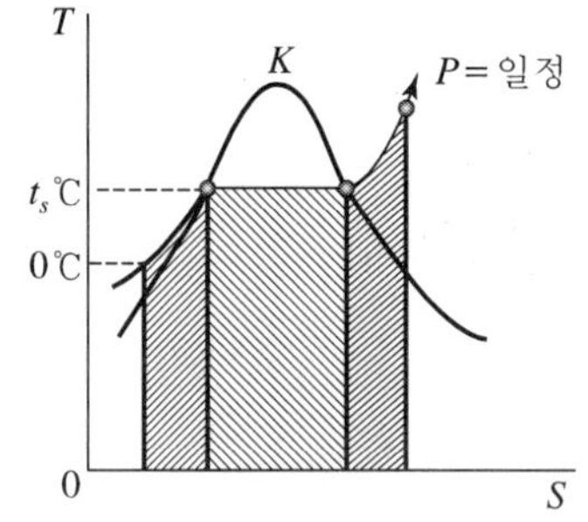

그림 6.8 과열열의 크기

지면 비체적은 자연히 정해지고, 과열도가 높은 과열 증기는 근사적으로 이상 기체의 성질인 $Pv = RT$를 따르지만, 포화 상태에 가까워지면 점점 이상 기체와의 다른 성질을 갖게 된다. 지금까지 비열은 온도만의 함수로 나타냈지만, 포화증기선에서 멀리 떨어지지 않는 증기에서는 온도 및 압력에 따라 변화한다.

그림 6.7은 이들을 나타내는 그림으로 포화 한계선에서는 압력이 높아짐에 따라 정압비열 C_p가 증가한다. 일반 압력에 대하여 C_p는 처음에 과열도의 증가에 따라 감소하고, 어느 온도 값이 최소로 된 후 온도상승과 더불어 증가한다.

그림 6.8에서 정압하에서 건 포화 증기가 과열 증기가 되었다면 이 때 가열한 열량을 과열 열(superheated heat)이라고 한다. 이를 식으로 표시하면 식 (6-19)로 된다. 즉,

$$q_s = \int C_p dT \quad (\text{kJ/kg}) \tag{6-19}$$

또한, 과열 증기의 엔탈피 h와 엔트로피 s는 다음과 같이 표시된다.

$$h = h'' + q_s = h'' + \int C_p dT \quad (\text{kJ/kg}) \tag{6-20}$$

$$s = s'' + \int C_p \frac{dT}{T} \quad (\text{kJ/kg K}) \tag{6-21}$$

예제 6.6

압력 20 bar인 건 포화증기의 온도가 212.37℃이고, $v' = 0.0011766\ \text{m}^3/\text{kg}$, $v'' = 0.09954\ \text{m}^3/\text{kg}$, $h' = 908.59\ \text{kJ/kg}$, $h'' = 2{,}797.2\ \text{kJ/kg}$이다. 이 증기를 정압하에 400℃까지 가열하여 과열 상태의 비체적 $v = 0.1511\ \text{m}^3/\text{kg}$, 엔탈피 $h = 3{,}248.7\ \text{kJ/kg}$이 되었다. 단위질량당 과열도, 과열 열, 내부

에너지 변화량, 및 엔트로피 변화량을 구하여라. 단, 과열 증기의 비열을 $C_p = 2.386\ \mathrm{kJ/kg\ K}$라 한다.

풀이 과열도는 20bar 의 포화 온도가 212.37℃이므로 쉽게 구해진다.

즉, 과열도는 $400 - 212.37 = 187.63$℃

과열 열은

$$q_s = C_p(t - t_s) = 2.386 \times (400 - 212.37) = 447.685\ (\mathrm{kJ/kg})$$

내부 에너지 변화량은 다음과 같이 구해진다.

우선 건 포화 증기의 내부 에너지 u''는

$$\begin{aligned} u'' &= h'' - Pv'' \\ &= 2{,}927.2 - 200 \times 0.09954 = 2{,}907.292\ (\mathrm{kJ/kg}) \end{aligned}$$

과열 증기의 내부 에너지 u는

$$\begin{aligned} u &= h - Pv \\ &= 3{,}248.7 - 200 \times 0.1511 = 3{,}218.48\ \ (\mathrm{kJ/kg}) \end{aligned}$$

따라서

$$\Delta u = u - u'' = 3{,}218.48 - 2{,}907.292 = 311.188\ (\mathrm{kJ/kg})$$

끝으로 엔트로피의 증가량 Δs는 0(℃)에서 포화 액까지 엔트로피 변화와 증발시 엔트로피 변화 및 과열 엔트로피 변화를 합한 것이므로

$$\Delta s = \Delta s_1 + \Delta s_2 + \Delta s_3$$

이다.

우선, $\Delta s_1 = C_p \times \ln\left(\dfrac{485.52}{273.16}\right) = 4.186 \times \ln\left(\dfrac{485.52}{273.16}\right) \fallingdotseq 2.4076\ (\mathrm{kJ/kg\ K})$

$$\Delta s_2 = s'' - s' = \frac{\gamma}{T} \fallingdotseq \frac{2{,}797.2 - 908.59}{485.52} = 3.8898\ (\mathrm{kJ/kg\ K})$$

$$\Delta s_3 = C_p \ln\left(\frac{673.15}{485.52}\right) = 2.386 \times \ln\left(\frac{673.15}{485.52}\right) \fallingdotseq 0.7796\ (\mathrm{kJ/kg\ K})$$

$$\therefore\ \Delta s = 2.4076 + 3.8898 + 0.7796 = 7.1459\ (\mathrm{kJ/kg\ K})$$

6.4 증기표 및 증기선도

증기의 성질은 매우 복잡하므로, 간단한 상태식으로는 전부 표시할 수 없다. 따라서 증기의 성질을 계측 결과 또는 그를 기초로 만든 상태식에 의해 상세한 표를 만들어 쓰게 되는데, 이를 **증기표**(steam table)라 한다.

증기 표에는 **포화 증기표**와 **과열 증기표**로 구분하고, 포화 증기표는 **온도 기준 포화 증기표**와 **압력 기준 포화 증기표**로 나누어진다. 포화 증기표에는 비체적, 엔탈피(증발량) 및 엔트로피를 각각 포화액과 건 포화 증기 상태에서 수치로 표시하고 있다. 한편 과열 증기표는 각 압력에 대하여 과열 온도를 기준으로 비체적, 엔탈피 및 엔트로피 값을 수치적으로 나타내고 있다.

만일 증기표에 없는 온도나 압력에 대해서는 보정법 등에 의해서 구할 수 있다. 원동기 공학이나 냉동 공학에 대한 설계 및 기타 계산을 할 때는 증기의 성질을 알아둘 필요가 있다. 이 때 증기표와 더불어 유효하게 쓰이는 것이 **증기선도**(steam diagram)이다. 다시 말하면, 지금까지 증기의 성질 P, v, T, h 및 s들에 대해서 익혀 왔는데, 이들 중 두 가지 성질을 직교 좌표로 하고, 각 성질의 변화를 선도에 나타낸 것을 증기선도라 한다. 이것을 이용하면 임의 상태에 대한 각 성질의 변화를 간단히 측정할 수 있고, 실제 공학상 복잡한 계산의 번거로움을 생략할 수도 있다.

여러 가지 선도 중에 가장 널리 쓰이고 있는 것에는 $P-v$ 선도, $T-s$ 선도, $h-s$ 선도 및 $P-h$ 선도 등이 자주 사용되고 있다. 특히 증기 기관에서는 $P-v$ 선도와 $T-s$ 선도를, 증기 터빈에서는 $h-s$ 선도, 그리고 냉동기에는 $T-s$ 선도, $P-h$ 선도가 많이 쓰이고 있다. 이들 중 $h-s$ 선도와 $P-h$ 선도는 고안자의 이름을 따서 포화증기의 **몰리에 선도**(Mollier chart) 또는 냉매의 몰리에 선도라 한다. 몰리에는 독일 사람으로 1904년에 이 곡선들을 고안한 학자이다. $P-h$ 선도는 냉동에서 알아보기로 하고, 나머지 $P-v$ 선도, $T-s$ 선도 및 $h-s$ 선도는 그림 6.9와 같다.

그림 6.9에서 $dp=0$, $dv=0$, $dT=0$, $dh=0$, $ds=0$ 및 $dx=0$에 대한 변화를 첨가하였다. 몰리에 선도는 부록에 수록했다.

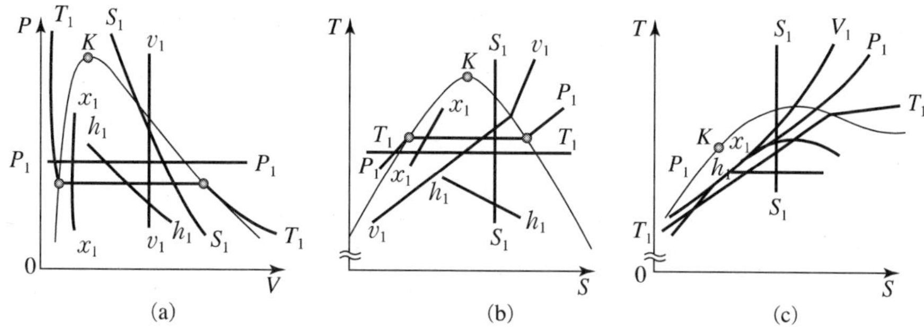

그림 6.9 증기선도

예제 6.7

$h-s$ 선도에서 압력 10 bar, 포화 온도 179.88℃일 때, 포화액 및 포화 증기의 비체적, 엔탈피값을 구하고, $x=0.83$일 때 습도, 비체적, 엔탈피값을 구하여라.

풀이 부록의 $h-s$ 선도 및 압력기준포화증기표에 의하면

$$v' = 0.0011274\ \text{m}^3/\text{kg}, \quad v'' = 0.1943\ \text{m}^3/\text{kg}$$

$$h' = 762.61\ \text{kJ/kg}, \quad h'' = 2{,}776.2\ \text{kJ/kg}$$

이 된다.

또, 건도 $x=0.83$일 때 습도 $(1-x)$는 0.17, 즉 17%이다.

이 때 비체적 및 엔탈피값은 다음과 같이 구해진다.

$$\begin{aligned} v &= v' + x(v'' - v') \\ &= 0.0011274 + 0.83(0.1943 - 0.0011274) = 0.1615\ (\text{m}^3/\text{kg}) \\ h &= h' + x(h'' - h') \\ &= 762.61 + 0.83(2{,}776.2 - 762.61) = 2{,}433.89\ (\text{kJ/kg}) \end{aligned}$$

이다.

6.5 증기표의 보정

증기표나 열역학적 상태량 표는 필요한 부분만 수록한 것이므로 경우에 따라서 보정 공식을 사용하여 구하여야 한다.

만일, 독립변수의 증분이 적다면 **선형보정**을 하면 비교적 만족한 값을 구할 수 있다. 구하고자 하는 상태량을 X, 온도 T라 하면 다음 식으로 구할 수 있다.

$$\frac{X-X_1}{X_2-X_1}=\frac{T-T_1}{T_2-T_1}$$

$$X=X_1+(X_2-X_1)\frac{T-T_1}{T_2-T_1} \qquad (6\text{-}22)$$

여기서

온도 T_1일 때 상태량 X_1

온도 T_2일 때 상태량 X_2

온도 T일 때 상태량 X이다.

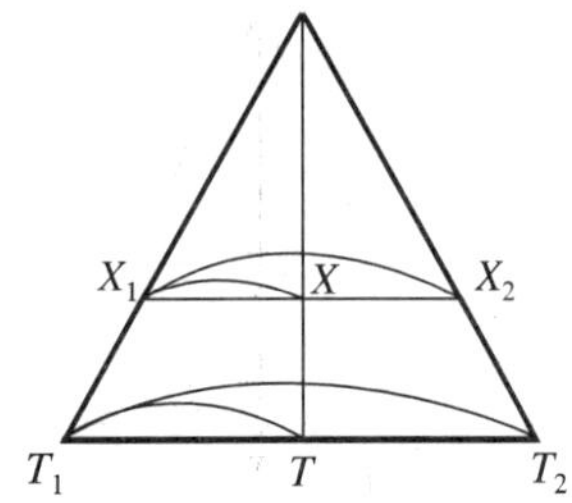

만일, 과열 증기표와 같이 독립변수의 증분이 클 경우에는 특정 성질(v, s) 등은 선형보정으로는 정도가 높은 보정이 될 수 없다.

주어진 압력에서 비체적 v는 온도에 비례하므로 v의 결정에 선형 보정을 사용할 수 있으나 엔트로피 s는 온도비의 대수(logarithm)에 비례하므로 **대수 보정**을 사용한다.

$$\frac{s-s_1}{s_2-s_1}=\frac{\ln(T/T_1)}{\ln(T_2/T_1)} \qquad \cdots\cdots \text{㉠}$$

온도가 주어졌을 때 비체적 v는 압력 P에 반비례하므로, 비체적 v와 엔트로피 s는 다음 식으로 정확한 값을 구할 수 있다.

$$\frac{v-v_1}{v_2-v_1}=\frac{(1/P-1/P_1)}{(1/P_2-1/P_1)} \qquad \cdots\cdots \text{㉡}$$

$$\frac{s-s_1}{s_2-s_1}=\frac{\ln(P/P_1)}{\ln(P_2/P_1)} \qquad \cdots\cdots \text{㉢}$$

예제 6.8

압력 260 bar, 온도 600℃인 과열증기의 비체적 v와 비엔트로피 s를 구하여라.

P(bar)	t(℃)	v(m^3/kg)	h(kJ/kg)	s(kJ/kg K)
250	600	0.01413	3,489.9	6.3604
270	600	0.01144	3,443.0	6.2340

풀이 비체적 v

① 선형 보간을 이용하는 경우

$$v = v_1 + (v_2 - v_1)\frac{P - P_1}{P_2 - P_1}$$

$$= 0.01413 + (0.01144 - 0.01413)\frac{260 - 250}{300 - 250} = 0.0136\ (\mathrm{m^3/kg})$$

② 식 ㉡을 사용한 경우

$$v = v_1 + (v_2 - v_1)\frac{1/P - 1/P_1}{1/P_2 - 1/P_1}$$

$$= 0.01413 + (0.01144 - 0.01413)\frac{(1/260) - (1/250)}{(1/300) - (1/250)} = 0.014732\ (\mathrm{m^3/kg})$$

따라서 정확한 값은 $v = 0.014732\ (\mathrm{m^3/kg})$이다.

③ 엔트로피를 선형 보간하여 구한 경우

$$s = s_1 + (s_2 - s_1)\frac{P - P_1}{P_2 - P_1}$$

$$= 6.3604 + (6.2340 - 6.3604) \times \frac{260 - 250}{300 - 250} = 6.3351\ (\mathrm{kJ/kg\ K})$$

④ 엔트로피를 식 ㉢을 이용하여 구하는 경우

$$s = s_1 + (s_2 - s_1)\frac{\ln(P/P_1)}{\ln(P_2/P_1)}$$

$$= 6.3604 + (6.2340 - 6.3604) \times \frac{\ln(260/250)}{\ln(300/250)} = 6.3084\ (\mathrm{kJ/kg\ K})$$

따라서 정확한 값은 $s = 6.3084\ (\mathrm{kJ/kg\ K})$이다. ■

6.6 증기의 상태 변화

1. 정압 변화

그림 6.10은 정압 변화를 나타내고 있다. 압력이 P_1에서 P_2까지 모두 같은 것을 나타내고, 포화 구역에서는 등온 변화와 일정한 관계가 있으며, 이 때 비체적 증가량은 포화

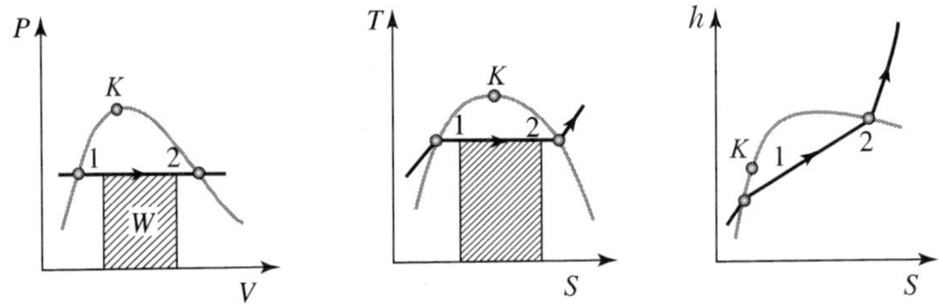

그림 6.10 정압 변화

구역 내에서 다음과 같다.

$$v_2 - v_1 = (v'' - v')(x_2 - x_1) \quad (\mathrm{m^3/kg}) \tag{6-22}$$

또, 가열량은 식 (6-23)과 같이 된다.

$${}_1q_2 = h_2 - h_1 \quad (\mathrm{kJ/kg}) \tag{6-23}$$

이 때 정압가열이므로 엔탈피 변화량과 열량은 같게 된다. 식 (6-23)을 정리하면 식 (6-24)로 된다. 즉, $h_1' = h_2' = h'$이고, $h_1'' = h_2'' = h''$이므로

$${}_1q_2 = (x_2 - x_1)(h'' - h') = (x_2 - x_1)\gamma \quad (\mathrm{kJ/kg}) \tag{6-24}$$

한편, 내부 에너지 및 일량은 다음과 같이 각각 구해진다.

$$u_2 - u_1 = (x_2 - x_1)(u'' - u') \quad (\mathrm{kJ/kg}) \tag{6-25}$$

또한,

$${}_1w_2 = P(v_2 - v_1) = P(x_2 - x_1)(v'' - v') \quad (\mathrm{kJ/kg}) \tag{6-26}$$

예제 6.9

0℃의 물에 2,667 kJ/kg의 열을 가하면서, 압력을 9 bar로 유지하였다. 이 때 물의 상태는 무엇일까?

풀이 $h-s$ 선도 포화 증기표를 참조하면

$P = 9\ \mathrm{bar}$일 때 h''의 값은 2,772.1 kJ/kg이므로 물은 습 포화 증기의 상태이다. ■

예제 6.10

건도 $x = 0.9$인 증기 1 kg 을 압력 8 bar에서 건포화 증기로 되게 하려면 공급 열량은 얼마인가?

풀이 $h-s$ 선도에서 $h_1 = 720.94\ \mathrm{kJ/kg}$, $h_2 = 2{,}767.5\ \mathrm{kJ/kg}$이므로,

$$\gamma = {}_1q_2 = h_2 - h_1 = 2{,}767.5 - 720.94 = 2{,}046.56\ (\text{kJ/kg})$$

다른 방법으로 해석하면 식 (6-24)에 대입하여 계산이 가능하다.

$$\begin{aligned}{}_1q_2 &= (h' + x_2\gamma) - (h' + x_1\gamma) = \gamma(x_2 - x_1) \\ &= 2{,}046.56 \times (1 - 0.9) = 204.656\ (\text{kJ/kg})\end{aligned}$$

■

예제 6.11

압력 20 bar, 건조도 90%인 습증기 600kg이 압력 일정하에서 450℃의 과열 증기가 될 경우 다음 물음에 답하여라.

① 필요한 열량

② 팽창일

③ 내부 에너지의 증가

참고 단, v, h, s의 단위는 각각 m^3/kg, kJ/kg, kJ/kg K이다.

압력기준 포화 증기표	20 bar 포화 온도 212.37℃	$v' = 0.0011766$ $v'' = 0.09954$	$h' = 908.6$ $h'' = 2{,}797.2$ $\gamma = 1{,}888.6$	$s' = 2.4469$ $s' = 6.3367$
과열 증기표	20 bar 450℃	$v = 0.1634$	$h = 3{,}357.8$	$s = 7.2859$

풀이 ① ${}_1q_2 = h_2 - h_1 = 3{,}357.8 - 2{,}608.34 = 749.46\ (\text{kJ/kg})$

$$\begin{aligned}\because\ h_1 &= h_1' + x_1(h_1'' - h_1') \\ &= 908.6 + 0.9 \times (2{,}797.2 - 908.6) = 2{,}608.34\ (\text{kJ/kg})\end{aligned}$$

$$\therefore\ {}_1Q_2 = m \cdot {}_1q_2 = 600 \times 749.46 = 449{,}676\ (\text{kJ}) = 449.676 (\text{MJ})$$

② 팽창일 $dw = pdv$

$$\begin{aligned}v_1 &= v_1' + x_1(v_1'' - v_1') = 0.0011766 + 0.9 \times (0.09954 - 0.0011766) \\ &= 0.0897\ (\text{m}^3/\text{kg})\end{aligned}$$

$$\begin{aligned}{}_1w_2 &= P(v_2 - v_1) \\ &= 2{,}000 \times (0.1634 - 0.09954) \\ &= 127.72\ (\text{kJ/kg})\end{aligned}$$

총 팽창일

$${}_1W_2 = m \cdot {}_1w_2 = 600 \times 127.720 = 76{,}632\ (\text{kJ})$$

③ 내부 에너지 증가 ΔU

$\Delta h = \Delta u + pdv$에서

$$u_2 - u_1 = (h_2 - h_1) - p(v_2 - v_1)$$
$$= {}_1q_2 - {}_1w_2$$
$$= 749.46 - 127.72$$
$$= 621.74 \text{ (kJ/kg)}$$
$$\Delta U = m \cdot (u_2 - u_1) = 600 \times 621.74 = 373.044 \text{ (MJ)}$$

2. 정적 변화

그림 6.11은 일정 크기의 그릇 속에 포화 증기를 넣고, 가열하는 경우를 나타낸 것이다. 즉, 증기량은 증대하지만, 체적이 일정하여 압력, 온도 등이 커진다. 먼저 건도의 크기는 다음과 같이 변화한다.

$$x_2 - x_1 = \Delta x$$

이 때 비체적 $v_1 = v_2$에 의해서 식 (6-27) 및 식 (6-28)이 얻어진다.

$$v_1 = v_1{}' + x_1(v_1{}'' - v_1{}'), \quad v_2 = v_2{}' + x_2(v_2{}'' - v_2{}')$$

$$\therefore x_1 = \frac{(v_2{}' - v_1{}')}{(v_1{}'' - v_1{}')} + x_2\frac{(v_2{}'' - v_2{}')}{(v_1{}'' - v_1{}')} \tag{6-27}$$

또한,

$$x_2 = \frac{(v_1{}' - v_2{}')}{(v_2{}'' - v_2{}')} + x_1\frac{(v_1{}'' - v_1{}')}{(v_2{}'' - v_2{}')}$$

가열량은

$${}_1q_2 = u_2 - u_1 = (h_2 - h_1) - v(P_2 - P_1)$$
$$= \{h_2{}' + x_2(h_2{}'' - h_2{}')\} - \{h_1{}' + x_1(h_1{}'' - h_1{}')\} - v(P_2 - P_1) \text{ (kJ/kg)} \tag{6-28}$$

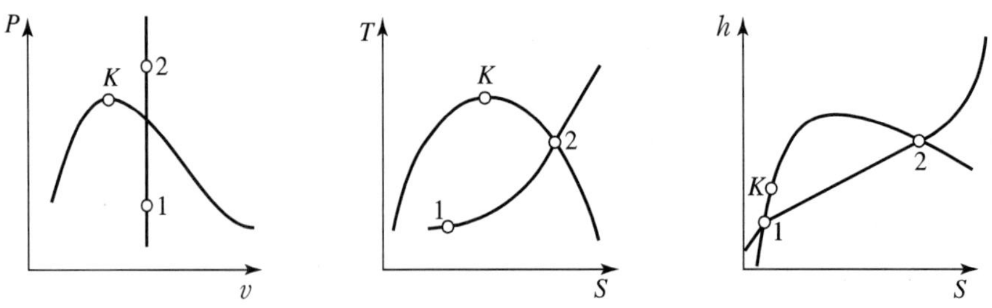

그림 6.11 정적 변화

예제 6.12

압력이 8 bar인 그릇 속에 건도 $x_1 = 0.94$인 습증기가 압력 5 bar로 떨어지면 건도는 어떻게 되는가?

풀이 증기표에서 8 bar일 때 $v_1' = 0.0011150\ \text{m}^3/\text{kg}$, $v_1'' = 0.2403\ \text{m}^3/\text{kg}$

5 bar일 때 $v_2' = 0.0010928\ \text{m}^3/\text{kg}$, $v_2'' = 0.3747\ \text{m}^3/\text{kg}$

이므로, $v_1 = v_2$인 관계로 건도 x_2는 다음과 같이 구해진다.

$$x_2 = \frac{(v_1' - v_2') + 0.94(v_1'' - v_1')}{(v_2'' - v_2')} = \frac{(0.0011150 - 0.0010928) + 0.94(0.2403 - 0.0011150)}{(0.3747 - 0.0010928)}$$

$$= 0.6018$$

■

예제 6

압력 40 bar, 온도 400℃의 증기 1 kg이 체적 0.075 m³을 차지하고 있다. 이 증기가 정적 변화하에서 압력이 8 bar로 변화할 때 다음 값을 구하여라.

① 냉각 후의 건조도

② 상태변화 전후의 내부 에너지

③ 방출 열량

참고 단, v, h, s의 단위는 각각 m³/kg, kJ/kg, kJ/kg K이다.

과열 증기표	40 bar 400℃	$v = 0.07338$	$h = 3{,}215.7$	$s = 6.7733$
압력기준 포화 증기표	8 bar 포화 온도 170.41℃	$v' = 0.0011150$ $v'' = 0.2403$	$h' = 720.94$ $h'' = 2{,}767.5$ $\gamma = 2{,}046.54$	$s' = 2.0457$ $s'' = 6.6596$

풀이 ① 냉각 후의 건조도

정적 변화이므로 $v_1 = v_2$

$$v_1 = v_1' + x_1(v_1'' - v_1') = 0.07338 \cdots\cdots ㉠$$

$$v_2 = v_2' + x_2(v_2'' - v_2') \cdots\cdots ㉡$$

㉠ = ㉡

$$x_2 = \frac{0.07338 - v_2'}{v_2'' - v_2'} = \frac{0.07338 - 0.001115}{0.2403 - 0.001115} = 0.3021$$

② 상태 변화 전의 내부 에너지 u_l

엔탈피 정의로부터 $h = u + pv$

$u_1 = h_1 - P_1 v_1 = 3{,}215.7 - 4{,}000 \times 0.07338 = 2{,}922.18\ (\text{kJ/kg})$

상태 변화 후의 내부 에너지 u_2

$$u_2 = h_2 - P_2 v_2$$
$$= 1{,}339.1997 - 800 \times 0.075 = 1{,}279.1997 \ (\text{kJ/kg})$$
$$\because \ h_2 = h_2' + x_2(h_2'' - h_2') = h_2' + x_2\gamma$$
$$= 720.94 + 0.3021 \times 2{,}046.54 = 1{,}339.1997 \ (\text{kJ/kg})$$

③ 방출 열량 ${}_1q_2$

$${}_1q_2 = u_2 - u_1$$
$$= 1{,}279.1997 - 2{,}922.18 = -1{,}642.9803 \ (\text{kJ/kg})$$

■

3. 등온 변화

그림 6.12는 등온 변화의 경우를 표시한 것이다. 포화 구역 내에서는 정압 변화와 같이 변화선이 일치한다. 변화 중에 출입하는 열량이 다음 식으로 표시된다. 즉,

$$\begin{aligned} {}_1q_2 &= (u_2 - u_1) + P(v_2 - v_1) \\ &= h_2 - h_1 = \gamma(x_2 - x_1) \quad (\text{kJ/kg}) \end{aligned} \tag{6-29}$$

일량은 식 (6-30)으로 표시된다.

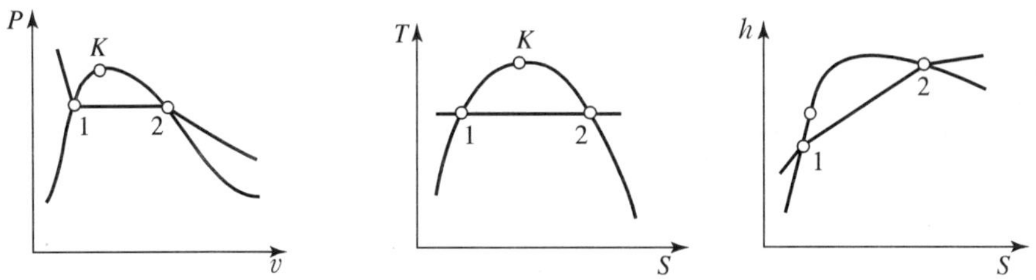

그림 6.12 등온 변화

$$\begin{aligned} {}_1w_2 &= P(v_2 - v_1) \\ &= P(v'' - v')(x_2 - x_1) \quad (\text{kJ/kg}) \end{aligned} \tag{6-30}$$

예제6.14

온도 100℃, 체적 0.1 m^3인 증기 1 kg이 일정 온도하에서 팽창하여 비체적이 1 m^3/kg으로 되었다면 증기에 공급된 열량은 얼마인가?

풀이 열량 ${}_1q_2$는 $T \cdot \Delta S$에 의해 쉽게 얻어진다.

그런데 $\Delta s = s_2 - s_1$에 의해 구해진다. 즉,

$$s_1 = s_1' + x_1(s_1'' - s_1') = 1.3069 + 0.05359(7.3554 - 1.3069)$$
$$= 1.631\,(\mathrm{kJ/kg\,K})$$
$$s_2 = s_2' + x_2(s_2'' - s_2') = 1.3069 + 0.59(7.3554 - 1.3069)$$
$$= 4.9376\,(kJ/kg\ K)$$

왜냐하면 먼저 증기표에서 100℃인 상태에서 비체적 및 엔트로피를 구하고 상태 변화 전후의 건조도 x_1 및 x_2를 구하였다. 즉, $v' = 0.0010437\ \mathrm{m^3/kg}$, $v'' = 1.673\ \mathrm{m^3/kg}$, $v_1 = 0.1\ \mathrm{m^3/kg}$, $v_2 = 1\ \mathrm{m^3/kg}$, $s_1' = s_2' = 1.3069\ \mathrm{kJ/kg\,K}$, $s_2'' = s_1' = 1.73554\ \mathrm{kJ/kg\,K}$에 의해 구해진다.

$v_2 = v_{x_2} = v_2' + x_2(v_2'' - v_2')$에서

$$1 = 0.0010437 + x_2(1.673 - 0.0010437)$$
$$x_2 = 0.597$$

이고

$v_1 = v_{x_1} = v_1' + x_1(v_1'' - v_1')$로부터

$$0.1 = 0.0010437 + x_1(1.673 - 0.0010437)$$
$$x_1 = 0.05356$$

이다. 따라서 구하고자 하는 열량 ${}_1q_2$는

$${}_1q_2 = T \cdot \Delta S = 373 \times (4.9376 - 1.631) = 1{,}233.36\,(\mathrm{kJ/kg})$$

또한, 증기 선도($h-s$ 선도)에 의해서도 쉽게 구해진다. ■

예제 6.15

온도 300℃, 체적 $v_1 = 0.015\ \mathrm{m^3}$인 증기 1 kg 이 등온 변화하에서 팽창하여 체적 $v_2 = 0.02\ \mathrm{m^3}$로 되었다. 이 증기에 공급될 열량을 구하여라.

참고 단, v, h, s의 단위는 각각 $\mathrm{m^3/kg}$, kJ/kg, kJ/kg K이다.

온도 기준 포화 증기표	300℃ 포화 압력 85.93 bar	$v' = 0.0014041$ $v'' = 0.02165$ $\mathrm{m^3/kg}$	$h' = 1{,}345.0$ $h'' = 2{,}751.0$ kJ/kg	$s' = 3.2552$ $s'' = 5.7081$ kJ/kg K

풀이 ① 상태 변화 전의 엔트로피 s_1

$$s_1 = s_1' + x_1(s_1'' - s_1') = 3.2552 + 0.67 \times (5.7081 - 3.2552) = 4.8986\,(\mathrm{kJ/kg\,K})$$

왜냐하면, 먼저 건조도 x_1을 구하면 $v_1 = v_1' + x_1(v_1'' - v_1')$로부터

$$x_1 = \frac{v_1 - v_1'}{v_1'' - v_1'} = \frac{0.015 - 0.0014041}{0.02165 - 0.0014041} = 0.67$$

이기 때문이다.

② 상태 변화 후의 엔트로피 s_2

$$s_2 = s_2' + x_2(s_2'' - s_2') = 3.2552 + 0.919 \times (5.7081 - 3.2552) = 5.5094\ (\text{kJ/kg K})$$

마찬가지로 먼저 건조도 x_2를 구하면 $v_2 = v_2' + x_2(v_2'' - v_2')$에서

$$x_2 = \frac{v_2 - v_2'}{v_2'' - v_2'} = \frac{0.02 - 0.0014041}{0.02165 - 0.0014041} = 0.919$$

이다.

③ 공급 열량 ${}_1q_2$는 $ds = \dfrac{dq}{T}$에서

$$\begin{aligned} {}_1q_2 &= T(s_2 - s_1) \\ &= (273 + 300) \times (5.5094 - 4.8986) = 349.9884\ (\text{kJ/kg}) \end{aligned}$$

■

4. 가역 단열 변화

그림 6.13은 가역 단열 변화 즉, 등 엔트로피 변화를 표시한 그림이다. 이는 엔트로피의 변화가 없고, 또한 변화 중에 외부에서 출입하는 열량이 0이므로 일량은

$$ {}_1W_2 = -(u_2 - u_1) \quad (\text{kJ/kg}) \tag{6-31}$$

$$ w_t = -(h_2 - h_1) \quad (\text{kJ/kg}) \tag{6-32}$$

건도 x를 구하려면 $s_1 = s_2$를 이용하여 보면 쉽게 된다.

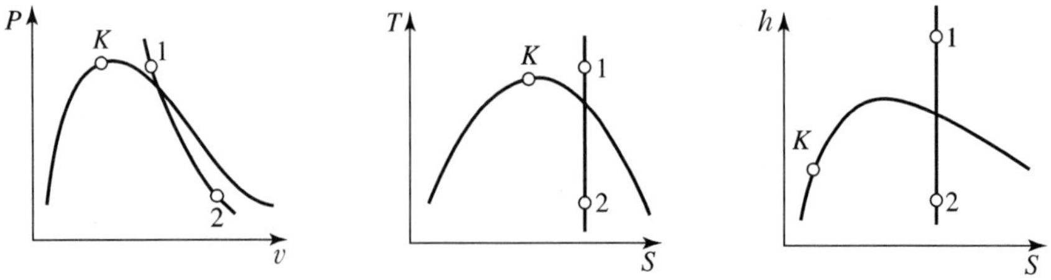

그림 6.13 가역 단열 변화

$$s_1 = s_1{}' + x_1(s_1{}'' - s_1{}') = s_1{}' + x_1 \frac{\gamma_1}{T_1}$$

$$s_2 = s_2{}' + x_2(s_2{}'' - s_2{}') = s_2{}' + x_2 \frac{\gamma_2}{T_2}$$

따라서

$$x_2 = \frac{x_1 \dfrac{\gamma_1}{T_1} + (s_1{}' - s_2{}')}{\dfrac{\gamma_2}{T_2}}$$

압력이 25 bar 이하, 건도 $x = 0.75$ 이상의 습 포화 증기의 단열 변화는 근사적으로 다음 식이 성립한다. x_1을 처음 건도라 하면

$$Pv^k = C \quad (k = 1.035 + 0.1x_1) \tag{6-34}$$

과열 증기, 건 포화 증기인 경우에는 단열 변화가 다음 식이 성립한다.

$$Pv^{1.3} = C \tag{6-35}$$

예제 6.16

압력 7 bar, 온도 220℃인 과열 증기가 가역 단열 팽창하여 압력이 0.2 bar로 되었다. 팽창 일을 구하여라.

풀이 $h-s$ 선도에서

$$h_1 = 2{,}880\ \text{kJ/kg}, \quad v_1 = 0.3225\ \text{m}^3/\text{kg}, \quad h_2 = 2{,}300\ \text{kcal/kg}_f, \quad v_2 = 6.5(\text{m}^3/\text{kg})$$

이므로 식 (6-31)에 의해서

$$\begin{aligned} {}_1w_2 &= (u_1 - u_2) = (h_1 - P_1v_1) - (h_2 - P_2v_2) \\ &= (h_1 - h_2) - (P_1v_1 - P_2v_2) \\ &= (2{,}880 - 2{,}300) - (700 \times 0.3225 - 20 \times 6.5) \\ &= 484.25\,(\text{kJ/kg}) \end{aligned}$$

■

예제 6.17

압력 18bar, 250℃의 과열 증기를 4bar가 될 때까지 단열 팽창시킬 경우 다음 값을 구하여라.

① 팽창 전의 내부 에너지 u_1

② 팽창 후의 내부 에너지 u_2

③ 팽창 일 ${}_1w_2$

참고 단, v, h, s의 단위는 각각 m^3/kg, kJ/kg, $kJ/kg\,K$이다.

과열 증기표	18bar 250℃	$v_1 = 0.1250$	$h_1 = 2{,}911.0$	$s_1 = 6.6071$
압력기준 포화 증기표	4bar 포화 온도 143.62℃	$v' = 0.0010839$ $v'' = 0.4622$	$h' = 604.67$ $h'' = 2{,}737.6$ $\gamma = 2{,}132.93$	$s' = 1.7764$ $s'' = 6.8943$

풀이 ① 팽창 전의 내부 에너지 u_1

$$u_1 = h_1 - P_1 v_1$$
$$= 2{,}911.0 - 1{,}800 \times 0.1250$$
$$= 2{,}686\ (kJ/kg)$$

② 팽창 후의 내부 에너지 u_2

$$u_2 = h_2 - P_2 v_2 = 2{,}620.29 - 400 \times 0.455$$
$$= 2{,}438.29\ (kJ/kg)$$

왜냐하면, 여기서

$$h_2 = h_2' + x_2(h_2'' - h_2') = h_2' + x_2\gamma_2$$
$$= 604.67 + 0.945 \times 2{,}132.93 = 2{,}620.29\ (kJ/kg)$$
$$v_2 = v_2' + x_2(v_2'' - v_2')$$
$$= 0.0010839 + 0.945 \times (0.4709 - 0.0010839) = 0.455\ (m^3/kg)$$

이기 때문이다.

또한, 건조도 x_2는 단열 변화이므로 $s_1 = s_2$에서 구할 수 있다.

$$s_1 = s_2 = s_2' + x_2(s_2'' - s_2')$$
$$x_2 = \frac{s_1 - s_2'}{s_2'' - s_2'} = \frac{6.6071 - 1.7764}{6.8943 - 1.7764} = 0.945$$

③ 팽창 일 ${}_1w_2$

$dq = du + dw$에서 $dq = 0$이므로 $dw = -du$이다.

$${}_1W_2 = u_1 - u_2$$
$$= 2{,}686 - 2{,}438.29 = 247.71\ (kJ/kg)$$

5. 교축(Throttle)

그림 6.9에서 교축이 일어날 때 엔탈피가 일정한 등 엔탈피과정을 나타낸 것이다. 또한 그림 6.14는 교축 열량계(throttle calorimeter)라 부르는 건도 측정 장치이다. 오리피스나 밸브를 증기가 통과하면, 외부에 아무런 일을 하지 않고, 압력 강하 현상만을 일으키는데 이를 교축(throttle)이라 한다.

건도 x의 값을 구하기 위해 처음과 나중 상태의 엔탈피 값을 h_1 및 h_2라 하면

$$h_1 = h_1{}' + x_1\gamma_1 = h_2 = h_2{}' + x_2\gamma_2$$

$$\therefore\ x_2 = \frac{h_1{}' - h_2{}'}{\gamma_2} + \frac{x_1\gamma_1}{\gamma_2} \tag{6-36}$$

로 구해진다. 또는, 식 (6-37)로도 표시된다.

$$x_1 = \frac{h_2 - h_1{}'}{\gamma_1} \tag{6-37}$$

한편, 1852년부터 1862년까지 쥬울과 톰슨의 공동 연구로 다공질관로 실현에 의해 얻은 결과로 증기가 교축이 일어나면 압력뿐만 아니라 온도도 떨어지는 이런 현상을 **쥬울·톰슨 효과**(Joule·Thomson effect) 또는 냉각 효과(cooling effect)라고 한다.

린드(Linde)는 냉각 효과를 이용하여 공기를 액화시키기도 했다. 그러나 이상 기체는 절대로 냉각 효과가 일어나지 않는다.

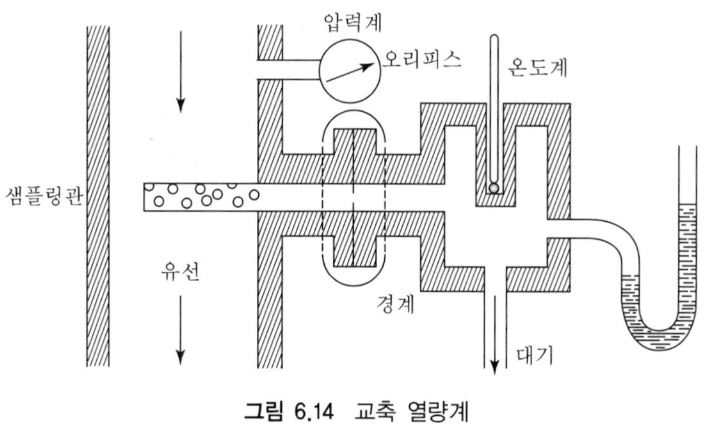

그림 6.14 교축 열량계

예제 6.18

압력 8 bar, 건도 0.9인 습증기 1 kg을 교축하여 건포화 증기로 만들었다. 변화 후 압력, 엔트로피 증가, 비체적 등을 구하여라.

풀이 증기표에서

$h_1' = 720.94$ kJ/kg, $h_1'' = 2{,}767.5$ kJ/kg, $\gamma_1 = 2{,}046.56$ kJ/kg이 얻어지므로 $h_1 = h_2$를 이용하면

$$h_1 = h_2 = 720.94 + 0.9 \times 2{,}046.56 = 2{,}562.844\ (\text{kJ/kg})$$

따라서, $h_2 = h_2''$에 해당하는 압력을 증기표에서 찾으면 근사적으로 $P_2 = 0.06$ bar가 얻어진다. 다음으로 엔트로피 증가량을 구하기 위해 증기표를 이용하면

$$s_1' = 2.0457\ \text{kJ/kg K}, \quad s_1'' = 6.6596\ \text{kJ/kg K}$$

이므로

$$s_1 = s_1' + x(s_1'' - s_1') = 2.0457 + 0.9(6.6596 - 2.0457) = 6.1982\ (\text{kJ/kg K})$$

압력 0.06 bar에 대한 건포화 증기의 엔트로피 8.3312이므로 따라서 엔트로피의 증가량은

$$\Delta s = 8.3312 - 6.1982 = 2.133\ (\text{kJ/kg K})$$

비체적은 압력 0.06 bar에 대한 포화 증기의 비체적을 찾아보면 $v_2 = v_2''$이므로 $v_2 = 23.74$ m^3/kg이 된다. ■

연습문제

1. 물의 증발과정을 $P-v$ 및 $T-s$ 선도에 그리고 설명하라.

2. 습증기의 비체적인 2.0 m^3/kg이고 포화액 및 포화증기의 비체적이 $v'=$ 각각 0.0012 m^3/kg, $v''=2.8350$ m^3/kg일 때 증기의 건도 x는 얼마인가?

3. 압력 2.21 bar하에서 물 1 kg이 증발하여 0.8 m^3으로 체적이 증가되었다. 증발열을 1,465.1 kJ/kg이라고 하면 외부 증발열(ψ)과 내부증발열(ρ)는 얼마인가?

4. 체적 400 l의 탱크속에 수증기 64 kg이 들어 있다. 온도 350℃인 증기의 건도는 얼마인가? 단, $v'=0.0017468$ m^3/kg, $v''=0.008811$ m^3/kg이다.

5. 250 kPa, $x=0.5$인 수증기의 비체적과 엔탈피를 구하여라.

6. 압력이 30 bar, 건도가 0.8인 습증기의 엔트로피는 얼마인가? 단, $s'=2.6455$ kJ/kg K, $s''=6.1837$ kJ/kg K이다.

7. 1 bar, 건도 0.8인 습증기를 같은 압력에서 건포화증기로 만드는데 필요한 열량은 얼마인가? 단, 증발열은 2,257.9 kJ/kg이다.

8. 체적 3 m^3의 용기에 들어 있는 공기의 온도가 50℃이고 압력이 1.5 MPa이면 공기의 중량은 얼마인가?

9. 압력이 30 bar, 건도가 0.8인 습증기 1 kg이 정적하에서 냉각될 때, 다음 증기표를 이용하여 다음 물음에 답하여라.

1) 최종의 건도　　2) 최종의 엔탈피　　3) 외부에 방출된 열량

종 류	비체적(m^3/kg)	엔탈피(kJ/kg)
압력기준 포화 증기표 (30 bar, 포화온도 233.84℃)	63 $v''=0.06663$	$h'=1,008.4$ $h''=2,802.3$
온도기준 포화 증기표 (70℃, 포화압력 0.3116 bar)	$v'=0.0010228$ $v''=5.046$	$h'=292.97$ $h''=2,626.9$

10. 압력 1 MPa, $x = 0.89$인 증기 1 kg이 정압과정에서 340℃까지 과열되는데 필요한 열량을 구하여라.

11. 200℃의 과열증기를 압력 6 bar로 유지하며 300℃가 되게 가열하고자 한다. 증기표를 이용하여 다음 물음에 답하여라.

1) 과정에 필요한 열량 2) 팽창일 3) 내부에너지 변화

12. 온도 50℃, $x = 0.9$인 습증기의 각 상태량을 증기표를 이용하여 각각 구하여라.

1) 비체적 2) 비 엔탈피 3) 비 엔트로피 4) 내부에너지

13. 압력 16 bar에서 건 포화 증기의 비체적 $v'' = 0.1237\ m^3/kg$, 비엔탈피 2,791.7 kJ/kg이다. 이 때 증기의 비 내부에너지는 얼마인가?

14. 압력 15 bar, 건도 0.7인 습증기 5 kg 이 가열되어 건도가 0.95로 되었다. 증발열이 500 kJ/kg이라면 가열량은 얼마인가?

 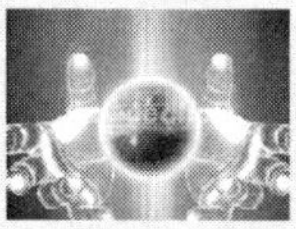 

CHAPTER 07

증기 사이클

7.1 랭킨 사이클

랭킨 사이클(Rankine cycle)은 1854년 영국의 윌리엄 랭킨(William John Macquorn Rankine)에 의해 연구되었으며, 증기 사이클의 기준으로, 실제 증기 원동기 사이클에 근사한 사이클이다. 이 사이클은 동작 유체인 물이 기체와 액체로 상의 변화를 일으키며 작용한다. 그림 7.1은 랭킨 사이클의 간단한 원리이고, 그림 7.2는 랭킨 사이클의 $P-v$ 선도, $T-S$ 선도, 및 $h-s$ 선도를 나타낸 것이다.

우선, 간단한 구성을 알아보면 B는 보일러, S는 과열기, T는 터빈, C는 복수기이고, P는 급수 펌프를 나타낸 것이다.

다음에 이들에 의해서 동작유체가 상의 변화를 일으키며 동력을 발생하는 사이클의 각 과정에 대해서 그림 7.2를 통해 설명하기로 한다. 랭킨 사이클은 두 개의 **정압 변화**와 두 개의 **단열 변화**로 구성되어 있다.

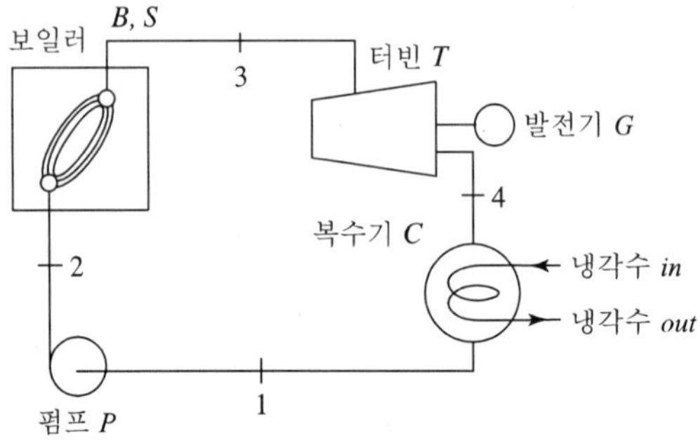

그림 7.1 랭킨 사이클의 원리

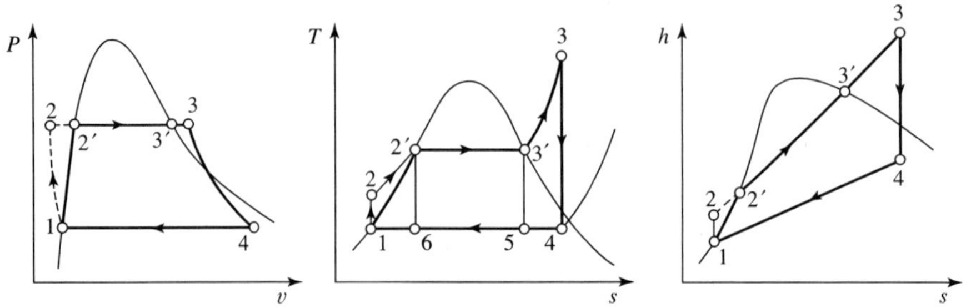

그림 7.2 랭킨 사이클의 각종 선도

물은 포화수(액) 상태점 1에서 급수 펌프에 의해 등 엔트로피적으로 압축되어 보일러로 유입된다. 물은 압력이 크게 되어도 체적은 일정한 압축수 상태 2로 된다. 보일러에서는 정압 과정으로 동작유체를 가열하여 이곳에서 나온 증기 상태는 2−2′−3′로 변화되고, 과열기를 통과한 후는 3점의 과열 증기가 된다. 이 과열 증기는 3점에서 터빈으로 보내어져 등 엔트로피적으로 다시 팽창되어 외부로 터빈 일을 한 후, 압력이 강하하여 4점에 이르고, 이 때는 대부분 포화 증기($0 < x < 1$)의 상태로 존재하게 된다. 또한, 복수기로 들어가 그 속에서 정압과정에서 외부로부터의 냉각수에 의해 냉각되어 원래 상태인 1점의 급수 펌프로 유입된다. 이 같은 과정의 사이클을 **랭킨 사이클**이라 하고 그림 7.2의 $T-S$ 선도에서 면적 122′3′341이 실제로 행한 일 즉, 정격 일(net work)에 해당하는 유효 열량이다.

다음으로 단위 질량당 증기에 대한, 에너지 변환 관계를 고찰해 보자. 우선 1→2는 단열 압축으로 $dq=0$이며, 펌프 일은

$$w_p = v(P_2 - P_1) = (h_2 - h_1) \quad (\text{kJ/kg}) \tag{7-1}$$

이다. 2→2′→3′→3의 정압 가열로 인해 가열된 열량은 다음 식으로 된다.

$$q_1 = q_{2\to2'} + q_{2'\to3'} + q_{3'\to3} \quad (\text{kJ/kg}) \tag{7-2}$$

윗 식에서

$$q_{2\to2'} = (h_2' - h_2) \quad (\text{kJ/kg}) \qquad (\text{압축액이 포화액이 될 때까지})$$
$$q_{2'\to3'} = (h_3' - h_2') \quad (\text{kJ/kg}) \qquad (\text{포화액이 건포화 증기가 될 때까지})$$
$$q_{3'\to3} = (h_3' - h_3') \quad (\text{kJ/kg}) \qquad (\text{건포화 증기가 과열 증기로 될 때까지})$$

이므로 식 (7-2)에 대입하면

$$q_1 = (h_2' - h_2) + (h_3' - h_2') + (h_3 - h_3') = (h_3 - h_2) \quad (\text{kJ/kg}) \tag{7-3}$$

그리고 단열 팽창 과정 3→4에서 증기가 증기 터빈에 주어져 $dq=0$이고, 터빈 일 w_t는 다음 식으로 표시된다.

$$w_t = (h_3 - h_4) \quad (\text{kJ/kg}) \tag{7-4}$$

끝으로, 정압 냉각 과정인 4→1에 있어서 증기가 복수기로 방출되는 열량은 다음과 같다.

$$q_2 = (h_4 - h_1) \quad (\text{kJ/kg}) \tag{7-5}$$

따라서 사이클 당 정격 일량 $w_{net} = q_1 - q_2$라 하면

$$w_{net} = (h_3 - h_2) - (h_4 - h_1) \quad (\text{kJ/kg}) \tag{7-6}$$

이 된다. 이는 증기의 터빈일과 펌프일의 차이와 같다. 랭킨 사이클의 열효율 η_R은

$$\eta_R = \frac{w_{net}}{q_1} = \frac{(h_3 - h_4) - (h_2 - h_1)}{(h_3 - h_2)} = \frac{(h_3 - h_4) - (h_2 - h_1)}{(h_3 - h_1) - (h_2 - h_1)} \tag{7-7}$$

로 얻어진다. 만일, 랭킨 사이클을 표준으로 하는 소 용량의 보일러 압력의 범위는 펌프 일량 $(h_2 - h_1)$을 무시해도 지장이 없다. 이 때 열효율은 식 (7.8)과 같다.

$$\eta_R \fallingdotseq \frac{h_3 - h_4}{h_3 - h_1} \tag{7-8}$$

다음으로 랭킨 사이클의 성능에 영향을 미치는 인자인 압력, 초온 및 배압의 영향을 고찰해 보자. 일반적으로 랭킨 사이클의 열효율은 터빈 입구의 증기 압력 및 온도가 높을수록, 복수기의 온도 및 배압이 낮을수록 좋아짐을 알 수 있는데 그림 7.3, 그림 7.4, 그림 7.5는 이를 표시한 관계 선도이다.

먼저 초온, 배압을 일정하게 하고, 초압을 높일 때는 팽창시 빨리 습증기가 되어 습도가 커진다. 따라서 실제 터빈 내에서 내부 손실이 증가하는 한편, 고압에 견디기 위한 재료 및 설계상 문제가 있기는 하다. 랭킨 사이클의 열효율을 향상시키기 위해서는 보일러의 증기 온도를 높여서 최고 온도를 높이는 경우와 복수기의 방열 온도를 저하시켜 압력을 낮추는 방법이 있다.

1. 복수기 압력을 낮추는 경우

복수기 내의 압력을 낮게 하면 사이클의 유효일이 증가하여 그림 7.3과 같이 효율은 증가한다. 복수기 압력 P_4를 P_4'로 낮추면 이에 상응하는 복수기의 방열 온도가 저하되며, 사이클 일은 회색 부분만큼 증가하여 사이클의 열효율은 증가한다. 그러나 이 경우, 건도가 감소하게 되어 습분의 양이 상대적으로 많아지므로, 터빈 날개에 부식 등을 야기

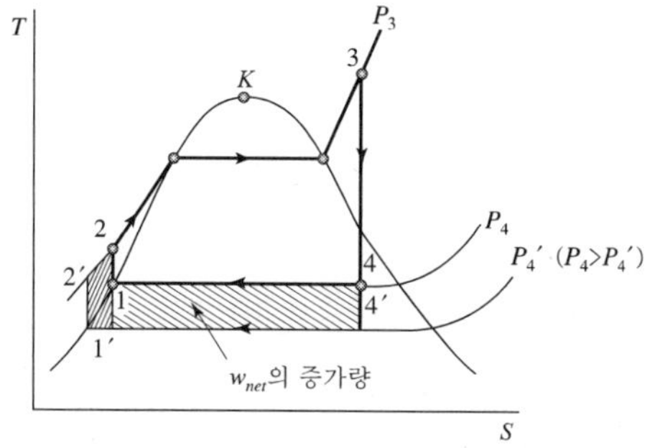

그림 7.3 복수기 압력 강하에 따른 유효일의 증가

시키는 경과를 가져오게 되는 단점이 있다.

2. 사이클의 최고 온도를 높이는 경우

보일러 압력의 변화 없이 보일러 출구, 즉 터빈 입구 과열 증기의 온도를 높이면 그림 7.4와 같이 사이클 일이 증가되어 열효율은 증가한다. 이와 같은 방법은 터빈 출구의 증기 건도를 상승시켜 사이클 성능을 바람직한 방향으로 개선시킬 수 있다.

그러나 터빈 입구의 과열도를 높이는 것은 터빈 재료의 기계적 성질 때문에 제한을 받는다. 현재 터빈 입구 온도는 620℃ 정도이며 금속의 고온 특성이 향상되면 더 높일 수 있다.

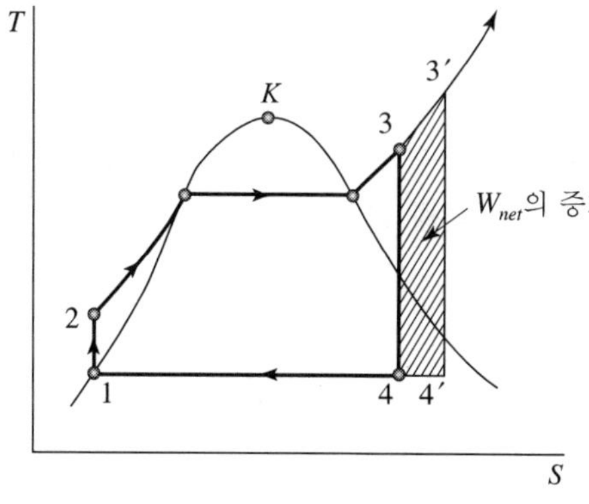

그림 7.4 터빈 입구 온도 상승과 유효일의 증가

3. 보일러 압력을 높이는 경우

가열 과정에서 증기의 온도를 상승시키는 또 다른 방법의 하나는 보일러의 압력을 높이는 것이다. 보일러의 압력이 상승하면 비등하는 온도는 당연히 높아지게 된다.

보일러 압력이 동력 사이클의 성능에 영향을 미치는 것은, 그림 7.5와 같이 터빈 입구의 온도가 일정할 경우 사이클은 그림과 같이 좌측으로 치우치게 되고 터빈 출구의 건도는 저하되므로 터빈 일이 감소하게 된다. 이것은 성능 향상에 바람직하지 못한 것이며, 이러한 결점은 재열에 의하여 보완될 수 있다. 재열 사이클에 대해서는 다음 절에서 다루기로 한다.

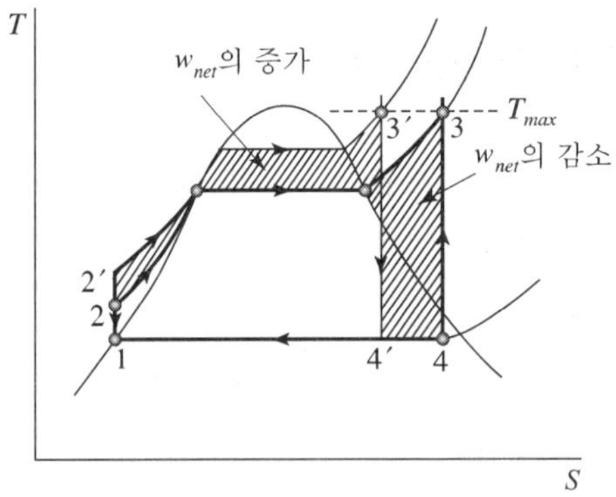

그림 7.5 보일러 압력 상승에 따른 사이클 변화

예제 7.1

20 bar의 건포화 증기를 배압 0.5 bar까지 가역 단열 팽창시키는 랭킨 사이클의 이론 열효율을 구하고, 카르노 사이클의 열효율과의 비를 구하여라.

풀이 펌프 일을 무시한다고 가정하면 증기표 및 $h-s$ 선도에서 엔탈피값들을 구하며 열효율을 얻는다. 20 bar일 때 건포화 증기의 엔탈피는 2,797.2 kJ/kg, 0.5 bar일 때 포화액의 엔탈피가 340.56 kJ/kg, 터빈 출구의 엔탈피가 2,201.84 kJ/kg이다.

따라서

$$\eta_R = \frac{h_3 - h_4}{h_3 - h_1} = \frac{2,797.2 - 2,201.84}{2,797.2 - 340.56} = 0.242 = 24.2(\%)$$

또, 카르노 사이클의 열효율은

$$\eta_C = 1 - \frac{T_H}{T_L} = \frac{485.37 - 345.345}{485.37} = 28.85(\%)$$

온도는 증기표에서 얻은 포화 온도들이다.
따라서 이들 사이의 비는 쉽게 얻어진다.

$$\eta_R / \eta_C = \frac{0.242}{0.2885} = 0.8388 = 83.88(\%)$$ ■

예제 7.2

랭킨 사이클에 40 bar, 360℃인 과열 증기가 배압 0.05 bar로 가역 단열 팽창하여 엔탈피가 2,042.77 kJ/kg이 되었다. 0.05 bar에서 비체적이 0.001 m^3/kg일 때, 단위 질량의 증기가 얻는 에너지는 몇 kJ/kg인가?

풀이 **과열**증기표에서 (그림 7.2 참조)

$h_1 = 151.50$ kJ/kg, $h_3 = 3{,}119.9$ kJ/kg, 및 $h_4 = 2{,}042.77$ kJ/kg이므로 정격 유효일 w_{net}는 $(h_3 - h_4) - v(P_1 - P_2)$에 대입하면

$$w_{net} = (3{,}119.9 - 2{,}042.77) - 0.001 \times (4{,}000 - 5) = 1{,}073.135 \text{ (kJ/kg)}$$ ■

예제 7.3

초압 50 bar, 초온 500℃의 증기가 터빈에 공급되고 복수기 압력(배압) 0.06 bar인 랭킨 사이클의 열효율을 구하여라.

참고 단, v, h, s의 단위는 각각 m^3/kg, kJ/kg, kJ/kg K이다.

과열 증기표	50 bar 500℃	$v' = 0.06849$	$h = 3{,}433.7$	$s' = 6.9770$
압력기준 포화 증기표	0.06 bar 포화 온도 36.183℃	$v' = 0.0010064$ $v'' = 23.74$	$h' = 151.50$ $h'' = 2{,}567.5$ $\gamma = 2{,}416$	$s' = 0.5209$ $s'' = 8.3312$

풀이 ① 증기표에서(그림 7.2 참조)

$$h_3 = 3{,}433.7, \quad h_1 = 151.50$$

② $h_2 = ?$

펌프에 의한 일

$$h_2 - h_1 = w_p = v'(p_2 - p_1)$$
$$= 0.0010064 \times (5{,}000 - 6) = 5.026 \text{ (kJ/kg)}$$
$$h_2 = 151.50 + 5.026 = 156.526 \text{ (kJ/kg)}$$

③ $h_4 = ?$

3→4 과정이 단열 과정이므로 $s_3 = s_4$

$$s_3 = s_4 = s_4' + x_4(s_4'' - s_4')$$
$$x_4 = \frac{6.9970 - 0.5209}{8.3312 - 0.5209} = 0.829$$
$$h_4 = h_4' + x_4(h_4'' - h_4') = 151.50 + 0.829 \times 2{,}416 = 2{,}154.364 \text{ (kJ/kg)}$$

랭킨 사이클의 효율

$$\eta_R = \frac{w_t - w_p}{q_1} = \frac{(h_3 - h_4) - (h_2 - h_1)}{h_3 - h_2}$$
$$= \frac{(3{,}433.7 - 2{,}154.364) - (156.526 - 151.50)}{3{,}433.7 - 156.526} = 0.389 = 38.9(\%)$$ ■

7.2 재생 사이클

랭킨 사이클의 열효율이 카르노 사이클보다 낮은 것은 동작유체에 열을 가할 때 정압 과정이기 때문이다. 터빈의 고압부에서 증기의 일부를 추기하여, 이 증기가 갖는 열에너지로 보일러에 유입하는 급수를 가열하여 효율을 증대하는 사이클을 **재생 사이클**(regenerative cycle)이라 한다. 그런데 추기(bleeding) 방식에는 일반적으로 두 가지 형식이 있다. 즉, **표면식과 혼합식 추기급수 가열기**가 있는데, 이들에 대한 열효율을 구하는 방법을 알아보기로 한다. 추기 단수는 보통 1~4단이지만, 1단의 경우에 대해서만 설명한다.

다만, 추기과정이 있는 재생사이클 및 재생·재열사이클에서는 질량을 G로, 추기량을 m으로 표기한다.

1. 표면식 추기 급수 가열기(Surface bleeder heater)

그림 7.6은 표면식 추기 급수 가열기의 구조와 $T-S$ 선도이다. 보일러에서 터빈으로 보내어 과열 증기 G(kg)을 터빈 내에서 추기하여 $m_1 G(kg)$를 표면식 급수 가열기에 보내어, 열교환 후 복수기로 보내게 된다. 한편, 추기되지 않은 $(1-m_1)G(kg)$의 증기는 계속 팽창하여 복수기로 유입되며, 복수기에서 추기된 증기와 합하여 다시 G(kg)의 양으로 변한다.

이들은 펌프에 의해 H를 지나 보일러로 다시 유입되어 하나의 사이클을 이룬다. 이때 추기된 증기 $m_1 G(kg)$가 잃어 버린 열량과 보일러 유입되는 mG(kg)의 급수기가 얻은 열량은 열평형(heat balance)에 의해 같게 된다. 즉,

$$m_1 G(h_2 - h_5) = G(h_6 - h_4) \tag{7-9}$$

추기량 m_1은 다음과 같이 구해진다.

$$m_1 = \frac{(h_6 - h_4)}{(h_2 - h_5)} \tag{7-10}$$

일반적으로 펌프일은 무시한다면 $4' \rightarrow 4$가 일치하므로 열효율은 다음 식으로 표시된다. 즉,

$$\eta_{RG.} = \frac{(h_1 - h_2) + (1 - m_1)(h_2 - h_3)}{(h_1 - h_5)} \tag{7-11}$$

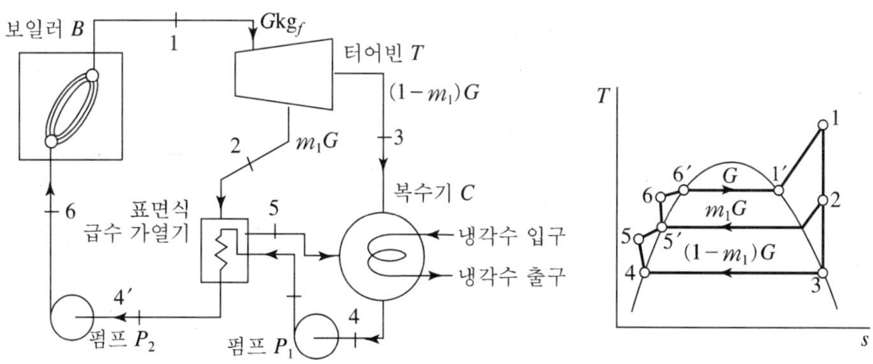

그림 7.6 표면식 급수 가열기

2. 혼합식 추기 급수 가열기(Mixed bleeder heater)

그림 7.7은 혼합식 추기 급수 가열기의 구조 및 $T-S$ 선도이다. 터빈으로부터 추기 $m_1G\ (kg)$를 급수 가열기에서, 복수기에서 들어온 급수와 직접 혼합하여 급수를 가열하는 방식으로 이 때에도 $m_1G\ (kg)$의 추기가 잃은 열량과 보일러로 유입하는 $(1-m_1)G\ (kg)$의 급수의 열량은 열평형에 의해서 같다고 볼 수 있다. 즉,

$$m_1G(h_2-h_5)=(1-m_1)G(h_5-h_4) \tag{7-12}$$

따라서 추기량 m_1은

$$m_1=\frac{h_5-h_4}{h_2-h_4} \tag{7-13}$$

마찬가지로, 펌프일을 무시한 경우 재생 사이클의 열효율은

$$\eta_{RG.}=\frac{(h_1-h_2)+(1-m_1)(h_2-h_3)}{(h_1-h_5)} \tag{7-12}$$

지금까지는 모두 펌프 일을 무시하였지만, 사용 증기가 고압인 경우는 펌프일이 매우 크게 된다. 이 때는 생략하기 곤란하다. 재생 사이클에서는 추기 단수가 많으면 효율이 크게 되지만 그 증가율이 감소한다. 아울러 장치가 매우 복잡해지고, 설비비 및 운전비 등이 증가하는 불리한 점도 많아진다.

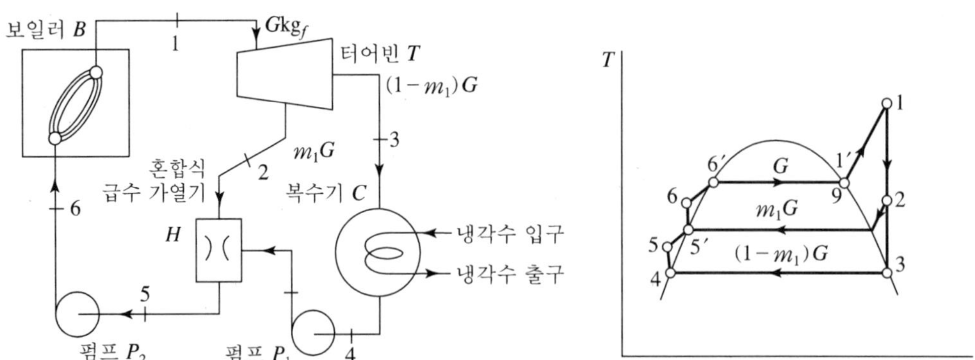

그림 7.7 혼합식 추기 급수 가열기

예제 7.4

초압 120 bar, 초온 500℃, 배압 0.04 bar인 재생 사이클을 7 bar에서 1단 추기할 경우에 열효율과 랭킨 사이클에 대한 개선율을 구하여라. 단, 혼합식 추기 급수 가열기가 부착되어 있다.

풀이 포화증기표 및 증기선도에서(그림 7.7 참조)

$h_1 = 3{,}650$ kJ/kg(몰리에선도), $h_2 = 2{,}670$ kJ/kg(몰리에선도), $h_3 = 2{,}200$ kJ/kg(몰리에선도) $h_4 = 121.41$ kJ/kg(압력기준포화증기표) 및 $h_5 = 693.20$ kJ/kg(압력기준포화증기표)이라 하면 랭킨 사이클의 열효율은 펌프 일을 무시할 경우(식 7-8 참조)

$$\eta_R = \frac{h_3 - h_4}{h_3 - h_1} = \frac{3{,}650 - 2{,}200}{3{,}650 - 121.41} = 41(\%)$$

재생 사이클의 열효율도 펌프 일을 무시할 경우 (식 7-12 참조)

$$\eta_{RG} = \frac{(h_1 - h_2) + (1 - m_1)(h_2 - h_3)}{(h_1 - h_5)}$$

$$= \frac{(3{,}650 - 2{,}670) + (1 - 0.275)(2{,}670 - 2{,}200)}{(3{,}650 - 693.20)} = 44.7(\%)$$

왜냐하면 m_1 추기량은 식 (7-13)에 의해서 얻을 수 있었다.

$$m_1 = \frac{h_5 - h_4}{h_2 - h_4} = \frac{693.20 - 121.41}{2{,}200 - 121.41} = 0.275$$

따라서 $\eta_R/\eta_{RG} = 91.7\%$이므로 랭킨 사이클의 열효율이 재생 사이클의 열효율에 91.7% 정도이다. 그러므로 약 8.3%만큼 재생 사이클의 효율이 개선되었다. ■

예제 7.5

200 $\mathrm{kg_f/cm^2}$, 500℃의 과열 증기를 0.05 $\mathrm{kg_f/cm^2}$까지 단열 팽창시키며 작동하는 재생 사이클에서 추기 압력이 5 $\mathrm{kg_f/cm^2}$이고 펌프일을 무시할 경우 $h-s$ 선도를 참고하여 다음을 구하여라.(공학단위)

① 추기량 m_1

② 재생 사이클 열효율 η_{RG}

③ 랭킨 사이클 열효율 η_R

④ 열효율 개선율

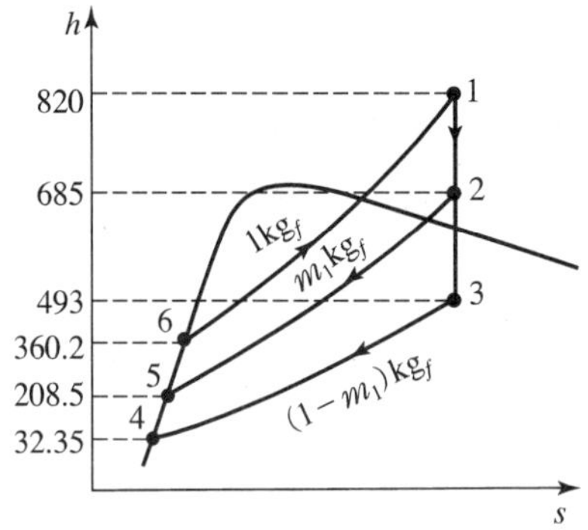

풀이 ① 추기량 m_1

$$m_1(h_2-h_5)=(h_5-h_4)(1-m_1)$$

$$m_1=\frac{h_5-h_4}{h_2-h_4}=\frac{208.5-32.35}{685-32.35}=0.269\ (\mathrm{kg_f})$$

② 재생 사이클 열효율 η_{RG}

$$\eta_{RG}=\frac{(h_1-h_2)+(1-m)(h_2-h_3)}{h_1-h_5}$$

$$=\frac{(820-685)+(1-0.269)(685-493)}{820-208.5}$$

$$=0.45=45(\%)$$

③ 랭킨 사이클 열효율

$$\eta_R=\frac{h_1-h_3}{h_1-h_4}$$

$$=\frac{820-493}{820-32.35}=0.415=41.55(\%)$$

④ 열효율 개선율

$$\text{열효율 개선율}=\frac{\eta_{RG}-\eta_R}{\eta_R}\times 100$$

$$=0.45-0.41\frac{5}{0.415}\times 100=0.0843(\%)$$

그러므로 약 8.43%만큼 재생 사이클의 효율이 개선되었다. ■

7.3 재열 사이클

랭킨 사이클의 효율을 높이기 위해 초압을 크게 하면, 먼저 설명한 것처럼 팽창 중에 습증기가 빨리되어 버린다. 습도가 크게 되면 터빈의 손실이 증가하고, 또한 회전차에 나쁜 영향을 주게 된다. 이런 결점을 없애기 위해 팽창 도중 증기를 터빈에서 뽑아 과열도를 높여 다시 터빈에 유입시켜 팽창하면 사이클의 이론적 열효율도 높아지고, 습도에 의한 효율 저하도 방지하는데, 이런 사이클을 **재열 사이클**(Reheat cycle)이라 한다. 그림 7.8에 그 재열 사이클의 구성과 $T-S$ 선도를 나타낸 것이다. 지금 터빈 T_1내로 보낸 과열 증기가 가역 단열 팽창을 하고, 다음에 재열기(Reheater) R로 송입되어, 상태 3으로 재열되어, 다시 터빈 T_2의 저압 구역으로 보내져, 가역 단열 팽창을 하여 4로 된다. 이 증기가 다시 복수기 C 중에 복수되어, 포화수 5로 되고 다음으로 펌핑하여 P에 의해 보일러에 급수된다. 보일러 속에서 물은 건 포화 증기 또는 과열 증기로 되어 처음 상태로 되돌아간다. 보일러와 과열기에서 가열된 열량과 재열기에서 가열된 열량이 재열 사이클 내에서 총 공급 열량이 된다. 즉,

$$q_1 = (h_1 - h_6) + (h_3 - h_2) \quad (\mathrm{kJ/kg}) \tag{7-14}$$

또한, 터빈일 w_t는

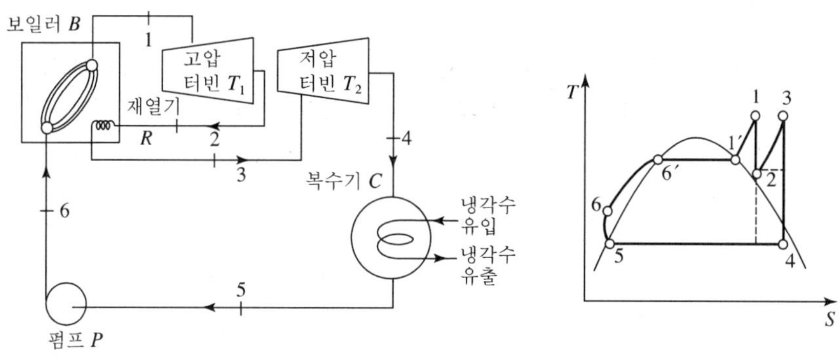

그림 7.8 재열 사이클

$$w_t = (h_1 - h_2) + (h_3 - h_4) \quad (\mathrm{kJ/kg}) \tag{7-15}$$

앞 절에서와 같이 펌프 일을 무시하면 재열 사이클의 열효율은 $\eta_{RH.}$ 은

$$\eta_{RH.} = \frac{(h_1 - h_2) + (h_3 - h_4)}{(h_1 - h_5) + (h_3 - h_2)} \tag{7-16}$$

재열의 회수는 2회, 또는 3회가 적당한데, 대부분 구조가 매우 복잡해지므로 1회 재열하는 경우가 많다.

예제 7.6

터빈 입구의 증기 압력이 45 bar, 온도가 440℃인 과열 증기가 있다. 건포화 증기가 될 때까지 단열 팽창 후, 다시 400℃까지 재열하여 복수기 압력, 즉 배압이 0.05 bar로 될 때까지 단열 팽창시키려면 이 때, 증기의 건도 및 재열 사이클의 열효율을 구하라.

풀이 $h-s$ 선도(몰리에선도)를 활용하면 재열의 경우 $P=4.2$ bar이 얻어지고, 복수기 입구의 건도가 $x=0.935$로 얻어진다. 또한, 랭킨 사이클을 운용하면 $x=0.81$이 된다. 따라서 각 점의 엔탈피를 구하면(그림 7.8 참조) $h_1 = 3{,}302.8$ kJ/kg, $h_2 = 2{,}741.8$ kJ/kg, $h_3 = 3{,}265.08$ kJ/kg, $h_4 = 2{,}406.95$ kJ/kg 및 $h_5 = 136.25$ kJ/kg으로 된다.

따라서 재열 사이클의 열효율은

$$\eta_{Rh} = \frac{(h_1 - h_2) + (h_3 - h_4)}{(h_1 - h_5) + (h_3 - h_2)} = \frac{(3{,}302.8 - 2{,}741.8) + (3{,}265.08 - 2{,}406.95)}{(3{,}302.8 - 136.25) + (3{,}265.08 - 2{,}741.8)}$$

$$= 0.3846 = 38.46(\%)$$

■

예제 7.7

초온 500℃, 초압이 30 bar인 과열 증기를 터빈에서 5 bar가 될 때까지 단열 팽창시킨 후에 처음의 온도까지 재열한 다음 터빈에 다시 유입시켜 0.1 bar까지 팽창시키는 재열 사이클의 열효율을 증기표를 이용하여 구하여라. 단, 추기점의 엔탈피는 2,941.6 kJ / kg이다.

참고 단, v, h, s의 단위는 각각 cm^3/g, kJ / kg, kJ / kg · °K이다.

과열 증기표	30 bar 500℃	$v = 116.2$	$h = 3456.5$	$s = 7.2338$
과열 증기표	5 bar 500℃	$v = 710.9$	$h = 3483.9$	$s = 8.0873$
압력기준 포화 증기표	0.1 bar 포화 온도 45.8℃	$v' = 1.0102$ $v'' = 14674$	$h' = 191.83$ $h'' = 2584.7$ $\gamma = 2392.8$	$s' = 0.6493$ $s'' = 8.1502$

풀이 증기표에서

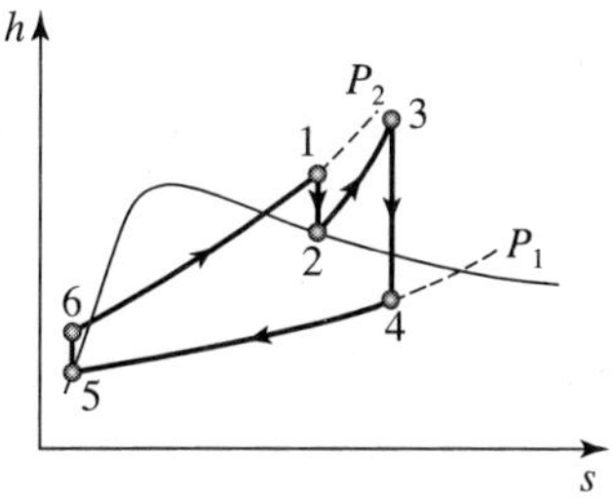

$$h_1 = 3{,}456.5\ \text{kJ/kg}, \quad h_2 = 2{,}941.6\ \text{kJ/kg}$$

$$h_3 = 3{,}483.9\ \text{kJ/kg}, \quad h_5 = 191.83\ \text{kJ/kg}$$

$$h_6 = ?$$

펌프일 w_p

$$w_p = h_6 - h_5 = v'(P_1 - P_6)$$

$$= 1.0102\ \text{cm}^3/\text{g} \times (30 - 0.1)\ (\text{bar})$$

$$= 1.0102 \times \frac{1}{1000}\ \text{m}^3/\text{kg} \times 29.9 \times 10^5\ \text{N/m}^2 = 3{,}020\ \text{J/kg} = 3.02\ (\text{kJ/kg})$$

$$\therefore h_6 = h_5 + W_p$$

$$= 191.83 + 3.02 = 194.85\ (\text{kJ/kg})$$

$$h_4 = ?$$

3-4 과정이 단열 과정이므로

$$s_3 = s_4 = x_4(s_4'' - s_4') + s_4'$$

$$x_4 = \frac{s_3 - s_4'}{s_4'' - s_4'} = \frac{8.0873 - 0.6493}{8.1502 - 0.6493} = 0.992$$

$$h_4 = h_4' + x_4(h_4'' - h_4') = h_4' + x_4\gamma_4$$

$$= 191.83 + 0.992 \times 2392.8 = 2565.5\ (\text{kJ/kg})$$

① 재열 사이클의 열효율 η_{Reh}

$$\eta_{Reh} = \frac{W_{net}}{q_1} = \frac{(h_1 - h_2) + (h_3 - h_4) - (h_6 - h_1)}{(h_1 - h_6) + (h_3 - h_2)}$$

$$= \frac{(3{,}456.5 - 2{,}941.6) + (3{,}483.9 - 2{,}565.3) - (194.83 - 191.85)}{(3{,}465.5 - 194.85) + (3{,}483.9 - 2941.6)}$$

$$= 0.375 = 37.5(\%)$$

② 펌프 일을 무시한 경우 $\eta_{RH.}$

$$\eta_{RH.} = \frac{(h_1 - h_2) + (h_3 - h_4)}{(h_1 - h_5) + (h_3 - h_2)}$$

$$= \frac{(3{,}456.5 - 2{,}941.6) + (3{,}483.9 - 2{,}565.5)}{(3{,}456.5 - 191.83) + (3{,}483.9 - 2{,}941.6)}$$

$$= 0.3765 = 37.65(\%)$$

■

7.4 재생 · 재열 사이클(Regenerative Reheat Cycle)

재생 사이클은 현저한 효율 증가의 이점을 가져오지만, 이에 반해 재열 사이클은 효율 증가보다는 습증기를 피하여, 터빈 내의 마찰 손실을 막는 등의 기계적 이점을 갖는 특징이 있는데, 이들 양자의 장점을 조합한 사이클을 **재생 · 재열 사이클**이라 한다. 그림 7.9는 2단 추기, 1단 재열을 나타내는 재생 · 재열 사이클의 $T-S$ 선도이다. 터빈에 들어간 G (kg)의 과열 증기가 팽창도중 2점에서 재열하여 3의 과열 증기로 만든다. 다시 팽창하다가 4상태에서 $m_1 G$만큼 고온 급수 가열기로 추기되고, $m_2 G$만큼은 5상태에서 저온 급수 가열기로 추기되어 간다. 추기 량 m_1, m_2는 앞 절에서와 같이 열평형을 고려하면 쉽게 구해진다. 즉,

$$m_1 G(h_4 - h_9) = (1 - m_1)(h_9 - h_8)$$

$$m_1 = \frac{(h_9 - h_8)}{(h_4 - h_8)} \qquad (7\text{-}17)$$

또한,

$$m_2 G(h_5 - h_8) = (1 - m_1 - m_2)G(h_8 - h_7)$$

$$m_2 = \frac{(1 - m_1)(h_8 - h_7)}{h_5 - h_7} \qquad (7\text{-}18)$$

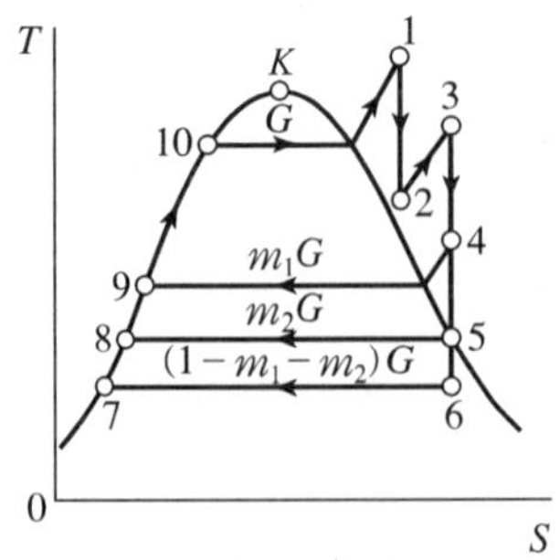

그림 7.9 재생·재열 사이클 $T-S$ 선도

터빈의 단위 질량당의 일은,

$$w_t = (h_1 - h_2) + (h_3 - h_4) + (1 - m_1)(h_4 - h_5) + (1 - m_1 - m_2)(h_5 - h_6)$$

$$= (h_1 - h_2) + (h_3 - h_4) + (h_4 - h_6) - m_1(h_4 - h_6) - m_2(h_5 - h_6) \quad (\mathrm{kJ/kg}) \quad (7\text{-}19)$$

이고, 외부에서 공급되어진 열량 q_1은 쉽게 얻어진다.

$$q_1 = (h_1 - h_9) + (h_3 - h_2) \quad (\mathrm{kJ/kg}) \quad (7\text{-}20)$$

따라서 펌프 일을 무시한 재생 · 재열 사이클의 열효율은

$$\eta_{RGH} = \frac{(h_1 - h_2) + (h_3 - h_4) + (h_4 - h_6) - m_1(h_4 - h_6) - m_2(h_5 - h_6)}{(h_1 - h_9) + (h_3 - h_2)} \quad (7\text{-}21)$$

예제 7.8

그림 7.9와 같은 재생 재열 사이클이 있다. 20 ata, 400℃의 과열 증기를 건 포화 증기까지 단열 팽창 후, 그 압력 하에서 처음 온도까지 재열 후, 다시 배압 0.05 ata까지 단열 팽창시키는 2단 재생, 1단 재열 사이클이 있다. 1단 추기 압력이 1.5 ata이고, 2단 추기 압력이 0.07 ata일 때 이론 열효율을 구하라. 단, 재생시 혼합식 추기 급수기를 쓰고 펌프 일은 무시한다.(공학단위)

풀이 식 (7-21)을 써서 열효율을 계산할 수 있다. 먼저 혼합식 추기 급수 가열기를 쓰면, 추기량 m_1 및 m_2는 다음과 같다. 즉,

$$m_1 = \frac{(h_9 - h_8)}{(h_4 - h_8)} = \frac{110.92 - 38.64}{760 - 38.64} = 0.1002$$

$$m_2 = \frac{(1 - m_1)(h_8 - h_7)}{(h_5 - h_7)} = \frac{(1 - 0.1002)(38.64 - 32.55)}{610.45 - 32.55} = 0.0095$$

왜냐하면 $h \cdot s$ 선도에서 엔탈피 값은 구하였다.

$$h_1 = 775.9\ \mathrm{kcal/kg_f}, \quad h_2 = 646\ \mathrm{kcal/kg_f}, \quad h_3 = 782.4\ \mathrm{kcal/kg_f},$$

$$h_4 = 760\ \mathrm{kcal/kg_f}, \quad h_5 = 610.45\ \mathrm{kcal/kg_f} \text{ 및 } h_6 = 599.15\ \mathrm{kcal/kg_f}$$

이었다. 또, 증기 표에서 구하면

$$h_7 = 32.55\ \mathrm{kcal/kg_f}, \quad h_8 = 38.64\ \mathrm{kcal/kg_f} \text{ 및 } h_9 = 110.92\ \mathrm{kcal/kg_f}$$

이 된다.
따라서 구하고자 하는 열효율은

$$\eta_{RGH} = \frac{(h_1-h_2)+(h_3-h_4)+(h_4-h_6)-m_1(h_4-h_6)-m_2(h_5-h_6)}{(h_1-h_9)+(h_3-h_2)}$$

$$= \frac{(775.9-646)+(782.4-760)+(760-599.15)-0.1002(760-599.15)-0.0095(610.45-599.15)}{(775.9-110.92)+(782.4-646)}$$

$$= 37.1(\%)$$

7.5 2유체 사이클(Binary fluid cycle)

물을 동작유체로 하는 증기 사이클은 물 자체의 포화 압력과 온도의 관계 때문에 어느 정도 이상의 고온이나 고열효율을 얻으려면, 재생 · 재열 사이클을 사용하더라도 열효율에는 한도가 있으며, 또 사용 압력이 과대하게 되어 장치의 설계 제작에도 어려움이 따르게 된다. 이를 해결하기 위해 물 이외의 다른 유체를 선정하여 단독의 동작유체를 선정하거나 혹은 물과 유체를 병용하는 **2유체 사이클**(binary fluid cycle)이 있다. 전자는 수은, 나트륨이란 액체 금속을 이용하는 것으로 우주 비행용 동력 등의 특수 경우 외에는 쓰지 않으며, 후자인 2유체 사이클은 수은-물, 가스-물, 탄산가스-물, 프레온-물 등의 조합방식이 쓰이고 있다. 그림 7.10은 물-수은의 2유체 사이클의 구조를 나타낸 것이다.

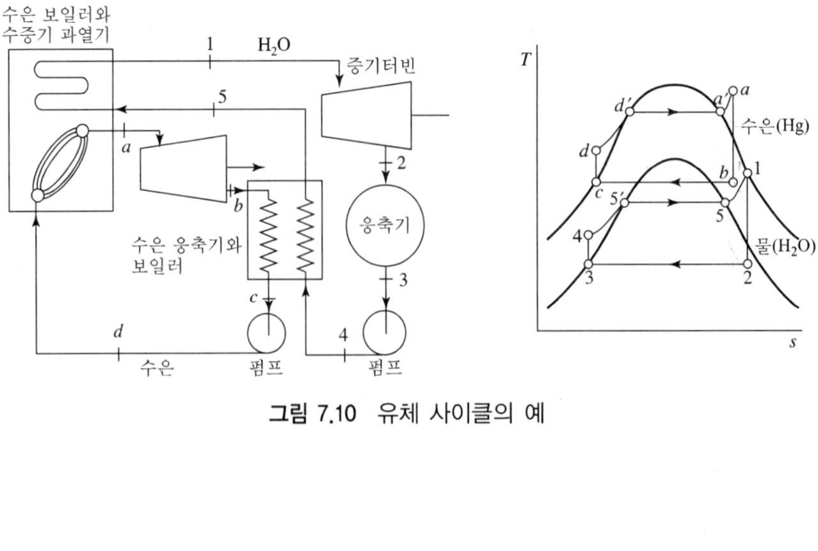

그림 7.10 유체 사이클의 예

수은 보일러에 수은 액이 들어가 a로 가열 증발한 다음, 그 온도에서 수은 터빈을 회전시켜 일 w_t 를 행한 후 b의 습증기를 수은 응축기 ($b \to c$)에서 응축 후 액체 상태로 된다. 이 상태 c는 펌프 과정 ($c \to d$)을 지나 원래의 수은 액으로 되돌아오며, 수은으로 사이클이 이루어진다. 한편, 수은 응축기의 냉각수를 끓이는 보일러 역할을 하며, 건 포화증기 5가 되어, 다시 수은 보일러가 물의 건 포화 증기를 과열 증기로 만들어 1의 상태를 만든다. 이 과열 증기로 터빈을 작동시키고, 그의 습 포화 증기를 응축기 과정 (2→3)에서 액화하여 3이 되며 펌프를 지나 4의 포화수가 원래 위치로 되돌아오는 사이클을 이루는 방식이다. 그러나 수은은 비싸고 유독성이어서 한 때 실용화된 일은 있었으나, 최근에는 사용되지 않고 있는 형편이다. 이밖에 탄산가스-물, 프레온-물, 가스-물 등의 2유체의 원리도 마찬가지로 작동된다.

연습문제

1. 랭킨 사이클의 $P-v$, $T-s$ 및 $h-s$ 선도를 그리고 열효율을 구하라.

2. 재생 사이클의 $P-v$, $T-s$ 및 $h-s$ 선도를 그리고 열효율을 구하라.

3. 재열 사이클의 $P-v$, $T-s$ 및 $h-s$ 선도를 그리고 열효율을 구하라.

4. 보일러 출구 압력이 150 bar이고 복수기 압력이 0.08 bar일 때 물의 비체적이 0.002 $\mathrm{m^3/kg}$으로 일정하다면 물 1 kg당 펌프일량을 구하라.

5. 다음 랭킨 사이클의 각점에서 엔탈피가 다음과 같다. 이 사이클의 열효율은 얼마인가? (단, 보일러입구 252.42 kJ/kg, 보일러출구 3,435.03 kJ/kg, 복수기입구 2,596.58 kJ/kg, 복수기 출구 233.58 kJ/kg)

6. 증기 터빈 사이클에서 터빈 입구 상태가 8 MPa, 480℃이고 터빈출구의 상태가 7.5 kPa인 랭킨 사이클의 효율을 구하라. 단 사이클의 출력은 100 MW이다.

7. 저위 발열량이 33,488 kJ/kg인 석탄을 매시간당 35톤을 소비하여 60,000 kW의 전력을 발생시키는 증기원동소의 열효율은 얼마인가?

8. 증기터빈의 입구 압력이 8 bar, 온도가 500℃이고, 출구 압력이 30 bar이다. 고압터빈을 나온 증기를 같은 압력 하에서 처음 온도까지 재열하여 0.02 MPa까지 팽창하는 재열 증기 원동소의 열효율을 구하라.

9. 재생 랭킨 사이클에서 터빈 입구 압력과 온도가 5 MPa, 400℃이고 추기 단 압력이 10 kPa이다. 이 사이클의 열효율을 구하라.

10. 문제 9와 같은 터빈의 입구, 출구 조건에서 작동하는 랭킨 사이클 효율을 구하여라.

11. 랭킨 사이클로서 작동되는 증기 원동소에서 100 bar, 600℃의 증기가 원동기에 공급되며 복수기 압력은 0.05 bar이다. 증기 표를 이용하여 다음 물음에 답하여라.

1) 펌프일 2) 복수기 입구에서의 건조도 3) 랭킨 사이클의 열효율

12. 증기원동소에서 120 ata, 500℃의 증기가 원동기에 공급되며 복수기 압력 0.04 ata로 작동되는 증기원동소에서 7 ata로 다시 추기된다. $h-s$ 선도를 이용하여 다음을 구하여라.(공학단위)

1) 추기 량 m_1

2) 랭킨 사이클의 효율

3) 재생사이클의 열효율

4) 열효율의 개선 율

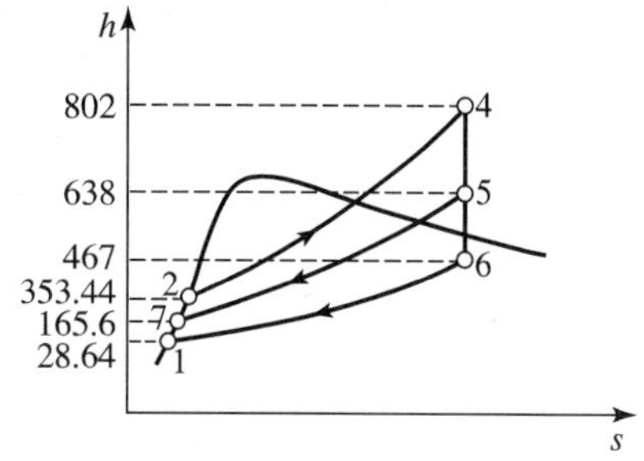

13. 증기 터빈에서 28 ata, 380℃의 증기 공급을 받고 그 압력이 5 ata가 될 때까지 작용시킨 후에 재열기를 보내어 그 압력 하에서 최초의 온도까지 재열하고 다시 0.04 ata까지 단열 팽창시켜서 배출할 때 다음을 각각 구하여라.(공학단위)

1) 재열사이클의 열효율

2) 랭킨 사이클의 효율

3) 열효율의 개선 율

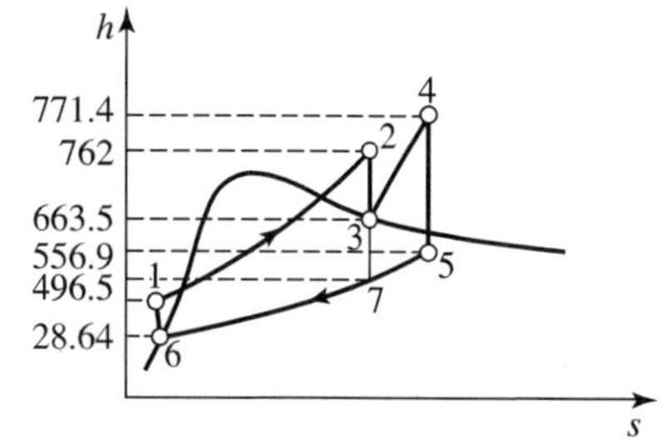

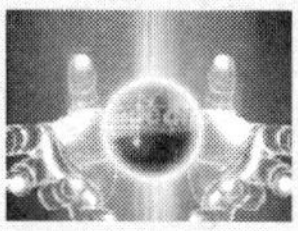

CHAPTER 08

가스의 압축

8.1 개 요

일과 열의 변환 방법은 기체의 압력차와 체적의 변화를 이용하는 법, 즉 기체의 압력 상승과 압력 강하를 행하는 압축과 팽창의 방법 및 열원과 열량의 수수를 행하는 가열과 냉각 방법 등이 있다. 그 중에서 압축 과정만으로 이루어지는 장치가 **가스 압축기**이다. 가스 압축기의 대표적인 것은 **왕복 압축기**(reciprocating compressor), **회전 압축기**(rotary compressor) 및 **원심 송풍기**(centrifugal blower) 등이 있다.

왕복 압축기는 그림 8.1과 같이 피스톤의 왕복 운동에 의하여 공기를 흡입한 다음 소정의 압력으로 압축하여 송출시키는 압축기이다. 기체의 압력 범위가 높고 흡입 체적이 그리 크지 않은 경우에 쓰이며 그 실린더는 물 재킷(water jacket)에 의해 냉각시키는 것도 있다.

회전식 압축기는 그림 8.2와 같이 2개의 회전하는 로브(lobe) 또는 스크루 형 회전체 등의 회전에 의하여 공기를 흡입, 압축, 송출시키는 압축기이다. 기체의 압력 범위가 낮고 흡입 체적이 그다지 크지 않은 경우에 사용한다.

원심식 압축기는 그림 8.3과 같이 가스에 고속 회전 운동을 주고 그 원심력으로 기체에 압력을 주어 압축하는 기계이다. 압력 범위에 따라 원심 송풍기(centrifugal blower)나 터보 압축기(turbo compressor) 등으로 구분된다.

한편, 기체 팽창기는 압축기와 달리 고압의 가스를 공급해 작동하고, 외부로 출력을 내는 기계가 팽창기이며 증기 터빈, 가스 터빈, 공기 터빈 등의 터빈 기계, 공기 드릴

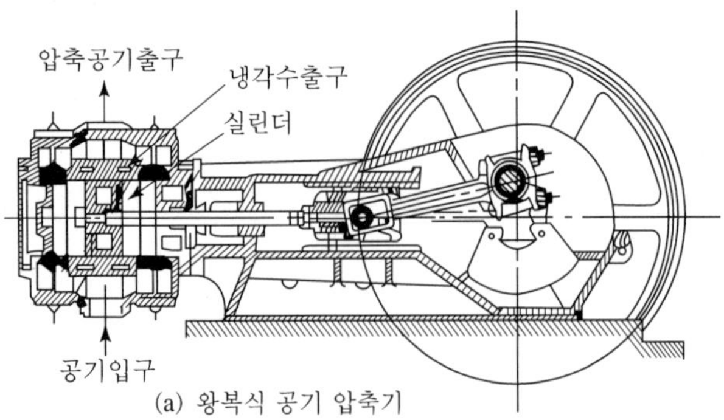

(a) 왕복식 공기 압축기

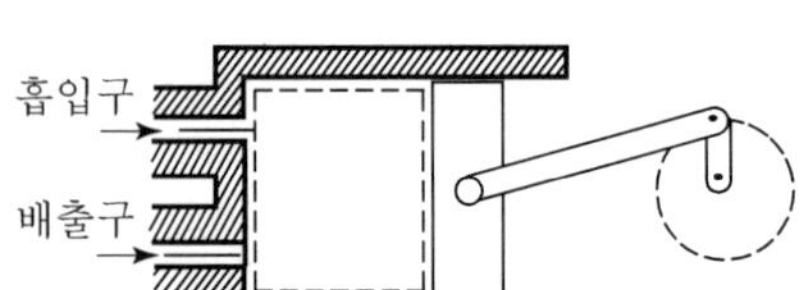

(b) 왕복 압축기의원리

그림 8.1 왕복 압축기

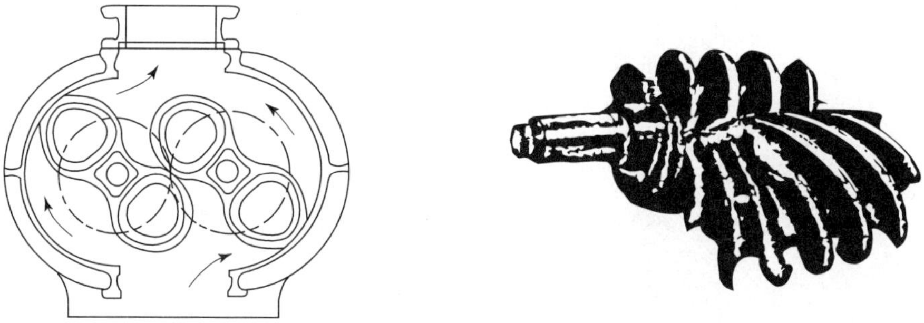

(a) 루츠(Roots)식 (b) 스크류식

그림 8.2 회전 압축기

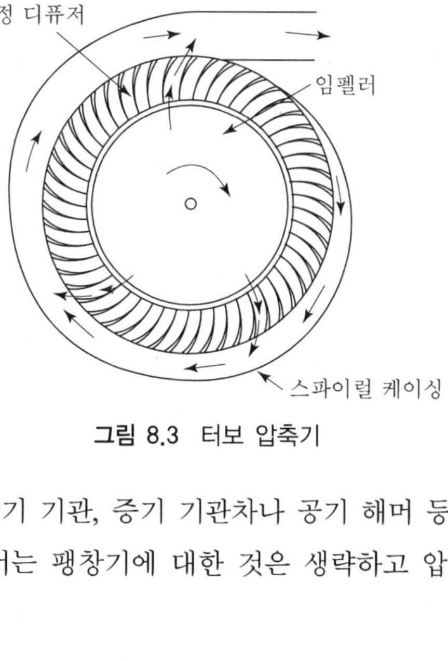

그림 8.3 터보 압축기

등에 쓰이는 로터리식의 공기 기관, 증기 기관차나 공기 해머 등에 쓰이는 왕복 기관 등은 모두 팽창기이다. 여기서는 팽창기에 대한 것은 생략하고 압축기에 대해서만 알아보기로 한다.

8.2 틈새가 없는 1단 압축기 사이클

가장 이상적인 경우로 피스톤이 마찰도 없고, 기체의 유동에 의한 압력 손실도 없이 피스톤은 언제나 기체의 압력차에 의한 힘의 평형을 유지하는 준가역적인 운동을 하는 것으로 생각해 본다. 그런데 피스톤과 실린더 사이에 **틈새**(clearence)를 만들어, 피스톤과

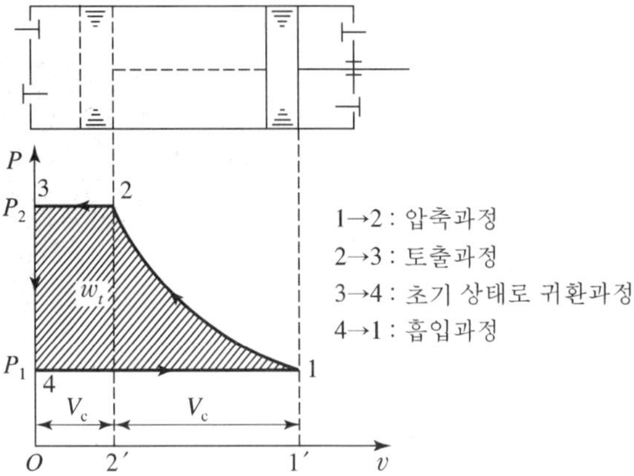

그림 8.4 압축기의 구조와 $P-v$ 선도

실린더 헤드 사이 충돌로 인한 파괴 등이 일어나지 않도록 하는 경향이 있는데, 틈새가 없는 압축기 사이클과 틈새가 있는 압축기 사이클이 있다. 전자는 **원심 송풍기**이고, 후자는 **왕복식**이나 **회전식 압축기** 등이 있다.

그림 8.4는 실린더 내의 압력과 체적 관계를 나타낸 $P-v$ 선도이다. 즉, 1→2 과정은 피스톤 압축으로 P_1에서 P_2로 가스의 압력이 상승하는 구간, 2→3 과정은 P_2가 된 고압 가스가 송출하는 구간이며, 4→1 과정은 압력 P_1의 가스를 흡입하는 구간이다. 따라서 1 사이클에서 피스톤이 단위 질량당 유체가 행하는 가역 일 w는 압축 구간의 압축 일 w_1과 흡입 구간에서 일 w_2로 나뉘며, w_1과 w_2는 피스톤의 배압을 O로 할 때

$$w_1 = \int_1^2 pdv + \int_2^3 pdv = \text{면적}(0\,1'\,1\,2\,3) \quad (\text{kJ/kg}) \tag{8-1}$$

$$w_2 = \int_4^1 pdv = \text{면적}(0\,1'\,1\,4) \quad (\text{kJ/kg}) \tag{8-2}$$

따라서

$$w_t = w_1 - w_2 = \text{면적}(1\,2\,3\,4\,1) \quad (\text{kJ/kg}) \tag{8-3}$$

식 (8-3)을 계산하기 위해서는 과정 1-2 사이의 변환에 따라 생각할 필요가 있다. 원심 압축기나 축류 압축기가 이루는 사이클을 그림 8.5에 나타내었다. 그림 8.5에서 **4→1 과정**은 압축기 내에 공기가 흡입되는 것이므로 압력은 대기압과 같은 정압 변화이다. **1→2 과정**은 대기압 P_1에서 송출압 P_2까지 압력으로, 방법에 따라 등온, 가역 단열 및 폴리트

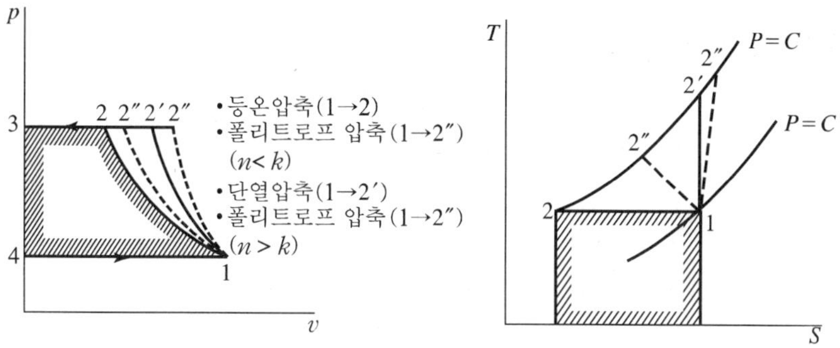

그림 8.5 압축기의 $P-v$ 선도 및 $T-S$ 선도

러프 변화가 이루어진다. **2→3 과정**은 압축기로부터의 송출로 되는 정압 변화이다. 원심 압축기에서는 개방 사이클이므로, 4→1→2→3으로 변화하면서 송출될 뿐이다.

1. 등온 압축인 경우

1→2 등온 압축일 경우 압축 일은

$$w_t = -\int_{P1}^{P2} vdP = \text{면적}(1\ 2\ 3\ 4)$$

$$\therefore\ w_t = P_1 v_1 \ln\frac{v_2}{v_1} = P_1 v_1 \ln\frac{P_1}{P_2} \quad (\text{kJ/kg})$$

$$= RT\ln\frac{v_2}{v_1} = RT\ln\frac{P_1}{P_2} \quad (\text{kJ/kg}) \tag{8-4}$$

압축시 공기로부터 빼앗기지 않으면 안되는 열량은

$$_1q_2 = {}_1w_2 = -w_t \quad (\text{kJ/kg}) \tag{8-5}$$

압축 후의 온도 T_2는

$$T_1 = T_2 = T$$

이다.

또한, $T-S$ 선도에 의해서 등온 압축을 할 때, 소요일이 최소로 된다는 것을 알 수 있다.

2. 가역 단열 압축인 경우

1→2′가 가역 단열 압축일 경우, 압축일은

$w_t = k \cdot {}_1w_2$이므로

$$w_t = \frac{k}{k-1}(P_1v_1 - P_2v_2) = \frac{k}{k-1}R(T_1 - T_2)$$

$$= \frac{k}{k-1}P_1v_1\left\{1-\left(\frac{P_2}{P_1}\right)^{\frac{k-1}{k}}\right\} \quad (\mathrm{kJ/kg}) \qquad (8\text{-}6)$$

또한, 가역 단열 변화에서 에너지 식을 이용하면 즉, 유동계의 에너지 식은

$$dq = dh - vdp = 0$$

$$\therefore w_t = -\int_{P1}^{P2} vdp = (h_1 - h_2) \quad (\mathrm{kJ/kg}) \qquad (8\text{-}7)$$

즉, 압축에 필요한 일은 시작과 끝의 엔탈피 변화로 표시된다. 또한, 등온 압축의 쪽이 단열압축 쪽보다 면적(1 2′ 2″)만큼 적은 일을 하게 된다. 따라서 압축 동안에 냉각은 해주는 것이지만 이상적인 냉각을 하여 등온 압축을 하는 것은 거의 불가능하다.

단일 압축 후의 온도 T_2는 다음 식으로 표시된다.

$$T_2 = T_1\left(\frac{P_2}{P_1}\right)^{\frac{k-1}{k}}$$

3. 폴리트로프 압축인 경우

$1 \rightarrow 2'(n < k)$ 또는 $1 \rightarrow 2'(n > k)$인 경우는 등온 변화나 가역단열 변화를 하지 않고, 폴리트로프 변화를 생각할 때는 가역 단열 압축의 경우에 k 대신 n을 대입하여 얻을 수 있음은 이미 이상 기체에서 배운 바 있다. 즉,

$$w_t = \frac{n}{n-1}P_1v_1\left\{1-\left(\frac{P_2}{P_1}\right)^{\frac{n-1}{n}}\right\} \quad (\mathrm{kJ/kg}) \qquad (8\text{-}8)$$

보통 $n = 1.25 \sim 1.30$으로 한다. 압축중 공기에서 빼앗은 열량은 식 (8-9)와 같이 나타

내어진다.

$$ {}_1q_2 = \frac{n-k}{n-1} C_v (T_2 - T_1) = C_n (T_2 - T_1) \quad (\text{kJ/kg}) \tag{8-9} $$

압축 후의 온도 T_2는 다음 식으로 나타난다.

$$ T_2 = T_1 \left(\frac{P_2}{P_1} \right)^{\frac{n-1}{n}} $$

예제 8.1

공기 1 kg이 온도 25℃, 압력 1 bar로 압축기에 의해 압력 3 bar로 압축되었다. 등온, 단열 및 폴리트로프 압축시 일과 변화 온도를 각각 구하여라. 단, 속도 에너지는 무시하고, $k = 1.4$, n=1.3, $R = 286.9$ J/kg K라 한다.

풀이 등온 압축시에 압축 일과 온도는 식 (8-4)에 의해 얻어진다. 즉,

$$ w_t = RT \ln\left(\frac{p_1}{p_2} \right) = 286.9 \times 298 \times \ln 3 = 93.927 \ (\text{J/kg}) $$

온도는 $t_1 = t_2$이므로 25℃이다.

가역 단열 압축시에는 식 (8-6)에 의해 얻어진다. 즉,

$$ w_t = \frac{k}{k-1} RT_1 \left\{ 1 - \left(\frac{P_1}{P_2} \right)^{\frac{1-k}{k}} \right\} $$

$$ = \frac{1.4}{1.4-1} \times 286.9 \times 298 \times \left\{ 1 - 3^{\left(\frac{1-1.4}{1.4} \right)} \right\} = 80.495 \ (kJ/kg) $$

온도는

$$ T_2 = T_1 \left(\frac{P_2}{P_1} \right)^{\frac{k-1}{k}} = 298 \times 3^{\frac{0.4}{1.4}} = 408 \ (\text{K}) $$

$$ \therefore t_2 = 135 (℃) $$

끝으로 폴리트로프 압축시에는 식 (8-8)에 의해 얻을 수 있다. 즉.

$$ w_t = \frac{n}{n-1} RT_1 \left\{ 1 - \left(\frac{P_2}{P_1} \right)^{\frac{1-n}{n}} \right\} $$

$$= \frac{1.3}{0.3} \times 286.9 \times 298 \times \left\{1 - 3^{\frac{-0.3}{1.3}}\right\} = 82.988\ (\text{kJ/kg})$$

또,

$$T_2 = T_1\left(\frac{P_2}{P_1}\right)^{\frac{n-1}{n}} = 298 \times 3^{\frac{0.3}{1.3}} = 384\ (\text{K})$$

$$\therefore t_2 = 111(℃)$$

■

! 예제 8.2

15℃인 공기 1 kg을 1 bar에서 2.5 bar까지 압축한다. 다음 과정에서 압축 일과 압축 후의 온도를 각각 구하여라.

① 등온 과정　② 단열 과정　③ $n = 1.3$인 폴리트로피 과정

풀이 ① 등온 과정

압축 일 w_t

$$w_t = RT\ln\frac{P_2}{P_1} = 286.9 \times 288 \times \ln\left(\frac{2.5}{1}\right) = 75.71\ (\text{kJ/kg})$$

압축 후의 온도

$$T_1 = T_2 = 228\ (\text{K})$$

② 단열 과정

$$w_t = \frac{k}{k-1}RT_1\left[\left(\frac{P_2}{P_1}\right)^{\frac{k-1}{k}} - 1\right]$$

$$= \frac{1.4}{1.4-1} \times 286.9 \times 288 \times \left[\left(\frac{2.5}{1}\right)^{\frac{1.4-1}{1.4}} - 1\right] = 86.47\ (\text{kJ/kg})$$

압축 후의 온도 T_2

$T_1 P_1^{\frac{k-1}{k}} = T_2 P_2^{\frac{k-1}{k}}$ 에서

$$T_2 = T_1 \times \left(\frac{P_2}{P_1}\right)^{\frac{k-1}{k}} = 288 \times (2.5)^{\frac{0.4}{1.4}} = 374.2\ (\text{K})$$

③ 폴리트로프 과정

$$w_t = \frac{n}{n-1} mRT_1 \left[\left(\frac{P_2}{P_1} \right)^{\frac{n-1}{n}} - 1 \right]$$

$$= \frac{1.3}{1.3-1} \times 1 \times 286.9 \times 288 \times \left[(2.5)^{\frac{0.3}{1.3}} - 1 \right] = 84.3 \text{ (kJ/kg)}$$

압축 후의 온도 T_2

$$T_2 = T_1 \left(\frac{P_2}{P_1} \right)^{\frac{n-1}{n}} = 288 \times (2.5)^{\frac{0.3}{1.3}} = 355.8 \text{ K}$$

■

8.3 틈새 체적이 있는 1단 압축기 사이클

이 압축기는 피스톤이 실린더 내를 왕복 운동함으로써, 가스를 흡입 밸브를 경유하여 실린더 내로 흡입하여, 이것을 소요 압력까지 압축하여 송출 밸브로 송출시키고, 흡입 및 송출 밸브는 자동적으로 개폐시킨다.

왕복형 압축기의 상태 변화를 나타내는 그림 8.6에서 각 과정을 고려하면 다음과 같다. **과정 1→2**는 흡입 밸브가 닫히고, 송출 밸브가 닫힌 변화로 압력이 P_1에서 P_2로 상승한다. **과정 2→3**은 가스의 송출이 흡입 밸브가 닫히고, 송출 밸브가 열린 상태로 이루어진다.

또한, **과정 3→4**는 흡입 밸브가 닫히고, 송출 밸브가 닫힌 상태로 잔류가스가 팽창을 하고, **과정 4→1**은 새로운 가스가 흡입하게 되는데, 흡입 밸브가 열리고 송출 밸브가 닫힌 상태에서 행해진다. 이 사이클은 실제로 실린더에 인디게이터(indicator)를 부착하여 선도를 그리도록 되어 있는데, 이 선도를 지압선도(indicator diagram)라고 하는 것은 이미 5장에서 상술하였다.

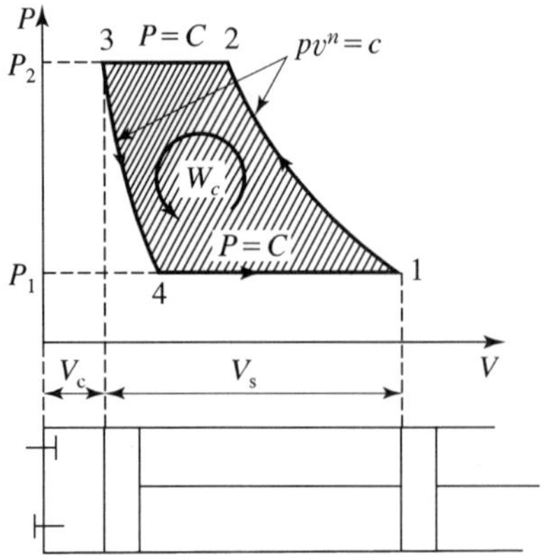

그림 8.6 틈새체적이 있는 1단 압축기

1. 행정 체적과 체적 효율

행정 체적 V_0는

$$V_0 = \left(\frac{\pi}{4}\right) d^2 \cdot S \quad (\mathrm{m}^3) \tag{8-10}$$

으로 표시하는데, d는 직경이고, S는 행정(stroke)이다.

체적 효율(volumetric efficiency)는 η_v라 표시하고 식 (8-11)로 나타낸다.

$$\begin{aligned} \eta_v &= \frac{V}{V_0} = \frac{V_0 + \varepsilon V_0 - V_4}{V_0} \\ &= 1 - \varepsilon\left(\frac{V_4}{\varepsilon V_0} - 1\right) = 1 - \varepsilon\left[\left(\frac{P_2}{P_1}\right)^{1/n} - 1\right] \end{aligned} \tag{8-11}$$

또한, ε은 **틈새 체적비**로서 식 (8-12)로 표시된다.

$$\varepsilon = \frac{\text{틈새체적}}{\text{행정체적}} = \frac{\varepsilon V_0}{V_0} = \frac{V_c}{V_0} \tag{8-12}$$

이는 피스톤의 흡입 행정이 3점에서 시작되지만 틈새 체적 εV_0에 남아 있는 압력 P_2의 압축 가스는, 3→4를 따라 팽창하여 흡입측의 압력 P_1까지 내려가고, 다시 새로운 가스를 흡입하기 시작하는 일로 이루어지는데, 이는 압축기의 흡입 체적 V는 행정 체적 V_0보다 작기 때문이다.

2. 각종 동력 및 효율

등온 공기 동력을 L_{is}는 식 (8-13)으로 된다. 즉,

$$L_{is} = P_1 v_1 \ln\left(\frac{P_2}{P_1}\right) \quad (\mathrm{J/s = w}) \tag{8-13}$$

실제로는 불가능하지만 이때는 냉각이 등온적으로 이루어진다고 하기 때문이다. 단열 공기 동력을 L_{ad}라 하면, 냉각의 영향이 1단 압축기에서는 등온 압축 또는 단열 압축을 기준으로 하는 것이 실제에 접근한다.

$$L_{ab} = \frac{k}{k-1} P_1 v_1 \left[\left(\frac{P_2}{P_1}\right)^{\frac{k-1}{k}} - 1\right] \quad (\mathrm{J/s = w}) \tag{8-14}$$

끝으로, 도시 동력은 L_i로 실린더 내에서 피스톤에 의해 공기에 전달된 동력이다. N이 크랭크의 초당 회전수라 하면 다음 식으로 된다.

$$L_i = \text{실제지압선도면적}(1\,2\,3\,4) \cdot N = P_m \cdot V_c \cdot N \quad (\mathrm{J/s = w}) \tag{8-15}$$

따라서 축동력 L의 크기를 비교하면 다음과 같다.

$$L_{is} < L_{ab} < L_i < L$$

한편, 효율을 구해 보면

$$\text{기계 효율 } \eta_m = \frac{\text{도시 동력}}{\text{축 동력}} = \frac{L_i}{L} \tag{8-16}$$

$$\text{등온 도시 효율 } \eta_{isi} = \frac{\text{등온 공기 동력}}{\text{도시 동력}} = \frac{L_{is}}{L_i} \tag{8-17}$$

$$\text{전 등온 효율 } \eta_{is} = \frac{\text{등온 공기 동력}}{\text{축 동력}} = \frac{L_{is}}{L} = \eta_{isi} \cdot \eta_m \tag{8-18}$$

$$\text{단열 도시 효율 } \eta_{adi} = \frac{\text{단열 공기 동력}}{\text{도시 동력}} = \frac{L_{ad}}{L_i} \tag{8-19}$$

$$전\ 단열\ 효율\ \eta_{ad} = \frac{단열\ 공기\ 동력}{축\ 동력} = \frac{L_{ad}}{L} = \eta_{adi} \cdot \eta_m \qquad (8\text{-}20)$$

예제 8.3

1단 왕복 압축기에서 압력이 470 kPa에서 109.8 kPa까지 압축될 때, 축동력이 12.5 PS 만큼 필요하다. 단위 초당 체적이 $\frac{1}{30}$ $\mathrm{m^3/s}$ 이면, 단열 공기 동력 및 전 단열 효율을 구하여라.

풀이 식 (8-14)에 대입하면

$$L_{ad} = \frac{k}{k-1} P_1 v_1 \left[\left(\frac{P_2}{P_1} \right)^{\frac{k-1}{k}} - 1 \right]$$

$$= \frac{1.4}{1.4-1} \times 109.8 \times \frac{1}{30} \times \left[\left(\frac{470}{109.8} \right)^{\frac{1.4}{1.4-1}} - 1 \right] = 9.0$$

또, η_{ad}는 식 (8-20)에서 구한다.

$$\eta_{ad} = \frac{L_{ad}}{L} = \frac{9.0}{12.5} = 0.72 = 72(\%)$$

3. 다단 압축기

왕복 압축기에서 특히 고압축화가 요구될 때는, 압축 일을 절약하고 체적 효율을 증가시키기 위해 압축을 다단으로 하고, 저압 측 출구와 고압 측 입구 사이에 중간 냉각기(intercooler)를 두어, 압축 과정을 등온 과정에 접근시키므로 압축 일을 감소시킨다. 그림 8.7는 2단 압축기의 $P-v$ 선도 및 $T-S$ 선도의 예이다. $P-v$ 선도에서 1단 압축의 경우 (1 2″ 3″ 4 1)과 같이 되는데 2단 압축기의 경우에는 우선 저압 실린더 (1단)에서 면적(1 2 3 4)에 해당하는 일을 하여 압력이 P_x까지 상승하고, 이것을 중간 냉각기에서 냉각하여, 그 체적을 2→3에서 1′→4′로 축소시킨 후 고압 실린더(2단)로 들어가 면적(1′ 2′ 3′ 4′ 1′)에 상당하는 일을 하고, 압축하여 최종 압력이 P_2를 얻게 된다. 따라서 1단 압축기의 경우에 비해 면적(2 2″ 2′ 1′)−면적(3′ 4′ 3 3″)에 상당하는 압축 일이 절약된다.

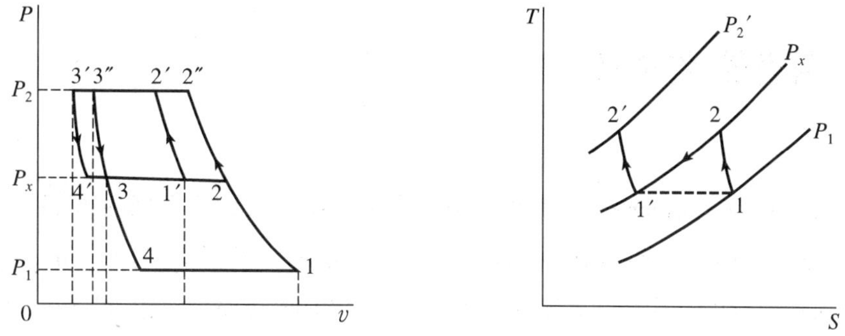

그림 8.7 2단 압축기 $P-v$ 선도 및 $T-S$ 선도

다단 압축의 경우, 중간 압력 P_x를 초압 P_1, 최종압력 P_2 사이의 어떤 값으로 정하는가가 중요하다. 다단 압축기에 대한 압축일 w_c는

$$w_c = \frac{n}{n-1}RT_1\left[1-\left(\frac{P_x}{P_1}\right)^{\frac{n-1}{n}}\right] + \frac{n}{n-1}RT_1\left[1-\left(\frac{P_2}{P_x}\right)^{\frac{n-1}{n}}\right]$$

$$= -\frac{n}{n-1}RT_1\left[\left(\frac{P_x}{P_1}\right)^{\frac{n-1}{n}} + \left(\frac{P_2}{P_x}\right)^{\frac{n-1}{n}} - 2\right] \tag{8-21}$$

가 된다. 따라서 P_1에서 P_2까지 압축하는데 필요한 압축일 w_c가 최소가 되는 조건으로부터 중간 압력 P_x를 구할 수 있다. 압축일이 최소가 되는 조건은 $\frac{dw_c}{dP_x} = 0$이므로 이때 $N = \frac{n-1}{n}$이라 놓고 P_x를 구하면 $N\frac{{P_x}^{n-1}}{{P_1}^{n}} - N\frac{{P_2}^{n}}{{P_x}^{n+1}} = 0$

$$\therefore\ {P_x}^2 = P_1 P_2$$

따라서

$$P_x = \sqrt{P_1 \cdot P_2} \tag{8-22}$$

3단 이상의 압축에 대해서도 마찬가지이며 m단의 압축을 할 때에는 각 단의 압력을 $\left(\frac{P_2}{P_1}\right)^{\frac{1}{m}}$로 하면 된다. 그러므로 m단의 압축일 경우 간극체적이 없고 유출·유입 속도의 에너지차를 무시할 때 압축일은 다음과 같다.

$$w_c = m \times \frac{n}{n-1}RT_1\left[1-\left(\frac{P_2}{P_1}\right)^{\frac{1}{m}\cdot\frac{n-1}{n}} - 1\right] \tag{8-23}$$

8.4 회전형 압축기

회전 압축기(rotary compressor)에서는 회전차(rotor)의 구조 및 형태에 따라 루우츠 압축기(roots compressor), 나사압축기(screw compressor), 가동익 압축기(moving vane compressor) 등이 있다. 기체의 유동이 정상류라 간주될 때 압축기 일은 다음과 같이 된다.

$$w_t = (h_1 - h_2) + \frac{({w_1}^2 - {w_2}^2)}{2} \quad (\mathrm{kJ/kg}) \tag{8-24}$$

이상 유체에서 $h = C_p T = \left(\frac{k}{k-1}\right)RT$인 관계로, 구간 과정 1, 2의 단열 압축시

$$T_2 = T_1\left(\frac{P_2}{P_1}\right)^{\frac{k-1}{k}}$$

을 대입하면

$$h_1 - h_2 = \frac{k}{k-1}RT_1\left(1 - \frac{T_2}{T_1}\right) = \frac{k}{k-1}RT_1\left\{1 - \left(\frac{P_2}{P_1}\right)^{\frac{k-1}{k}}\right\} \quad (\mathrm{J/kg}) \tag{8-25}$$

식 (8-21)과 식 (8-22)에서 다음 식이 얻어진다.

$$w_t = \frac{k}{k-1}RT_1\left\{1 - \left(\frac{P_2}{P_1}\right)^{\frac{k-1}{k}}\right\} + \frac{({w_1}^2 - {w_2}^2)}{2} \quad (J/kg)$$

이는 유속 w_1, w_2를 무시하면 식 (8-6)이 된다.

회전 압축기의 효율을 표시하는 방법으로는 가역 단열 효율 η_{ad}로써 표시하면

$$\eta_{ad} = \frac{\text{단열이론일}}{\text{실제의 일}} \tag{8-26}$$

그림 8.8는 압축기 일에 대한 것이다. 과정 1, 2를 실제 가스가 유출입할 때 단열일은

$$({h_2}' - h_1) \quad (\mathrm{J/kg})$$

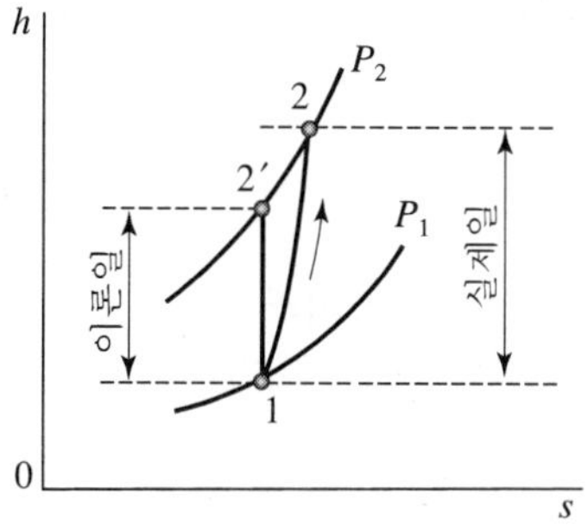

그림 8.8 압축기일

이다.

따라서 단열 효율은

$$\eta_{ad} = \frac{h_2{}' - h_1}{h_2 - h_1} \tag{8-27}$$

이 된다.

예제 8.4

1.013 bar 15℃의 공기 $50\ \mathrm{m^3/min}$을 3.24 bar까지 단열 압축하는 원심 압축기를 구동하는 데 필요한 동력은 얼마인가? 단, 전 단열 효율을 80%라 하고, 출입구의 운동 에너지의 변화 및 열손실은 없다고 본다. 또, 공기의 밀도는 $1.225\ \mathrm{kg/m^3}$으로 한다.

풀이 단열 변화 후 온도는

$$T_2 = T_1\left(\frac{P_2}{P_1}\right)^{\frac{k-1}{k}} = 288 \times \left(\frac{3.24}{1.013}\right)^{\frac{0.4}{1.4}} = 392\ (\mathrm{K})$$

$$\Delta h = h_2 - h_1 = \int_1^2 C_p dT = 1.004 \times (392 - 288) = 104.42\ (\mathrm{kJ/kg})$$

따라서 압축기 일 w_t는

$$w_t = m \cdot \Delta h = (1.225 \times 50/60) \times 104.42 = 106.6\ (\mathrm{kJ/s})$$

구하고자 하는 구동 동력은 다음과 같다.

$$L = \frac{w_t}{\eta} = \frac{106.6}{0.80} = 133.25\ (kW)$$

■

연습문제

1. 압축기의 종류와 그 구조를 설명하여라.

2. 틈새가 있는 1단 압축기 사이클의 $P-v$ 선도를 그리고 설명하여라.

3. 행정체적이 $20l$, 간극비가 5%인 1단 공기 압축기로 15℃, 1 bar의 공기를 $pv^{1.35}=c$ 상태로 압축하였더니 10 bar로 되었다. 체적효율은 얼마인가?

4. 27℃, 755 mmHg의 대기를 5 kg/min의 비율로 4 bar까지 압축하는데 필요한 마력을 다음의 경우에 대하여 구하여라.

1) 등온　　2) 단열　　3) 폴리트로프 ($n=1.3$)

5. 왕복 압축기에서 흡입측 온도가 300 , 압력이 100 kPa이고, 배출측 압력이 1 MPa, 극간비가 4%일 경우 이론 체적 효율을 구하여라. 이 때 흡입말의 온도는 38 ℃이고 흡입 및 배기밸브에서 압력 강하는 5%이다.

6. 문제 5에서 압축 소요일은 얼마인가?

7. 1 bar, 20℃의 공기를 15 bar까지 2단 압축하는 경우 중간압력 P_a는 몇 bar가 적당한가? 단 $n=1.3$이다.

8. 공기 압축기의 전동기 압력이 38 kW, 유량이 0.2 m^3/s, 입구 조건이 101.4 kW, 출구 조건이 370 kPa이다. 전단열효율을 구하여라.

9. 1 bar, 20℃의 공기를 20 bar까지 $pv^{1.3}=c$에 따라 2단 압축하면 압축 후의 공기의 온도는 몇 ℃가 되는가?

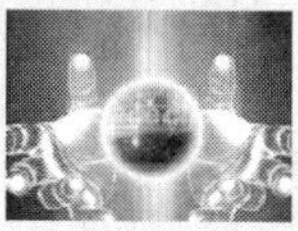

CHAPTER 09

냉동 사이클

9.1 냉동의 개요

냉동(refrigeration)이란, 저열원에서 열을 흡수하여 고열원으로 방열하는 조작을 말하고 일 량의 공급에 의해 냉동 조작을 행하는 냉동기(refrigerator)와 난방 효과를 얻는 열펌프(heat pump)로 생각할 수 있다.

대부분 냉동기에서 저열원의 열을 흡수해 고열원으로 열을 방열하는 역할을 동작 유체가 하게 되는데 이를 **냉매**(refrigerant)라 한다. 동작 중 냉매의 액화, 증발을 포함하는 냉동기는 증기 냉동 사이클(vapor refrigeration cycle), 공기 냉동 사이클(air refrigeration cycle)에 의해 작동된다.

한편 사이클 중에서 증기 냉동 사이클은 냉매의 압축, 액화에 의하기 때문에 **압축 냉동 사이클**(compression refrigeration cycle), 흡수 방법에 의한 **흡수 냉동 사이클**(absorption refrigeration cycle)로 부르기도 한다.

어떤 계를 저온으로 만드는 방법에는 자연 냉동법과 기계 냉동법이 있는데, 전자는 융해, 증발, 승화 등의 물리적 자연 현상에 의한 흡열작용에 이용하는 방법이고, 후자는 고온 영역으로 열을 방출하는 방법으로 공기 압축 냉동법, 증기 압축 냉동법, 증기 분사 냉동법, 흡수 냉동법 및 전자 냉동법 등이 있다.

저열원에서 흡수한 열량 Q_2는 고열원으로 방열한 열량 Q_1 및 외부로부터 받은 일 량 W_{net}일 때, 열역학 제1법칙에 의해 다음 식이 얻어진다.

$$Q_1 - Q_2 = W_{net} \quad (\text{kJ}) \tag{9-1}$$

윗 식에서 Q_2는 **냉동 효과**(refrigerating effect)라 하고, Q_1은 가열 효과(heating effect) 또는 **난방 효과**라고도 한다. 따라서 냉동기의 성능을 표시할 때는 **성적계수**(coefficient of performance)라는 용어를 쓰는 것은 주지된 사실이다.

다시 정리하면 냉동기의 성적계수 COP_R과 열펌프의 성적 계수 COP_H는 다음 식으로 표시될 수 있다. 즉,

$$COP_R = \frac{Q_2}{W_{net}} = \frac{\text{냉동 효과}}{\text{외부에서 받은 일}} \tag{9-2}$$

$$COP_H = \frac{Q_1}{W_{net}} = \frac{\text{가열 효과}}{\text{외부에서 받은 일}} \tag{9-3}$$

따라서 이들 사이의 관계는 식 (9-4)와 같다. 즉,

$$COP_H = COP_R + 1 \tag{9-4}$$

냉동기에서는 성적계수가 큰 것이 필요한 조건이다.

냉동 효과를 나타내는데 있어서는 **냉동 톤**(Ton of refrigeration) RT가 있는데 이는 냉동 능력을 나타내는 척도이다. 즉, 0℃의 물 1 ton을 24시간 동안 0℃의 얼음 1 ton으로 만드는 1 RT라 부르는데 이 값은 다음 식으로 표시된다. 즉, 융고의 잠열이 333.54 kJ/kg이므로 식 (9-5)가 얻어진다.

$$1RT \fallingdotseq \frac{333.54 \times 1{,}000}{24} = 13.898\ (MJ/hr) = 3{,}320\,(\text{kcal/hr}) \tag{9-5}$$

예제 9.1

100RT의 냉동 능력을 갖는 냉동기가 -5℃에서 15℃ 사이에서 작동하고 있다. 이 냉동기로 24시간 동안 10℃의 물을 0℃의 얼음으로 얼마나 만들까? 또, 성적 계수는 얼마인가?

풀이 100 냉동톤은 $13.898 \times 100 = 1{,}389.8$ MJ/hr의 능력이 있으므로, 10℃의 물을 0℃의 물로, 또 0℃의 물을 0℃의 얼음으로 만드는데 필요한 흡수 열량은 $41.86 + 333.54 \fallingdotseq 375.4$ kJ/kg이 되므로, 얼음의 양 m은

$$m = \frac{1{,}389.8}{0.3754} = 3{,}702.1\ (\text{kg/hr})$$

로 된다. 따라서 24시간 동안 제조할 수 있는 얼음 양은 다음과 같다.

$$3{,}702.1 \times 24 = 88{,}852.4\,(\text{kg}) = 88.85\,(\text{ton})$$

또, 성적계수 COP_R는

$$COP_R = \frac{T_2}{T_1 - T_2} = \frac{268}{15+5} = 13.4$$

이다. ■

9.2 역카르노 사이클

카르노 사이클은 가역 사이클이므로 각 과정을 역방향으로 작동시키는 것이 가능하다. 즉, 저열원에서 열을 흡수하여 고열원으로 방출하는 사이클을 생각할 수 있는데 이와 같은 사이클을 **역 카르노 사이클**이라 한다.

그림 9.1은 역 카르노 사이클의 계통도와 $T-S$ 선도를 나타낸 것이다. 작동 유체인 냉매는 저열원 T_L에서 열을 흡수하고 압축기에서 상태 2까지 단열 압축된다. 응축기에서 열량 Q_H를 방열하고 터빈에서 상태 4까지 단열 팽창한다.

냉동기의 성적계수 COP_R은

$$COP_R = \frac{Q_2}{W} = \frac{Q_2}{Q_1 - Q_2} = \frac{T_2}{T_1 - T_2} = \frac{1}{\frac{T_1}{T_2} - 1}$$

이다.

열펌프의 성적계수는

$$COP_H = \frac{Q_1}{W} = \frac{Q_1}{Q_1 - Q_2} = \frac{T_1}{T_1 - T_2} = \frac{1}{1 - \frac{T_2}{T_1}}$$

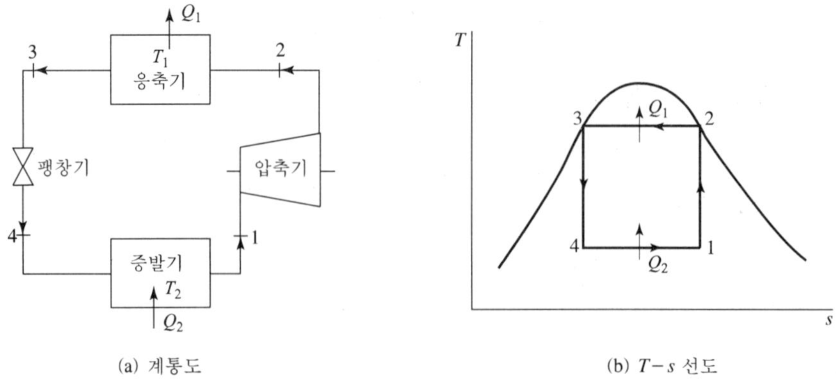

그림 9.1 역 카르노 사이클

이 된다.

냉동기 및 열펌프의 성적계수는 온도 범위가 증가할수록 작아진다. 열펌프의 대표적인 온도 범위는 $T_L = 5℃ \sim T_H = 55℃$ 정도이다.

예제 9.2

역 카르노 사이클 냉동기가 $t_1 = 50℃$, $t_2 = -20℃$의 상태에서 작동한다. 냉동기와 열펌프에 대한 성적계수를 각각 구하여라.

풀이 ① 냉동기의 성적계수

$$COP_R = \frac{q_2}{W} = \frac{q_2}{q_1 - q_2} = \frac{T_2}{T_1 - T_2} = \frac{(273-20)}{(50+20)} = 3.61$$

② 열펌프의 성적계수

$$COP_H = \frac{q_1}{w} = \frac{q_1}{q_1 - q_2} = \frac{T_1}{T_1 - T_2} = \frac{(273+50)}{(50+20)} = 4.61$$

■

9.3 증기 압축 냉동 사이클

1. 기본 사이클

그림 9.2에서 냉동은 밀폐된 채로 먼저 압축기 A를 거쳐 응축기 B에서 고열을 방

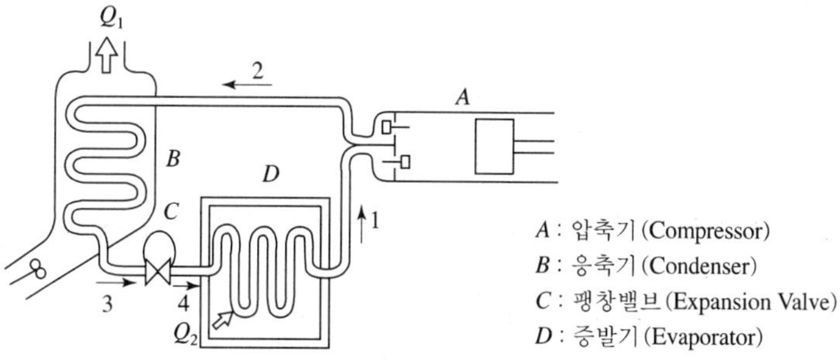

그림 9.2 증기 압축 냉동 사이클

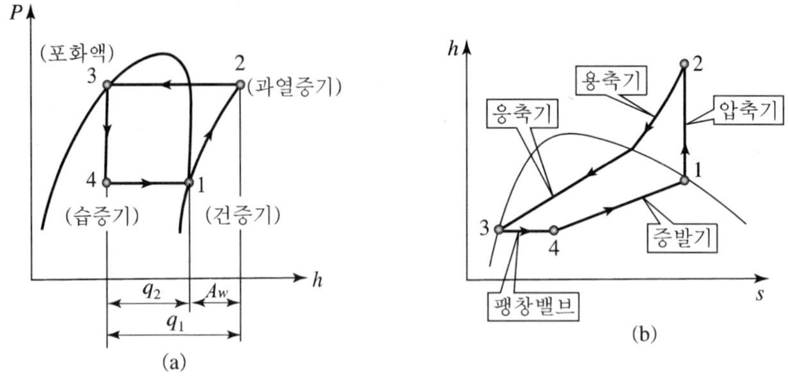

그림 9.3 표준 냉동 사이클의 $P-h$ 선도 및 $h-s$ 선도

열하고, 팽창 밸브 C에서 등 엔탈피 팽창을 한 후, 증발기 D에서 저열을 흡수하여, 다시 압축기 A로 보내 사이클을 이룬다. 그림 9.3은 이를 $P-h$ 선도 및 $h-s$ 도로 나타낸 것이다.

다음으로 이들 사이의 각 과정에 대한 상태 변화를 알아보고자 한다. 앞의 그림은 표준 냉동 사이클을 나타낸 것이다.

1←2 과정 : 가역 압축 과정으로

$$w = h_2 - h_1 \quad (\text{kJ/kg})$$

2←3 과정 : 압축 과정으로 과열 증기를 포화 액으로 만드는데, 이 때 열량 q_1을 방열한다. 즉,

$$q_1 = h_2 - h_3 \quad (\text{kJ/kg})$$

3←4 과정 : 등 엔탈피 과정으로 포화 액이 습증기로 바뀌고, 이때를 교축 과정이라고도 한다. 즉,

$$h_3 = h_4 \quad (\text{kJ/kg})$$

4←1 과정 : 정압 과정으로 습증기가 건 포화 증기로 되며, 이 때 열량 q_2를 흡열한다.

$$q_2 = h_1 - h_4 = h_1 - h_3 \quad (\text{kJ/kg})$$

따라서 성적계수는 다음과 같이 표시된다. 즉,

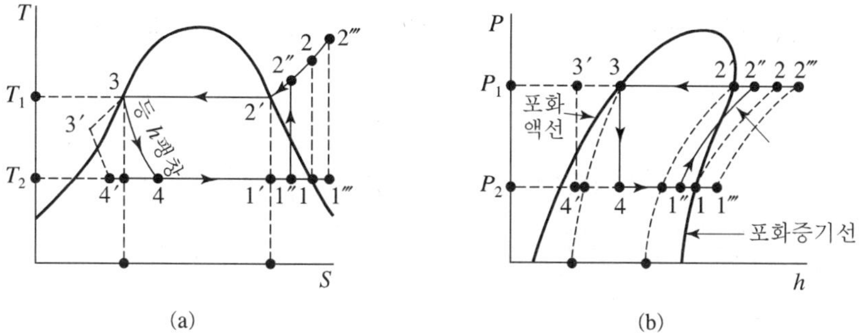

그림 9.4 각종 압축 냉동 사이클

$$COP_R = \frac{\text{냉동 효과}}{\text{압축기가 한 일}} = \frac{h_1 - h_4}{h_2 - h_1} \tag{9-6}$$

각종 압축 냉동 사이클에 대한 것을 그림 9.4에 표시하였다.

만일, 표준 냉동 사이클에서 1′ 2′로 가역 단열 압축선이 옮겨지면 주로 습증기 영역에서 사이클이 작동되므로, 이를 습 압축 사이클(wet compression cycle)이 된다.

1″ 2″와 같이 주로 과열 증기 영역에서 압축이 되면, 이는 **과열 압축 사이클**(superheated compression cycle)이 된다. 또한 1, 2와 같은 압축 과정을 가지면 **건 압축 사이클**(dry compression cycle)이고, 3′ 4′ 과정으로 교축이 된다면 이때는 **과냉각 사이클**(subcooling cycle)이라 한다.

예제 9.3

증발 온도가 -15℃, 응축 온도가 30℃인 증기 압축 냉동 사이클에서 냉매를 암모니아로 쓴다면 성적계수는 얼마인가?

풀이

$$COP_R = \frac{T_2}{T_1 - T_2} = \frac{273 - 15}{303 - 258} \fallingdotseq 5.75$$

예제 9.4

냉매를 암모니아 NH_3로 하는 냉동기의 응축기 온도가 30℃, 증발기 온도가 -30℃일 때, 성적계수를 구하여라. 단, 암모니아의 몰리에 선도를 활용하여라. 또, 이러한 온도 범위에서 얻은 성적계수는 얼마인가?(공학단위)

풀이 부록의 암모니아 몰리에 선도에서

$$h_1 = 391.9\ \text{kcal/kg}_f,\quad h_2 = 474.4\ \text{kcal/kg}_f,\quad h_3 = h_4 = 133.8\ \text{kcal/kg}_f$$

이므로

$$COP_R = \frac{h_1 - h_3}{h_2 - h_1} = \frac{391.9 - 133.8}{474.4 - 391.8} = 3.13$$

한편, 온도 범위에서 얻을 수 있는 성적계수는

$$COP_R = \frac{243}{60} = 4.05$$

이다. ■

2. 다단 압축 사이클

압축비가 클 때는 다단압축 중간냉각을 함에 따라서 압축 종료에 대한 과열온도를 낮추는 것도 가능하고, 또한 소요 동력을 절약할 수 있다. 그림 9.5는 **다단 압축 사이클**(multi stage compression cycle)의 구성과 $T-S$ 선도를 나타낸 것이다.

이는 단순히 증기 압축 냉동 사이클의 개량으로 냉동 장치의 냉매의 증발 온도가 낮아지면 냉매 가스가 희박해지므로 이를 압축하면 압축비가 커지고, 압축기의 체적 효율이 저하하여 냉동 효과가 감소하며, 필요한 동력이 증가되고 성적계수는 저하된다. 또한, 압축 후의 냉매 가스 온도가 매우 상승하여 실린더가 과열된다. 따라서 압축을 다단으로 하여 즉, 2단 압축 사이클을 선택하면 이런 문제는 해결된다.

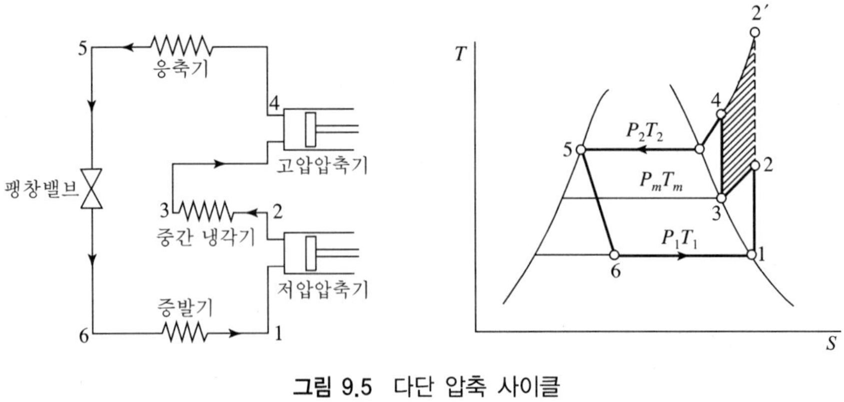

그림 9.5 다단 압축 사이클

2단 압축기에서는 증발 압력에서 중간 압력까지 저압 압축기로 압축하고, 중간 압력에서 응축 압력까지를 고압 압축기로 압축하여 각 압축기에서의 압축비를 작게 하여 체적 효율을 증대시키고, 냉동 효과도 증가시키며 실린더 과열도 방지한다. 한편, 저압 압축기의 출구에 중간 냉각기를 설치하여, 저압축의 냉매 가스를 냉각하기도 한다.

증발기에서 나온 저압 P_1의 증기 1을 저압 압축기 K_1에서 중간압력 P_m까지 단열압축 1→2를 한 후, 중간 냉각 2→3을 한다. 다음의 상태 3의 증기를 고압 압축기 K_2로 흡입하여 압력 P_m에서 압력 P_2까지 단열 압축 3→4를 이루며, 이들은 응축기로 방출된다. 냉매 1 kg에 대해서 냉각 효과

$$q_2 = h_1 - h_6 = h_1 - h_5 \quad (kJ/kg) \tag{9-7}$$

압축일량 w는 저압 압축기의 압축일과 고압 압축기의 압축일의 합이므로

$$w = (h_4 - h_3) + (h_2 - h_1) \quad (\mathrm{kJ/kg}) \tag{9-8}$$

성적계수 COP_R는 식 (9-9)와 같다. 즉

$$COP_R = \frac{q_2}{w} = \frac{h_1 - h_6}{(h_4 - h_3) + (h_2 - h_1)} \tag{9-9}$$

한편, 응축기 내에서 방열량 q_1은 다음과 같다.

$$q_1 = h_4 - h_5 \qquad (kJ/kg) \tag{9-10}$$

중간 냉각기에서의 방열량 q_3은 $q_3 = h_2 - h_3$이고 이 때 중간 압력 P_m은 일반적으로 다음 식과 같다. 즉,

$$P_m = \sqrt{P_1 \cdot P_2} \quad (\mathrm{kPa}) \tag{9-11}$$

! 예제 9.5

암모니아를 냉매로 하는 2단 압축 1단교축의 냉동기에서 응축기 온도가 30℃, 증발기 온도가 -30 ℃이다. 성적계수는 얼마인가? 단, $P_m = 3.549\ bar$이다. 단, $P_m = 3.549\ bar$일 때 $t_m = -5$℃ 이므로 $p \cdot h$ 선도에서 각 상태의 엔탈피값은 $h_1 = 1{,}640.85$ kJ/kg, $h_2 = 1{,}779.96$ kJ/kg, $h_3 = 1{,}675.31$ kJ/kg, $h_4 = 1{,}845.6$ kJ/kg, $h_6 = 560.36$ kJ/kg이다.

풀이 암모니아 증기표에서

$t_1 = -30℃$일 때, $P_1 = 1.1954\,bar$, $t_2 = 30℃$일 때, $P_2 = 11.665\,bar$이다.

따라서 식 (9-9)에서

$$\therefore COP_R = \frac{(1{,}640.85 - 560.36)}{(1{,}845.6 - 1{,}675.31) + (1{,}779.96 - 1{,}640.85)} = 3.49$$

3. 다효 압축 사이클

이 사이클은 보어히스(Vorhees) 사이클이라고도 하며, 한 개의 실린더로 압력이 다른 증기를 흡입시켜, 동시에 압축하도록 한 사이클이다. 즉, 저압과 고압인 2개의 압축기를 1대로 조립한 다효 압축기를 사용하여 1대의 압축기로서 2단 압축 사이클과 거의 같은 냉동효과를 얻도록 한 것이다. 그림 9.6은 다효 압축 사이클(multiple effective cycle)의 구성 및 $T-S$ 선도이고 K는 압축기, C는 응축기, E는 증발기, V_1 및 V_2는 주 팽창밸브 및 다효 팽창밸브이며, S는 다효 분리기를 나타낸 것이다.

응축기로 응축된 냉매는 포화액 4의 상태로 주 팽창밸브를 통하여 고압 P_2에서 중간 압력 P_m까지 팽창 4→5를 하고, 분리기로 유도되어 이 속에서 액체부분 7과 증기부분 6으로 분리된다. 액체 7은 계속 다효밸브를 통하여 저압 P_1까지 교축되어 팽창 7→8을 하고, 증발기에 유입된 후 증발하고, 냉동의 목적을 다하고 증기 1로 되어 압축기로 들어간다. 앞서 분리기에서 분리된 증기 6은 스스로 압력 P_m으로 압축기에 들어가 증기 2와 함께 압축되어 응축기로 유입된다.

그런데 주 팽창밸브 V_1을 통과한 후 1 kg의 냉매에서 증기 x kg, 액체 $(1-x)$ kg이 분리된다고 하면

$$x = \frac{\text{길이 } \overline{75}}{\text{길이 } \overline{76}}, \quad (1-x) = \frac{\text{길이 } \overline{56}}{\text{길이 } \overline{76}}$$

로 된다. 이 사이클에 대한 냉매 1 kg 당의 냉동 효과는 $h_7 = h_8$의 관계에서 식 (9-12)이 된다.

$$q_2 = (1-x)(h_1 - h_8) = (1-x)(h_1 - h_7) \quad (\text{kJ/kg}) \tag{9-12}$$

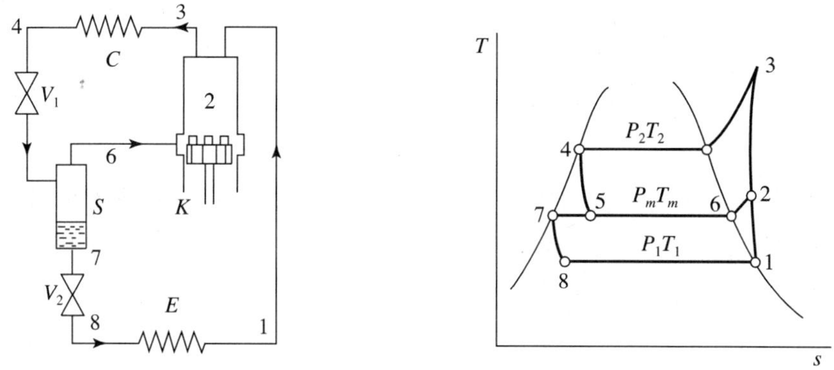

그림 9.6 다효 압축 사이클

이 때 냉동을 하는 냉매는 1 kg당에 x kg만큼 감소하지만, 증발기에 들어 있는 포화 증기의 건도는 매우 적게 되어, 보통 그런 이유로 냉동 효과가 증대된다. 응축기에서 방열량 q_1은 다음과 같다.

$$q_1 = h_3 - h_4 = h_3 - h_5 = h_3 - \{(1-x)h_7 + xh_6\} \quad \text{(kJ/kg)} \tag{9-13}$$

따라서, 다효 압축 사이클에 대한 압축일은 다음으로 표시된다.

$$w = q_1 - q_2 = (h_3 - xh_7) - (1-x)h_1 \quad \text{(kJ/kg)} \tag{9-14}$$

그러므로 냉동기의 성적계수는 COP_R은

$$COP_R = \frac{q_2}{w} = \frac{(1-x)(h_1 - h_7)}{(h_3 - xh_6) - (1-x)h_1} \tag{9-15}$$

다효 압축 사이클은 증발 온도와 응축 온도와의 온도차가 클수록 유효하며, 냉매로서 CO_2를 사용하는 냉동기에 자주 쓰이고 있다. 이 사이클의 특색은 성적계수의 증가보다도 냉동 효과가 현저하게 증가되는 점이다. 그러나 실제의 경우는 다효 압축 사이클과 다단 압축 사이클을 병행하여 냉동 효과와 성적계수를 증대시키고 있다.

9.4 흡수 냉동 사이클

흡수 냉동기는 증기 압축 냉동기의 냉매를 기계적으로 압축하여 과열 증기를 만드는 데 비해 열적인 방법으로 과열 증기가 되도록 하는 것이다. 동작유체는 단일 냉매가 아니고, 서로 친화력을 갖는 두 물질의 조합, 즉 냉매와 그 흡수제가 필요하다. 현재 널리 쓰이고 있는 것은 암모니아와 물, 물과 취화 리듐(Lithium) 또는 물과 Li-Br(Lithium Bromide) 등이다. 본 절에서도 질량의 기호를 G로 한다.

그림 9.7은 압축식과 흡수식의 차이를 나타낸 것으로 압축식에서는 피스톤에 가해지는 일에 의해 실린더 내의 냉매가 압축되어 고온 고압의 과열 증기가 된다. (a)는 피스톤에 의해, (b)는 열에너지를 이용하여 냉매를 과열증기로 만든다. 즉, 흡수제를 물로 냉매를 암모니아로 한 경우에는 암모니아가 상온에서 물에 잘 융해하므로, 증발기에서 오는 암모니아 증기는 물에 흡수되어 농후한 암모니아수가 된다. 이를 가열하면 고온이 되어 암모니아가 물에서 빠져 나와 과열 증기가 되어 응축기로 송출된다. 이처럼 흡수식은 흡수제와 냉매의 친화력을 이용한 것을 알 수 있다.

흡수 냉동기의 기본 구성은 압축기 역할을 하는 흡수기, 발생기, 열 교환기 및 펌프, 감압 밸브 등과 응축기, 증발기, 팽창 밸브 등으로 구성되어 있다. 그림 9.8은 전형적인 흡수 냉동기의 장치도이다.

발생기(generator)에서 암모니아 용액이 가열될 때 냉매인 암모니아만 증발하여 고온고압의 과열 증기로 응축기(condenser)로 가서 액화되고, 팽창 밸브(expansion valve)를 지

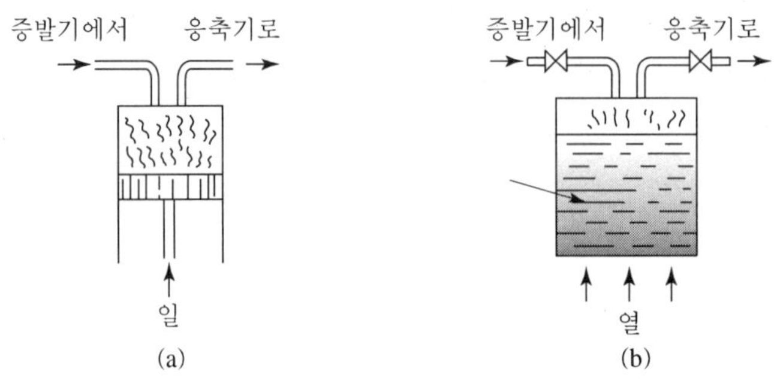

그림 9.7 압축식과 흡수식의 차이

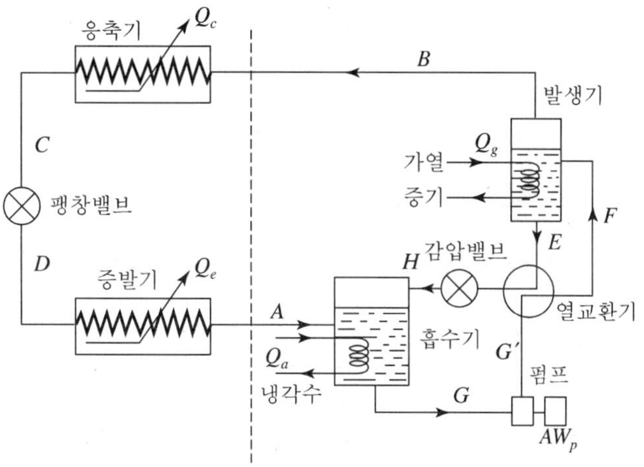

그림 9.8 흡수 냉동기의 장치도

나 증발기(evaporator)에서 증발할 때 냉동 효과를 나타낸다. 이 저압의 암모니아 냉매는 흡수기(absorber)에서 물에 흡수되어진다. 또, 발생기에서 암모니아 증기를 증류한 물은 열교환기(heat exchanger)를 거쳐 감압 밸브를 통해 흡수기로 유입하여, 증발기에서 발생된 암모니아를 흡수하여 묽은 용액이 되고, 이 용액은 용액 펌프를 거쳐 열교환기에서 가열된 후 발생기로 유입한다. 이와 같은 과정을 연속적으로 수행하면서 흡수 냉동기가 작동된다. 그림 9.8의 파선 우측은 압축식 냉동기의 압축기 역할을 한다는 쉽게 알 수 있다.

흡수 냉동기 장치에 유출입하는 열량 및 유량을 Q, G라 하고, 각각 상태점에 대한 엔탈피를 h라 부르면 유량 및 에너지 평형식은 다음과 같다.

즉,

$$G_a = G_r + G_d \quad (\mathrm{kg/s}) \tag{9-16}$$

$$G_a(h_F - h_G{'}) = G_r(h_E - h_H) \quad (\mathrm{kJ/s}) \tag{9-17}$$

윗 식에서 G_a, G_r, G_d는 각각 묽은 용액, 진한 용액 및 과열 증기의 유량을 나타낸 것이다. 한편, 계에 유출입하는 열량들은 발생기에 가열하는 가열 증기 열량 G_g, 흡수기에서 발열하는 냉각 열량 G_a, 응축기에서 발열량 G_c, 증발기에서 흡수하는 열량 G_e 및 용액 펌프를 작동하는데 필요한 일의 열당량 G_p 등으로 구분할 수 있다. 이들을 수식으로 표시하면 다음과 같다. 즉,

$$Q_g = G_r h_E + G_d h_B - G_a h_F \quad (\mathrm{kJ/s}) \tag{9-18}$$

$$Q_a = G_r h_H + G_d h_A - G_a h_G \quad (\mathrm{kJ/s}) \tag{9-19}$$

$$Q_c = G_d (h_B - h_C) \quad (\mathrm{kJ/s}) \tag{9-20}$$

$$Q_e = G_d (h_A - h_D) \quad (\mathrm{kJ/s}) \tag{9-21}$$

$$Q_p = A W_p = G_a (h_{G'} - h_G) \quad (\mathrm{kJ/s}) \tag{9-22}$$

따라서 흡수 냉동기의 성적계수 COP_R은 다음과 같이 구하여진다. 즉,

$$COP_R = \frac{Q_e}{Q_g + A W_p} = \frac{G_d (h_A - h_D)}{(G_r h_E + G_d h_B - G_a h_F + G_a (h_{G'} - h_G)} \tag{9-23}$$

그런데 C와 D 사이의 팽창 밸브에 의해 교축되는 과정이므로 이 때 엔탈피 $h_C = h_D$가 되고, 용액 펌프의 동력이 미시하다고 하면 $h_{G'} = h_G$가 되어 버린다. 따라서 이 때 성적계수는 다음 식으로 표시된다.

즉,

$$COP_R = \frac{Q_e}{Q_g} = \frac{G_d (h_A - h_C)}{G_r h_E + G_d h_B - G_a h_F} \tag{9-24}$$

9.5 냉매의 조건

냉매로 사용되고 있는 것에는 안정성의 견지에서 3그룹으로 나눌 수 있다. 제1그룹은 가장 안전한 냉매로 $R-11$, $R-12$, $R-13$, $R-113$, 및 $R-14$, 탄산가스 등이고, 제2그룹은 유독하기도하고 연소가 약간 쉬운 냉매로 암모니아, 아유산 가스 및 메틸클로라이드 등이며, 제3그룹은 아주 연소하기 쉬운 냉매로 부탄, 아이소부탄, 프로판, 메탄 및 에탄 등의 냉매가 있는데, 제3그룹은 특수 경우를 제외하고는 쓰지 않으며, 2그룹의 암모니아는 열역학적 성질이 우수하고 값이 싸므로, 폭발성이 있음에도 불구하고 많이 쓰이고 있다. 이와 더불어 1930년대 발견된 프레온 12($R-12 : CCl_2F_2$) 등은 1그룹에 속하여 많이 쓰이고 있다.

냉매는 물리적 필요조건과 화학적 필요조건이 있다. 전자는 상용 압력이 낮아야 하고

증발 압력이 적당하여야 하며, 상온의 공기나 물에서 응축이 쉽고 임계 온도가 높아야 하고 증발의 잠열이 커야 한다. 후자는 금속의 침식이 없어야 하고, 안정성이 있어야 하며, 무해하며 심한 악취가 없고 폭발성이 없어야 한다.

또한 물리적 조건으로는 비체적이 작고, 단열 지수 k값이 작아야 하며, 화학적 조건으로 점도가 낮고 열전도율이 양호해야 한다. 냉매의 주요 특성은 표 9.1에 나타내고 있다.

표 9.1 주요 냉매의 특성

냉매 명칭		암모니아 (NH_3)	탄산가스 (CO_2)	크로르메틸 (CH_3Cl)	메틸렌크로라이드 (CH_2Cl_2)	R-12 (CCl_2F_2)	R-11 (CCl_3F)	R-113 ($C_2Cl_3F_3$)	R-22 ($CHClF_2$)
분자량		17.03	44.00	50.05	84.9	120.9	137.4	187.5	86.5
포화압력 (kpa)	응축시	1,166.4	7,194.7	652.4	68.96	744.6	125.4	54.1	1,191.5
	증발시	236.4	2,289.7	146.2	8.73	182.5	20.03	69.0	295.6
임계온도(℃)		132.5	32	143	245	112.2	197.8	214	96.1
임계압력(kpa)		11,036	7,396.8	6,680.6	4,620.5	4,116.2	4,412.7	3,445.8	4,978
비등점(℃)		-33.4	-78.5	100.4	-97	-29.8	23.8	47.6	-40.8
응고점(℃)		-77.7	-78.5	100.4	-97	-157.8	-111	-36.6	-160
증발열(kJ/kg, -15℃)		1,310	274.3	5.04	361.6	158.5	194	164.0	216.7
단열지수 C_p/C_v		1.31	1.3	1.20	1.18	1.14	1.13	1.08	1.18
독성순위		2	5	4	4	6	5b	5b	5b
폭발성(체적 %)		16~25	없음	8.1~17.2	12~15.6	없음	없음	없음	없음
연소성		연소곤란	불연	다소 있음	불연	불연	불연	불연	불연
금속에 대한 부식성		동,합금은 침식	없음	불순물 경우 Al을 침식	없음	수분경우 Mg,Al의 합금을 침식	$R-12$와 같음	$R-12$와 거의 같음	$R-12$와 거의 같음
기름에 대한 용해성		없음	없음	있음	있음	있음	있음	있음	약간 있음

냉매와 더불어 냉동 사이클의 증발기 내에 브라인(brine : 부동액)을 넣으면 냉장품 등의 피냉각물 내에 순환되어 다른 물체로부터 흡열하는 능력을 갖게 되므로, 생선이나 야채 등을 장기간에 걸쳐 보관하게 된다. 보통 브라인은 염화 칼슘($CaCl_2$)의 일정량을 물에 용해시킨 것으로 최저 냉동점은 비중이 1.286일 때 -50℃로 매우 낮아 냉장고나 제빙실 등 저온 공업에 많이 쓰고 있다. 이들 냉매를 활용할 때, 증기 선도는 흔히 압력-엔탈피 선도 즉, $p-h$ 선도를 사용하는 것은 이미 주지된 $T-S$ 선도와 함께 냉동기에서 아주 중요한 몰리에 선도(Mollier chart)의 일종이다.

그림 9.9는 $p-h$ 선도의 예인데, 일반 냉매가 각종 상태 변화가 일어날 때의 관계를 나타낸 것이다. C는 임계점이고, PC는 포화액선, QC는 건포화 증기선이고, ① PQ는 등온선이다. 또한 ②는 정적선, ③은 등엔트로피선이며, RC는 등건도선을 나타낸 것이다.

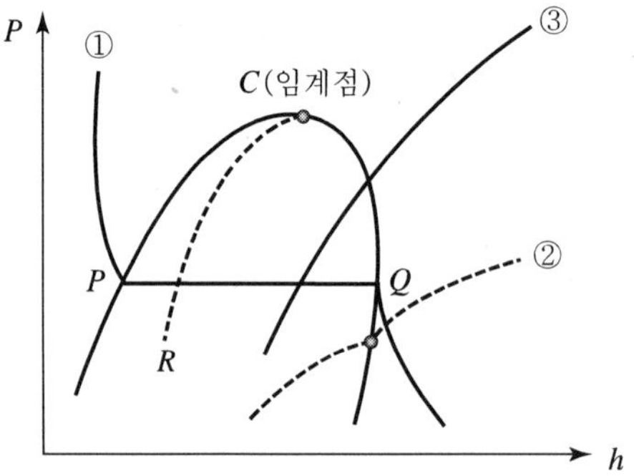

그림 9.9 $P-h$ 선도

연습문제

1. 냉동기의 기본사이클의 $p-h$ 선도를 그리고 각 과정을 설명하여라.

2. 다음 사항을 설명하여라.

1) 성적계수 2) 역카르노사이클 3) 냉동톤 4) 냉동능력

3. 냉매의 열역학적 성질을 설명하여라.

4. 냉매의 호칭 방법에 대하여 설명하여라.

5. 냉동기의 성적계수가 7.65일 때 증발온도가 -15℃이다. 이 냉동기의 응축기 온도는 얼마인가?

6. 0℃와 100℃ 사이의 온도구간에서 작동하는 냉동 사이클이 1사이클당 230 kJ의 열을 흡수하였다면 이 사이클의 일과 성적계수는 얼마인가?

7. 압력 1bar와 5 bar간에 작동하는 냉동사이클에서 냉동실 온도가 -15℃일 때 다음 값을 구하여라.

1) 냉동효과 2) 방열량 3) 성적계수 4) 압축기가 소비하는 일

8. 냉동기가 20℃의 물에서 -10℃의 얼음을 만드는데 톤당 30 kWh의 일이 소요되었다. 물의 융해열이 334.5 kJ/kg, 얼음의 비열을 2.1 kJ/kg K라 할 때 성적계수는?

9. 카르노 냉동기가 R-12를 냉매로 사용하고 있다. 증발 압력이 120 kPa이고 응축 온도가 32℃인 경우 $T-S$ 선도를 그리고 COP, 냉동기의 흡수열량, 유효입력을 구하여라.

10. 성능 계수가 3.2인 냉동기가 20톤의 냉동을 하기 위하여 공급해야 할 동력은 얼마인가?

11. 암모니아를 냉매로 하는 냉동 사이클에서 증발온도가 −15℃, 응축온도가 30℃일 때 냉동효과(q_2)와 성능계수는 얼마인가? 단, 압축기 입구의 엔탈피가 1,662.3 kJ, 응축기 입구에서의 엔탈피가 1,892.91 kJ/kg , 팽창밸브에서의 엔탈피가 560 kJ/kg이다.

12. 다음은 암모니아의 2단 압축 냉각기의 $p-h$ 선도이다. $p-h$ 선도를 참고하여 다음을 구하여라.

1) 중간압력(P_2)　2) 냉동효과 q_2　3) 압축기의 일 AW_c　4) 성적계수 ε

13. 2단 압축, 1단 팽창 냉동사이클에서 응축기 온도가 30℃, 증발기 온도가 −30℃이고, 중간 냉각기의 냉각 온도가 30℃라면 성적 계수는 얼마인가?

CHAPTER 10

혼합기체

10.1 달톤의 법칙

공기는 보일러나 내연 기관 등에 있어서 연료를 연소시키는데, 중요한 역할을 하는 동작유체이다. 그러나 이 공기도 사실은 산소, 수소, 질소 …… 등의 혼합기체라 볼 수 있다. 이는 1801년 영국의 달톤(J. Dalton)에 의해 해석되었는데, 여러 가지 기체를 한 개의 용기에 혼합시킬 때 각 기체의 상호 간에 화학 반응이 생기지 않는다면 다음과 같이 정리된다. 즉,

① 각 기체는 마치 그 기체만이 전 용기 속에 퍼져 있을 때와 같은 압력을 갖는다.
② 혼합기체의 압력은 각 기체의 압력의 합과 같다.

이것을 혼합기체에 대한 **달톤의 법칙**(Dalton's Law)이라 한다.

지금 질량 m_1인 기체 1과, 질량 m_2인 기체 2 및 질량 m_3 인 기체 3이 있고, 이것을 체적 V인 그릇 속에 넣었을 때, 기체 1뿐이면 그 압력은 P_1이 되고, 기체 2뿐이면 그 압력은 P_2로 되고, 기체 3뿐이면 압력은 P_3으로 된다. 그리고 기체 1, 2, 3을 함께 넣었을 때 혼합기체의 압력이 P라 하면, 달톤의 법칙에 의하여 혼합기체의 압력 P는 각 압력 P_1, P_2, P_3의 합이 된다. 따라서 일반적으로 n종류의 기체를 혼합했을 때에는

$$P = P_1 + P_2 + P_3 + \cdots + P_n \quad (\text{bar}) \tag{10-1}$$

단, P_1, P_2, P_3, …… P_n 각각 **분압**(partial pressure)이라 하고, P를 **전압**(total pressure)이라 한다.

그런데 혼합기체의 온도를 일정하게 하고, 각 기체가 각각 다르게 동일 압력 P하에서 차지하는 체적을 V_1, V_2, V_3, ……, V_n으로 한다.

이러한 상태의 각 기체를 처음에 서로 인접하게 분리하고, 다음에 그 사이의 막을 제거하면 각 기체는 등온하에서 서로 확산하여 혼합되며 그 체적은 다음 식으로 된다.

$$V = V_1 + V_2 + V_3 + \cdots\cdots + V_n \quad (\text{m}^3/\text{kg}) \tag{10-2}$$

또한, 보일의 법칙에 의해 다음 관계가 성립된다.

$P_1 V = PV_1,\ P_2 V = PV_2,\ P_3 V = PV_3,\ \cdots\cdots,\ P_n V = PV_n$이라고 하면

$$\therefore\ P_1 + P_2 + P_3 + \cdots\cdots P_n = P\frac{V_1 + V_2 + V_3 + \cdots\cdots + V_n}{V} = P$$

따라서 달톤의 법칙이 성립함을 알 수 있다. 다음으로 혼합된 각 기체의 질량을 $m_1, m_2, m_3, \cdots\cdots, m_n$ 기체 상수를 $R_1, R_2, R_3, \cdots\cdots, R_n$이라 하고, 혼합기체의 질량을 m, 기체 상수를 R이라 각각 하면

$$m = m_1 + m_2 + m_3 + \cdots\cdots + m_n \quad (\mathrm{kg}) \tag{10-3}$$

또한, 온도는 모두 같이 T이므로 다음 관계가 성립된다. 즉,

$$P_1 V = m_1 R_1 T,\ P_2 V = m_2 R_2 T,\ P_3 V = m_3 R_3 T,\ \cdot\ \cdot\ \cdot\ P_n V = m_n R_n T$$

$$\therefore\ PV = mRT$$

따라서 각 성분의 분압은 다음 식으로 구해진다.

$$P_1 = P \cdot \frac{m_1}{m} \cdot \frac{R_1}{R},\ P_2 = P \cdot \frac{m_2}{m} \cdot \frac{R_2}{R},\ P_3 = P \cdot \frac{m_3}{m} \cdot \frac{R_3}{R},$$

$$\cdots\cdots\ P_n = P \cdot \frac{m_n}{m} \cdot \frac{R_n}{R} \tag{10-4}$$

10.2 혼합기체의 열적 상태량

1. 혼합기체의 밀도와 분자량

온도 T, 압력 P인 혼합기체의 체적을 V, 밀도를 ρ라 하며 혼합기체의 질량은 $m = \rho V$로 된다. 또한, 각 성분 기체를 별도로 같은 온도 T, 같은 압력 P라 할 때, 각각의 차지하는 체적을 $V_1, V_2, \cdots, V_n$으로 하고 밀도 $\rho_1, \rho_2, \rho_3, \cdots\cdots, \rho_n$으로 하면, 각 기체의 질량합은

$$m_1 + m_2 + m_3 + \cdots\cdots + m_n = \rho_1 V_1 + \rho_2 V_2 + \rho_3 V_3 + \cdots\cdots + \rho_n V_n$$

이 되고 윗 식에서

$$V = \rho_1 V_1 + \rho_2 V_2 + \rho_3 V_3 + \cdots\cdots + \rho_n V_n$$

$$\therefore \rho = \rho_1 \frac{V_1}{V} + \rho_2 \frac{V_2}{V} + \rho_3 \frac{V_3}{V} + \cdots\cdots + \rho_n \frac{V_n}{V} \quad (\mathrm{kg/m^3}) \tag{10-5}$$

지금 혼합기체 1 kmol을 생각하여 겉보기 분자량을 M, 체적을 V_{kmol}로 표시하면

$$\rho = \frac{M}{V_{\mathrm{kmol}}}$$

이 되므로 상태 방정식을 고려하면,

$$V_{\mathrm{kmol}} = \frac{R_u \cdot T}{P} = \frac{848}{P} T$$

따라서

$$\rho = \frac{P}{8{,}313\,T} M \quad (\mathrm{kg/m^3}) \tag{10-6}$$

한편, 각 기체의 분자량을 $M_1, M_2, M_3, \cdots\cdots, M_n$으로 하면

$$\rho_1 = \frac{P}{8{,}313\,T} M_1, \ \rho_2 = \frac{P}{8{,}313\,T} M_2, \ \rho_3 = \frac{P}{8{,}313\,T} M_3, \ \cdots\cdots, \ \rho_n = \frac{P}{8{,}313\,T} M_n$$

따라서 혼합기체의 각 기체에 대하여 밀도와 분자량의 비는 다음과 같이 표시된다.

$$\frac{\rho_1}{\rho} = \frac{M_1}{M}, \ \frac{\rho_2}{\rho} = \frac{M_2}{M}, \ \frac{\rho_3}{\rho} = \frac{M_3}{M}, \ \cdots\cdots, \ \frac{\rho_n}{\rho} = \frac{M_n}{M}$$

식 (10-5)에 대입하면

$$\rho = \rho \cdot \frac{M_1}{M} \cdot \frac{V_1}{V} + \rho \cdot \frac{M_2}{M} \cdot \frac{V_2}{V} + \rho \cdot \frac{M_3}{M} \cdot \frac{V_3}{V} + \cdots\cdots + \rho \cdot \frac{M_n}{M} \cdot \frac{V_n}{V}$$

따라서 혼합기체의 겉보기 분자량은 다음 식으로 표시된다.

$$M = M_1 \frac{V_1}{V} + M_2 \frac{V_2}{V} + M_3 \frac{V_3}{V} + \cdots\cdots + M_n \frac{V_n}{V} \tag{10-7}$$

또한, 보일의 법칙을 이용하면 M은 다음 식으로 표시된다.

$$M = M_1 \frac{P_1}{P} + M_2 \frac{P_2}{P} + M_3 \frac{P_3}{P} + \cdots\cdots + M_n \frac{P_n}{P} \tag{10-8}$$

2. 혼합기체의 기체 상수

같은 온도 T 아래서 균일하게 혼합된 기체의 상태 방정식으로부터

$$P_1 V = m_1 R_1 T,\ P_2 V = m_2 R_2 T,\ P_3 V = m_3 R_3 T,\ \cdots\cdots,\ P_n V = m_n R_n T$$

$$(P_1 + P_2 + P_3 + \cdots\cdots + P_n) V = (m_1 R_1 + m_2 R_2 + m_3 R_3 + \cdots\cdots + m_n R_n) T$$

달톤의 법칙에 의해서

$$PV = (m_1 R_1 + m_2 R_2 + m_3 R_3 + \cdots\cdots + m_n R_n) T$$

한편, 혼합기체에 대하여도 이상기체의 상태 방정식으로부터

$$PV = mRT$$

$$\therefore mR = (m_1 R_1 + m_2 R_2 + m_{3R_3} + \cdots\cdots + m_n R_n)$$

$$R = \frac{m_1}{m} R_1 + \frac{m_2}{m} R_2 + \frac{m_3}{m} R_3 + \cdots\cdots + \frac{m_n}{m} R_n \quad (\text{J/kg K}) \tag{10-9}$$

윗 식에 의하여 여러 가지 기체가 혼합되었을 때, 각 기체의 무게와 기체 상수를 알면, 혼합기체의 기체 상수를 구할 수 있다. 이 기체 상수는 다음과 같이 표시된다. 즉, $RM = R_u = 848$에 의해서

$$R = \frac{8{,}313}{M_1 \frac{V_1}{V} + M_2 \frac{V_2}{V} + M_3 \frac{V_3}{V} + \cdots\cdots + M_n \frac{V_n}{V}} \quad (\text{J/kg K}) \tag{10-10}$$

3. 혼합기체의 비열

각 기체의 비열을 각각 C_1, C_2, C_3, ……, C_n이라 하면 혼합기체의 온도를 1℃ 올리는데 필요한 열량은 각 기체의 온도를 1℃ 올리는데 필요한 열량의 합으로서 다음의 관계가 성립된다.

$$mC = m_1 C_1 + m_2 C_2 + m_3 C_3 + \cdots\cdots + m_n C_n$$

따라서

$$C = \frac{m_1}{m} C_1 + \frac{m_2}{m} C_2 + \frac{m_3}{m} C_3 + \cdots\cdots + \frac{m_n}{m} C_n \quad (\mathrm{kJ/kg \cdot {}^\circ K}) \qquad (10\text{-}11)$$

C_v, C_p에 대하여 이들 상수로 하여 취급할 때는 다음 식으로 표시된다. 즉,

$$C_v = \sum \frac{C_{vn}}{C} C_n, \quad C_p = \sum \frac{C_{pn}}{C} C_n \quad (\mathrm{kJ/kg \cdot {}^\circ K}) \qquad (10\text{-}12)$$

식 (10-12)에서 C_{vn}과 C_{pn}은 다음으로 표시된다.

$$C_{vn} = \alpha_{vn} + a_n T + b_n T^2 + C_n T^3 + \cdots\cdots$$

$$C_{pn} = \alpha_{pn} + a_n T + b_n T^2 + C_n T^3 + \cdots\cdots$$

따라서 각 계수에 대하여 다음 식을 얻는다. 즉,

$$\alpha_v = \sum \frac{m_n}{m} \alpha_{vn} \qquad (10\text{-}13)$$

$$a = \sum \frac{m_n}{m} a_n, \ b = \sum \frac{m_n}{m} b_n, \ c = \sum \frac{m_n}{m} C_n, \cdots\cdots \qquad (10\text{-}14)$$

같은 방법으로

$$\alpha_p = \sum \frac{m_n}{m} \alpha_{pn} \qquad (10\text{-}15)$$

으로 된다.

압력, 온도가 같으면 기체 1 kmol의 체적은 일정하기 때문에 혼합기체에 대한 각 기체

의 체적비 $\frac{V_n}{V}$는 혼합기체 1 kmol에 대한 각 가스의 mol 수를 표시하게 된다.

지금 혼합기체 1 kmol 중의 각 기체의 mol수를 $n_1, n_2, n_3, \cdots\cdots\ n_n$이라고 하면 각 기체의 1 kmol의 비열을 각각 $C_{\text{kmol1}}, C_{\text{kmol2}}, C_{\text{kmol3}}, \cdots\cdots, C_{\text{kmol}n}$이라 하고, 혼합기체 1 kmol의 비열$C_{\text{kmol}}$은 다음과 같이 얻어진다.

$$C_{\text{kmol}} = \sum n_n \cdot C_{\text{kmol}} \quad (\text{kJ/kmol}) \tag{10-16}$$

4. 혼합기체의 온도

온도가 각각 $T_1, T_2, T_3, \cdots\cdots, T_n$인 기체를 혼합할 때 혼합기체의 온도가 T로 되었다면

$$m_1C_1(T-T_1)+m_2C_2(T-T_2)+m_3C_3(T-T_3)+\cdots\cdots+G_nC_n(T-T_n)=0$$

$$\therefore\ T=\frac{\sum m_nC_nT_n}{\sum m_nC_n} \quad (°\text{K}) \tag{10-17}$$

식 (10-17)은 n종류의 동작유체가 혼합시 평균 온도 구하는 식과 같음을 알 수 있다.

5. 혼합기체의 내부 에너지, 엔탈피 및 엔트로피

(1) 내부 에너지와 엔탈피

기체가 혼합할 때는 열이나 일의 출입이 없으므로, 혼합기체의 내부 에너지와 엔탈피는 혼합 전의 각 성분기체의 내부 에너지와 엔탈피의 각각의 합으로 다음과 같이 얻어진다. 즉,

$$u=\frac{m_1}{m}u_1+\frac{m_2}{m}u_2+\frac{m_3}{m}u_3+\cdots\cdots+\frac{m_n}{m}u_n \quad (\text{kJ/kg}) \tag{10-18}$$

$$h=\frac{m_1}{m}h_1+\frac{m_2}{m}h_2+\frac{m_3}{m}h_3+\cdots\cdots+\frac{m_n}{m}h_n \quad (\text{kJ/kg}) \tag{10-19}$$

(2) 엔트로피

각 기체가 단독으로 전체 그릇에 들어 있을 때의 엔트로피 혼합기체 속의 각 기체의 엔트로피로 정의하기로 하면, 이상기체의 혼합기체 엔트로피는 각각 기체의 엔트로피의 합과 같다. 즉,

$$S = \sum m_n (C_{pn} l_n T - R l_n p_n) \quad (\mathrm{kJ/K}) \tag{10-20}$$

또한,

$$S' = \sum m_n (C_{pn} l_n T - R l_n p_n) \quad (\mathrm{kJ/K}) \tag{10-21}$$

그런데 S와 S'는 각각 혼합기체의 엔트로피와 혼합 전의 기체 엔트로피이다. 따라서 혼합 후의 엔트로피 증가는 다음과 같다. 즉,

$$S - S' = \sum m_n R l_n \left(\frac{P}{P_n}\right) \quad (\mathrm{kJ/K}) \tag{10-22}$$

예제 10.1

공기 20 kg과 수증기 5 kg이 혼합하여 20 m^{3}의 탱크 속에 들어 있다. 지금 혼합기체의 온도를 80 ℃로 하면 탱크 속의 압력은 몇 bar인가? 단, 수증기의 기체 상수는 461.2 J/kg K이다.

풀이

$$P_1 = \frac{m_1 R_1 T}{V} = \frac{20 \times 286.9 \times 353}{20} = 1.0128\,(\mathrm{bar})$$

$$P_2 = \frac{m_2 R_2 T}{V} = \frac{5 \times 461.2 \times 353}{20} = 0.4699\,(\mathrm{bar})$$

따라서

$$P = P_1 + P_2 = 1.0128 + 0.4699 = 1.4827\,(\mathrm{bar})$$

예제 10.2

공기 100 kg의 성분은 산소 23.2 kg, 질소 76.8 kg이다. 공기의 분자량 및 기체 상수는 얼마인가?

풀이 우선 기체 상수 R을 식 (10-9)에서 구하면

산소 $R_1 = 259.6$ J/kg K, 질소 $R_2 = 296.6$ J/kg K이므로

$$R = \frac{m_1}{m} R_1 + \frac{m_2}{m} R_2 = \frac{23.2}{100} \times 259.6 + \frac{76.8}{100} \times 296.6 \fallingdotseq 288.016\,(\mathrm{J/kg\,K})$$

또한, 공기의 분자량 M은 혼합기체의 상태식에서

$$PV_1 = m_1 R_1 T,\ PV_2 = m_2 R_2 T,\ PV = mRT$$

이므로

$$\frac{V_1}{V} = \frac{m_1 R_1}{mR} = \frac{23.2 \times 259.6}{100 \times 288.016} \fallingdotseq 0.209,\ \frac{V_2}{V} = \frac{m_2 R_2}{mR} = \frac{76.8 \times 296.6}{100 \times 288.016} \fallingdotseq 0.791$$

따라서 산소의 분자량은 32이고, 질소의 분자량은 28.02이므로 식 (10-7)에서 구할 수 있다.

$$M = M_1 \frac{V_1}{V} + M_2 \frac{V_2}{V} = 32 \times 0.209 + 28.02 \times 0.791 \fallingdotseq 28.852$$

■

10.3 습공기

1. 습공기

건공기(dry air)란 산소 21%, 질소 78%와 탄산가스, 아르곤, 헬륨 등 1%의 기체가 혼합된 기체이다. 지구상에 있는 공기는 이 건공기에 다시 수증기가 혼합되어 있는데 이것을 **습공기**(moist air)라 한다.

그림 10.1과 같이 무게 1 kg의 건공기(체적 $V\,\mathrm{m}^3$, 압력 P_a bar)와 x (kg)의 수증기(체적 $V\,\mathrm{m}^3$, 압력 P_w bar)가 혼합하여 압력을 P(bar)라 하면, 달톤의 법칙에 의해서 식 (10-23)이 된다.

$$P = P_a + P_w \qquad (10\text{-}23)$$

이 때 습공기 중의 수증기 질량은 습공기 중의 건공기에 대하여 $x/1\,(\mathrm{kg/kg'})$가 된다. 이 x를 습공기의 **절대습도**(absolute humidity)라 하며 단위는 $(\mathrm{kg/kg'})$이다. 즉, x는 습공기 중의 건공기 1 kg에 대한 값이며, 습공기의 전체 질량 $(1+x)$kg에 대한 것은 아니다. kg′는 습공기 중의 건공기 질량을 표시한다.

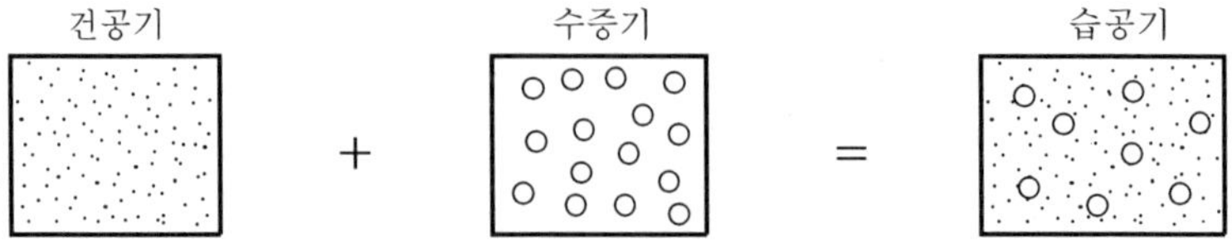

압력	P_a	P_w	$P_a+P_w=P$
체적	V	V	V
중량	1kg′	$x$kg	$1+x$

그림 10.1 습공기

2. 습도 및 노점

앞서 설명한 바와 같이 절대 습도란 건공기 1kg′에 대한 수증기의 질량비이다. 다시 말하면 습공기 중의 수증기 질량을 m_w(kg) 건공기 질량을 m_a(kg)이라 하면 절대 습도는 다음 식으로 표시된다.

$$x = \frac{m_w}{m_a} \quad (\text{kg/kg}') \tag{10-24}$$

다음으로 습공기의 밀도 ρ_w, 이 공기의 온도에 상당하는 포화 증기의 비중량을 ρ_s, 그 비를 φ라 할 때, 이를 **상대 습도**(relative humidity)라 한다. 즉,

$$\varphi = \frac{\rho_w}{\rho_s} \tag{10-25}$$

습공기의 온도에 상당하는 포화 증기의 분압을 P_s라 하면, 보일의 법칙으로부터 다음 식으로 상대 습도가 표시된다. 즉, $\dfrac{P_w}{\rho_w} = \dfrac{P_s}{\rho_s}$ 관계를 식 (10-25)에 대입하면 된다.

$$\varphi = \frac{\rho_w}{\rho_s} = \frac{P_w}{P_s} \times 100 \quad (\%) \tag{10-26}$$

윗 식에서 전압과 온도가 일정하면 상대 습도의 감소에 따라 공기의 분압이 증가한다.

습공기를 정압하에서 냉각하면 상대 습도는 점점 증가하여 드디어 포화상태에 도달한다. 이 때의 온도를 **노점**(dew point)이라 하고 증기의 분압에 해당하는 포화온도와 같다.

이를 더욱 냉각하게 되면 증기는 응축되어 안개(fog) 또는 이슬 등이 생기게 된다. 습공기 중의 수증기의 질량 m_w와 건공기의 질량 m_a는 이상 기체의 법칙으로부터 다음 식이 얻어진다.

$$m_w = \rho_w \cdot V = \frac{P_w V}{R_w T} = \frac{\varphi P_s V}{461 T}$$

$$m_a = \rho_a \cdot V = \frac{P_a V}{R_a T} = \frac{(P - \varphi P_s) \cdot V}{287 T}$$

따라서 이 때 절대 습도 x는 식 (10-27)로 표시된다. 즉,

$$x = \frac{287}{461} \cdot \frac{\varphi P_s}{P - \varphi P_s} = 0.622 \frac{\varphi P_s}{P - \varphi P_s} \tag{10-27}$$

또, 상대 습도 φ는 식 (10-28)로 표시된다. 즉

$$\varphi = \frac{x \cdot P}{P_s (0.622 + x)} \tag{10-28}$$

습공기에 수분의 출입이 없으면 절대 습도 x는 온도의 변화에 관계없이 일정하고, 상대 습도 φ는 온도와 압력의 변화에 따라 변화한다.

만일, $\varphi = 1$인 경우, 포화 습공기의 절대 습도 x_s는 식 (10-29)이다. 즉,

$$x_s = 0.622 \frac{P_s}{P - P_s} \tag{10-29}$$

이때 x와 x_s의 비를 ψ라 하면 식 (10-30)으로 표시된다. 즉,

$$\psi = \frac{x}{x_s} = \varphi \frac{(P - P_s)}{P - \varphi P_s} \tag{10-30}$$

ψ를 습공기의 **포화도**(degree of saturation) 또는 **비교습도**(percentage humidity)라 부른다.

3. 습공기의 분자량, 기체 상수 및 밀도

혼합기체의 분자량 M을 구하는 식 (10-8)에서 다음과 같이 습공기의 상태를 나타낼

수 있다.

$$M = M_a \frac{P_a}{P} + M_w \frac{P_w}{P} = M_a \frac{P - P_w}{P} + M_w \frac{P_w}{P} \tag{10-31}$$

그런데 공기의 분자량 $M_a = 28.95$, 수증기의 분자량 $M_w = 18.016$일 때

$$M = 28.95\left(1 - \frac{P_w}{P}\right) + 18.016\frac{P_w}{P} \fallingdotseq 28.95 - 10.93\frac{\varphi P_s}{P} \tag{10-32}$$

이 식으로부터 알 수 있듯이 습공기의 겉보기 분자량은 건공기의 분자량보다 작고 식 (10-6)의 관계에서 습공기는 정온 동압의 건공기보다 가벼운 것을 알 수 있다.

습공기의 기체 상수는

$$R = \frac{8{,}310}{M} = \frac{8{,}310}{28.95 - 10.93\dfrac{\varphi P_s}{P}} \quad (\mathrm{J/kg\ K}) \tag{10-33}$$

습공기의 밀도는

$$\begin{aligned}\rho &= \frac{P}{RT} = \rho_a + \rho_w = \frac{P_a}{R_a T} + \frac{P_w}{R_a T} \\ &= \frac{P - \varphi P_s}{R_a T} + \frac{\varphi P_s}{R_w T} \\ &= \frac{P}{R_a T}\left[1 - \varphi\frac{P_s}{P}\left(1 - \frac{R_a}{R_w}\right)\right] \quad (\mathrm{N/m^3})\end{aligned} \tag{10-34}$$

마찬가지로, 전공기의 기체 상수 $R_a = 287(\mathrm{J/kg\ K})$, 수증기의 기체 상수 $R_w = 461.2(\mathrm{J/kg\ K})$이므로

$$R = \frac{P}{\gamma T} = \frac{R_a}{1 - \varphi\dfrac{P_s}{P}\left(1 - \dfrac{R_a}{R_w}\right)} = \frac{287}{1 - 0.378\dfrac{\varphi P_s}{P}} \quad (\mathrm{J/kg\ K}) \tag{10-35}$$

따라서 식 (10-33)과 식 (10-35)는 같은 값이 된다.

4. 습공기의 엔탈피와 비열

일반적으로 쓰이는 습공기에 있어서 건공기의 정압비열 C_{pa}와 수증기의 정압비열 C_{pw}를 모두 일정하다고 본다. 따라서 건공기 1 kg에 해당하는 엔탈피 h_a 및 수증기 1kg에 해당되는 엔탈피 h_w는 0℃를 기준으로 하여 다음 식으로 표시된다.

$$h_a = C_{pa} \cdot t$$
$$h_w = C_{pw} \cdot t + h_{wo} \qquad (10\text{-}36)$$

단, h_{wo}는 0℃에 대한 수증기의 엔탈피이다. 여기서 $C_{pa} = 1.005(\text{kJ/kg K})$, $C_{pw} = 1.923(\text{kJ/kg K})$, $h_{wo} = 2{,}499(\text{kJ/kg})$을 사용하면(Mollier선도 중에서 80mmHg까지 공기압력 일 때, 온도범위 -30℃~+150℃에 대한 근사값)

$$h_w = 2{,}499 + 1.923t \quad (\text{kJ/kg})$$
$$h_a = 1.005t \quad (\text{kJ/kg}) \qquad (10\text{-}37)$$

습공기의 상태 변화에 있어서는 수증기의 양은 변해도 대부분의 건공기량은 변하지 않고 일정하다. 따라서 습공기 1 kg을 단위로 취급하는 외에도, 건공기 1 kg을 포함한 습공기에 대하여 다루는 것이 매우 편리하다.

다음으로 절대 습도 x인 습공기, 즉 1 kg의 건공기와 x kg의 수증기의 혼합으로 된 습공기의 엔탈피, 정압비열, 정적비열을 구해 보자. 각각 단위는 습공기 중의 건공기 1 kg에 대한 값이다.

$$h \fallingdotseq h_a + xh_w = 1.005t + (2{,}499 + 1.923t)x$$
$$= 1.005t + 0.622(2{,}499 + 1.923t)\frac{\varphi P_s}{P - \varphi P_s} \quad (\text{kJ/kg}) \qquad (10\text{-}38)$$

$$C_p \fallingdotseq 1.005 + 1.923x$$
$$= 1.005 + 1.197\frac{\varphi P_s}{P - \varphi P_s} \quad (\text{kJ/kg}) \qquad (10\text{-}39)$$

또한, $C_v = C_p - R(1+x)$이므로, 식 (10-35)과 식 (10-28)을 대입하면

$$R(1+x) = \frac{287}{1 - 0.378\varphi\dfrac{P_s}{P}} \cdot (1+x)$$

$$= 287 \times \frac{1}{1 - 0.378\dfrac{x}{0.622 + x}} \times (1 + x)$$

$$= 0.289 \times \frac{0.622 + x}{0.622} = 0.289\left(1 + \frac{\varphi P_s}{P - \varphi P_S}\right)$$

$$\therefore C_v \fallingdotseq 0.712 + 0.908\frac{\varphi P_s}{P - \varphi P_s} \quad (\text{kJ/kg}) \qquad (10\text{-}40)$$

예제 10.3

대기압 760 mmHg, 온도 31℃인 습공기의 노점을 측정했더니 22℃였다. 이 공기의 절대습도와 상대습도를 구하여라.

풀이 절대 습도란 습공기 중의 수증기와 건공기의 질량비이고, 상대 습도는 수증기의 분압과 그 온도가 상당하는 수증기의 포화 압력과의 비로 나타내어진다. 표 10.1에 의하면 31℃ 및 22℃일 때 수증기의 포화 압력은 각각 33.7 mmHg, 19.82 mmHg이므로, 우선 절대 습도 x는

$$x = 0.622\frac{\varphi P_s}{P - \varphi P_s} = 0.622\frac{P_w}{P - P_w}$$

$$= 0.622\frac{19.82}{760 - 19.82} = 0.0167 \quad (\text{kg/kg}')$$

또한, 상대 습도 φ는

$$\varphi = \frac{P_w}{P_s} = \frac{19.82}{33.7} = 0.588$$

이 된다. ■

예제 10.4

실내온도 22 ℃, 습도 30%, 압력 760 mmHg일 때, 공기의 증기분압, 밀도 및 절대 습도를 구하여라. 단, 공기의 기체 상수는 287 J/kg k이다.

풀이 표 10.1에서 P_s는 18.82 (mmHg)이므로

$$P_w = \varphi P_s = 0.3 \times 19.82 = 5.943 \ (\text{mmHg})$$

그리고 $P_w \cdot V = m_w \cdot R_w \cdot T$에서

$$P_w = \frac{m_w}{V} R_w \cdot T = \rho_w \cdot R_w \cdot T$$

표 10.1 공기표(대기압=760(mmHg), 0(℃) 이하는 얼음에 접하는 공기)

t= 온도, p_s, h_s= 포화수증기 압력, x_s= 포화공기의 절대습도

h_s= 포화공기의 엔탈피, v_s= 포화공기의 비체적, v_a= 건조공기의 비체적

t(℃)	p_s(bar)	h_s(mmHg)	x_s(kg/kg) (건조공기)	h_s(KJ/kg) (건조공기)	v_s(m³/kg) (건조공기)	v_a(m³/kg)
−20.1	1.031×10^{-3}	0.7739	0.6340×10^{-3}	−4.427×4.2	0.7179	0.7172
−18.1	1.299 〃	0.9362	0.7671 〃	−3.868 〃	0.7231	0.7228
−16.0	1.503 〃	1.129	0.9255 〃	−3.294 〃	0.7296	0.7285
−14.0	1.809 〃	1.358	1.113 〃	−2.702 〃	0.7225	0.7342
−12.0	2.170 〃	1.629	1.336 〃	−2.089 〃	0.7417	0.7398
−10.0	2.595 〃	1.948	1.598 〃	−1.452 〃	0.7474	0.7455
−8.0	3.096 〃	2.323	1.907 〃	−0.787 〃	0.7535	0.7512
−6.0	3.682 〃	2.764	2.270 〃	−0.090 〃	0.7596	0.7566
−4.0	4.369 〃	3.279	2.695 〃	0.655 〃	0.7658	0.7625
−2.0	5.170 〃	3.880	3.192 〃	1.424 〃	0.7921	0.7662
0.0	6.103 〃	4,581	3.792 〃	2.253 〃	0.7786	0.7738
2.0	7.050 〃	5.292	4.361 〃	3.089 〃	0.7850	0.7895
4.0	8.124 〃	6.098	5.301 〃	3.974 〃	0.7915	0.7952
6.0	9.340 〃	7.010	5.791 〃	4.914 〃	0.7982	0.7908
8.0	1.0714×1^{-2}	8.042	6.652 〃	5.917 〃	0.8050	0.7965
1.10	1.2264 〃	9.205	7.625	6.988 〃	0.8120	0.8021
12.0	1.4008 〃	10.514	8.725	8.138 〃	0.8192	0.8088
14.0	1.5966 〃	11.98	9.964	9.373 〃	0.8265	0.8135
16.0	1.8160 〃	13.61	0.01136	10.70 〃	0.8341	0.8191
18.0	2.062 〃	15.47	0.01293	12.14 〃	0.8420	0.8248
20.0	2.335 〃	17.53	0.01469	13.70 〃	0.8501	0.8505
22.0	2.641 〃	19.82	0.01666	15.39 〃	0.2585	0.8412
24.0	2.981 〃	22.38	0.01887	17.23 〃	0.8673	0.8680
26.0	3.359 〃	25.21	0.02134	19.23 〃	0.8166	0.8475
28.0	3.777 〃	28.35	0.02410	21.41 〃	0.8862	0.8531
30.0	4.241 〃	31.83	0.02718	23.80 〃	0.8963	0.8988
32.0	4.752 〃	35.67	0.03063	26.41 〃	0.9090	0.8645
34.0	5.317 〃	39.90	0.03447	29.26 〃	0.1983	0.8701
36.0	5.938 〃	44.57	0.03875	32.40 〃	0.9304	0.8759
38.0	6.622 〃	49.70	0.04352	35.84 〃	0.9431	0.8815

40.0	7.373 〃	55.34	0.04884	39.64 〃	0.9568	0.8871
42.0	8.534 〃	61.52	0.05478	43.81 〃	0.9714	0.8228
44.0	9.098 〃	68.29	0.06140	48.43 〃	0.9472	0.8985
46.0	0.1008	75.68	0.06818	53.52 〃	1.0040	0.9041
48.0	0.1158	83.75	0.07703	59.16 〃	1.0220	0.9098
50.0	0.1233	92.56	0.08625	65.42 〃	1.0420	0.9155
52.0	0.1361	102.14	0.09657	22.39 〃	1.0640	0.9211
54.0	0.1499	112.6	0.418	80.12 〃	1.0880	0.9268
56.0	0.1651	123.9	0.121	88.78 〃	1.1140	0.9325
58.0	0.1863	136.2	0.1358	98.48 〃	1.1430	0.9381
60.0	0.1991	149.5	0.1523	109.37 〃	1.1750	0.9428
62.0	0.2183	163.8	0.1709	121.7 〃	1.2100	0.9495
64.0	0.2390	199.5	0.1922	135.6 〃	1.2500	0.9551
66.0	0.2614	196.2	0.2164	151.4 〃	1.2950	0.9608
68.0	0.2854	214.3	0.2142	169.5 〃	1.0340	0.9665
70.0	0.3114	233.8	0.2763	190.4 〃	1.4240	0.9721
72.0	0.3394	254.8	0.3136	214.6 〃	1.4710	0.9778
74.0	0.3695	277.3	0.3973	242.8 〃	1.5480	0.9835
76.0	0.4017	301.5	0.4090	276.3 〃	1.6400	0.9891
78.0	0.4443	327.5	0.4709	316.2 〃	1.7480	0.9948
80.0	0.4733	355.3	0.5460	363.6 〃	1.8790	1.0004
82.0	0.5130	385.1	0.6387	424.3 〃	2.0400	1.006
84.0	0.5555	416.9	0.7557	499.5 〃	2.2410	1.012
86.0	0.6007	450.7	0.9672	597.0 〃	2.5020	1.017
88.0	0.6490	487.2	1.111	729.7 〃	2.8500	1.623
90.0	0.7007	525.9	1.397	911.6 〃	3.3400	1.029
92.0	0.7556	567.1	1.829	1,189.0 〃	4.0960	1.034
94.0	0.8141	611.0	2.551	1,652.0 〃	5.3600	1.040
96.0	0.8763	657.7	3.999	,2581.0 〃	7.7700	1.046
98.0	0.9423	707.3	8.352	5,373.0 〃	15.1700	1.031
100.0	1.0126	760.6	—	—	—	1.057

이므로 구하고자 하는 밀도 ρ_w는

$$\rho_w = \frac{P_w}{R_w \cdot T} = \frac{101{,}325 \times \dfrac{5.943}{760}}{287 \times 295} = 0.009359\ (\mathrm{kg/m^3})$$

끝으로 절대 습도 x는

$$x = 0.622 \times \frac{0.3 \times 19.82}{760 - 0.3 \times 19.82} = 0.00789\ (\mathrm{kg/kg'})$$

■

10.4 습공기 선도

습공기표 (표 10.1)에서는 포화 공기의 상태값은 정확하게 나타낼 수 있으나, 비포화 상태의 여러 가지 값을 알려면 다시 계산해야 할 뿐 아니라, 여러 과정의 상호 관계를 뚜렷하게 알 수 없다. 정압하에서 이들의 관계를 그래프로 표시한 것이 습공기 선도(psychrometric chart)라 한다.

이 선도에서는 여러 가지 수치를 간단히 읽을 수 있고, 상호 관계도 잘 나타내어지고 있다. 예를 들어 한 상태에서 두 가지의 공기 성질만 알면 선도상에 1점이 결정되므로 동시에 여러 가지 상태값을 알 수 있다.

습공기 선도는 공기 조화 설비에서 가장 많이 쓰이는 자료로 공기의 상태를 신속히 결정할 수 있고, 또 상태 변화를 추적하여 얻고자 하는 다른 값이 쉽게 얻어진다. 현재 사용되는 습공기 선도에는 엔탈피와 절대 온도를 사교좌표로 한 $h-x$ 선도, 건구 온도와 절대 습도를 직교 좌표로 한 $t-x$ 선도, 건구 온도와 엔탈피를 직교 좌표로 한 $t-h$ 선도가 있다. $h-x$ 선도는 이론적 취급이 좋고 $t-x$ 선도는 실용적 응용이 가능하며, $t-h$ 선도는 특히 공기와 물의 변화를 동시에 표시하기 좋다. 따라서 습공기 선도를 사용할 때는 각각 특징을 염두에 두고 선택해야 한다. 이 습공기 선도는 부록에 표시하였다(부록 그림 7). 지금 어떤 공기의 상태를 나타내는 상태점(P점)을 그림 10.2로 나타내고 있다. 즉, 건구 온도 $t=26$℃이고, 습구 온도가 18.71℃인 경우, P점을 구하여 이 때 엔탈피, 상대 습도, 포화도, 절대 습도, 수증기 분압, 노점 온도 및 비체적을 구해 보자. 먼저

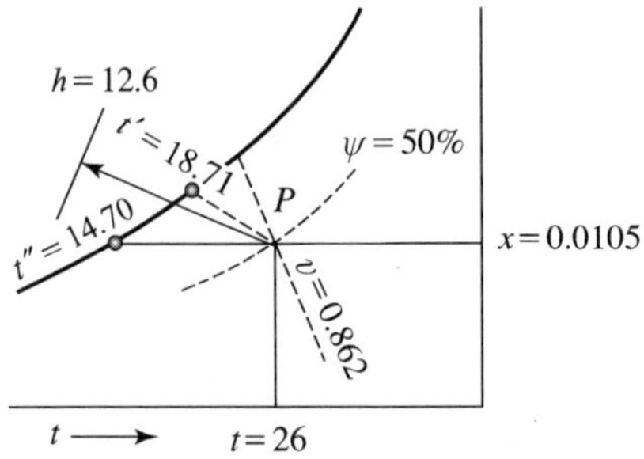

그림 10.2 $t-x$ 선도

P점을 지나는 수평선이 주어진 실내의 절대습도 x이며, 이 때 $x=0.0105$ kg/kg′이 된다. 여기서 실내공기는 건공기 1 kg′당 수분(수증기) 0.0105 kg이 포함되었음을 알 수 있게 된다. 한편, 절대 습도 좌표와 평행한 수증기 분압은 12.5 mmHg로 구해진다. 또, P점의 좌측으로 포화 곡선과 만날때까지 수평선을 그어 교점에 이르면, 이 때가 노점이 된다. 즉, 노점 온도 t''는 14.7℃로 되므로, 실내 온도를 26℃에서 14.7℃까지 11.3℃ 만큼 냉각시키면 노점에 도달하게 된다. 또한, 상대 습도와 포화도는 건구 온도가 크면 차이가 있지만, 건구 온도가 작으면 거의 차이가 없이 일치되어 포화 곡선에서는 하나의 곡선이 된다. 따라서 상대 습도 φ와 포화도 φ는 모두 약 50% 정도가 된다.

비체적선은 P점에서 우하향으로 그려지는 파선으로 그 값 v는 0.862 m^3/kg이다. 끝으로 엔탈피는 포화 곡선 좌측 눈금밖에 눈금이 표시되어 있는데 이 값 h를 읽으면 12.6 kJ/kg으로 얻어진다.

1. 두 상태인 공기의 단열 혼합

그림 10.3은 공기조화설비에서 재순환하는 공기를 공기 가열기, 공기 냉각기 및 공기 청정기 등에 의해 공기를 혼합하는 경우, 단열 과정으로 본 것을 표시하고 있다. t_1, x_1인 상태 1의 공기 n(kg)과 t_2, x_2인 상태 2의 공기 m(kg)을 단열 혼합하면, t_3, x_3의 상태 3으로 된다. 이들 사이의 변화는 다음 식으로 표시된다. 즉,

$$t_3 = (nt_1 + mt_2)/(m+n) \quad (℃) \tag{10-41}$$

$$\varphi_3 = (\varphi_1 n + \varphi_2 m)/(m+n) \quad (\%) \tag{10-42}$$

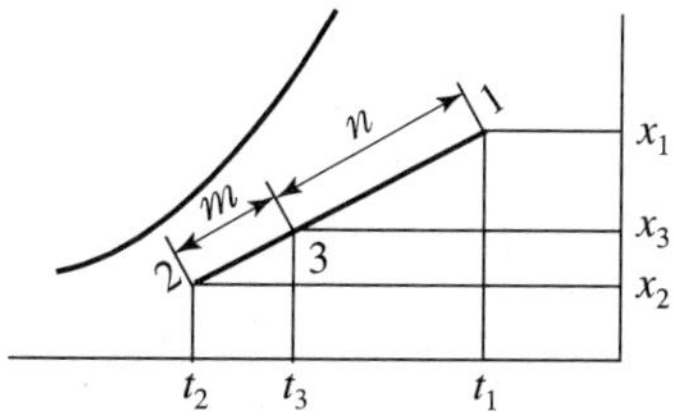

그림 10.3 단열 혼합

$$x_3 = (x_1 n + x_2 m)/(m+n) \ \ (\mathrm{kg/kg'}) \tag{10-43}$$

$$h_3 = (h_1 n + h_2 m)/(m+n) \ \ (\mathrm{kJ/kg}) \tag{10-44}$$

2. 공기의 가열

공기를 가열하였을 때 온도만 올라가고, 절대 습도는 일정하게 되는 경우는 히터(heater)나 방열기(radiator) 등에 의해 쉽게 얻어진다.

그림 10.4는 x가 일정하게 유지되며 가열되는 경우를 나타낸 것이다. m(kg)의 공기를 1에서 2로 변화시켜 건구 온도가 t_1에서 t_2로 상승하였을 때, 가열량은 다음 식으로 표시된다. 즉,

$$_1Q_2 = m \cdot (h_2 - h_2) = m \cdot C_p \cdot (t_2 - t_1) \ \ \ (\mathrm{kJ}) \tag{10-45}$$

위에서 h_1, h_2는 처음과 나중 상태의 공기 엔탈피이고, C_p는 공기의 정압비열을 의미한다.

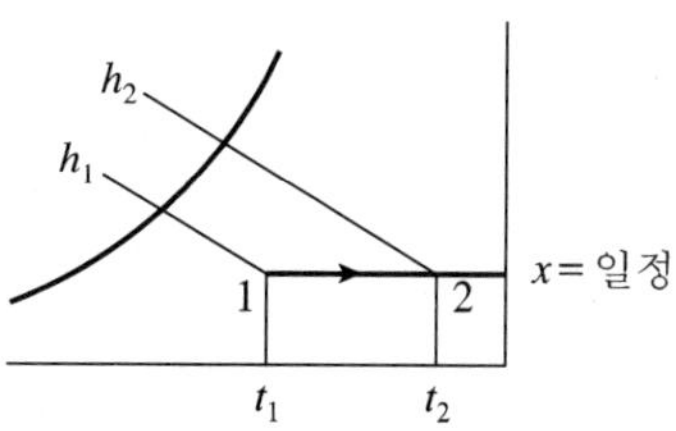

그림 10.4 공기의 가열

3. 공기의 냉각 및 감습

공기를 단순히 냉각할 때는 그림 10.4에서 화살표 방향이 반대로 될 뿐 냉각 열량은 식 (10-45)에서 구할 수 있고, 부호만 −로 정하면 된다. 그러나 냉각을 계속하면 포화 곡선에 도달하는데 이 때는 어떻게 되는지 그림 10.5를 참고하여 본다. 더운 여름날 냉수를 담은 컵의 바깥 표면에 물방울이 맺히는 경우를 종종 볼 수 있을 것이다. 이는 그림 10.5에서 t_2점은 t''와 같은 점으로 노점 온도이고, 공기를 이 온도 이하로 냉각하면, 절대 습도가 내려가서 공기 중의 수분이 없어진다. 따라서 공기가 노점 온도 이하로 냉각되면 동시에 감습이 된다. 그 변화 과정은 그림 10.6에 표시한다. 이 때 냉각한 열량은 현열량과 잠열량의 합과 같으므로 G(kg)의 공기에 대하여 이들 식을 표시하면 다음과 같다. 즉,

$$\text{감열량 } Q_t = G(h_1 - h_2) \quad \text{(kJ)} \tag{10-46}$$

$$\text{현열량 } Q_s = G \cdot C_p(T_1 - T_2) \quad \text{(kJ)} \tag{10-47}$$

$$\text{잠열량 } Q_l = G \cdot \gamma(x_1 - x_2) \quad \text{(kJ)} \tag{10-48}$$

여기서 Q_s를 Q_l로 나눈 값, 즉, $\dfrac{Q_s}{Q_l}$를 현열비(sensible heat factor) SHF라 한다.

예제 10.5

건구 온도 22℃, 노점 온도 14.14℃일 때 습공기의 각종 성질을 구하여라.

풀이 습공기 선도에서

절대 습도 $x = 0.010$ (kg/kg′), 수증기 분압 $P_s = 12.1$ (mmHg), 상대 습도 $\varphi = 60.5$(%), 포화도 $\psi = 60.5$(%), 습구 온도 $t' = 17$(℃), 비체적 $v = 0.8495$ (m^3/kg) 및 엔탈피 $h = 11.39$ (kJ/kg)이 각각 구해진다. ■

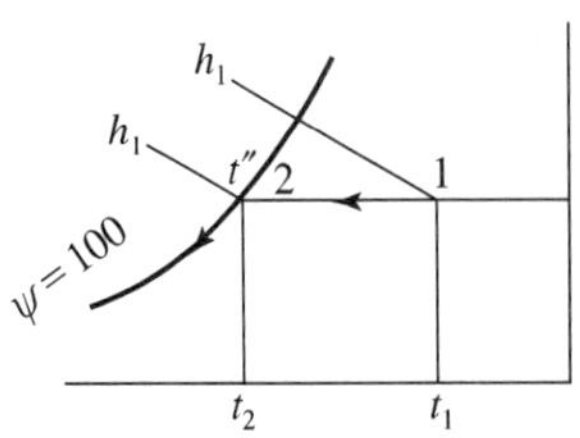

그림 10.5 냉각

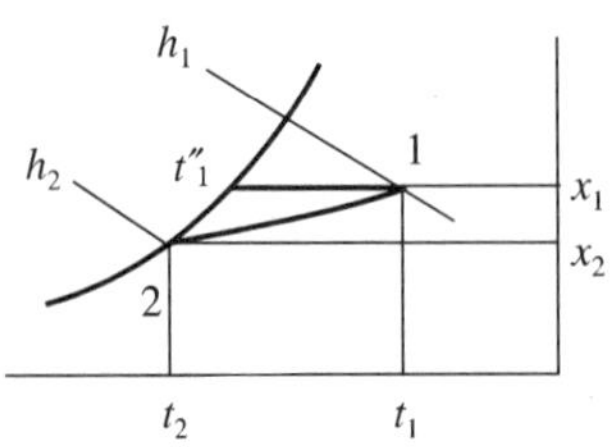

그림 10.6 감습

예제 10.6

건구 온도와 습구 온도가 각각 26℃, 14.7℃일 때 습공기의 불쾌지수(uncomfort index)를 구하여라.

풀이 불쾌지수, UI는 다음 식에 의해 구해진다. 즉,

$$UI = 0.72(\text{건구온도} + \text{습구온도}) + 40.6$$
$$= 0.72(26 + 14.7) + 40.6 = 69.904$$

일반적으로 사람이 느끼는 쾌적감은 불쾌지수가 75정도이면 좋다고 보고, 80이상이면 땀이 나고, 85이상이면 견디기 어려울 정도이므로 69.6은 쾌적한 경우에 속한다. ■

예제 10.7

$t-x$ 선도에서 다음 값들을 찾아라.

① 대기 온도가 0℃ 및 20℃일 때 상대 습도가 80%이면 절대 습도는?

② 온도 16℃, 상대 습도 30%일 때 습공기의 엔탈피를 구하여라.

풀이 습공기 선도에서 구한다.

① $x_0 = 0.00300\ (\text{kg/kg}')$, $x_{20} = 0.0117\ (\text{kg/kg}')$

② $h = 5.89\ (\text{kJ/kg})$ ■

연습문제

1. 산소 8 kg과 질소 12 kg으로 된 혼합기체의 정압비열은 얼마인가? 단, 질소의 정압비열은 1.034 kJ/kg°C, 산소의 정압비열은 0.908 kJ/kg°C이다.

2. 건공기의 중량비가 N_2=78%, O_2=21%, Ar=1%일 때 이 건공기의 기체 상수는 얼마인가? 단, R_{N_2}= 296.55 J/kg K, R_{O_2}= 259.60 J/kg K, R_{Ar}= 208.05J/kg K이다.

3. N_2=62%, CO_2=30%, O_2=8%로 조성된 기체 혼합물의 중량조성을 구하여라.

4. N_2=35%, H_2=35%, CO_2=30%의 조성을 갖는 기체혼합물의 체적 조성을 구하여라.

5. 문제 4에서 혼합물의 압력이 55 kPa일 때 각 성분 기체의 분압은 얼마인가?

6. 실온 21℃, 습도 30%, 기압 760 mmHg일 때 공기의 증기분압, 비중량 및 절대 습도를 구하여라. 단, R= 286.9 J/kg K, 21℃에서의 포화압력 P_s= 18.65 mmHg이다.

7. 표준대기압에서 온도 40℃, 상대습도 80%인 습공기일 때 다음을 구하여라. 단 40℃에서 포화압력 55.34 mmHg인가?

1) 겉보기 분자량
2) 절대습도
3) 비교습도(포화도)
4) 정압비열
5) 정적비열

8. 에틸렌이 6l이 구형용기에 260℃, 2,750 kPa의 압력으로 들어있다. 이 가스를 체적 60l의 질소용기(압력 10.1 MPa, 온도 260℃)에 넣어 혼합하는 경우 최종 압력은 얼마인가?

9. 중량비로서 H_2=10%, CO_2=90%인 혼합가스의 압력이 1 bar일 때 이 성분 가스의 분압을 구하여라.

10. $10\,m^3$의 탱크(tank)에 상대습도 70%, 온도 30℃, 압력 1.2 bar의 습공기가 들어 있다. 이때 절대습도 x, 노점온도 td, 건공기 및 수증기의 중량 G을 구하여라.

11. 체적 $0.2\,m^3$의 용기내에 101.3 Kpa, 15℃인 상태의 질소가 들어 있다. 여기에 0.2 kg의 질소를 다시 용기속에 주입한다면 주입 후의 압력은 얼마인가? 단, 용기의 온도변화는 없으며 질소의 분자량은 28이고 완전기체로 취급한다.

12. 체적이 $10\,m^3$인 변형없는 용기에 산소 2 kg과 수소 2 kg의 혼합기체가 들어 있다. 반면 양쪽 기체는 서로 반응하지 않는다면 다음을 구하여라.

1) 온도 $t_l = 30$℃에서 각각의 분압은 얼마이겠는가?

2) 용기내의 압력을 $P_2 = 5$ bar로 한다면 온도는 몇 ℃로 하면 좋은가?

3) 위의 문에서 가열할 때 가하 열량은 얼마이겠는가?

 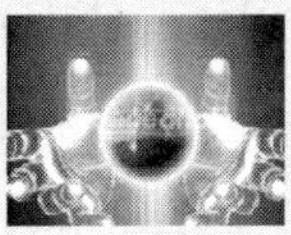 

CHAPTER 11

연 소

11.1 연 료

사이클에 있어서 유체가 일을 하기 위해서는, 열량의 공급을 필요로 한다. 그리고 이 열량 공급은 연료가 연소할 때 생기는 발열량을 기초로 한다. 고체 연료로서 목재, 석탄, 코크스 등을 들 수 있다. 그 중 가장 중요한 석탄에는 갈탄, 역청탄, 무연탄 등의 종류가 있고 그들의 성분은 탄소 이외에 수소, 황, 질소, 산소, 수분 및 회분들로 구성되어 있다.

액체 연료로서 가장 중요한 것은 석유이며, 중유, 액화 석유, COM(Coal Oil Mixture), 알코올, 타아르 등이 있다. 석유의 주성분을 이루는 것은 C, H의 화학기호를 갖는 탄화수소로, 그 밖에 미소량의 산소, 황 및 질소 화합물을 함유하고 있다. 석유는 원유(Crude oil)의 정제에 의해 휘발유, 등유, 경유, 중유로 나뉘어진다. 알코올은 고가이지만 양질의 연료이고, 벤젠 등과 혼합하여 사용될 수 있다.

기체 연료로서는 천연으로 산출하는 천연 가스, 액체 연료의 열분해에 의한 석탄 가스, 석유 정제시 액화 석유 가스, 공기와 소량의 수증기의 존재인 발생로 가스, 고온의 고체 연료에 수증기를 작용시켜 발생한 수성 가스 및 코크스로 가스(COG), 고로 가스(BFG), 전로 가스(LDG) 등이 있다. 이들의 성분은 대개 포화 탄화수소, 일산화탄소, 수소, 중탄화수소 등의 가연 성분과 이산화탄소, 질소 등의 불연 성분으로 구성되어 있다. 최근에는 원자로에 쓰이는 천연 우라늄 등이 있는데 U-233, U-235, U-238 등이 있다.

11.2 연소의 화학 반응식

연소는 적당한 고온도에 대한 급속한 산화 작용이다. 공기가 충분히 공급되어 연료의 각 부분이 공기와 잘 접촉할 때에는 완전 연소가 이루어지지만, 그렇지 않으면 불완전 연소를 일으킨다. 연소의 실제 화학 반응은 복잡한 것이므로 보통 가연 성분과 산소와의 간단한 화합으로 취급된다.

1. 수소(H_2)

화학 반응식은

$$2H_2 + O_2 = 2H_2O \tag{11-1}$$

중량 관계를 나타내면 $2 \times 2 + 32 = 2 \times 18$

수소 1 kg에 대해서는 $1 + 8 = 9$

즉, 1 kg_f 수소의 완전한 연소는 8 kg의 산소와의 화합에 의해 수소 2분자와 산소 1분자가 화합하여 H_2O 2분자로 된 것을 알 수 있다. 즉, kmol의 관계로 나타내면 2kmol + 1kmol → 2kmol 아보가드로의 법칙에 의해 나타내면 같은 온도, 같은 압력일 때, 모든 가스 1 kmol이 차지하는 체적은 동일하므로, 체적비는 2 : 1 : 2 즉, 2Nm^3 수소와 1 Nm^{3}의 산소가 화합하여 2 Nm^3 H_2O(기체)가 생기는 것으로 된다.

2. 탄소(C)

(1) 불완전 연소를 하는 경우

탄소가 불완전 연소하면 일산화탄소가 발생한다. 화학 반응식은

$$2C + O_2 = 2CO \tag{11-2}$$

중량의 관계는 $2 \times 12 + 32 = 2 \times 28$

탄소 1 kg에 대해서는 $1 + \frac{4}{3} = \frac{7}{3}$

체적비는 2 : 1 : 2

(2) 완전 연소를 하는 경우

이 경우는 탄산가스가 발생한다. 화학 반응식은

$$C + O_2 = CO_2 \tag{11-3}$$

중량의 관계는 $12 + 32 = 44$

탄소 1 kg에 대해서는 $1+\frac{8}{3}=\frac{11}{3}$

체적비는 1 : 1 : 1

3. 황(S)

유황이 연소하면 아황산가스가 된다. 화학 반응식

$$S+O_2=SO_2 \tag{11-4}$$

황 1 kg에 대해서는 $1+1=2$

체적비는 1 : 1 : 1

4. 일산화탄소(CO)

화학 반응식은

$$2CO+O_2=2CO_2 \tag{11-5}$$

중량의 관계는 $2\times 28+32=2\times 44$

일산화탄소 1 kg에 대해서는 $1+\frac{4}{7}=\frac{11}{7}$

체적비는 2 : 1 : 2

5. 탄화수소(C_mH_n)

화학 반응식

$$C_mH_n+\left(m+\frac{n}{4}\right)O_2=mCO_2+\frac{n}{2}H_2O \tag{11-6}$$

중량의 관계는 $(12m+n)+\left(m+\frac{n}{4}\right)\times 32=m44+\frac{n}{2}\times 18$

체적비는 $1:\left(m+\frac{n}{4}\right):m:\frac{n}{2}$

예제 11.1

황 32 kg_f이 완전 연소하는 데 필요한 산소의 양은 얼마인가?

풀이 식 (11-4)에 의하면

$$S + O_2 = SO_2$$

$32 + 32 = 64$로 아황산가스가 된다.
따라서 필요한 산소량은 32 (kg)이다. ■

예제 11.2

1 kg의 수소가 완전 연소할 때 9 kg의 H_2O가 생성된다면, 최소 산소량은 얼마인가?

풀이 식 (11-1)에 의하면, 필요한 산소량은 8 (kg)이다. ■

11.3 연소에 필요한 공기량

연소에 필요한 산소를 공급하는 공기는 산소 외에 다량의 질소 및 미소량의 알코올을 포함하고 있다. 따라서 공기 중의 산소 함유량과 연소 반응식으로부터 연료의 완전 연소에 이론상 필요한 공기량이 계산된다. 근사적으로 공기의 성분을 산소와 질소만으로 그 혼합 비율은 다음과 같다.

중량 비율 : 산소 23.2%, 질소 76.8%
체적 비율 : 산소 20.9%, 질소 79.1%

따라서 연료 1 kg의 연소에 필요한 산소량을 O_o kg이라 하면 이론적 필요 공기량은 연료 1 kg에 대하여

$$L_o = \frac{1}{0.232} \times O_o \ (\text{kg/kg}) \tag{11-7}$$

또한, 연료 1 Nm^3의 연소에 필요한 산소량을 O_o Nm^3으로 하면 이론적 필요 공기량은

연료 1 Nm³에 대하여

$$L_o = \frac{1}{0.21} \times O_2 \quad (Nm^3/Nm^3) \tag{11-8}$$

이를 테면, 어느 액체 연료 1kg 중에 탄소 Ckg, 수소 Hkg, 황 Skg, 산소 O kg을 필요로 하므로 탄소 1 kg의 연소에는 산소 $\frac{8}{3}$ kg, 황 1 kg의 연소에는 산소 1 kg이 필요하다. 이 액체 연료 1 kg을 완전 연소시키기 위해 외부에서 공급되는 산소량은

$$\frac{8}{3}C + 8H + S - O \quad (kg/kg)$$

단위 Nm^3/kg으로 나타내면, 산소 1 kmol(32 kg)의 체적은 22.4 Nm^3이므로

$$\frac{22.4}{32}\left(\frac{8}{3}C + 8H + S - O\right) = 22.4\left(\frac{C}{12} + \frac{H}{4} - \frac{(O-S)}{32}\right) \quad (Nm^3/kg)$$

따라서 필요한 이론적 공기량은

$$L_o = \frac{1}{0.232}\left(\frac{8}{3}C + 8H + S - O\right) \quad (kg/kg) \tag{11-9}$$

또는,

$$L_o = \frac{22.4}{0.21}\left(\frac{C}{12} + \frac{H}{4} - \frac{O-S}{32}\right) \quad (Nm^3/kg) \tag{11-10}$$

다음으로 어느 기체 연료 1 Nm^3 중에 수소 H_2 m^3, 일산화탄소 CO m^3, 메탄 CH_4 m^3, 에틸렌 C_2H_4 m^3 및 산소 O_2 m^3이 함유되어 있을 때, 이 연료 1 Nm^3의 연소에 필요한 공기량은 앞의 반응식에 대한 체적비의 관계에서 다음 식으로 주어진다.

$$L_o = \frac{1}{0.21}\left\{\frac{1}{2}(H_2 + O_2) + 2CH_4 + 3C_2H_4 - O_2\right\} \quad (Nm^3/Nm^3) \tag{11-11}$$

위에서 설명한 여러 식에서 L_o를 구하려면, 연료 중의 성분 비율을 알아야 한다. 그러기 위해서는 화학 분석의 필요가 있다. 여기에 대해 독일 로신-펠링(Rosin- Fehling)은 통계적 연구에서, 또한 일본 학자 이시타니(Ishi Tani)는 이론적 계산에서 마찬가지로 L_o를 연료의 발열량의 함수인 간단한 1차식으로 나타내고 있다.

이상은 연소에 필요한 이론적 공기량을 논했지만, 실제의 연소 경우는 일반적으로 완

전 연소를 이루게 하는데 이 보다도 다량의 공기를 필요로 한다.

연료 1kg 에 대해 실제로 공급한 공기량을 L kg이라 하면 다음 식으로 표시되는 μ를 **공기 과잉률**이라 부른다. 즉,

$$\mu = \frac{L}{L_o} \tag{11-12}$$

이 L kg 중에서 실제로 연소에 이용되는 산소량은 $0.232L_o$ kg이고, 나머지 $(\mu-1)L_o$ kg의 공기와 $0.768\,L_o$ kg의 질소는 불필요한 열에 지나지 않는 것이다. 과잉 공기는 그만큼 열 손실을 크게 하므로, 완전 연소가 허락하는 범위 내에서 적은 것이 바람직하다.

예제 11.3

다음과 같은 조성 (%)의 연소 가스의 완전 연소에 대하여 완전 연소시 이론 공기량 L_o를 구하여라. 단, $H_2 = 22.2$, $CO = 8.4$, $CH_4 = 21.6$, $C_2H_4 = 3.3$, $O_2 = 8$, $CO_2 = 2.5$ 및 $N_2 = 38.2$이다.

풀이 식 (11-1)에 의해 얻을 수 있다. 즉,

$$\begin{aligned} L_o &= \frac{1}{0.21}\left\{\frac{1}{2}(H_2 + CO) + 2CH_4 + 3C_2H_4 - O_2\right\} \\ &= \frac{1}{1.21}\left\{\frac{1}{2}(0.222 + 0.084) + 2\times 0.216 + 2\times 0.032 - 0.038\right\} \\ &= 3.08\ (\mathrm{Nm^3/Nm^3}) \end{aligned}$$

11.4 연료의 발열량

연료에 포함된 가연 성분이 연소하면 다량의 열량이 발생한다. 이 연소열이 공업상으로 기계적 일로 이용되는 것이다. 단위량의 연료가 완전 연소할 때는 발생하는 열량을 그 연료의 발열량(calorific value)이라 한다. 고체 및 액체의 연료에 대해서는 (kJ/kg), 가스체 연료에 대하여는 (kcal/Nm^3)의 단위를 쓴다.

각 연료의 발열량은 열량계(calorimeter)로 측정된다. 열량계에는 말러(Mahler) 열량계와 같은 정적 열량계와 융커(Junker) 열량계와 같은 정압 열량계가 있다.

여기서 압력이 일정한 경우의 발열량과 체적이 일정한 경우의 발열량과의 구별이 존재하지만 그 차이는 매우 적으므로, 대부분 이것을 무시해도 좋다.

연소에 의해 얻은 가스에 수증기가 함유되어 있을 경우 보통의 발열량 측정법으로는 연소 가스를 다시 처음의 온도까지 냉각시키므로, 수증기의 증발열을 포함한 발열량을 **고위 발열량**(higher calorific value)이라 한다.

실제 열기관은 연소 가스가 실온까지 냉각되지 않는다. 따라서 수증기는 복수 되지 않으므로 증발열은 이용되지 않고, 이 경우는 증발열은 계산하지 않는다. 이 때의 발열량을 **저위 발열량**(lower calorific value)이라 말하고, 열기관 사이클에 대한 계산에 쓰이고 있다.

열량계로 측정한 고위 발열량에서 저위 발열량을 구하는 방법은 여러 가지가 있으나 수증기의 증발열은 대략 2.512 MJ/kg 정도이다. 즉, 원소 분석의 결과 연료 1 kg 중의 수소량을 H kg이라 하면, 발생 수증기는 9H kg으로 되므로, 고위 발열량과 저위 발열량과의 차이는 약 $2.512 \times 9\mathrm{H}$ MJ로 된다.

연료의 발열량은 열량계의 측정에 의한 것이 가장 확실하지만, 그 원소 분석의 결과를 알았을 때는 다음의 듀롱(Dulong)식에 의해 근사적으로 구해진다.

고체나 액체 연료 1 kg중에 탄소 Ckg , 수소 Hkg , 산소 O kg, 황 Skg , 수분 W kg이 포함되어 있으면, 이 연료 1 kg의 저위발열량 H_l과 고위 발열량 H_h는 다음 식들로 된다.

· 고위 발열량 : H_h (MJ/kg)

$$\mathrm{H}_h = 33.9\mathrm{C} + 142\left(\mathrm{H} - \frac{\mathrm{O}}{8}\right) + 9.2\mathrm{S} \qquad (11\text{-}13)$$

· 저위 발열량 : H_l (MJ/kg)

$$\begin{aligned}\mathrm{H}_l &= 33.9\mathrm{C} + 120\left(\mathrm{H} - \frac{\mathrm{O}}{8}\right) - 2.512\mathrm{W} + 9.2\mathrm{S} \qquad (11\text{-}14)\\ &= \mathrm{H}_h - 5.212(9\mathrm{H} + \mathrm{W})\end{aligned}$$

단, 연료 중의 산소는 수소와 더불어 물의 상태로 되어 있다고 생각하고, 이 때 수소와 산소의 화합 중량비는 1:8이므로, 수소 H kg 중 $\frac{\mathrm{O}}{8}$만큼은 연소에 관계하지 않는 것으로 가정하고 있다.

2.512 W가 수분의 증발 때문에 소비되는 열량이다. 알코올의 경우와 같이 산소와 반드시 물의 상태로서 존재한다고 생각되지 않을 때, 또한 산소의 함유량이 미소량인 때는 윗 식으로부터 $\frac{O}{8}$의 항을 생략해도 좋다.

이제 연료 중의 각 원소는 화학물의 상태로 존재하고, 이 화합물의 생성열이 발열량에 비해 별로 작지 않을 때는 윗 식 (11-13)은 정확한 값을 주지 않게 된다. 연료와 공기의 **혼합가스** 1 kg의 **저위 발열량** H_l는 다음과 같이 구해진다. 연료 1 kg에 대한 공기량을 μL_o kg으로 하면,

$$H_l = \frac{H_l}{1+\mu L_o} \quad (\mathrm{MJ/kg}) \tag{11-15}$$

다음으로, 기체 연료 중의 성분이 체적의 비율로 주어지는 경우에는 어느 기체 연료 1 Nm^3 속에 수소 H_2 m^3, 일산화탄소 CO m^3, 메탄 CH_4 m^3, 에틸렌 C_2H_4 m^3이 포함되었다고 하면, 이 연료 1 Nm^3의 저위 발열량과 고위 발열량은 다음과 같다. 즉,

$$H_l = 10.758\,H_2 + 12.725\,CO + 35.874\,CH_4 + 58.395\,C_2H_4 \quad (\mathrm{MJ/Nm^3}) \tag{11-16}$$

$$H_h = 12.788\,H_2 + 12.725\,CO + 39.893\,CH_4 + 62.371\,C_2H_4 \quad (\mathrm{MJ/Nm^3}) \tag{11-17}$$

보통 연료의 연소에 취급되는 주요 물질의 저위 발열량을 표 11.1에 나타냈다.

표 11.1 각종 물질의 저위 발열량

물 질	기 호	저위 발열량	
		MJ/kg	MJ/Nm^3
탄소	C	33.907(완전연소)	–
		10.046(불완전연소)	–
황	S	10.465	–
수소	H_2	120.557(121.394)	10.758
일산화탄소	CO	10.172	12.725
메탄	CH_4	50.106	35.874
에탄	C_4H_6	47.490	63.523
에틸렌	C_2H_4	46.674	58.395
벤졸	C_6H_6	39.641	138.138

예제 11.4

석탄을 원소 분석한 결과, 고위 발열량이 29.302 MJ/kg이고, 수분 3.24%, 탄소 67.95%, 수소 4.99%, 산소 11.32%, 질소 1.01% 및 황 성분이 0.52%였다. 이 때 저위 발열량을 구하여라.

풀이 식 (11-14)에 의해 고위 발열량 구하는 공식을 활용하면

$$H_h = H_l + 2.512(W + 9H)$$

$$H_l = H_h - 2.512(W + 9H) = 29.302 - 2.152(0.0324 + 9 \times 0.0499) = 20.092 \text{ (MJ/kg)}$$

예제 11.5

중량 조성이 C = 8.4%, H = 13%, O = 0.5%, S = 2% 및 N = 0.5%인 중유의 저위 발열량과 고위 발열량을 구하여라.

풀이 저위 발열량과 고위 발열량은 식 (11-13), 식 (11-14)에서 얻어진다.

$$H_l = 33.9 \times 0.84 + 121\left(0.13 - \frac{0.5}{8}\right) + 9.2 \times 2 - 2.512 \times 0$$

$$= 55.044 \text{ (MJ/kg)}$$

또한,

$$H_h = 55.044 + 5.212(0 + 9 \times 0.13) = 61.142 \text{ (MJ/kg)}$$

11.5 연소 가스

연소에 의해 생성된 가스를 연소 가스라 한다. 완전 연소의 경우에는 연소 가스의 성분이 CO_2, H_2O, SO_2 등 외에 공기에 함유되어 있는 N_2 및 과잉 공기 중의 O_2이다.

불완전 연소의 경우에는 더욱더 CO, H_2 기타의 가연성분이 포함된다. 이들 각 성분의 양은 연소의 화학 반응식 및 과잉 공기량을 고려하여 구할 수가 있다. 지금 완전 연소를 하는 경우에 생성되는 연소 가스에 대해 생각해 본다.

1. 고체 또는 액체 연료일 때

연료 1 kg 중에 포함된 각 성분의 중량을 탄소 C kg, 수소 H kg, 황 S kg, 산소 O kg, 질소 Nkg, 수분 W kg, 회분 a kg으로 하고, 공기 과잉률은 μ라 할 때, 연료 1 kg에서 생기는 연소 가스의 각 성분은 앞의 연소 화학 반응식의 관계에서 다음과 같이 된다.

- 탄산가스(CO_2) : 탄소 1 [kmol (12 kg)]에서 탄산가스 1 kmol을 발생하는 것으로 탄소 C kg에 대하여 발생하는 탄소가스량은

$$22.4 \times \frac{C}{12} \quad (Nm^3)$$

- 아황산가스 (SO_2) : 같은 황 1 kmol(32 kg)에서 아황산가스 1 kmol이 생긴다. 따라서 황 S kg_f에서 발생하는 아황산가스량은

$$22.4 \times \frac{C}{32} \quad (Nm^3)$$

- 산소(O_2) : 공급된 공기 중의 산소 $0.21\mu L_o$ 중에서 연소에 관계되는 산소는 $0.21\mu L_o$, 그러므로 연소열 가스 중에 산소량은 식 (11-10)에 의해

$$0.21(\mu-1)L_o = 22.4 \times (\mu-1)\left(\frac{C}{12} + \frac{H}{4} - \frac{O-S}{32}\right) \quad (Nm^3)$$

- 질소(N_2) : 질소는 전혀 연소에는 관계가 없다. 따라서 연소 가스 중의 질소량은 공급된 공기 중의 질소 $0.79\mu L_o$와 처음에서부터 연료 중에 포함되어 있는 질소량 $22.4 \times \frac{N}{28}$과의 합과 같다. 즉,

$$0.79\mu L_o + 22.4 \times \frac{N}{28} = 0.79 \times \frac{2.4}{0.21}\mu$$
$$\left(\frac{C}{12} + \frac{H}{4} - \frac{O-S}{32}\right) + \frac{22.4}{28}N \quad (Nm^3)$$

- 수증기(H_2O) : 수소 1 koml(2 kg)에서 수증기 1 kmol이 생긴다. 그러므로 연료 중의 수소 H kg에서 발생하는 수증기는 $22.4 \times \frac{H}{2}$ Nm^3. 또한, 연료의 수분 W kg에서

증발한 것은 $22.4\times\frac{W}{18}$ Nm^3이다. 따라서 연소 가스 중의 수증기는 다음과 같다.

$$22.4\left(\frac{H}{2}+\frac{W}{18}\right) \quad (Nm^3)$$

위의 여러 값들을 합하여 얻은 연료 1 kg 당 연소 가스 총량은

$$V_g = \frac{22.4}{4}\left\{\frac{\mu}{0.21}\left(\frac{C}{3}+H-\frac{O-S}{8}\right)+\frac{N}{7}-\left(H-\frac{O}{8}\right)\right\}$$
$$+22.4\left(\frac{H}{2}+\frac{W}{18}\right) \quad (Nm^3) \qquad (11\text{-}18)$$

연소 가스의 성분은 가스 분석에 의해 결정할 수 있다. 이 경우 가스는 상온까지 냉각되므로 가스 속의 수증기는 응결한다. 따라서 가스 분석에 의해 측정된 것은 수증기를 제외한 것이므로 이 상태의 가스를 건연소 가스라 한다. 그러므로 건연소 가스의 분량 V_d는 앞서 주어진 연소 생성 가스의 분량 V_g에서 수증기를 없애기 때문에, 더욱 식 (11-18)의 S 및 N은 일반적으로 작으므로 무시할 수 있다.

$$V_d = \frac{22.4}{4}\left\{\frac{\mu}{0.21}\left(\frac{C}{3}+H-\frac{O}{8}\right)-\left(H-\frac{O}{8}\right)\right\} \quad (Nm^3) \qquad (11\text{-}19)$$

여기서, $Z=\frac{C}{3}\left(H-\frac{O}{8}\right)$라 하면

$$V_d = \frac{22.4}{0.21}\cdot\frac{C}{21}[\mu(1+Z)-0.21Z] \quad (Nm^3)$$

건연소 가스 중의 각 성분의 체적 비율을 CO_2', O_2', N_2'로 하면 각각 다음과 같게 된다.

$$CO_2' = \frac{0.21}{\mu(1+Z)-0.21Z}$$

$$O_2' = \frac{0.21(\mu-1)(1+Z)}{\mu(1+Z)-0.21Z}$$

$$N_2' = \frac{0.79\mu(1+Z)}{\mu(1+Z)-0.21Z}$$

과잉 공기가 없을 때 $\mu=1$, CO_2'는 최대로 되고, O_2'는 O로 된다.

$$CO_2' = \frac{0.21}{1+0.79Z} \quad (11\text{-}20)$$

따라서 앞의 식으로부터 다음 식이 얻어진다.

$$CO_2' = (CO_2')_{max} = \frac{0.21 - O_2'}{0.21} \quad (11\text{-}21)$$

그런데 CO_2'는 가스 분석에 의해서 직접 구할 수가 있다. 한편, 연료의 조성에서 식 (11-20)에 의해 $(CO_2')_{max}$이 얻어지고, 또한 가스 분석에서 O_2'를 알 수 있으므로, 식 (11-21)을 써서 CO_2'의 계산값이 일치할 때는 연료 중의 탄소가 완전 연소된 것을 의미하고, 만일 분석값이 계산값보다 작을 때는 불완전 연소인 것을 나타낸다. 지금 1 kg_f인 연료에서 생기는 탄산가스의 체적은 앞에서의 $22.4\times\frac{C}{12}Nm^3$으로 주어졌는데, CO2′는 건연소 가스 1 Nm^3 중의 탄산가스의 체적을 나타내므로 연료 1 kg_f에서 생성되는 건연소 가스의 체적 V_d는 다음 식으로 구할 수 있다.

$$V_d = \frac{22.4}{12}\cdot\frac{C}{CO_2'} \quad (Nm^3)$$

따라서 C와 CO_2'를 알면 V_d가 산출되게 된다.

2. 기체 연료일 때

기체 연료 1 Nm^3 속의 각 성분의 체적 비율을 일산화탄소는 CO, 탄산가스는 CO_2, 수소는 H_2, 메탄은 CH_4, 에틸렌은 C_2H_4, 산소는 O_2 및 질소 N_2로 나타내면 완전연소에 의해 생긴 연속가스 속에 각 성분의 체적은 다음과 같이 된다.

- 탄산가스 CO_2 : 앞서 화학 반응식에 대한 체적비의 관계에 의해 알 수 있고, 일산화탄소 및 메탄은 적어도 연소에 의해 같은 체적의 탄산가스를 발생하고, 에틸렌은 연소에 의해서 2배 체적의 탄산가스를 얻는다.

따라서 탄산가스량은 이들의 합으로 처음보다 연료 중에 포함되어 있는 탄산가스량을 합한 것이다.

$$CO + CH_4 + 2C_2H_4 + CO_2 \quad (Nm^3)$$

◎ 산소(O_2) : 공급된 산소량 μO_o 중 연소에 소비된 산소량은 O_o이다.

따라서 연소가스 중의 산소량은

$$(\mu-1)O_o \quad (Nm^3)$$

이다. 단, O_o는 반응식에 대한 체적비의 관계로부터 다음 식이 주어진다.

$$O_o = \frac{1}{2}H_2 + \frac{1}{2}CO + 2CH_4 + 3C_2H_4 + O_2$$

◎ 질소(N_2) : 질소는 연소에 관여하지 않고 연소가스 중의 질소량은 공급된 공기 중의 질소량과 연료 중의 질소량과의 합이다.

$$\frac{0.79}{0.21}N \cdot O_o + N_2 \quad (Nm^3)$$

◎ 수증기(H_2O) : 화학 반응식에 대한 체적비의 표시처럼 수소의 연소는 같은 체적의 수증기를 발생시키고, 메탄 및 에틸렌의 연소는 적어도 2배의 체적의 증기를 발생시킨다. 따라서 연소가스 중의 증기량은

$$H_2 + 2CH_4 + 2C_2H_4 \quad (Nm^3)$$

이상에서의 연소가스량은 식 (11-22)와 같이 된다. 즉,

$$V_g = V_d + H_2 + 2CH_4 + 2C_2H_4 \quad (Nm^3) \tag{11-22}$$

그리고 V_d는 건연소 가스량으로 식 (11-23)으로 표시된다.

$$V_d = \{CO + CH_4 + 2C_2H_4 + CO_2\} + \left(\frac{\mu}{0.21} - 1\right)O_o + N_2 \quad (Nm^3) \tag{11-23}$$

이제 $q = CO + CH_4 + 2C_2H_4 + CO_2$이라 하면 $\frac{O_o}{0.21} = L_o$이므로 식 (11-23)은 다음과 같이 표시된다.

$$V_d = q + (\mu - 0.1)L_o + N_2 \quad (Nm^3)$$

따라서 건연소 가스 중의 각 분석의 체적 비율은

$$CO_2{}' = \frac{q}{q+(\mu-0.21)L_o+N_2}$$

$$O_2{}' = \frac{0.21(\mu-1)L_o}{q+(\mu-0.21)L_o+N_2}$$

$$N_2{}' = \frac{0.79\mu L_o+N_2}{q+(\mu-0.21)L_o+N_2}$$

단체 및 액체 연료일 때와 마찬가지로

$$(CO_2{}')_{max} = \frac{q}{q+0.79L_o+N_2} \tag{11-24}$$

$$(CO_2{}') = (CO_2{}')_{max} \cdot \frac{0.21-O_2{}'}{0.21} \tag{11-25}$$

그러므로 $CO_2{}'$의 분석값과 식 (11-25)에 의한 계산값에서 연소가 완전한지 불완전한지 알 수 있게 되었다.

지금, V_d $CO_2{}'$의 분석값을 써서 다음 식으로부터 구해진다.

$$V_d = \frac{1}{CO_2{}'}\{CO+CH_4+2C_2H_4+CO_2\} \quad (Nm^3) \tag{11-26}$$

내연기관에 대한 연소의 경우에는 매우 고온도로 되고, 연소가스 중의 CO_2나 H_2O는 그 일부분이 CO와 O_2 또는 H_2와 O_2로 분해한다. 이같은 현상을 열해리(thermal dissociation)라 한다.

CO_2 및 H_2O의 열해리 식은 각각

$$2CO_2 \rightleftharpoons 2CO+O_2$$

$$2H_2O \rightleftharpoons 2H_2+O_2$$

로 표시된다. 여기서 분해된 CO, O_2 또는 H_2, O_2와 분해하지 않는 부분의 CO_2나 H_2O와의 혼합 기체가 된다. 화학 변화 아래에서 각 성분이 갖는 평형 상태는 혼합 기체의 온도에 의해서 정해진다. 내연 기관의 실린더 내에서는 연소에 의한 온도 상승과 함께 열해리가 일어나므로, 이 때문에 연소열의 일부가 해리열로 소비되어 그만큼 온도 저하기 생긴다.

연습문제

1. 고위발열량과 저위발열량에 대하여 설명하여라.

2. 28 kg_f의 일산화탄소가 완전 연소하는데 필요한 최소한의 산소량은 몇 kg인가?

3. 부탄(C_4H_{10})이 180%의 이론 공기로 연소할 때의 연소반응식을 구하여라.

4. 중량조성 $c=0.73$, $h=0.045$, $o=0.08$, $s=0.02$, $w=0.04$의 석탄 1 kg을 완전 연소한다고 할 때 고위발열량(H_l)와 저위발열량(H_h)을 구하여라.

5. 액체부탄(C_4H_{10}) 900 kg을 완전 연소시키는데 필요한 액체 산소량을 구하여라.

6. 연료가 다음과 같은 조성으로 공급되어 150%의 이론 공기로 연소하는 경우 질량비를 구하여라. 연료 : CH_4 : 65%, C_2H_6 : 25%, CO : 10%

7. 다음과 같은 조성의 연료의 이론 공기량을 구하여라. 단, $c=0.85$, $h=0.13$, $o=0{,}02$이다.

8. 탄소 1 kg이 불완전연소할 때 생성되는 일산화탄소량은 체적으로 몇 Nm^3인가?

9. 일산화탄소 28 kg을 완전 연소시키는데 필요한 산소량은 몇 Nm^3인가?

10. 수소=0.25, 일산화탄소=0.08, 메탄=0.17, $C_mH_n=0.01$, 산소=0.03, 탄소가스=0.17, 질소=0.29의 조성비로 되어 있는 가스의 이론 공기량은?

CHAPTER **12**

동작유체의 유동

12.1 유동의 기본 방정식

열역학에서 문제로 대두되고 있는 것은 예를 들어 노즐, 디퓨서, 오리피스 및 관내에서 유체의 유동인 것이다. 그런데 이들 속에서 유체는 열 에너지나 압력 에너지가 운동에너지로 된다든가, 유속을 낮추어 압력을 증가시킨다던가, 또는 관로를 갑자기 축소 또는 확대시킬 때 여러 형태로 이용되고 있다. 그러나 이들 관계를 다루려면 유동 상태가 시간에 대하여 변하지 않는 정상 유동(steady flow)을 고려하여야만 쉽게 해석될 수 있다. 왜냐하면 실제 유체의 유동은 앞의 정상 유동에 비해 유동 상태가 시간의 변화에 따라 변화하기 때문에 이론적 해석은 매우 어렵다. 이러한 유동을 비정상 유동(unsteady flow)이라고 한다. 따라서 본 절에서는 동작 유체가 다음과 같은 조건을 갖춘 정상 유동을 한다고 가정한다. 그림 12.1은 동일 유로에서 단면 11, 22를 유체 유동에 대해 직각을 나타내는 것이다. 즉,

① 위 단면을 흐르는 유체 유동은 연속적이고 층류이다.
② 동일 단면에서 압력, 밀도 및 유속은 같다고 본다.
③ 유동 관로를 흐르는 유체는 충만하게 흐르며 단위 초당 질량유량은 항상 같다.

이와 같은 가정하에서 11단면 및 22단면에서 압력, 밀도, 유속 및 단면적을 각각 p_1, ρ_1, w_1, a_1과 p_2, ρ_2, w_2, a_2라 하면 단위 초당 유동하는 질량유량 m는 다음과 같이 표시된다. 즉,

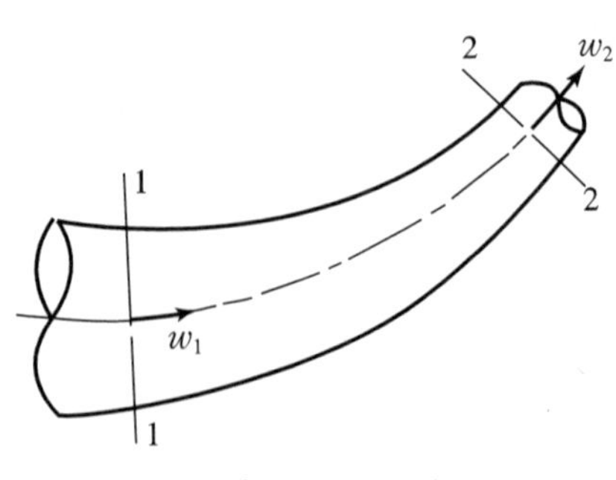

그림 12.1 유동계

$$\dot{m} = \rho_1 a_1 w_1 = \rho_2 a_2 w_2 \text{ (kg/s)} \tag{12-1}$$

윗 식을 동작유체의 연속 방정식(equation of continuity)이라고 한다.

한편, 제2장에서 우리는 정상 유동계에서 에너지 방정식(energy qeuation)에 대하여 이미 알아보았다. 즉, 계내로 유입되는 에너지량은 계외로 유출되는 에너지량과 같으므로 다음과 같이 표시되었다.

$$h_1 + \frac{{w_1}^2}{2} + z_1 + {}_1q_2 = h_2 + \frac{{w_2}^2}{2} + z_2 + w_t \tag{12-2}$$

윗 식을 변형하면 위치 에너지를 무시할 수 있으므로 다음과 같이 된다.

$$\frac{({w_2}^2 - {w_1}^2)}{2} + (h_2 - h_1) = {}_1q_2 - w_t \tag{12-3}$$

그런데, 그림 12.2에서 보는 바와 같이 ${w_1}^2/2$를 ${w_2}^2/2$에 비해 아주 적으므로 생략할 수 있고, 단면 1, 2 사이에는 외부와 단열되어 있다고 보고, 단열 변화를 이루어 w_t나 ${}_1q_2$는 모두 0이라 생각할 수 있다. 따라서 식 (12-3)은 다음과 같이 간단히 표시할 수 있다. 즉,

$$\frac{1}{2}{w_2}^2 = h_1 - h_2 \tag{12-4}$$

따라서 분출 유속 w_2는 다음 식으로 된다.

$$w_2 = \sqrt{2(h_1 - h_2)} \fallingdotseq 44.72\sqrt{\Delta h} \quad \text{(m/s)} \tag{12-5}$$

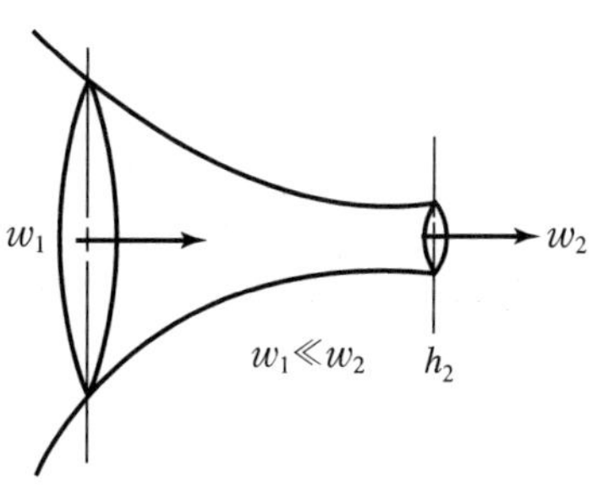

그림 12.2 축소관

후술하겠지만 이와 같은 엔탈피 차는 유체가 행한 일이고, 속도 에너지의 변화 등을

직접 표시한 것이므로 이를 단열 열낙차(adiabatic thermal head)라 한다.

예제 12.1

노즐 속의 질량유량이 3 kg/s, 출구의 비질량이 6.5 m^3/kg 이라고 하면 출구의 단면적은 얼마인가? 단 w_2는 994 m/s이다.

풀이 출구 단면적은 식 (12-1)에서 구할 수 있다. 즉,

$$a_2 = \frac{\dot{m} \cdot v_2}{w_2} = 0.3 \times \frac{6.5}{994} = 0.0019\ (\mathrm{m}^2)$$ ■

예제 12.2

노즐내를 증기가 가역 단열 변화로 엔탈피 감소가 460.5 kJ/kg이다. 이 때 노즐 출구 속도 w_2는 얼마인가?

풀이 식 (12-5)에서 얻을 수 있다. 즉,

$$w_2 = 44.72 \times \sqrt{460.5} = 959.7\ (\mathrm{m/s})$$ ■

예제 12.3

노즐을 통해 증기를 단열 팽창시켜서 800 m/s의 속도를 얻으려면 최소 열낙차는 몇 kJ/kg인가?

풀이 $w_2 = 44.72\sqrt{\Delta h}$ 에서

$$\Delta h = \left(\frac{800}{44.72}\right)^2 = 320.02\ (\mathrm{kJ/kg})$$ ■

12.2 노즐(Nozzle)에서의 분류

그림 12.3은 기체나 증기가 같은 동작유체를 갖는 엔탈피를 속도 에너지로 바꿀 수 있는 통로를 나타낸 그림이다. 전 절에서 설명한 바와 같이 노즐로 유입할 때 속도는 임의

단면에서 분류 속도에 비해 매우 작으므로 0이라 하고 그 때, 분류 속도 w_2는 다음 관계식에서 의해서 얻을 수 있었다. 즉,

$$\frac{1}{2}w_2 = h_1 - h \quad (\mathrm{kJ/kg}) \tag{12-6}$$

윗 식에서 $(h_1 - h)$는 다른 표현으로는 열강하(heat drop)라고도 한다.

이상 기체인 경우 비열이 일정하다고 보면 식 (12-6)은 다음과 같이 표시된다. 즉

$$\frac{w_2}{2} = h_1 - h = \Delta h = C_p(T_1 - T) \quad (\mathrm{kJ/kg}) \tag{12-7}$$

식 (12-7)에 $C_p = \frac{k}{k-1}R,\quad T_1 = \frac{p_1 v_1}{R}$ 및 $T = \frac{pv}{R}$를 대입하면

$$\frac{w_2}{2} = \frac{k}{k-1}(p_1 v_1 - pv) \quad (\mathrm{kJ/kg}) \tag{12-8}$$

한편, 열강하가 생길 때는 단열 분류로 볼 수 있으므로 노즐 분류의 비체적과 유속을 ρ_a, w_a라 표시하고

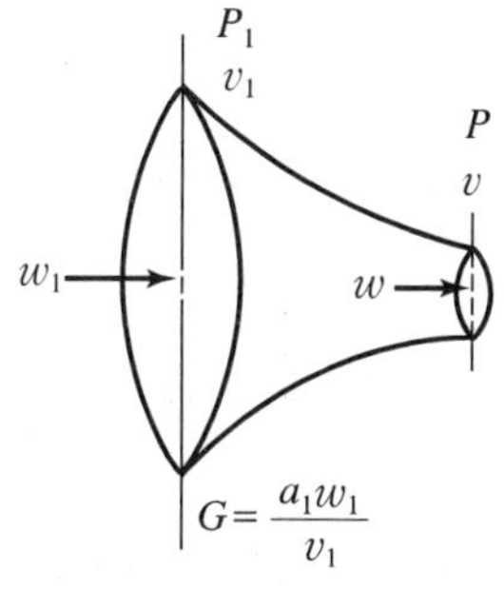

그림 12.3 노즐

$$p_1 {v_1}^k = pv^k \text{ 또는 } pv = p\left(\frac{p_1 {v_1}^k}{p}\right)^{\frac{1}{k}}$$

을 식 (12-8)에 대입하면 다음 식으로 표시된다. 즉,

$$\frac{{w_a}^2}{2} = \frac{k}{k-1} p_1 v_1 \left[1 - \frac{1}{p_1 v_1} p_a \left(\frac{p_1 {v_1}^k}{p_a} \right)^{\frac{1}{k}} \right]$$

$$= \frac{k}{k-1} \cdot p_1 v_1 \left[1 - \left(\frac{p_a}{p_1} \right)^{\frac{k-1}{k}} \right]$$

따라서 w_a는 다음 식으로 표시된다. 즉,

$$w_a = \sqrt{2 \frac{k}{k-1} p_1 v_1 \left[1 - \left(\frac{p_a}{p_1} \right)^{\frac{k-1}{k}} \right]} \quad (\text{m/s}) \tag{12-9}$$

다음으로 유출 유량 $\dot{m}$는 단면적을 a라 할 때

$$\dot{m} = \rho_a \cdot a \cdot w_a \quad (\text{kg/s}) \tag{12-10}$$

식 (12-10)에 $v_a = \left(\frac{p_1}{p_a} \right)^{\frac{1}{k}} \cdot v_1$을 대입하면

$$\dot{m} = \rho_a \cdot a \left(\frac{p_1}{p_a} \right)^{\frac{1}{k}} \cdot w_a$$

$$= \rho_a \cdot a \left(\frac{p_a}{p_1} \right)^{\frac{1}{k}} \cdot \sqrt{2 \cdot \frac{k}{k-1} \cdot p_1 v_1 \left[1 - \left(\frac{p_a}{p_1} \right)^{\frac{k-1}{k}} \right]}$$

$$= \rho_a \cdot a \sqrt{2 \cdot p_1 v_1 \cdot \frac{k}{k-1} \left[\left(\frac{p_a}{p_1} \right)^{\frac{2}{k}} - \left(\frac{p_a}{p_1} \right)^{\frac{k+1}{k}} \right]} \quad (\text{kg/s}) \tag{12-11}$$

이 된다. 여기서 $p_a = p$로 놓아도 좋은데 이는 대기압이기 때문이다.

다음으로 실제 기체인 경우에는 상태 방정식을 쓸 수가 없다. 따라서 그림 12.4와 같이 처음 상태와 나중 상태를 A, B라 각각 표시하면 압력은 p_1, p라 표시할 수 있다. 엔탈피 차이는 $h_1 - h$가 $h_A - h_B$와 같이 표시된다.

증기에서도 단열 변화는 근사적으로 다음과 같이 표시된다. 즉,

$$pv^k = \text{일정}(k\text{값은 과열 증기일 때 1.3, 습증기일 때 } 1.035 + 0.1x) \tag{12-12}$$

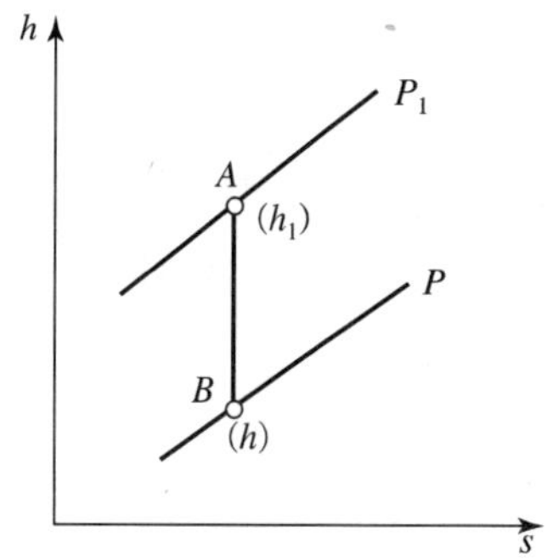

그림 12.4 단열 과정

이상과 같은 가정이 성립할 때 단열 분류는

$$\frac{{w_a}^2}{2}=\int_{p_a}^{p_1} vdp=\int_{p_a}^{p_1} C^{\frac{1}{k}}\cdot P^{-\frac{1}{k}}\cdot dp$$

$$=\frac{k}{k-1}p_1v_1\left[1-\left(\frac{p_a}{p_1}\right)^{\frac{k-1}{k}}\right]$$

따라서 분류 속도에 대하여 다음과 같은 근사식이 얻어진다. 즉,

$$w_a=\sqrt{2\frac{k}{k-1}p_1v_1\left[1-\left(\frac{p_a}{p_1}\right)^{\frac{k-1}{k}}\right]}\quad (\text{m/s}) \tag{12-13}$$

출구에 대한 비체적은

$$v_a=v_1\left(\frac{p_1}{p_a}\right)^{\frac{1}{k}}$$

이므로 유출 질량유량 m는

$$m=a\cdot\sqrt{2\frac{k}{k-1}\cdot\frac{p_1}{v_1}\left[\left(\frac{p_a}{p_1}\right)^{\frac{2}{k}}-\left(\frac{p_a}{p_1}\right)^{\frac{k-1}{k}}\right]}\quad (\text{kg/s}) \tag{12-14}$$

그런데 실제 기체는 마찰 등의 손실이 따르므로 분류 속도 w는 w_a보다도 작은 값이 된다. 즉,

$$w = \varphi \cdot w_a \quad (\mathrm{m/s}) \tag{12-15}$$

이 때 φ는 속도계수(velocity coefficient)라 한다.

또, 밀도 ρ도 식 (12-8)과 식 (12-13)에서 구해진다. 즉,

$$1 - \frac{pv}{p_1 v_1} = \varphi^2 \left[1 - \left(\frac{p_a}{p_1} \right)^{\frac{k-1}{k}} \right]$$

$$\therefore \rho = \left[(1-\varphi^2) \frac{p_1}{p_a} + \varphi^2 \left(\frac{p_1}{p_a} \right)^{\frac{1}{k}} \right] v_1 \quad (\mathrm{m^3/kg}) \tag{12-16}$$

따라서 유출 유량 m도 앞에서와 같이 구해진다. 즉,

$$m = \rho \cdot a \cdot w \quad (\mathrm{kg/s}) \tag{12-17}$$

예제 12.4

압력 78.4 pa, 온도 100℃인 압축 공기가 공기 속으로 분류할 때, 이 변화가 등엔트로피 변화이면 최대분류속도와 공기 온도는 얼마이가? 단, $k = 1.4$이고 노즐 입구 속도는 출구속도보다 매우 적다.

풀이 $v_1 = \dfrac{RT_1}{P_1} = \dfrac{286.9 \times 373}{78.4 \times 10^5} = 0.13649\ (\mathrm{m^3/kg})$

$$w_{\max} = \sqrt{2 \cdot \frac{k}{k-1} \cdot p_1 v_1 \left[1 - \left(\frac{p_a}{p_1} \right)^{\frac{k-1}{k}} \right]}$$

$$= \sqrt{2 \times \frac{1.4}{1.4-1} \times 78.4 \times 10^5 \times 0.13649 \times \left[1 - \left(\frac{1.033}{8} \right)^{\frac{1.4-1}{1.4}} \right]}$$

$$= 576\ (\mathrm{m/s})$$

또, 공기 온도는 등엔트로피 변화이므로

$$T = \left(\frac{p}{p_1} \right)^{\frac{k-1}{k}} \cdot T_1 = \left(\frac{1.0332}{8} \right)^{\frac{0.4}{1.4}} \times 373 = 207.76\ (°\mathrm{K})$$

$$\therefore t = -65.2 (℃)$$

12.3 임계 유동

식 (12-12)에 의하면 과열 증기일 때 $k=1.30$, 건포화 증기일 때 $k=1.035+0.1\times 1=1.135$임을 알 수 있다. 공기인 경우는 $k\fallingdotseq 1.4$임도 주지된 사실이다. 식 (12-14)에서 m을 얻는 경우 a, p_1, ρ_1은 불변이라 하고, 그래프를 표시하면 포물선 ABO와 같이 되는데 그림 12.5에 표시한다. 유출 유량 m이 최대가 되는 압력 P_c는

$$\frac{dm}{dp_a}=0$$

에 의해서 구해진다. 즉,

$$\frac{d\left[\left(\frac{p_a}{p_1}\right)^{\frac{2}{k}}-\left(\frac{p_a}{p_1}\right)^{\frac{k+1}{k}}\right]}{dp_a}=0$$

따라서 $$\frac{k}{2}\cdot\left(\frac{p_a}{p_1}\right)^{\frac{2}{k}-1}\cdot\frac{1}{p_1}-\frac{k}{k+1}\cdot\left(\frac{p_a}{p_1}\right)^{\frac{k+1}{k}-1}\cdot\frac{1}{p_1}=0$$

$$\therefore\left(\frac{p_a}{p_1}\right)^{\frac{k-1}{k}}=\frac{2}{k+1} \tag{12-18}$$

여기서 유출량 m을 극대화시키기 위해 압력을 p_c라 바꾸면

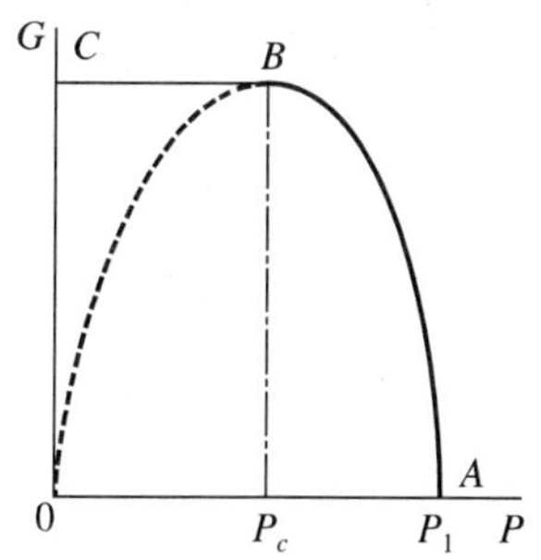

그림 12.5 임계 압력

$$p_c = p_a = \left(\frac{2}{k+1}\right)^{\frac{k}{k-1}} \cdot p_1 \quad \text{(bar)} \tag{12-19}$$

식 (12-19)에서 p_c를 임계압력(critical pressure)이라 한다. 그러므로, 공기일 때는

$$p_c = \left(\frac{2}{1.4+1}\right)^{\frac{1.4}{0.4}} p_1 = 0.5281\, p_1$$

과열 증기일 때는

$$p_c = \left(\frac{2}{13.1+}\right)^{\frac{1.3}{0.3}} \cdot p_1 = 0.546\, p_1 \tag{12-20}$$

건포화증기일 때는

$$p_c = \left(\frac{2}{1.135+1}\right)^{\frac{1.135}{0.135}} p_1 = 0.577 p_1$$

임계 상태 p_c인 경우 분류 속도 w_c는 다음 식으로 된다. 즉,

$$w_e = \sqrt{2g\frac{k-1}{k} \cdot p_1 v_1 \left(1 - \frac{2}{k+1}\right)}$$

$$= \sqrt{2g\frac{k-1}{k+1} \cdot p_1 v_1} \quad \text{(m/s)} \tag{12-21}$$

이 분류 속도를 임계 속도(critical velocity)라 한다. 따라서 이들을 이용하여 최대 유출 질량유량 $m_{\max}$은 다음 식으로 표시된다. 즉,

$$m_{\max} = a \cdot \sqrt{2\frac{k}{k-1} \cdot \frac{p_1}{v_1}\left[\left(\frac{2}{k+1}\right)^{\frac{2}{k-1}} - \left(\frac{2}{k+1}\right)^{\frac{k+1}{k-1}}\right]}$$

$$= a \cdot \sqrt{2\frac{k}{k+1} \cdot \frac{p_1}{v_1}\left(\frac{2}{k+1}\right)^{\frac{2}{k-1}}} \quad \text{(kg/s)} \tag{12-22}$$

한편, 과열 증기일 때는

$$m_{\max} = 2.09a\sqrt{\frac{p_1}{v_1}} \quad \text{(kg/s)} \tag{12-23}$$

건포화증기일 때는

$$m_{\max} = 1.99a\sqrt{\frac{p_1}{v_1}} \quad (\mathrm{kg/s}) \tag{12-24}$$

로 표시되고 외압에는 무관하게 p_1, v_1에 관계가 있음을 알 수 있다.

예제 12.5

$p_1 = 98$ bar, $t_1 = 300$℃인 과열 증기의 비질량이 $v_1 = 0.263\ \mathrm{m^3/kg}$이다. 이 증기를 직경 3 cm인 오리피스로 분류시키면, 그 분류 속도와 유출 질량유량은 얼마나 되는가? 단, 외부 압력은 $p_a = 19.6$ bar이고, 오리피스의 수축계수가 0.7이다.

풀이 $p_c = 0.546 \times 98 = 53.51$ bar

또한, $p_c > p_a$이므로, 분류 속도와 유출 질량유량은 각각 임계 속도 w_c, 최대 유출 질량유량 $m_{\max}$으로 된다. 즉,

$$w_c = \sqrt{2\frac{k}{k+1} \cdot p_1 v_1} = \sqrt{2 \times \frac{1.3}{1.3+1} \times 98 \times 10^5 \times 0.263} = 1{,}706.9\ (\mathrm{m/s})$$

$$m_{\max} = 2.09 \times a \times \sqrt{\frac{p_1}{v_1}} = 2.09 \times 0.7 \times \frac{\pi}{4} \times 0.03^2 \times \sqrt{\frac{98 \times 10^5}{0.263}}$$

$$= 6.31\ (\mathrm{kg/s})$$

■

12.4 축소 및 확대 노즐

그림 12.6은 노즐의 단면의 변화에 따른 압력의 변화 등의 관계를 나타내고 있다. 그림에서 알 수 있는 것은, 압력이 감소함에 따라 단면적 a의 변화가 생기고, 어떤 압력에 도달하면 단면적 a_c가 최소로 되게 되는데, 그 때를 이계 상태라 볼 수 있다.

식 (12-22)에서

$$\frac{G}{a_c} = \sqrt{2 \cdot \frac{k}{k-1} \cdot \left(\frac{2}{k+1}\right)^{\frac{2}{k-1}} \cdot \frac{p_1}{v_1}} \quad (\mathrm{bar \cdot s}) \tag{12-25}$$

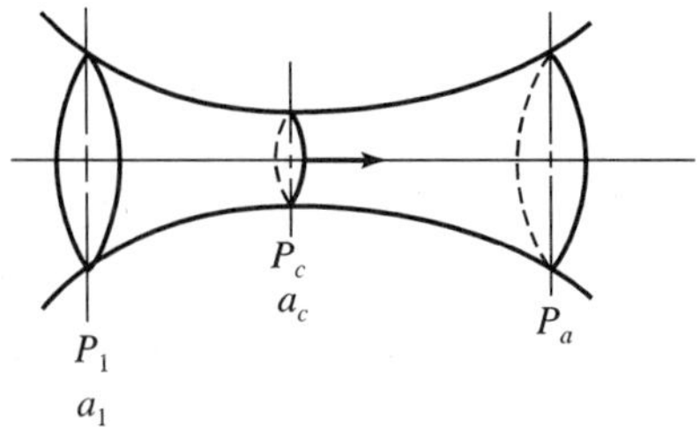

그림 12.6 축소 확대 노즐

1. 축소 노즐(Convergent Nozzle)

상술한 것처럼 노즐 끝의 압력이 임계압력과 같거나 클 때, 즉 노즐 끝의 압력이

$$p_a \geq p_c = \left(\frac{2}{k+1}\right)^{\frac{k}{k-1}} \cdot p_1$$

일 때를 그림 12.7에 나타내었는데, 노즐 모양이 유동 방향으로 감에 따라 단면적이 점점 작게 되므로 이를 축소 노즐이라 한다. 즉, $p_a = p_c$이면 노즐 끝의 단면적은 최소 단면적 a_c로 되고 분류 속도 w_c는 다음과 같다. 즉,

$$\begin{aligned} w_c &= \sqrt{2 \cdot \frac{k}{k+1} \cdot p_1 v_1} \\ &= \sqrt{k \cdot p_c \cdot v_c} = \sqrt{kRT} \quad (\mathrm{m/s}) \end{aligned} \tag{12-26}$$

이는 음속을 나타내는 것인데 축소 노즐에서는 p_a가 p_c보다 낮더라도 음속보다 크게 될 유속은 얻을 수 없다.

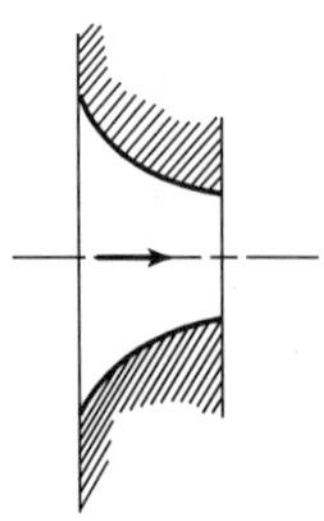

그림 12.7 축소 노즐

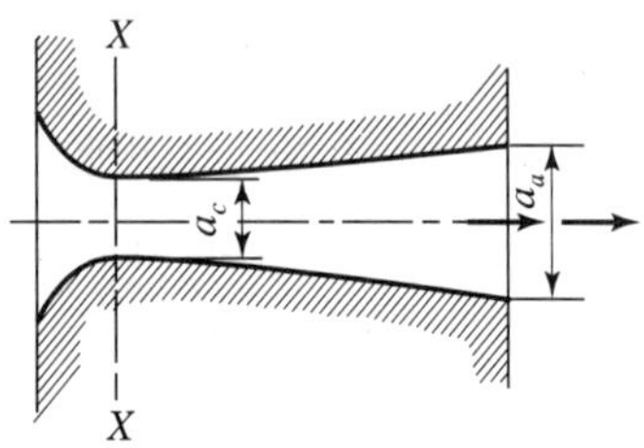

그림 12.8 확대 노즐

2. 확대 노즐(Divergent Nozzle)

이 때는 노즐 끝의 압력이 임계 압력보다 낮은 경우를 말하며 즉,

$$P_a < P_c = \left(\frac{2}{k+1}\right)^{\frac{k}{k-1}} \cdot P_1$$

일 때를 그림 12.8에 나타내고 있다. 이 때는 최소 단면의 앞쪽으로 단면이 커지는 부분을 갖는 확대 노즐을 말한다. 실제로는 확대 노즐의 모양이 노즐 내의 유동에 대하여 마찰 및 와류 등의 손실을 적게 하기 위한 것이고, 길이에 따라 압력 하강의 경향이 고르지 못하다.

최소 단면적 a_c를 노즐의 목(throat)이라 하고, 그 압력을 목압력(throat pressure)이라 한다. 이 때 목부와 노즐 끝의 단면적 비를 확대계수(expansion ratio of nozzle) ψ라 하고, 다음 식으로 쓴다.

$$\psi = \frac{a_a}{a_c} = \frac{\sqrt{(k-1)\left(\frac{2}{k+1}\right)^{\frac{2}{k-1}}}}{(k+1)\left[\left(\frac{p_a}{p_1}\right)^{\frac{2}{k}} - \left(\frac{p_a}{p_1}\right)^{\frac{k+1}{k}}\right]} \tag{12-27}$$

예제 12.6

노즐에서 건포화 증기가 압력 20 bar에서 1 bar까지 팽창할 때 증기량이 1800 kg/hr였다. 출구에서 임계 압력 p_c, 임계 체적 v_c, 단면적 a_c 및 임계 속도 w_c를 구하여라.

풀이 $P_c = \left(\frac{2}{k+1}\right)^{\frac{k}{k-1}} p_1 = \left(\frac{2}{1.35+1}\right)^{\frac{1.135}{0.135}} \times 20 = 11.54\ (\text{bar})$

$$\text{또, } v_c = \left(\frac{p_1}{p_c}\right)^{\frac{1}{k}} \cdot v_1 = \left(\frac{20}{11.54}\right)^{\frac{1}{1.135}} \times 0.1015 = 0.1647\ (\text{m}^3/\text{kg})$$

단면적

$$a_c = m/\sqrt{k\frac{p_c}{v_c}} = 1{,}800/\sqrt{1.135 \times \frac{11.54 \times 10^5}{0.1647}} = 0.638\ (\text{m}^2)$$

끝으로, 임계 속도 w_c는

$$w_c = \sqrt{k \cdot p_c \cdot v_c} = \sqrt{1.135 \times 11.54 \times 10^5 \times 0.1647} = 464.5\,(\mathrm{m/s})$$ ■

예제 12.7

임계 압력이 760 mmHg, 온도가 0℃인 경우, 공기의 임계 속도는 얼마인가?

풀이

$$v_c = \frac{RT}{P} = \frac{286.9 \times 273}{101{,}325} = 0.7730\,(\mathrm{m^3/kg})$$

$$\therefore w_c = \sqrt{k \cdot p_c \cdot v_c} = \sqrt{1.4 \times 101{,}325 \times 0.773} = 331\,(\mathrm{m/s})$$ ■

예제 12.8

12 bar의 건포화 증기가 6 bar로 향해 분출하는 노즐에 대하여 노즐의 확대계수 ψ과 노즐 출구와 목부의 속도비를 구하여라.

풀이

$$\psi = \sqrt{\frac{(k-1)\cdot\left(\frac{2}{k+1}\right)^{\frac{2}{k-1}}}{(k+1)\cdot\left[\left(\frac{p_a}{p_1}\right)^{\frac{2}{k}} - \left(\frac{p_a}{p_1}\right)^{\frac{k+1}{k}}\right]}}$$

$$= \sqrt{\frac{(1.135-1)\left(\frac{2}{1.135+1}\right)^{\frac{2}{0.135}}}{(1.135+1)\cdot\left[\left(\frac{6}{12}\right)^{\frac{2}{1.135}} - \left(\frac{6}{12}\right)^{\frac{2.135}{1.135}}\right]}} = 1.01$$

또, 속도비는 $\frac{w_a}{w_c}$로 표시될 수 있으므로

$$\frac{w_a}{w_c} = \sqrt{\frac{k+1}{k-1}\left[1-\left(\frac{p_a}{p_1}\right)^{\frac{k-1}{k}}\right]} = \sqrt{\frac{2.135}{0.135}\left[1-\left(\frac{6}{12}\right)^{\frac{0.135}{1.135}}\right]} = 1.12$$ ■

연습문제

1. 다음 용어에 대하여 설명하여라.

1) 정체 엔탈피
2) 임계압력비
3) 마하수
4) 단면축소노즐

2. 온도가 20℃, 압력이 100 kPa이고 유체 속도가 290 m/s일 경우의 정체 압력과 정체 온도를 구하여라.

3. 디퓨저에 25℃의 공기가 250 m/s의 속도로 유입하는 경우의 음속과 입구 유속에 대한 마하수를 구하여라.

4. 가스가 30 m/s로 노즐에 들어가서 500 m/s로 유출한다면 엔탈피 변화량은 얼마인가?

5. 유체가 노즐에 30 m/s의 속도로 들어가서 500 m/s의 속도로 유출될 때 엔탈피의 변화량은 얼마인가?

6. 압력 5 bar 온도 80℃인 압축공기를 표준대기압 중에 단열 분출시킬 때 분출속도와 분출온도를 구하여라. 단, $k = 1.4$이다.

7. 파이프속을 증기가 140 m/s로 흐르고 그때의 온도는 250℃, 압력은 1.4 MPa이다. 정체 엔탈피를 구하여라.

8. 노즐 출구의 공기온도가 30℃일 때 음속은 몇 m/s인가? 단, $k= 1.4$, $R= 286.9$ kJ/kg K 이다.

9. 압력 24 $\mathrm{kg_f/cm^2}$, 450℃인 과열증기(엔탈피 800.8 $\mathrm{kcal/kg_f}$)을 1.6 $\mathrm{kg_f/cm^2}$(엔탈피 643.5 $\mathrm{kcal/kg_f}$)로 단열적으로 분출할 경우 출구의 속도가 1060 m/s이었다. 이 때 속도계수는 얼마인가?(공학단위)

10. 압력 12 bar인 건포화증기가 노즐로부터 3 bar로 분출된다. $k = 1.135$일 경우 임계압력 P_c는 얼마인가?

11. 압력 26 bar의 건포화 증기의 임계속도는 얼마인가? 단, $k = 1.135$, $v = 0.08267$ m^3/kg이다.

CHAPTER 13

열역학의 일반 관계식

열역학의 제1법칙과 제2법칙을 이용하여 여러가지 열역학의 관계식을 유도하고 필요한 성질을 계산할 수 있다.

13.1 Maxwell 관계식

열역학 제1법칙과 제2법칙의 식을 순수 물질의 가역 변화의 경우에 적용하면 다음 식을 얻는다.

$$du = Tds - Pdv \tag{13-1}$$

$$dh = Tds + vdp \tag{13-2}$$

또한, Gibbs 함수 g와 Helmholtz 함수 f는 다음 식으로 정의된다.

$$f = u - Ts \tag{13-3}$$

$$g = h - Ts \tag{13-4}$$

윗 식을 미분하면

$$df = du - Tds - sdT$$

$$dg = dh - Tds - sdT$$

가 된다.

이들 식 (13-1), (13-2)를 대입하여 정리하면 다음 식이 얻어진다.

$$df = - sdT - Pdv \tag{13-5}$$

$$dg = - sdT + vdP \tag{13-6}$$

여기서 h, u, f, g는 모두 상태량이며 편미분을 이용하여 정리하면 다음과 같다.

$$u = u(s, v) \Rightarrow du = \left(\frac{\partial u}{\partial s}\right)_v ds + \left(\frac{\partial u}{\partial v}\right)_s dv \tag{13-1a}$$

$$h = u(s, p) \Rightarrow dh = \left(\frac{\partial h}{\partial s}\right)_p ds + \left(\frac{\partial h}{\partial P}\right)_s dP \tag{13-2a}$$

$$f = f(v,\ T) \Rightarrow df = \left(\frac{\partial f}{\partial v}\right)_T dv + \left(\frac{\partial f}{\partial T}\right)_v dT \tag{13-5a}$$

$$g = g(p,\ T) \Rightarrow dg = \left(\frac{\partial g}{\partial P}\right)_T dP + \left(\frac{\partial g}{\partial T}\right)_p dT \tag{13-6a}$$

가 된다.

식 (13-1), (13-2), (13-5), (13-6)과 식 (13-1a), (13-2a), (13-5a), (13-6a)를 비교하면

$$T = \left(\frac{\partial u}{\partial s}\right)_v, \quad -p = \left(\frac{\partial u}{\partial v}\right)_s \tag{13-1b}$$

$$T = \left(\frac{\partial h}{\partial s}\right)_p, \quad v = \left(\frac{\partial h}{\partial P}\right)_s \tag{13-2b}$$

$$-p = \left(\frac{\partial f}{\partial u}\right)_T, \quad -s = \left(\frac{\partial f}{\partial T}\right)_v \tag{13-5b}$$

$$v = \left(\frac{\partial g}{\partial P}\right)_T, \quad -s = \left(\frac{\partial g}{\partial T}\right)_p \tag{13-6b}$$

가 된다.

식 (13-1b)에서 T를 v에 대해서 P를 s에 대해서 편미분하면

$$\left(\frac{\partial T}{\partial v}\right)_s = \frac{\partial^2 u}{\partial v \partial s}, \quad -\left(\frac{\partial P}{\partial s}\right)_v = \frac{\partial^2 u}{\partial s \partial v}$$

가 된다.

$\dfrac{\partial^2 u}{\partial v \partial s} = \dfrac{\partial^2 u}{\partial s \partial v}$이므로

$$\left(\frac{\partial T}{\partial v}\right)_s = -\left(\frac{\partial P}{\partial s}\right)_v$$

의 관계식을 구할 수 있으며 (13-2b), (13-5b), (13-6b)에도 같은 방법을 적용하면 유사한 관계식을 구할 수 있으며 이를 정리하면 다음과 같다.

$$\left(\frac{\partial T}{\partial v}\right)_s = -\left(\frac{\partial P}{\partial s}\right)_v \tag{13-7}$$

$$\left(\frac{\partial T}{\partial P}\right)_s = \left(\frac{\partial v}{\partial s}\right)_p \tag{13-8}$$

$$\left(\frac{\partial s}{\partial v}\right)_T = \left(\frac{\partial P}{\partial T}\right)_v \tag{13-9}$$

$$\left(\frac{\partial s}{\partial P}\right)_T = -\left(\frac{\partial v}{\partial T}\right)_p \tag{13-10}$$

식 (13-7)에서 식 (13-10)까지로 표시된 Maxwell 관계식은 P, v, T, s 사이의 변환 관계식을 얻는데 많이 사용되므로 여러 종류의 기억 방법이 제시되었다.

Maxwell 관계식의 활용을 쉽게 하기 위하여 그림 13.1을 생각해 보자. 그림에서 어느 하나의 변 양단에, 편미분 계수는 이것에 대응하는 변의 양단에 있는 편미분 계수와 같다. 다만 2중선의 양단의 편미분 계수를 택할 때에는 한쪽에 (−)부호를 붙인다.

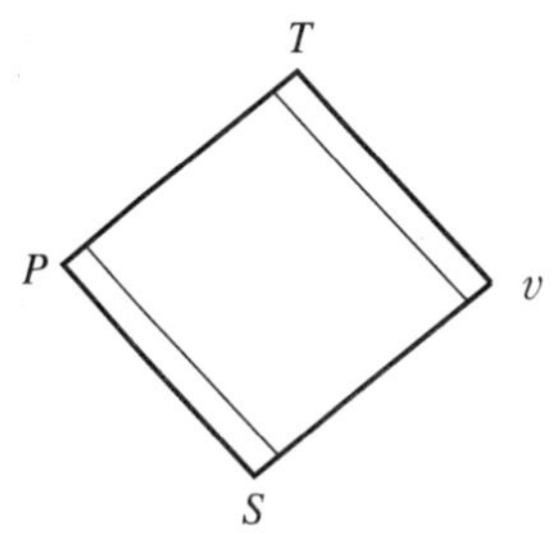

그림 13.1 Maxwell 관계식의 정리선도

$$\left(\frac{\partial P}{\partial T}\right)_v = \left(\frac{\partial s}{\partial v}\right)_T, \quad \left(\frac{\partial T}{\partial P}\right)_s = \left(\frac{\partial v}{\partial s}\right)_P$$

$$\left(\frac{\partial v}{\partial T}\right)_p = -\left(\frac{\partial s}{\partial P}\right)_T, \quad \left(\frac{\partial T}{\partial v}\right)_s = -\left(\frac{\partial P}{\partial s}\right)_v$$

한편, 식 (13-1)~(13-6)에 대한 편미분 계수를 구하면 다음의 일반 관계식도 유도된다.

$$\left(\frac{\partial T}{\partial s}\right)_v = T\left(\frac{\partial h}{\partial s}\right)_p \tag{13-11}$$

$$\left(\frac{\partial u}{\partial v}\right)_s = -P = \left(\frac{\partial f}{\partial v}\right)_T \tag{13-12}$$

$$\left(\frac{\partial h}{\partial P}\right)_s = v = \left(\frac{\partial g}{\partial P}\right)_T \tag{13-13}$$

$$\left(\frac{\partial f}{\partial T}\right)_v = -s = \left(\frac{\partial g}{\partial T}\right)_p \tag{13-14}$$

식 (13-14)에 f와 g의 정의 식을 대입하여 정리하면 다음의 식이 유도된다.

$$f-u = T\left(\frac{\partial f}{\partial T}\right)_v \tag{13-15}$$

$$g-h = T\left(\frac{\partial g}{\partial T}\right)_p \tag{13-16}$$

이 식을 Gibbs-Helmholtz의 식이라 한다.

13.2 Clapeyron식

Clapeyron식은 P, T, v 자료로부터 상변화에 대한 엔탈피 변화를 구하는 식으로 물의 증발열을 구하거나 증발열로부터 비체적을 구할 때 사용된다.

Maxwell 관계식에서

$$\left(\frac{\partial P}{\partial T}\right)_v = \left(\frac{\partial s}{\partial v}\right)_T$$

가 된다.

상변화 과정에서 압력은 포화 압력이며 이 압력은 온도만의 함수이고 비체적에는 무관하다. 그러므로

$$\left(\frac{\partial P}{\partial T}\right)_v = \left(\frac{\partial P}{\partial T}\right)_{\text{sat}}, \quad \left(\frac{\partial s}{\partial v}\right)_T = \left(\frac{dP}{dT}\right)_{\text{sat}}$$

가 된다.

등온 증발 과정에서

$$\left(\frac{dP}{dT}\right)_{\text{sat}} = \frac{s_g - s_f}{v_g - v_f} = \frac{s_{fg}}{v_{fg}} \tag{13-17}$$

가 된다.

이 과정에서 압력은 일정하므로 $dh = Tds + vD = Tds$가 되며 양변을 적분하면

$\int_f^g dh = \int_f^g Tds$가 되어

$$h_{fg} = Ts_{fg} \tag{13-18}$$

를 구할 수 있다.

식 (13-18)을 식 (13-17)에 대입하여 정리하면

$$\left(\frac{dP}{dT}\right)_{sat} = \frac{h_{fg}}{Tv_{fg}} \tag{13-19}$$

가 되며 이 식을 Clapeyron식이라 한다.

식 (13-19)에서 $h_{fg} = h_g - h_f$, $v_{fg} = v_g - v_f$는 상변화에 대한 P, v, T 자료로부터 계산할 수 있다.

정압하에 액체에 열을 가하면 압력 P_1, 온도 T_1에서 압력 P_2, 온도 T_2에서 증발이 일어난다. 즉, 정압 증발에서는 증발 온도가 일정하다.

증발 과정에서 온도, 압력은 일정하므로 Gibbs 함수 g는 $dg = vdP - sdT = 0$이 된다.

즉, 상변화때 Gibbs 함수 g는 일정하므로 포화액과 포화 증기를 f, g로 표시하면 $g_f = g_g$가 된다.

따라서 $dg_f = dg_g$

$$v_f d_p - s_f dT = v_g d_p - s_g dT$$

$$v_g - v_f = (s_g - s_f)\left(\frac{dT}{dP}\right)_{sat} \tag{13-20}$$

가 된다.

증발인 경우 T_{sat}가 일정하므로 $s_g - s_f = \frac{\gamma}{T} = \frac{h_{fg}}{T}$이다.

$$\gamma = h_g - h_f = (v_g - v_f)T\frac{dP}{dT} \tag{13-21}$$

이 된다.

저압 증발에서는 $v_g \gg v_f$이므로 $v_{fg} = v_g$가 된다.

증기를 이상 기체로 생각하면 $v_g = RT/P$이므로

$$\left(\frac{dP}{dT}\right)_{\text{sat}} = \frac{Rh_{fg}}{RT^2} \tag{13-21}$$

$$\left(\frac{dP}{P}\right)_{\text{sat}} = \frac{h_{fg}}{R}\left(\frac{dT}{T^2}\right)_{\text{sat}} \tag{13-22}$$

가 된다.

식 (13-22)를 적분하면

$$\ln\left(\frac{P_2}{P_1}\right)_{\text{sat}} = \frac{h_{fg}}{R}\left(\frac{1}{T_1} - \frac{1}{T_2}\right)_{\text{sat}} \tag{13-23}$$

이 되며 이 식을 Clapeyron-Clausius 식이라 한다.

예제 13.1

산소의 증발 엔탈피가 105°K에서 196.425 kJ / kg이다. 이 때의 포화 압력이 378.59 kPa라면 110°K일 때의 증기 압력은 얼마인가? 단, 110°K일 때 포화 압력은 543.50 kPa이다.

풀이 식 (13-23)에서

$$\ln\left(\frac{P_2}{P_1}\right)_{\text{sat}} = \frac{h_{fg}}{R}\left(\frac{1}{T_1} - \frac{1}{T_2}\right)$$

$$= \frac{(543.50 - 196.425)}{8.3143/32}\left(\frac{1}{105} - \frac{1}{110}\right) = 0.327$$

$$P_2 = P_1 e^{0.327} = 525.17\ (\text{kPa})$$

■

13.3 비열과 관계되는 일반 관계식

정압 비열 $C_p = (\partial q/\partial T)_p$, 정적 비열 $C_v = (\partial q/\partial T)_v$의 정의 식에 열역학 제1, 제2법칙을 적용하면 다음 식이 유도된다.

$$C_p = \left(\frac{\partial h}{\partial T}\right)_p = T\left(\frac{\partial s}{\partial T}\right)_p \tag{13-24}$$

$$C_v = \left(\frac{\partial u}{\partial T}\right)_v = T\left(\frac{\partial s}{\partial T}\right)_v \tag{13-25}$$

윗 식을 각각 P와 v로 편미분하면

$$\left(\frac{\partial C_p}{\partial P}\right)_T = T\left(\frac{\partial^2 s}{\partial T \partial P}\right) \tag{13-26}$$

$$\left(\frac{\partial C_v}{\partial v}\right)_T = T\left(\frac{\partial^2 s}{\partial T \partial v}\right) \tag{13-27}$$

이 된다.

이 두 식에 Maxwell의 관계를 도입하여 정리하면

$$\left(\frac{\partial C_p}{\partial P}\right)_T = -T\left(\frac{\partial^2 v}{\partial T^2}\right)_p \tag{13-28}$$

$$\left(\frac{\partial C_v}{\partial v}\right)_T = T\left(\frac{\partial^2 p}{\partial T^2}\right)_v \tag{13-29}$$

이 된다.

비엔트로피 s를 $s = s(T, P)$로 보고 미분을 한 다음 식 (13-24)와 식 (13-10)을 적용하여 정리하면 다음 식을 얻는다.

$$Tds = C_p dT - T\left(\frac{\partial v}{\partial T}\right)_p dP \tag{13-30}$$

마찬가지로

$s = s(T, v)$로 놓고 식 (13-25), 식 (13-9)의 관계로부터 다음 식을 구한다.

$$Tds = C_v dT + T\left(\frac{\partial P}{\partial T}\right)_v dv \tag{13-31}$$

식 (13-30)과 식 (13-31)에서 다음 식이 유도된다.

$$dT = \frac{T}{C_p - C_v}\left[\left(\frac{\partial v}{\partial T}\right)_p dP + \left(\frac{\partial P}{\partial T}\right)_v dv\right] \tag{13-32}$$

다음

$T = T(P, v)$로 생각하면 $dT = (\partial T/\partial P)_v dP + (\partial T/\partial v)_p dv$이므로 식 (13-32)와 비교하면 다음 식이 구해진다.

$$\left(\frac{\partial T}{\partial v}\right)_p = T\frac{(\partial P/\partial T)_p}{C_p - C_v} \tag{13-33}$$

$$\left(\frac{\partial T}{\partial P}\right)_v = T\frac{(\partial v/\partial T)_p}{C_p - C_v} \tag{13-34}$$

따라서 다음의 중요한 관계식이 유도된다.

$$C_p - C_v = T\left(\frac{\partial v}{\partial T}\right)_p\left(\frac{\partial P}{\partial T}\right)_v \tag{13-35}$$

식 (13-30)을 식 (13-1), (13-2)에 대입하여 정리하면 다음 식이 구해진다.

$$dh = C_p dT + \left[v - T\left(\frac{\partial v}{\partial T}\right)_p\right]dP \tag{13-36}$$

$$du = C_v dT + \left[T\left(\frac{\partial P}{\partial T}\right)_v - P\right]dv \tag{13-37}$$

식 (13-36)과 식 (13-37)을 이용해서 엔탈피 h와 내부 에너지 u의 변화를 구할 수 있다. 따라서 압축성 물질에 대한 엔탈피 변화는 다음 식으로 표시된다.

$$h_2 - h_1 = \int_{T_1}^{T_2} C_p dT + \int_{P_1}^{P_2}\left[v - T\left(\frac{\partial v}{\partial T}\right)_p\right]dP \tag{13-38}$$

또, 내부 에너지 변화는 다음 식으로 얻어진다.

$$u_2 - u_1 = \int_{T_1}^{T_2} C_v dT + \int_{v_1}^{v_2}\left[T\left(\frac{\partial P}{\partial T}\right)_v - P\right]dv \tag{13-39}$$

예제 13.2

이상 기체의 내부 에너지가 온도만의 함수임을 증명하여라.

풀이 식 (13-37)에서

$$du = C_v dT + \left[T + \left(\frac{\partial P}{\partial T}\right)_v - P\right]dv$$

이상 기체의 상태 방정식

$Pv = RT$로부터 $\Rightarrow \left(\frac{\partial P}{\partial T}\right)_v = \frac{R}{v}$이므로

$$T\left(\frac{\partial P}{\partial T}\right)_v - P = T \cdot \frac{R}{v} - P = P - P = 0$$

그러므로 $du = C_v dT$이므로 이상 기체의 내부 에너지는 온도만의 함수이다. ■

엔트로피 변화의 식은 다음과 같이 구할 수 있다. 엔트로피 s를 $s = f(T, v)$ 또는 $s = f(T, P)$로 생각하면 s의 미분식은 다음과 같다.

$s = s(T, v)$라 하면

$$\begin{aligned} ds &= \left(\frac{\partial s}{\partial T}\right)_v dT + \left(\frac{\partial s}{\partial v}\right)_T dv \\ &= C_v \frac{dT}{T} + \left(\frac{\partial s}{\partial v}\right)_T dv \qquad \text{Maxwell 관계식} \\ &= C_v \frac{dT}{T} + \left(\frac{\partial P}{\partial T}\right)_v dv \end{aligned} \tag{13-40}$$

이 된다.

양변을 적분하면

$$\Delta s = s_2 - s_1 = \int_{T_1}^{T_2} C_v \frac{dT}{T} + \int_{v_1}^{v_2} \left(\frac{\partial P}{\partial T}\right)_v dv \tag{13-41}$$

이 된다.

$s = s(T, P)$라 하고 같은 방법으로 유도하면 다음 식이 얻어진다.

$$ds = \left(\frac{\partial s}{\partial T}\right)_p dT + \left(\frac{\partial s}{\partial P}\right)_T dP = C_p \frac{dT}{T} - \left(\frac{\partial v}{\partial T}\right)_p dP \tag{13-42}$$

또는,

$$\Delta s = s_2 - s_1 = \int_{T_1}^{T_2} C_p \frac{dT}{T} - \int_{p_1}^{p_2} \left(\frac{\partial v}{\partial T}\right)_p dP \tag{13-43}$$

가 된다.

연습문제

1. 열역학적 일반 관계식을 이용하여 Maxwell 관계식을 유도하여라.

2. 열역학적 일반 관계식을 사용하여 다음 관계식을 유도하여라.

1) $C_p = T\left(\frac{\partial v}{\partial T}\right)_p\left(\frac{\partial P}{\partial T}\right)_s$ 2) $C_v = -T\left(\frac{\partial P}{\partial T}\right)_v\left(\frac{\partial v}{\partial T}\right)_s$

3. 구리가 정적하에서 20℃에서 30℃로 가열될 때의 압력의 변화량은 얼마인가? 단, $k = 8.0\times10^{-12}\ \mathrm{m^2/N}$, $\beta = 5.5\times10^{-5}\ \mathrm{°K}$이다.

4. 온도가 300 °K인 구리가 다음과 같은 물성치를 가질 때 정적비열을 구한다.

$C_p = 25.0\ \mathrm{J/mol\,K}$, $\beta = 50.4\times10^{-6}\ \mathrm{K^{-1}}$

$k = 7.78\times10^{-12}\ \mathrm{Pa^{-1}}$, $v = 7.06\ \mathrm{cm^3/mol}$

5. 정압 비열과 정적 비열의 차가 이상기체에서 $C_p - C_v = R$로 표시됨을 증명하여라.

6. $g = h - Ts$ 및 $h = u + Pv$에서 다음의 식을 유도하여라.

1) $\left(\frac{\partial s}{\partial T}\right)_T = -\left(\frac{\partial v}{\partial T}\right)_P$

2) $C_p = T\left(\frac{\partial s}{\partial P}\right)_P$

3) $ds = C_p\frac{dT}{T} - \left(\frac{\partial v}{\partial T}\right)_P dP$

7. 비열비의 관계가 $\frac{k}{k-1} = \frac{\left(\frac{\partial P}{\partial T}\right)_s}{\left(\frac{\partial P}{\partial T}\right)_v}$로 표시됨을 증명하여라.

CHAPTER 14

열전달

14.1 기초 사항

열전달 관계에 대한 이론은 공학적 필요성을 느끼기 전부터 푸리에(Fourier, 1768~1830)의 **열전도의 법칙**, 뉴턴(Newton, 1768~1830)에 의한 **냉각법칙** 및 프랭크(Planck, 1858~1947)에 의한 흑체의 **열복사법칙** 등이 대두되고 있었다. 열역학 제1법칙은 에너지의 상호 양적인 전환 관계를 열역학 제2법칙은 자연계의 비가역성에 따른 방향성을 나타내고 있다. 그런데 열전달이란 열 이동의 빠르기를 나타내는 것으로 위의 두 법칙과 더불어 자연현상을 다루는 중요한 요인이 되고 있다.

이들의 응용은 열기관, 냉동, 공기 조화, 원자력 및 우주 공학 등 대부분 열이나 온도차가 생기는 모든 기기의 기능에 밀접한 관계를 가지고 있고, 이들 기기의 열적 성능을 결정할 뿐 아니라 열응력, 연소 등의 현상을 통해 기기들의 능력 한계를 결정하는데 쓰이고 있다.

이를 테면 보일러 연소 가스와 물의 열 교환, 방열기와 실내 공기와 열 교환, 냉동기의 증발기가 응축기에서 열교환 등은 열의 이동 속도가 빠른 것이 활용되고, 건축물이나 냉장실 또는 온장고 등은 열의 이동 속도가 늦은 것이 요구되고 있는 것이다.

열전달의 기본 요인은 열의 방출 또는 흡수가 일어나는 온도차가 그 원인이다. 열역학 제2법칙의 비가역성의 원인으로 마찰과 더불어 중요한 열의 이동이 바로 열전달이다.

열원의 종류에는 점 열원, 선 열원, 면 열원 및 체 열원 등이 있다. 이들에 대한 열발생률 q는 다음과 같다. 즉,

$$q = Q \quad (\mathrm{kJ/h}) \qquad \text{(점 열원의 경우)} \qquad (14\text{-}1)$$

$$q = \frac{Q}{L} \quad (\mathrm{kJ/m \cdot h}) \qquad \text{(선 열원인 경우)} \qquad (14\text{-}2)$$

$$q = \frac{Q}{A} \quad (\mathrm{kJ/m^2 \cdot h}) \qquad \text{(면 열원인 경우)} \qquad (14\text{-}3)$$

$$q = \frac{Q}{V} \quad (\mathrm{kJ/m^3 \cdot h}) \qquad \text{(체 열원인 경우)} \qquad (14\text{-}4)$$

윗 식들 중에서 면 열원인 경우 미소 단면적에 단위 시간당 열량을 **열유속**(heat flux)

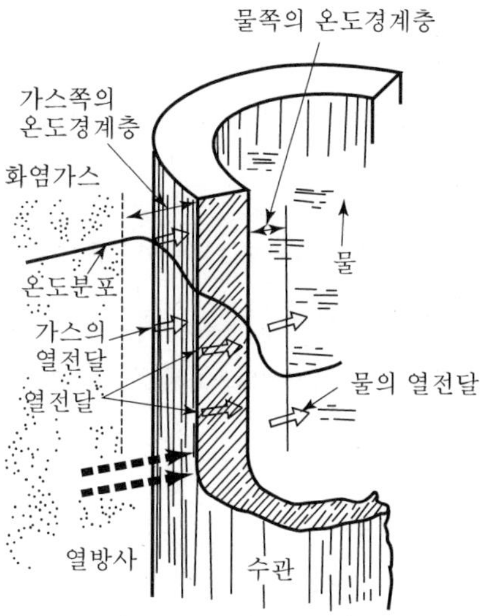

그림 14.1 전열 방법

이라 하고 다음 식으로 표시한다.

$$q = \frac{dQ}{dA} \quad (\mathrm{kJ/h \cdot m^2}) \tag{14-5}$$

다음으로 열에너지의 전열 방식은 열전도, 대류열전달, 복사열전달의 세 가지가 있는데 그림 14.1은 보일러 강관에서 전열 방식을 도시한 것이다. 강관의 내외부의 온도차에 따라 고온부에서 저온부로 열의 이동이 생기는 현상이 **열전도**(conduction)이다.

한편, 강관 외면과 화염 가스 사이, 강관 내면과 물 사이에는 유체(화염 가스 또는 물) 측에 형성되어 있는 온도층을 통해 열의 이동이 생기는데 이 현상을 **대류열전달**(heat transfer)이라 한다. 끝으로 화염 가스로부터 고체 외면의 열복사선에 의해 직접 이동되는 열이동 현상을 **복사** 또는 **방사**(radiation)라고 한다. 이들 현상은 경우에 따라 단독적으로 또는 복합적으로 행해지고 있다.

14.2 열전도

일상 생활에서 예를 들면 전기다리미, 납땜인두, 부젓가락, 두꺼운 난로벽 등으로 열이 천천히 뜨거워지는 것을 체험으로 느낄 수 있을 것이다. 공학상으로는 보일러 및 열교환기 등의 벽, 핀(fin)이 붙은 기관실벽 등에서 실제로 일어나고 있다.

1. 열전도율

그림 14.2에 물체의 미소 부분에서 시간적으로 불변하는 정상 온도 구배가 수평 방향으로 존재하고 이 때 복사열을 무시하는 관계를 나타내고 있다. 이 때 온도 강하가 있는 방향으로 단위 면적당, 단위 시간당 열유속 q는 다음과 같다.

$$q = \frac{dQ}{dA} = -\lambda \frac{dt}{dx} \quad (\mathrm{kJ/m^2 \cdot h}) \tag{14-5}$$

이는 **전열면 열부하**라고도 한다. 윗 식에서 t : 온도 ℃, x : 길이 cm, A : x방향에 수직 단면적 $\mathrm{m^2}$, Q: 단위 시간당 총 전열량 kJ/ h를 나타낸다. 또한 λ는 **열전도율**인데 물질 내에서 일정한 온도 구배에 따른 열량의 크기를 나타내는 비례 상수이다. −는 온도 구배가 일어나는 방향을 나타낸다. 열전도율의 단위는 kJ / m · h · ℃이다.

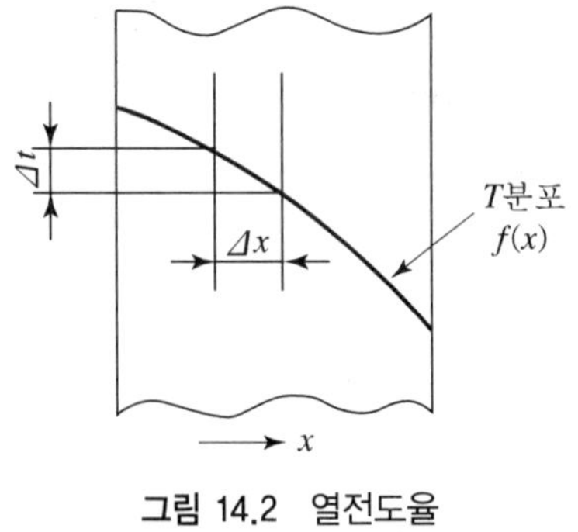

그림 14.2 열전도율

2. 온도 전도율

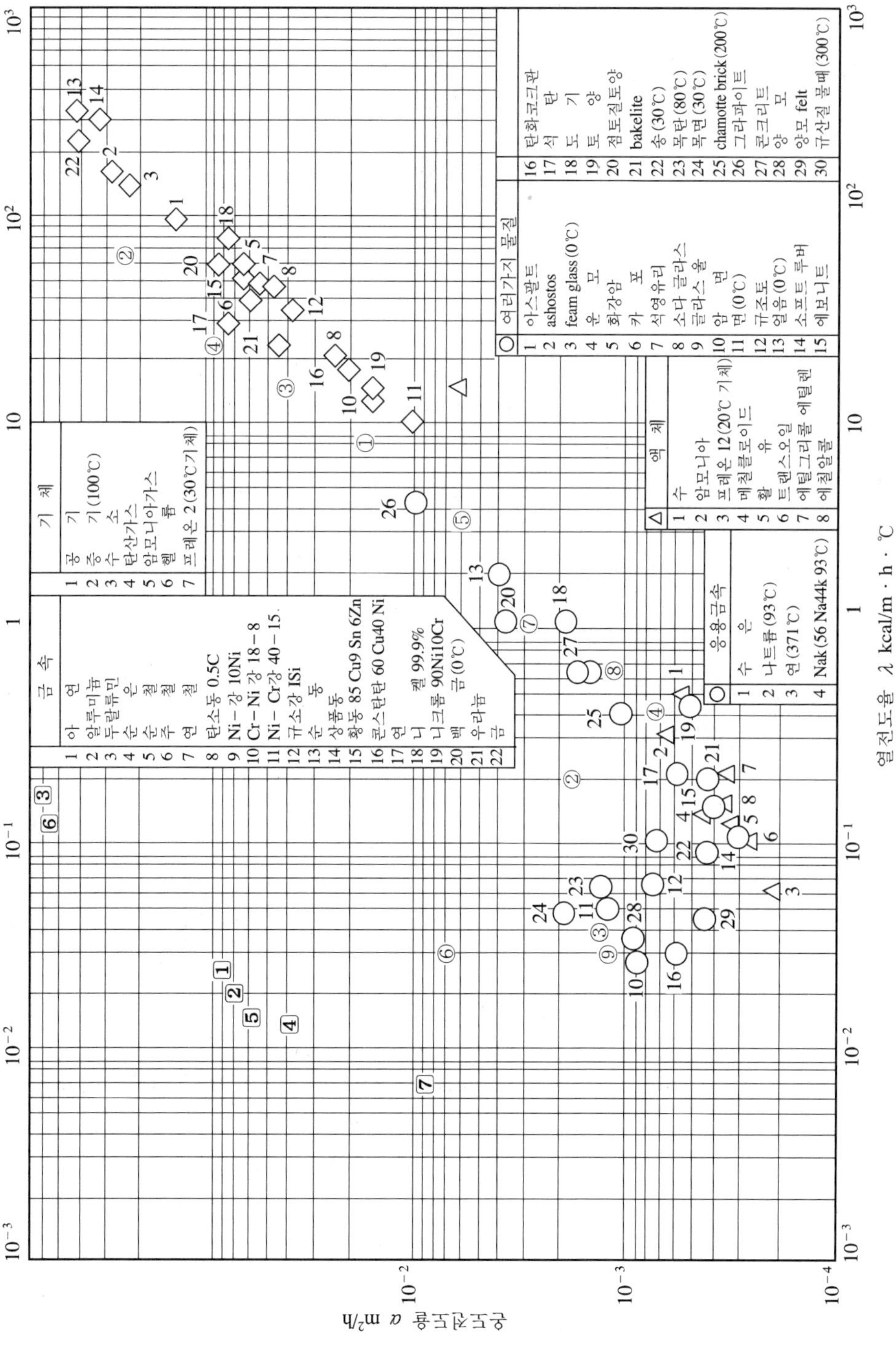

그림 14.3 각종 물질의 온도 전도율과 열전도율

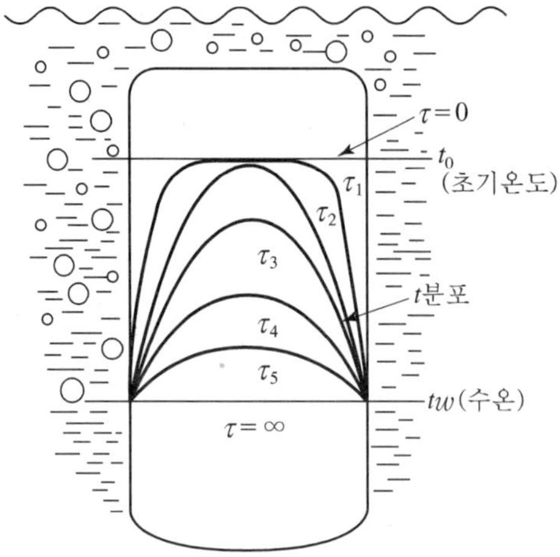

그림 14.4 온도 전도율

그림 14.3은 각종 물질의 λ와 α의 값을 나타낸 것이고, 그림 14.4에서 어떤 균일 강재를 가열 후 급격히 수중에 넣어 냉각시켰을 때 비정상 열전도를 표시하고 있다. 균일 강재 내의 온도 분포는 개념적으로 시간 τ에 따라 변화하여 최종적으로 물의 온도와 일치하여 열평형을 이룬다. 이와 같이 시간에 따라 온도 구배가 변화할 때의 열전도를 **비정상 열전도**(unsteady heat conduction)라 하고 복사 및 발열, 흡열 현상이 없다면 물체 각 점에 대한 온도 변화율은 다음과 같다.

$$\frac{\partial t}{\partial \tau} = \alpha \frac{\partial^2 t}{\partial x^2} \qquad (14\text{-}6)$$

의 형식으로 결정된다. 다음으로 a는

$$\alpha = \frac{\lambda}{C_p \cdot \gamma} \qquad (14\text{-}7)$$

윗 식에서 γ는 비중량, C_p는 정압 비열이고 α는 온도 전도율이며, 단위는 m^2/h 또는 m^2/s로 표시된다.

14.3 열전도율에 따른 열유속

1. 평행 평면판

그림 14.5와 같이 양면이 평행하고 두께가 L이 균질한 평면판에서 양 경계면은 t_1, $t_2(t_1 > t_2)$ 온도로 일정하게 유지할 때, 정상열전도가 일어난다. 판의 표면에서 x 및 $(x+dx)$ 거리의 두 점을 통과하는 열유속 q는 식 (14-5)에 의해서

$$q = -\lambda \frac{dt}{dx}$$

$$\therefore\ dt = -\frac{q}{\lambda}dx$$

이 식을 적분하여 적분 상수 c를 경계 조건 $x=0$ 및 $x=L$을 이용하여 구하면

$$q = \frac{\lambda}{L}(t_1 - t_2) \quad (\mathrm{kJ/m^2 \cdot h}) \tag{14-7}$$

2. 다층 평행 평면판

그림 14.6은 n종류의 균질인 평행 평면판이 밀착한 다층 평면판을 표시한 것이다.

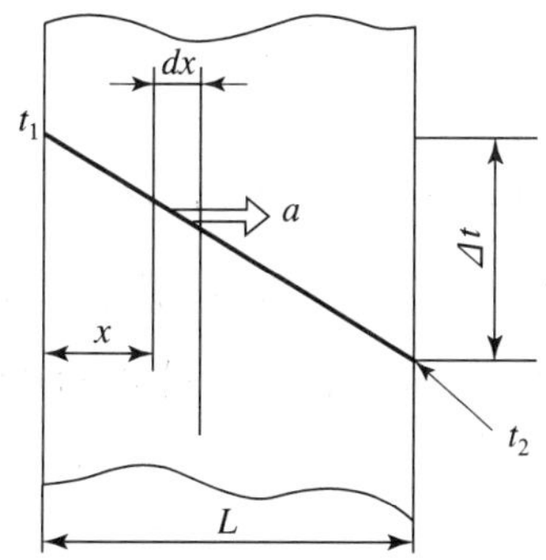

그림 14.5 평행 평면판

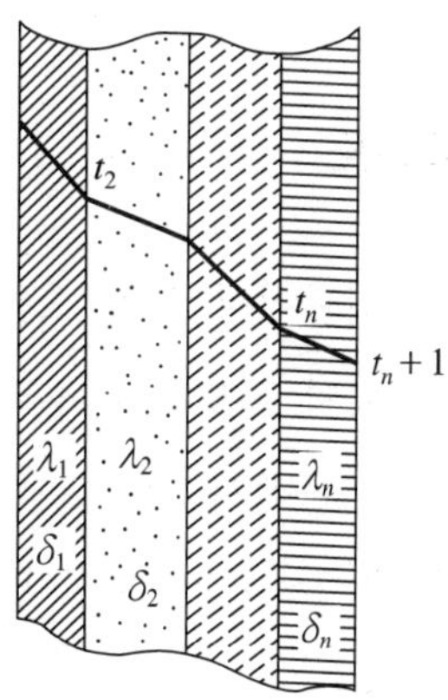

그림 14.6 다층 평행 평면판

각 층의 두께를 $L_1, L_2, \cdots\cdots, L_n$이라 하고, 열전도율을 각각 $\lambda_1, \lambda_2, \cdots\cdots, \lambda_n$으로 한다. 만일 근접해 있는 평면판들 사이의 온도는 균일하다고 보고, 이들의 온도를 그림의 최좌측부터 순차적으로 $t_1, t_2, \cdots\cdots, t_{n+1}$이라 표시하면, 정상 열전도의 열유속량은 식 (14-7)과 같이 구할 수 있어 각각 다음과 같이 된다.

$$q = \frac{\lambda_1}{L_1}(t_1 - t_2) \qquad \therefore (t_1 - t_2) = \frac{L_1}{\lambda_1}q$$

$$q = \frac{\lambda_2}{L_2}(t_2 - t_3) \qquad \therefore (t_2 - t_3) = \frac{L_2}{\lambda_2}q$$

$$\vdots \qquad\qquad \vdots$$

$$q = \frac{\lambda_n}{L_n}(t_n - t_{n+1}) \qquad \therefore (t_n - t_{n+1}) = \frac{L_n}{\lambda_n}q$$

윗 식들을 모두 합하면

$$t_1 - t_{n+1} = q\left(\frac{L_1}{\lambda_1} + \frac{L_2}{\lambda_2} + \cdots\cdots + \frac{L_n}{\lambda_n}\right) = q\sum_{t=1}^{n}\frac{L_i}{\lambda_i}$$

$$\therefore q = \frac{t_1 - t_{n+1}}{\sum_{t=1}^{n}\frac{L_i}{\lambda_i}} \quad (\mathrm{kJ/m^2 \cdot h}) \tag{14-8}$$

따라서 정상 열전도가 일어나는 경우 열유속량은 각 평판 사이의 온도에는 관계없이 최좌측, 우측의 온도만 알면 계산이 가능하다.

3. 원관의 열전도

길이 l인 중공 원관에서 열의 흐름을 알아보기로 한다. 그림 14.7은 내반경 r_1, 외반경 r_2이고, 내면 및 외면 온도가 $t_1, t_2(t_1 > t_2)$이며, 이 온도는 항상 일정한 것으로 가정한다. 열의 흐름이 내면에서 외면으로, 즉 반경 방향으로 이루어진다고 할 때 열유속량은 다음과 같다. 면적 $2\pi r \cdot l$에 열유속량은

$$Q = -\lambda(2\pi r \cdot l)\frac{dt}{dr}$$

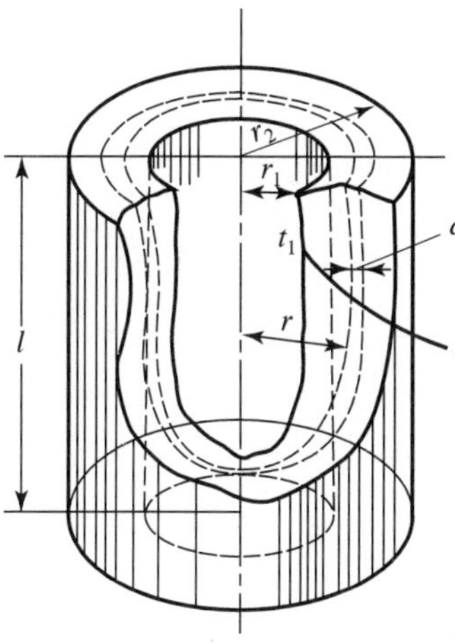

그림 14.7 중공 원관

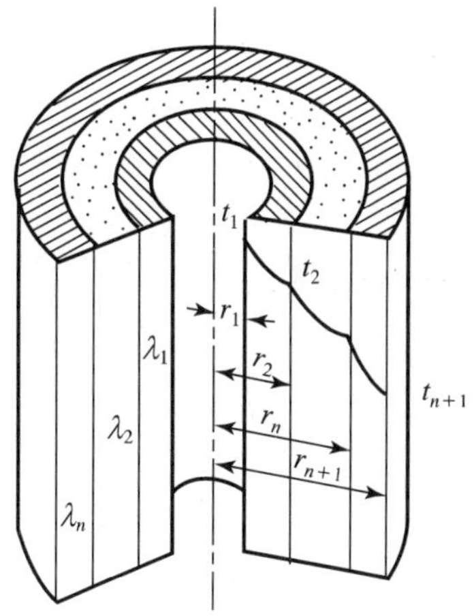

그림 14.8 n개 합성 원관

$$\therefore\ dt = -\frac{Q}{2\pi\lambda l}\cdot\frac{dr}{r}$$

윗 식을 적분하여 적분 상수 c를 경계 조건 $r=r_1$, $r=r_2$에 대해서 구하면

$$t_1 - t_2 = \frac{Q}{2\pi\lambda l}\, l_n \frac{r_1}{r_2}$$

$$Q = \frac{2\pi\lambda l}{l_n\left(\frac{r_2}{r_1}\right)}(t_1 - t_2) \quad (\mathrm{kJ/h}) \tag{14-9}$$

한편, 그림 14.8은 n개의 균질층으로 된 합성 원통벽을 통해 매 시간당 전단면적에 걸쳐 흐르는 열유속량은 식 (14-10)으로 한다.

$$Q = \frac{2\pi\cdot l}{\sum_{i=1}^{n}\frac{1}{\lambda_i} l_n\left(\frac{r_{n+1}}{r_i}\right)}(t_1 - t_{n+1}) \quad (\mathrm{kJ/h}) \tag{14-10}$$

예제 14.1

벽의 두께 $l = 10\ \mathrm{cm}$인 경우 양측 온도가 $t_1 = 25℃$, $t_2 = -10℃$일 때 단위시간, 단위면적당 열유속과 벽의 중심에서 온도를 구하여라. 단, 벽의 열전도율 $\lambda = 1.6744\ \mathrm{kJ/m\cdot h\cdot ℃}$이다.

풀이 열유속

$$q=\lambda\frac{t_1-t_2}{L}=1.6744\times\frac{(25+10)}{0.1}=586.04\,(\mathrm{kJ/m^2\cdot h})$$

또 벽 중심에서 온도는 $\frac{t_1-t_2}{L}=\frac{dt}{dx}$이므로

$$dt=\frac{t_1-t_2}{L}dx$$

$$\therefore\ t_m=t_1+\frac{t_2-t_1}{L}x=25+\frac{(-10-25)}{0.1}\times0.05=7.5(℃)$$ ■

예제 14.2

직경 20 cm, 길이 2 cm인 원통 외부가 두께 5 cm의 석면으로 씌워져 있다. 보온층 내면 온도가 100℃, 외면 온도가 0℃이면 시간당 손실되는 열유속은 얼마인가? 단, 양쪽 끝의 열손실은 없는 것으로 한다. 또, $\lambda=0.4186\,\mathrm{kJ/m\cdot h\cdot ℃}$이다.

풀이

$$Q=\frac{2\pi\lambda l}{l_n\left(\frac{r_2}{r_1}\right)}(t_1-t_2)$$

$$=\frac{2\times3.14\times0.4186\times2}{l_n\left(\frac{0.15}{0.1}\right)}(100-0)=12.97\,(\mathrm{kJ/h})$$ ■

14.4 대류 열 전달

그림 14.9에서 강관 외면과 화염 가스 물의 상호간에 일어나는 전열에서 복사를 제외한 전열은 대류열 전달이 되고, 벽과 접촉하는 유체의 온도 경계층을 통해 전달된다. 단위 면적당 전열량은 벽의 온도 t_w, 유체의 온도 t_f일 때 다음 식으로 된다. 즉,

$$q=\alpha(t_f-t_w)\quad(\mathrm{kJ/m_2\cdot h})\tag{14-11}$$

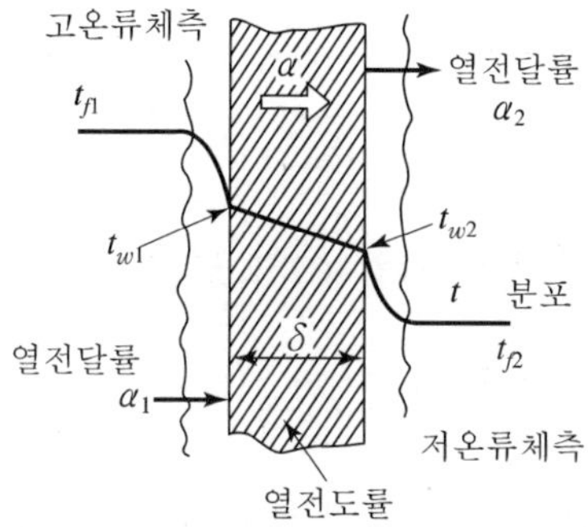

그림 14.9 열전도율

q의 방향은 유체에서 벽으로 향할 때 +이다. 또 α를 열전도율 또는 열전달 계수(heat transfer coefficeint)라 하고, 단위는 kcal/m^2 · h · ℃라 표시된다. 식 (14-11)을 뉴턴의 냉각법칙이라고도 한다.

만일, 온도 t_{f1}인 고온의 화염 가스와 온도 t_{f2}의 저온의 물 사이에 두께 L_1인 경우, 강관의 벽 내외측 온도가 각각 t_{w1}, t_{w2}일 때 전열량은 수평 방향(x축)으로 이동한다. 이 때 화염 가스와 벽외측 사이에는 열전달이 벽외축과 내측 사이에는 전도가 또 벽 내측과 물 사이에는 열전달에 의해 열이동이 일어나는데 이를 통틀어 열통과라 한다. 이들은 열유속을 q_1, q_2 및 q_3라 하면

$$q_1 = \alpha_1(t_{f1} - t_{w1}) \qquad \therefore\ t_{f1} - t_{w1} = \frac{q_1}{\alpha_1}$$

$$q_2 = \frac{\lambda_1}{L_1}(t_{w1} - t_{w2}) \qquad \therefore\ t_{w1} - t_{w2} = \frac{L_1}{\lambda_1}q_2$$

$$q_3 = \alpha_2(t_{w2} - t_{f2}) \qquad \therefore\ t_{w2} - t_{f2} = \frac{q_3}{\alpha_2}$$

이 되므로 정상 유동에서는 $q_1 = q_2 = q_3 = q$이다.

t_{w1}, t_{w2}를 소거하면

$$t_{f1} - t_{f2} = q\left(\frac{1}{\alpha_1} + \frac{L_1}{\lambda_1} + \frac{1}{\alpha_2}\right) \quad (℃) \tag{14-12}$$

식 (14-12)에서

$$K = \frac{1}{\dfrac{1}{\alpha_1} + \dfrac{L_1}{\lambda_1} + \dfrac{1}{\alpha_2}} \quad (\text{kJ/m}^2 \cdot \text{h} \cdot ℃) \tag{14-13}$$

따라서 식 (14-12)는 K를 활용하면 다음 식이 된다. 즉,

$$q = K(t_{f1} - t_{f2}) \quad (\text{kJ/m}^2 \cdot \text{h}) \tag{14-14}$$

여기서 K는 **열통과율**(coefficient of overall heat transmission)이라 하고, $\dfrac{1}{K}$은 **전열저항**(total thermal resistance)이라 한다.

예제 14.3

두께 20 mm의 철판 $\lambda = 209.3$ kJ/m · h · ℃을 두 장 겹친 벽이 있다. 한 쪽은 200℃의 화염 가스에, 또 한쪽은 20℃의 공기에 접해 있다. 이 때 두 장의 철판 사이에 틈이 0.1 mm이 있을 때 단위 면적당의 열통과량과 각부 온도를 구하여라. 단, 고온측의 열전달 계수 $\alpha_1 = 167.44$ kJ/m² · h · ℃, 저온측 열전달 계수 $\alpha_2 = 41.86$ kJ/m · h · ℃이고, 공기 틈에서 열전도율 $\lambda = 0.113$ kJ/m · h · ℃이다.

풀이 열통과율 K를 구하기 위해서

$$K = \frac{1}{\dfrac{1}{\alpha_1} + \dfrac{L_1}{\lambda_1} + \dfrac{L_2}{\lambda_2} + \dfrac{L_3}{\lambda_3} + \dfrac{1}{\alpha_2}} = \frac{1}{\dfrac{1}{167.44} + \dfrac{0.02}{209.3} + \dfrac{0.0001}{0.113} + \dfrac{0.02}{209.3} + \dfrac{1}{41.86}}$$

$$= 32.324 \ (\text{kJ/m}^2 \cdot \text{h} \cdot ℃)$$

따라서 열의 통과량은

$$q/A = K(t_1 - t_2) = 32.324 \times (200 - 20) = 5{,}818.32 \ (\text{kJ/m}^2 \cdot \text{h})$$

또, 각부의 온도는

$$t_{x1} = t_1 - \frac{1/\alpha_1}{1/K}(t_1 - t_2) = 200 - \frac{0.01482}{0.03094} \times (200 - 20) = 113.78(℃)$$

$$t_{x2} = t_{x1} - \frac{L_1/\lambda_1}{1/K}(t_1 - t_2) = 113.78 - \frac{0.000096}{0.03094} \times (200 - 20) = 113.22(℃)$$

$$t_{x3} = t_{x2} - \frac{L_2/\lambda_2}{1/K}(t_1 - t_2) = 113.22 - \frac{0.00089}{0.03094} \times (200 - 20) = 108.04(℃)$$

$$t_{x4} = t_{x3} - \frac{L_3/\lambda_3}{1/K}(t_1 - t_2) = 108.04 - \frac{0.000096}{0.03094} \times (200 - 20) = 107.48(℃)$$ ■

14.5 복사 열전도

1. 복사 열 전달의 개념

고온 물체가 갖는 열에너지 중 일부는 복사 에너지가 되어 고온 물체로부터 저온 물체로 직접 공간을 통하여 열에너지를 이동시킨다. 이 복사 에너지를 전파하는 것은 전자파이며, 저온 물체에 흡수되면 열에너지로 변하는 성질을 가지고 있다. 이러한 전열 형식을 **열복사** 또는 **열방사**(thermal radiation)라고 한다.

공학에 있어서 열복사를 이용하는 기기에는 고온의 반사 벽돌벽을 갖는 반사로, 적외선 램프(lamp)에 의한 건조 장치, 보일러의 복사전열면, 동판 등의 반사면을 갖는 전열기, 태양열 온수기, 인공 위성의 콘덴서 등을 들 수 있다. 이들 기기에서의 복사 열전달은 원리적으로 어떤 법칙을 따르고 있는가 알아보기로 한다.

모든 물질은 복사의 성질을 가지고 있으며, 항상 복사 에너지를 복사하고 있다. 물체에 복사된 복사 에너지 중 그 일부는 흡수되고, 다른 일부는 일단 표면에 흡수된 후 다시 복사된다. 나머지 일부는 물체를 투과한다.

그림 14.10과 같이 물체에 복사된 전 입사 에너지 중에서 흡수된 양을 Q_A, 반사 또는

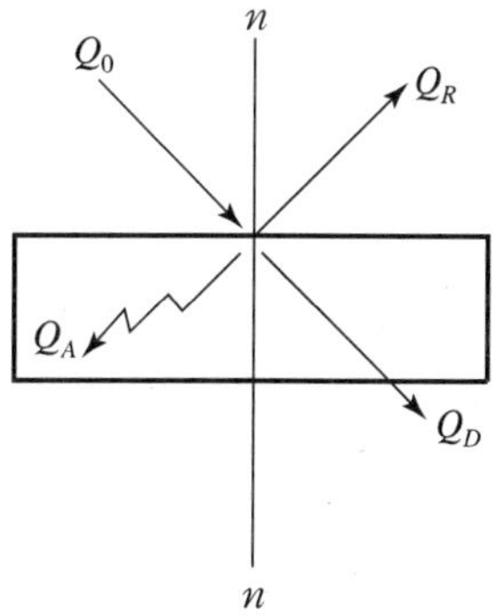

그림 14.10 복사

재복사된 양은 Q_R, 투과된 양을 Q_D라 하면

$$Q_0 = Q_A + Q_R + Q_D \tag{14-15}$$

식 (14-15)를 모두 Q_0로 나누면

$$1 = \frac{Q_A}{Q_0} + \frac{Q_R}{Q_0} + \frac{Q_D}{Q_0} \tag{14-16}$$

위의 식에서

$$\frac{Q_A}{Q_0} = A, \quad \frac{Q_R}{Q_0} = R, \quad \frac{Q_D}{Q_0} = D$$

라 할 때 변형하면

$$A + R + D = 1 \tag{14-17}$$

A를 **흡수율**(absorptivity), R을 **반사율**(reflectivity) 및 D를 **투과율**(transmissivity)이라 한다. 여기서 이들은 모두 무차원수로 0에서 1까지 범위로 변화한다.

$A = 1$일 때 $R = 0$, $D = 0$이 되어 입사 에너지는 모두 물체에 흡수되는데 이 같은 물체를 **흑체**라 한다.

$R = 1$일 때 $A = 0$, $D = 0$이 되며 입사 에너지는 모두 반사한다. 이 때 정반사를 하는 물체를 **경상물체**라 하고, 난반사를 하는 물체를 **완전 백체**라고 한다.

$D = 1$일 때 $A = 0$, $R = 0$이 되며 입사 에너지는 모두 물체를 투과한다. 이 때의 물체를 **완전 투명체** 또는 **완전 투열체**라고 한다.

2. 프랭크의 법칙

물체의 복사능 E는 파장 $\lambda = 0$에서 $\lambda = \infty$까지 범위의 전자파가 단위시간에 단위면적에서부터 복사하는 에너지 양이다. 그러나 현상을 연구하기 위해 각종 온도하의 파장에 대해서 복사 에너지가 분포하는 법칙, 즉 $E_\lambda = f(\lambda, T)$의 관계를 아는 것이 매우 중요하다.

E_λ의 값은 λ에서 $\lambda + d\lambda$까지의 파장에 대한 복사능을 파장의 차 $d\lambda$로 나눈 값이다. 따라서

$$E_\lambda = \frac{E\lambda}{d\lambda} \quad (\mathrm{kJ/m^2 \cdot h \cdot \mu}) \tag{14-18}$$

이 된다. 이 값은 **스펙트럼**(spectrum) **강도** 또는 **단색 복사능**이라 하고, $\mathrm{kJ/m^2 \cdot h \cdot \mu}$ 또는 $\mathrm{kJ/m^3 \cdot h}$으로 단위를 표시한다. 프랭크는 흑체의 단색 복사능의 변화를 파장의 함수로 표시하는 법칙을 이론적으로 정하는데 성공하였다. 즉,

$$E_{d\lambda} = \frac{c_1 \lambda^{-5}}{e^{c_2/\lambda T} - 1} \quad (\mathrm{kJ/m^2 \cdot h}) \tag{14-19}$$

여기서 λ : 파장 (m) $\qquad C_1$: 3.17×10^{-6} $(\mathrm{kJ/m^2 \cdot h})$

T: 물체의 절대온도 (°K) $\qquad C_2$: 1.44×10^{-2} (°K · m)

이다.

그림 14.11은 프랭크 법칙을 선도로 표시한 것이다. $\lambda = 0$에서 복사 에너지는 0이고, λ의 증가와 더불어 $E_{b\lambda}$는 증가하여 어떤 값 λ_m에서 최대가 되고 $\lambda = \infty$로 되면 다시 0으로 된다. 그런데 λ의 값은 온도가 상승함에 따라 적어지고, 저온물체보다 고온물체일수록 붉은색에서 흑색으로, 다음에 백색으로 대응하게 된다. 이 법칙을 **빈의 법칙**(Wien's

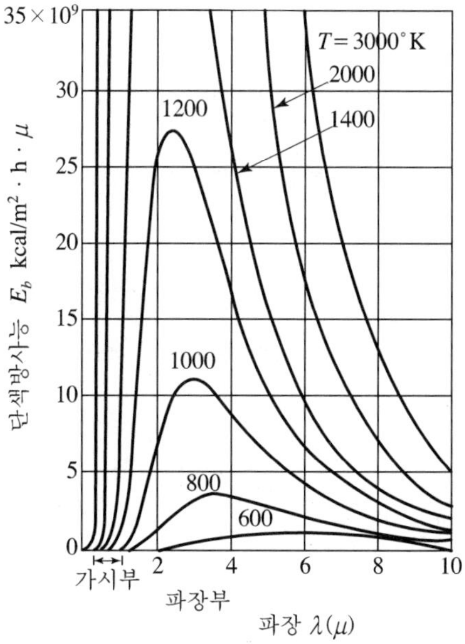

그림 14.11 프랭크 법칙

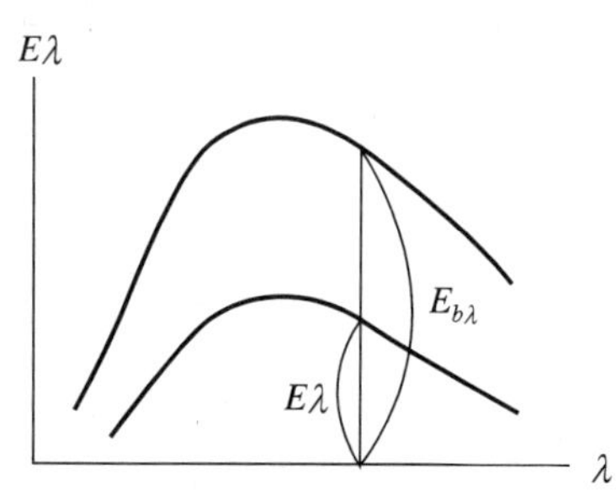

그림 14.12 회색체 선도

displacement law)이라고 한다.

한편, 한 물체의 임의의 온도에 대한 복사능 E_λ를 표시하는데 있어서 그것과 같은 온도의 완전흑체의 복사능 $E_{b\lambda}$에 대한 비율로 표시할 때가 많다. 즉,

$$\varepsilon = \frac{E_\lambda}{E_{b\lambda}} \tag{14-20}$$

ε는 **복사율**(emissivity)이라고 한다. ε이 일정한 물체를 **회색체**(gray body)라고 한다. 실험상 공업 재료는 회색체이다. 이들 관계는 그림 14.12에 표시되고 있다.

3. 스테판–볼츠만의 법칙

흑체 표면 1 m^{2}당 매시간 복사되는 전 에너지량은 프랭크 법칙에 의한 복사능을 적분하여 정수를 대입하면

$$E_b = \int E_{b\lambda} d\lambda = \sigma_0 T^4 = 4.88 \times 10^{-8} \cdot T^4 \quad (\mathrm{kJ/m^2 \cdot h}) \tag{14-21}$$

이것이 **스테판–볼츠만 법칙**(Stefan-Boltzmann's law)이다. 여기서 σ_0는 스테판-볼츠만 정수인데

$$\sigma_0 = 4.88 \times 10^{-8} = 4.88 \quad (\mathrm{kJ/m^2 \cdot h \cdot (K/100)^4}) \tag{14-22}$$

의 값을 갖는다. 따라서 흑체의 단위 면적으로부터 단위 시간에 복사되는 열량 즉 복사능은 절대온도 4승에 비례한다.

공업에서 실제로 쓰는 물질을 회색체라 생각하면 그 표면으로부터 1 m^{2}당 매시간 복사되는 전에너지량 E는 그 물체의 복사율을 ε이라고 하면 T를 °K로 표시할 때 다음 식으로 표시된다.

$$E = \varepsilon \cdot E_b = 4.88 \times \varepsilon \times \left(\frac{T}{100}\right)^4 \quad (\mathrm{kJ/m^2 \cdot h}) \tag{14-23}$$

보통 열전달이나 열전도에 비하면 복사로 전해지는 열량은 그 물체가 고온일수록 현저하게 증대한다.

연습문제

1. 전도 열전달에 대하여 설명하여라.

2. 대류 열전달에 대하여 설명하여라.

3. 온도 300℃, 두께가 30 cm인 알루미늄판과 온도 100℃, 두께 20 cm인 구리판이 서로 접촉하고 있다. 이 때 다음을 구하여라. 단 알루미늄의 열전도율은 2.01 kJ / m h ℃, 구리판의 열전도율은 2.721 kJ/m h ℃이다.

1) 단위시간당 단위면적당 방열량 q

2) 접촉면 온도 t_2

4. 면적인 20 m×20 m인 지붕표면의 온도가 20℃이고 주위 공기의 온도가 −30℃일 때 자연 대류에 의한 열전달률을 구하여라. 단 평균대류 열전달계수는 $10\,\mathrm{W/m^2\,K}$ 이다.

5. 300°K의 물이 면적이 2 m^{2}이고 온도가 400°K인 평판 위를 흐른다. 대류 열전달 계수가 $200\,\mathrm{W/m^2\,°K}$일 때 대류에 의해서 평판에서 물로 전달되는 단위 시간당의 열량을 계산하여라.

6. 0.1 m 두께의 벽돌벽($k = 0.7\,\mathrm{W/m\,°K}$)의 한쪽 면이 270°K의 차가운 바람에 노출되어 있다. 대류 열전달 계수는 $40\,\mathrm{W/m^2\,K}$이다. 벽의 다른 쪽은 330°K의 따뜻한 공기와 접촉하고 있으며, 자연 대류 열전달계수는 $10\,\mathrm{W/m^2\,K}$이다. 단위면적당 열전달률을 구하여라.

부 록

1. 온도 기준 포화 증기표(H_2O)

온도	포 화 압 력		비체적 m^3/kg		엔탈피 kJ/kg			엔트로피 kJ/kg °K	
°C	bar	mmHg	v'	v''	h'	h''	h	s'	s''
0	0.006 108	4.6‘	0.001 000 2	206.3	-0.04	2501.6	2501.6	-0.0002	9.1577
0.01	0.006 112	4.6	0.001 000 2‘	206.2	0.00	2501.6	2501.6	0.0000	9.1575
2	0.007 055	5.3	0.001 000 1	179.9	8.39	2505.2	2496.8	0.0306	9.1047
4	0.008 129	6.1	0.001 000 0	157.3	16.80	2508.9	2492.1	0.0611	9.0526
6	0.009 345	7.0	0.001 000 0	137.8	25.21	2512.6	2487.4	0.0913	9.0015
8	0.010 720	8.0	0.001 000 1	121.0	33.60	2516.2	2482.6	0.1213	8.9513
10	0.012 270	9.2	0.001 000 3	106.4	41.99	2519.9	2477.9	0.1510	8.9020
12	0.014 014	10.5	0.001 000 4	93.84	50.39	2523.6	2473.2	0.1805	8.8536
14	0.015 973	12.0	0.001 000 7	82.90	58.75	2527.2	2468.5	0.2098	8.8060
16	0.018 168	13.6	0.001 001 0	73.38	67.13	2530.9	2463.8	0.2388	8.7593
18	0.020 62	15.5	0.001 001 3	65.09	75.50	2534.5	2459.0	0.2677	8.7135
20	0.023 37	17.5	0.001 001 7	57.84	83.86	2538.2	2454.3	0.2963	8.6684
22	0.026 42	19.8	0.001 002 2	51.49	92.33	2541.8	2449.6	0.3247	8.6241
24	0.029 82	22.4	0.001 002 6	45.93	100.59	2545.5	2444.9	0.3530	8.5806
26	0.033 60	25.2	0.001 003 2	41.03	108.95	2549.1	2440.2	0.3810	8.5379
28	0.037 78	28.3	0.001 003 7	36.73	117.31	2552.7	2435.4	0.4088	8.4959
30	0.042 41	31.8	0.001 004 3	32.93	125.66	2556.4	2430.7	0.4365	8.4546
32	0.047 53	35.7	0.001 004 9	29.57	134.02	2560.0	2425.9	0.4940	8.4140
34	0.053 18	39.9	0.001 005 6	26.60	142.38	2563.6	2421.2	0.4913	8.3740
36	0.059 40	44.6	0.001 006 3	23.97	150.74	2567.2	2416.4	0.5184	8.3348
38	0.066 24	49.7	0.001 007 0	21.63	159.09	2570.8	2411.7	0.5453	8.2962
40	0.073 75	55.3	0.001 007 8	19.55	167.45	2574.4	2406.9	0.5721	8.2583
42	0.081 98	61.1	0.001 008 6	17.69	175.81	2576.6	2402.1	0.5987	8.2209
44	0.091 00	68.3	0.001 009 4	16.04	184.17	2577.9	2397.3	0.6252	8.1842
46	0.100 86	75.6	0.001 010 3	14.56	192.53	2581.5	2392.5	0.6514	8.1481
48	0.111 62	83.7	0.001 011 2	13.23	200.89	2588.6	2387.7	0.6776	8.1125
50	0.123 35	92.5	0.001 012 1	12.05	209.26	2592.2	2382.9	0.7035	8.0776
55	0.157 41	118.1	0.001 014 5	9.579	230.17	2601.0	2370.8	0.7677	7.9926
60	0.199 20	149.4	0.001 017 1	7.679	251.09	2609.7	2358.6	0.8310	7.9108
65	0.250 1	187.6	0.001 019 9	6.202	272.02	2618.4	2346.3	0.8933	7.8322
70	0.311 6	233.7	0.001 022 8	5.046	292.97	2626.9	2334.0	0.9548	7.7565
75	0.385 5	289.1	0.001 025 9	4.134	313.94	2635.4	2321.5	1.0154	7.6835
80	0.473 6	355.2	0.001 029 2	3.409	334.92	2643.8	2308.8	1.0753	7.6132
85	0.578 0	433.6	0.001 032 6	2.829	355.92	2652.0	2296.5	1.1343	7.5454
90	0.701 1	525.9	0.001 036 1	2.361	376.94	2660.1	2283.2	1.1925	7.4799
95	0.845 3	634.0	0.001 039 9	1.982	397.99	2668.1	2270.2	1.2501	7.4166
100	1.013 3	760.0	0.001 043 7	1.673	419.06	2676.0	2256.9	1.3069	7.3554
105	1.208 0	906.1	0.001 047 7	1.419	440.17	2683.7	2243.6	1.3630	7.2962
110	1.432 7	1074.6	0.001 051 9	1.210	461.32	2691.3	2230.0	1.4185	7.2388
120	1.985 4	1489.2	0.001 060 6	0.8915	503.72	2706.0	2202.2	1.5276	7.1293
130	2.701 3	2026.2	0.001 070 0	0.6681	546.31	2719.9	2173.6	1.6344	7.0221
140	3.614	2710.6	0.001 080 1	0.5085	589.10	2733.1	2144.0	1.7390	6.9242
150	4.760		0.001 090 8	0.3924	632.15	2745.4	2113.2	1.8416	6.8383
160	6.181		0.001 102 2	0.3068	675.47	2756.7	2081.3	1.9425	6.7454
170	7.920		0.001 114 5	0.2426	719.12	2767.1	2047.9	20.416	6.6606
180	10.027		0.001 127 5	0.1938	763.12	2776.3	2013.1	2.1393	6.5898
190	12.551		0.001 141 5	0.1563	807.52	2784.3	1976.7	2.2356	6.5036
200	15.549		0.001 156 5	0.1272	852.37	2790.9	1938.6	2.3307	6.4278
210	19.077		0.001 172 6	0.1042	897.74	2796.2	1898.5	2.4247	6.3539
220	23.198		0.001 190 0	0.08604	943.67	2799.9	1856.2	2.5178	6.2817
230	27.976		0.001 208 7	0.07145	990.26	2802.0	1811.7	2.6102	6.2107
240	33.478		0.001 229 1	0.05965	1037.6	2802.2	1764.6	2.7020	6.1406
250	39.776		0.001 251 3	0.05004	1085.8	2800.4	1714.6	2.7935	6.0708
260	46.943		0.001 275 6	0.04213	1134.9	2796.4	1661.5	2.8848	6.0010
270	55.058		0.001 302 5	0.03359	1185.2	2789.9	1604.6	2.9763	5.9834
280	64.202		0.001 332 4	0.03013	1236.8	2780.4	1543.6	3.0683	5.8586
290	74.461		0.001 365 9	0.02554	1290.0	2767.6	1477.6	3.1611	5.7848
300	85.927		0.001 404 1	0.02165	1345.0	2751.0	1406.0	3.2552	5.7087
310	98.700		0.001 448 0	0.01833	1402.4	2730.0	1327.6	3.3512	5.6278
320	112.89		0.001 499 5	0.01548	1462.6	2703.7	1241.1	3.4500	5.5423
330	12863		0.001 561 5	0.01299	1526.6	2670.2	1143.6	3.5528	5.4490
340	146.05		0.001 638 7	0.01078	1595.5	2626.2	1030.7	3.6616	5.3427
350	165.35		0.001 741 1	0.008799	1671.9	2567.7	895.7	3.7800	5.2177
360	186.75		0.001 895 9	0.006940	1764.2	2485.4	721.3	3.9120	5.0600
370	210.54		0.002 213 6	0.004973	18902	2342.8	452.6	4.1108	4.8144
374.15	221.20		0.00317		2107.4		0.0	4.4429	

2. 압력 기준 포화 증기표(H_2O)

압력 P		온도 t	비체적 m^3/kg		엔탈피 kJ/kg			엔트로피 kJ/kg °K	
bar	mmHg	°C	v'	v''	h'	h''	h	s'	s''
0.01	7.5	6.9828	0.0010001	129.20	29.34	2514.4	2485.0	0.1060	8.9767
0.02	15.0	17.513	0.0010012	67.01	73.46	2533.6	2460.2	0.2607	8.7246
0.04	30.0	28.983	0.0010040	34.80	121.41	2554.5	2433.1	0.4225	8.4755
0.06	45.0	36.183	0.0010064	23.74	151.50	2567.5	2416.0	0.5209	8.3312
0.08	60.0	41.534	0.0010084	18.10	173.86	2577.1	2403.2	0.5925	8.2296
0.10	75.0	45.833	0.0010102	14.67	191.83	2584.8	2392.9	0.6493	8.1511
0.2	150.0	60.086	0.0010172	7.650	251.45	2609.9	2358.4	0.8321	7.9094
0.3	225.0	69.124	0.0010223	5.229	289.30	2625.4	2336.1	0.9441	7.7695
0.4	300.0	75.886	0.0010265	3.933	317.65	2636.9	2319.2	1.0261	7.6709
0.5	375.0	81.345	0.0010301	3.240	340.56	2646.0	2305.4	1.0912	7.5947
0.6	450.0	85.954	0.0010333	2.732	359.93	2653.6	2293.6	1.1454	7.5327
0.7	525.0	89.959	0.0010361	2.365	376.77	2660.1	2283.3	1.1921	7.4804
0.8	600.0	93.512	0.0010387	2.087	391.72	2665.8	2274.0	1.2330	7.4352
0.9	675.0	96.713	0.0010412	1.869	405.21	2670.9	2265.6	1.2696	7.3954
1.0	750.1	99.632	0.0010434	1.694	417.51	2675.4	2257.9	1.3027	7.3598
1.0133	760.0	100.000	0.0010437	1.673	419.06	2676.0	2256.9	1.3069	7.3554
1.5	1125.1	111.37	0.0010530	1.159	467.13	2693.4	2226.2	1.4336	7.2234
2.0	1500.1	120.23	0.0010608	0.8854	504.70	2706.3	2201.6	1.5301	7.1268
3.0	2250.2	133.54	0.0010735	0.6056	561.43	2724.7	2163.2	1.6716	6.9909
4.0	3000.2	143.62	0.0010839	0.4622	604.67	2737.6	2133.0	1.7764	6.8943
5.0	3750.3	151.84	0.0010928	0.3747	640.12	2747.5	2107.4	1.8604	6.8192
6	4500.4	158.84	0.0011009	0.3155	670.42	2755.5	2085.0	1.9308	6.7575
7	5250.4	164.96	0.0011082	0.2727	697.06	2762.0	2064.9	1.9918	6.7052
8	6000.5	170.41	0.0011150	0.2403	720.94	2767.5	2046.5	2.0457	6.6596
9	4750.5	175.36	0.0011213	0.2148	742.64	2772.1	2029.5	2.0941	6.6192
10	7500.6	179.88	0.0011274	0.1943	762.61	2776.2	2013.6	2.1382	6.5828
11		184.07	0.0011331	0.1774	781.13	2779.7	1998.5	2.1786	6.5497
12		187.96	0.0011386	0.1632	798.43	2782.7	1984.3	2.2161	6.5194
13		191.61	0.0011438	0.1511	814.70	2785.4	1970.7	2.2510	6.4951
14		195.04	0.0011489	0.1407	830.08	2787.8	1957.7	2.2837	6.4651
15		198.29	0.0011539	0.1317	844.67	2789.9	1945.2	2.3145	6.4406
16		201.37	0.0011586	0.1237	858.56	2791.7	1933.2	2.3436	6.4175
18		207.11	0.0011678	0.1103	884.58	2794.8	1910.3	2.3976	6.3751
20		212.37	0.0011766	0.09954	908.59	2797.2	1888.6	2.4469	6.3367
22		217.24	0.0011850	0.09065	930.95	2799.1	1868.1	2.4922	6.3015
24		211.78	0.0011932	0.08320	951.93	2800.4	1848.5	2.5343	6.2690
26		226.04	0.0012011	0.07686	971.72	2801.4	1829.6	2.5736	6.2387
28		230.29	0.0012088	0.07139	990.48	2802.0	1811.5	2.6106	6.2104
30		233.37	0.0012163	0.06663	1008.4	2802.3	1793.9	2.6455	6.1837
32		237.11	0.0012237	0.06244	1025.4	2802.3	1776.9	2.6786	6.1585
34		240.37	0.0012310	0.05873	1041.8	2802.1	1760.3	2.7101	6.1344
36		244.24	0.0012381	0.05541	1057.6	2801.7	1744.2	2.7401	6.1115
38		247.78	0.0012451	0.05244	1072.7	2801.1	1728.4	2.7689	6.0896
40		250.33	0.0012521	0.04975	1087.4	2800.3	1712.9	2.7965	6.0685
45		257.41	0.0012691	0.04404	1122.1	2797.7	1675.6	2.8612	6.0191
50		263.91	0.0012858	0.03943	1154.5	2794.2	1639.7	2.9206	5.9735
55		269.93	0.0013023	0.03563	1184.9	2989.9	1605.0	2.9757	5.9309
60		275.55	0.0013187	0.03244	1213.7	2785.0	1571.3	3.0273	5.8908
65		280.82	0.0013350	0.02972	1241.1	2779.5	1538.4	3.0759	5.8527
70		285.79	0.0013513	0.02737	1237.4	2773.5	1506.0	3.1219	5.8162
80		294.97	0.0013842	0.02353	1317.1	2759.9	1442.8	3.2076	5.7471
90		303.31	0.0014179	0.02050	1363.7	2744.6	1380.9	3.2867	5.6820
100		310.96	0.0014526	0.01804	1408.0	2727.7	1319.7	3.3605	5.6198
110		318.05	0.0014887	0.01301	1450.6	2709.3	1258.7	3.4304	5.5595
120		324.65	0.0015268	0.01428	1491.8	2689.2	1197.4	3.4972	5.5002
130		330.83	0.0015672	0.01280	1532.0	2667.0	1135.0	3.5616	5.4408
140		336.64	0.0016106	0.01150	1571.6	2642.4	1070.7	3.6242	5.3803
150		342.13	0.0016579	0.01034	1611.0	2615.0	1004.0	3.6859	5.3178
160		347.33	0.0017103	0.009308	1650.5	2584.9	934.3	3.7471	5.2531
170		352.26	0.0017696	0.008371	1691.7	2551.6	859.9	3.8107	5.1855
180		356.96	0.0018399	0.007498	1734.8	2513.9	779.1	3.8765	5.1128
190		361.43	0.0019260	0.006678	1778.7	2470.6	602.0	3.9429	5.0332
200		365.70	0.0020370	0.005877	1826.5	2418.6	591.9	4.0149	4.9412
210		369.78	0.0022015	0.005023	1886.3	2347.6	461.3	4.1048	4.8223
220		373.69	0.0026714	0.003728	2011.1	2195.6	184.5	4.2947	4.5799
221.20		374.15	0.00317		2107.4		0.0	4.4429	

3. 과열 증기표 (1) (H_2O)

압 력 bar 포화온도 °C		온 도 °C												
		50	60	70	80	90	100	110	120	130	140	150	160	170
0.1	v	14.869	15.336	15.801	16.266	16.731	17.195	17.659	18.123	18.586	19.050	1.512	19.975	20.438
45.83	h	2592.7	2611.6	2630.6	2649.5	2668.5	2687.5	2706.6	2725.6	2744.7	2763.9	2783.1	2802.3	2821.6
	s	8.1757	8.2334	8.2894	8.3439	8.3969	8.4486	8.4989	8.5181	8.5961	8.6430	8.6888	8.7337	8.7777
0.2	v	0010121	0010171	7.883	8.117	8.351	8.585	8.818	9.051	9.283	9.516	9.748	8.980	10.212
60.09	h	209.3	251.1	2628.8	2648.6	2667.1	2686.3	2705.5	2724.6	2743.8	2763.1	2782.3	2801.6	2821.0
	s	0.7035	0.8310	7.9656	8.0206	8.0740	8.1261	8.1768	8.2262	8.2744	8.3215	9.3676	8.4127	8.4568
0.3	v	0010121	0010171	5.243	5.401	5.558	5.714	5.871	6.027	6.182	6.338	6.493	6.648	6.803
69.12	h	209.3	251.1	2627.1	2646.5	2665.8	2685.1	2704.3	2723.6	2742.9	2762.3	2781.6	2801.0	2820.3
	s	0.7035	0.8310	7.7745	7.8300	7.8839	7.9363	7.9873	8.0370	8.0855	8.1329	8.1791	8.2243	8.2686
0.4	v	0010121	0010171	0010228	4.042	4.161	4.279	4.397	4.515	4.632	4.749	4.866	4.982	5.099
75.89	h	209.3	251.1	293.0	2644.9	2664.4	2683.8	2703.2	2722.6	2742.0	2761.4	2780.8	2800.3	2819.7
	s	0.7035	0.83100	0.9548	7.6937	7.7481	7.8009	7.8523	7.9023	7.7603	7.9985	8.0450	8.0903	8.1347
0.5	v	0010121	010171	0010228	0010292	3.323	3.418	3.513	3.607	2.306	3.796	3.889	3.983	4.076
81.35	h	209.3	251.1	293.0	334.9	2663.0	2682.6	2702.1	2721.6	2738.4	2760.6	2780.1	2799.6	2819.1
	s	0.7035	0.8310	0.9548	1.0753	7.6421	7.6953	7.7470	7.7972	7.6239	7.8940	7.9406	7.9861	8.0307
0.6	v	0010121	0010171	0010228	0010292	2.764	2.844	2.923	3.002	3.081	3.160	3.238	3.317	3.395
85.95	h	209.3	251.1	293.0	334.9	2661.6	2681.3	2701.0	2720.6	2740.2	2759.8	2779.4	2798.9	2818.5
	s	0.7035	0.8310	0.9548	1.0752	7.5549	7.6085	7.6085	7.7111	7.7603	7.8083	7.8551	7.7655	7.9454
0.8	v	0010121	0010171	0010228	0010292	0010361	2.126	2.126	2.246	2.306	2.365	2.425	2.484	2.542
93.51	h	209.3	251.1	293.0	334.9	376.9	2678.8	2678.8	2718.6	2738.4	2758.1	2777.8	2797.5	2817.2
	s	0.7035	0.8310	0.9548	1.0752	1.1925	7.4703	7.4703	7.5742	7.6239	7.5662	7.7195	7.7655	7.8105
1.0	v	0010121	0010171	0010228	0010292	0010361	1.696	1.696	1.793	1.841	1.889	1.936	1.984	2.031
99.63	h	209.3	251.2	293.0	335.0	377.0	2676.2	2676.3	2716.5	2736.5	2756.4	2776.3	2796.2	2816.0
	s	0.7035	0.8309	0.9548	1.0752	1.1925	7.3618	73618	7.4670	7.5173	7.5662	7.6137	7.6601	7.7053
1.5	v	0010121	0010171	0010228	0010291	0010361	0010437	0010519	1.188	1.220	1.253	1.285	1.317	1.349
111.37	h	209.4	251.2	293.1	335.0	377.0	419.1	461.3	2711.2	2731.8	2752.2	2772.5	2792.7	2812.8
	s	0.7034	0.8309	0.9547	1.0752	1.1925	1.3068	1.4185	7.2693	7.2298	7.3709	7.4194	7.4667	7.5126
2.0	v	0010120	0010171	0010228	0010291	0010361	0010437	0010518	0010606	0.9100	0.9349	0.9595	0.9840	1.008
120.23	h	209.4	251.2	293.1	335.0	377.0	419.1	461.4	503.7	2738.8	2747.8	2768.5	2789.1	2809.6
	s	0.7034	0.8309	0.9547	1.0752	1.1925	1.3068	1.4184	1.5276	7.0254	7.2298	7.2794	7.3275	7.9742
3.0	v	0010120	0010170	0010227	0010290	0010361	0010436	0010518	0010606	0010700	0.6167	0.6337	0.6506	0.6672
133.54	h	209.5	251.3	293.2	335.1	377.0	419.2	461.4	503.8	546.3	2738.8	2760.4	2781.8	2803.0
	s	0.7034	0.8308	0.9547	1.0752	1.1924	1.3067	1.4184	1.5275	1.6343	7.0254	7.0771	7.1271	7.1754
4.0	v	0010119	0010170	0010227	0010290	0010360	0010436	0010517	0010605	0010699	0010800	0.4707	0.4837	0.4966
143.62	h	209.6	251.4	293.3	335.2	377.1	419.3	461.5	503.9	546.4	589.8	2758.2	2774.2	2796.1
	s	0.7033	0.8307	0.9546	1.0750	1.1924	1.3066	1.4183	1.5274	1.6342	1.7389	6.9285	6.9805	7.0305
5.0	v	0010119	0010169	0010226	0010290	0010360	0010435	0010517	0010605	0010699	0010800	0010908	0.3835	0.3941
151.84	h	209.7	251.5	293.4	335.3	377.2	419.4	461.6	503.9	546.5	589.8	632.2	2766.4	2789.1
	s	0.7033	0.8307	0.9545	1.0750	1.1922	1.3066	1.4182	1.5273	1.6341	1.7388	1.8416	6.8631	6.9149
6.0	v	0010119	0010169	0010226	0010289	0010358	0010434	0010516	0010604	0010698	0010799	0010907	0.3165	0.3257
158.84	h	209.2	251.6	293.4	335.4	377.3	419.4	461.6	504.0	546.5	589.3	632.3	2758.2	2781.8
	s	0.7032	0.8307	0.9545	1.0749	1.1920	1.3065	1.4181	1.5272	1.6340	1.7387	1.8415	6.7640	6.8177
8.0	v	0010120	0010168	0010225	0010288	0010358	0010433	0010515	0010603	0010697	0010798	0010906	0011021	0011144
170.41	h	209.9	251.7	293.6	335.5	377.5	419.6	461.8	504.1	546.7	589.4	632.4	675.6	719.1
	s	0.7031	0.8306	0.9544	1.0748	1.1920	1.3063	1.4179	1.5270	1.6338	1.7385	1.8413	1.9423	2.0416
10.0	v	0010117	0010167	0010224	0010287	001032	0010432	0010514	0010602	0010696	0010796	0010904	0011019	0011143
179.88	h	210.1	251.9	293.8	335.7	377.7	419.7	461.9	504.3	546.8	589.5	632.5	675.7	719.2
	s	0.7030	0.8305	0.9542	1.0746	1.1919	1.3062	1.4178	1.5269	1.6337	1.7383	1.8410	1.9420	2.0414
12.0	v	0010116	0010166	0010223	0010286	0010353	0010431	0010513	0010601	0010695	0010796	0010903	0011018	0011141
187.96	h	210.3	252.1	293.9	335.8	377.8	419.9	462.1	504.4	546.9	589.8	632.6	675.8	719.3
	s	0.7030	0.8304	0.9541	1.0745	1.1917	1.3060	1.4176	1.5267	1.6335	1.7381	1.8408	1.9418	2.0411
14.0	v	0010115	0010165	0010222	0010285	0010355	0010430	0010512	0010599	0010693	0010794	0010901	0011016	0011140
195.04	h	210.5	252.2	294.1	336.0	378.0	420.0	462.2	504.6	547.1	589.8	632.7	675.9	719.5
	s	0.7029	0.8302	0.9540	1.0744	1.1916	1.3059	1.4174	1.5265	1.6333	1.7379	1.8406	1.9415	2.0409

과열 증기표 (2) (H_2O)

온도 ℃														압력
180	200	220	240	260	280	300	320	340	360	380	400	450	500	
20.900	21.825	22.750	23.674	24.598	25.521	26.445	27.369	28.292	29.216	30.139	31.062	33.371	35.679	01.
2840.9	2879.6	2918.6	2957.8	2997.2	3036.8	3076.6	3116.7	3157.6	3197.6	3238.5	3279.6	3383.5	3489.1	
8.8208	8.9045	8.9852	9.0630	9.1383.	9.2113	9.2820	9.3508	9.4828	9.4828	9.5463	9.6083	9.7572	9.8984	
10.444	10.907	11.370	11.832	12.295	12.757	13.219	13.681	14.605	14.605	15.067	15.529	16.684	17.838	0.2
2840.3	2879.2	2918.2	2957.4	2996.9	3036.5	3076.4	3116.5	3156.9	3197.5	3238.3	3279.4	3383.4	3489.0	
8.5000	8.5839	8.6647	8.7426	8.8180	8.8910	8.9618	9.0306	9.0975	9.1627	9.2262	9.2882	9.4372	9.5784	
6.958	7.268	7.577	7.885	8.194	8.502	8.811	9.119	9.427	9.735	10.043	10.351	11.121	11.891	0.3
2839.8	2878.7	2917.8	2957.1	2996.6	3036.2	3076.1	3116.3	3156.7	3197.3	3238.1	3279.3	3383.3	3488.9	
8.3119	8.3960	8.4769	8.5550	8.6305	8.7035	8.7744	8.8432	8.9102	8.9754	9.0389	9.1010	9.2499	9.3912	
5.215	5.448	5.680	5.912	6.144	6.375	6.606	6.838	7.069	7.300	7.531	7.762	8.340	8.918	0.4
2839.2	2878.2	2917.4	2956.7	2996.3	3036.0	3075.9	3116.1	3156.5	3197.1	3238.0	3279.1	3383.1	3488.8	
8.1782	8.2624	8.3435	8.4217	8.4973	8.5704	8.6413	8.7102	8.7772	8.8424	8.9060	8.9680	9.1170	9.2583	
4.170	4.356	4.542	4.728	4.913	5.099	5.284	5.469	5.654	5.839	6.024	6.209	6.671	7.133	0.5
2838.6	2877.7	2917.0	2956.4	2995.9	3035.7	3075.7	31159	3156.3	3196.9	3237.8	3279.0	3383.0	3488.7	
8.0742	8.1587	8.2399	8.3182	8.3939	8.4671	8.5380	8.6070	8.6740	8.7392	8.8028	8.8649	9.0139	9.1552	
3.473	3.628	3783	3.938	4.093	4.248	4.402	4.557	4.771	4.865	5.019	5.174	5.559	5.944	0.6
2838.1	2877.3	2916.6	2956.0	2995.6	3035.4	3075.4	3115.6	3156.1	3196.7	3237.7	3278.8	3382.9	3488.6	
7.9891	8.0738	8.1552	8.2336	8.3093	8.3826	8.4536	8.5226	8.5896	8.6549	8.7185	8.7806	8.9296	9.0710	
2.601	2.718	2.835	2.952	3.068	3.184	3.300	3.416	3.532	3.648	3.763	3.879	4.168	4.457	0.8
2836.9	2876.3	2915.8	2955.3	2995.0	3034.9	3075.0	3115.2	3155.7	3196.4	3237.3	3278.5	3382.6	3488.4	
7.8544	7.9395	8.0212	8.0998	8.1757	8.2491	8.3202	8.3893	8.4564	8.5217	8.5854	8.6475	8.7966	8.9380	
2.078	2.172	2.266	2.453	2.359	2.546	2.639	2.732	2.824	2.917	3.010	3.102	3.334	3.565	1.0
2835.8	2875.4	2915.0	2954.6	2994.4	3034.4	3074.5	3114.8	3155.3	3196.0	3237.0	3278.2	3382.4	3488.1	
7.7495	7.8349	7.9169	7.9958	8.0719	8.1454	8.2166	8.2857	8.3529	8.4183	8.1820	8.5442	8.6934	8.8348	
1.381	1.444	1.507	1.570.2	1.633	1.695	1.757	1.819	1.881	1.943	2.005	2.067	2.222	2.376	1.5
2832.9	2872.9	2912.9	952.9	2992.9	3033.0	3073.3	3113.7	3154.3	3195.1	3236.2	3277.5	3381.7	3487.6	
7.5574	7.6439	7.7266	7.8061	7.8826	7.9565	8.0280	8.0973	8.1646	8.2301	8.2940	8.3562	8.5056	8.6472	
1.032	1.080	1.128	1.175	1.222	1.269	1.316	1.363	1.410	1.456	1.503	1.549	1.665	1.781	2.0
2830.0	2870.5	2910.8	2951.1	2991.4	3031.7	3072.1	3112.6	3153.3	3194.2	3235.4	3276.7	3381.1	3487.0	
7.4196	7.5072	7.5907	7.6707	7.7477	7.8219	7.8937	7.9632	8.0307	8.0964	8.1603	8.2226	8.3722	8.5139	
0.6837	0.7164	0.7686	0.7805	0.8123	0.8438	0.8753	0.9066	0.9379	0.9691	1.000	1.031	1.109	1.187	3.0
2824.0	2865.5	2906.6	2947.5	2988.2	3028.9	3069.7	3110.4	3151.4	3192.4	3233.7	3275.2	3379.8	3486.0	
7.2222	7.3119	7.3971	7.4783	7.5562	7.6311	7.7034	7.7734	7.8412	7.9072	7.9713	8.0338	8.1838	8.3257	
0.5093	0.5343	0.5589	0.5831	0.6072	0.6311	0.6549	0.6785	0.7021	0.7256	0.7491	0.7725	0.8309	0.8892	4.0
2817.8	2860.4	2902.3	2943.9	2985.1	3026.2	3067.2	3108.3	3149.4	3190.6	3232.1	3273.6	3378.5	3484.9	
7.0788	7.1708	7.2576	7.3402	7.4190	7.4947	7,5675	7.6379	7.7061	7.7723	7.8367	7.8994	8.0497	8.1919	
0.4045	0.4250	0.4450	0.4647	0.4841	0.534	0.5226	0.5416	0.5606	0.5795	0.5984	0.6172	0.6640	0.7108	5.0
2811.4	285.1	2898.0	2940.1	2981.9	201204	3064.8	3106.1	3147.4	3188.8	3230.4	3272.1	3377.2	3483.8	
6.9647	7.0592	7.1478	7.2317	7.3115	7.3879	7.4614	7.5322	7.6008	7.6673	7.7319	7.7948	7.9454	8.0879	
0.3346	0.4250	0.3690	0.3857	0.4021	0.4183	0.4344	0.4504	0.4663	0.4821	0.4979	0.5136	0.5528	0.5918	6.0
2804.8	285.1	2893.5	2936.4	2978.7	3020.6	3062.3	3103.9	3145.4	3187.0	3228.7	3270.6	3376.0	3482.7	
5.8691	7.0592	7.0567	7.1419	7.2228	7.3000	7.3740	7.4454	7.5143	7.5810.	7.6459	7.7090	7.8600	8.0027	
0.2491	0.3520	0.2740	0.2869	0.2995	0.3119	0.3241	0.3363	0.3483	0.3603	0.3842	0.3842	0.4137	0.4432	8.0
2791.1	2849.7	2884.2	2928.6	2972.1	3014.9	3057.3	3099.4	3141.4	3183.4	3267.5	3267.5	3373.4	3480.5	
6.7122	6.9662	6.9094	6.9976	7.0807	7.1595	7.2348	7.3070	7.3767	7.4441	7.5729	7.5729	7.7246	7.8678	
0.1944	0.2608	0.2169	0.2276	0.2379	0.2480	0.2580.	0.2678	0.2776	0.2873	0.2909	0.3065	0.3303	0.3540	10.0
2776.5	2838.6	2874.6	2920.6	2965.2	3009.0	3052.1	3094.9	3137.4	3179.7	3222.0	3264.4	3370.8	3478.3	
6.5835	6.8148	6.7911	5.8825	6.9680	7.0485	7.1251	7.1984	7.2689	7.3368	7.4027	7.4685	7.6190	7.7627	
0011274	0.1692	0.1788	0.1879	0.1968	0.2054	0.2139	0.2222	0.2304	0.2386	0.2467	0.2547	0.2747	0.2945	12.0
763.2	2814.4	2864.5	2912.2	2958.2	3003.0	3046.9	3090.3	3133.2	3176.0	3218.7	3261.3	3368.2	3476.1	
2.1390	6.5872	6.6909	6.7858	6.8738	6.9562	7.0342	7.1085	7.1798	7.2484	7.3147	7.3790	7.5323	7.6765	
0011274	0.1429	0.1515	0.1596	0.1674	0.1749	0.1823	0.1896	0.1967	0.2038	0.2108	0.2177	0.2349	0.2520	14.0
763.2	2801.4	2854.0	2903.6	2951.0	2996.9	3041.6	3085.6	3129.1	3172.3	3215.3	3258.2	3365.6	3473.9	
2.1388	6.4941	6.6030	6.7016	6.7922	6.8766	6.9561	7.0315	7.1036	7.1729	7.2398	7.3045	7.4585	7.6032	

과열 증기표 (3) (H_2O)

온 도 °C														압력
310	320	330	340	350	360	370	380	390	400	450	500	550	600	
0.1619	0.1651	0.1683	0.1714	0.1745	0.1777	0.1808	0.1838	0.1869	0.1900	0.2051	0.2202	0.2351	0.2499	16
3058.6	3080.9	3102.9	3124.9	3146.7	3168.5	3190.2	3211.8	3233.4	3255.0	3363.0	3471.7	3581.4	3692.5	
6.9261	6.9639	7.0008	7.0369	7.0723	7.1069	7.1409	7.1743	7.2071	7.2394	7.3942	7.5395	7.6770	7.8080	
0.1432	0.1460	0.1489	0.1517	0.1546	0.1573	0.1601	0.1629	0.1656	0.1684	0.1820	0.1954	0.2087	0.2219	18
3053.5	3076.1	3098.4	3120.6	3142.7	3164.7	3186.6	3208.4	3230.1	3251.9	3360.4	3469.5	3579.5	3690.9	
6.8651	6.9035	6.9409	6.9774	7.0131	7.0481	7.0824	7.1160	7.1491	7.1816	7.3372	7.4830	7.6209	7.7522	
0.1282	0.1308	0.1334	0.1360	0.1386	0.1411	0.1436	0.1461	0.1486	0.1511	0.1634	0.1756	0.1876	0.1995	20
3048.2	3071.2	3093.8	3116.3	3138.6	3160.8	3182.9	3204.9	3226.8	3248.7	3357.8	3467.3	3577.6	3689.2	
6.8097	6.8487	6.8866	6.9235	6.9596	6.9950	7.0296	7.0635	7.0968	7.1295	7.2859	7.4323	7.5706	7.7022	
0.1012	0.1033	0.1055	0.1076	0.1098	0.1118	0.1139	0.1160	0.1180	0.1200	0.1300	0.1399	0.1496	0.1592	25
3034.7	3058.6	3082.1	3105.3	3128.2	3151.0	3173.6	3196.1	3218.4	3240.7	3351.3	3461.7	3572.9	3685.1	
6.6890	6.7296	6.7689	6.8071	6.8442	6.8804	6.9158	6.9505	6.9844	7.0178	7.1763	7.3240	7.4633	7.5956	
0.08310	0.08500	0.08687	0.08871	0.09053	0.09232	0.0949	0.09584	0.09758	0.09931	0.1078	0.1161	0.1243	0.1323	30
3020.5	3045.4	3069.9	3093.9	3117.5	3140.9	3164.1	3187.0	3209.8	3232.5	3344.6	3456.2	3568.1	3681.0	
6.5862	6.6285	6.6694	6.7088	6.7471	6.7844	6.8207	6.8561	6.8907	6.9246	7.0854	7.2345	7.3748	7.5079	
006044	0.06200	0.06351	0.06499	0.06545	0.06787	0.06927	0.07066	0.07202	0.07338	0.07996	0.08634	0.0926	0.09876	40
2990.2	3017.5	3044.0	3069.8	3095.1	3119.9	3144.3	3168.4	3192.1	3215.7	3331.2	3445.0	3558.6	3672.8	
6.4130	6.4593	6.5036	6.5461	6.5870	6.6265	6.6647	6.7019	6.7380	6.7733	6.9388	7.0909	7.2333	7.3680	
0.04673	0.04810	0.04942	0.05070	0.5194	0.05316	0.05435	0.05551	0.05666	0.05779	0.06325	0.06849	0.07360	0.07862	50
2957.0	2987.2	3016.1	3044.1	3071.2	3097.6	3123.4	3148.8	3173.7	3198.3	3317.5	34337	3549.0	3664.5	
6.2651	6.3163	6.3647	6.4106	6.4545	6.4966	6.5371	6.5762	6.6140	6.6508	6.8217	6.9770	7.1215	7.2578	
0.03749	0.03874	0.03995	0.04111	0.04222	0.04330	0.04436	0.04539	0.04639	0.04738	0.05210	0.05659	0.06094	0.06518	60
2920.7	2954.2	2986.1	3016.5	3045.8	3074.0	3101.5	3128.3	3154.4	3180.1	3303.5	3422.2	3539.3	3656.2	
6.1310	6.1880	6.2412	6.2913	6.3386	6.3836	6.4267	6.4680	6.5077	6.5462	6.7230	6.8818	7.0285	7.1664	
0.02560	0.02681	0.02792	0.02996	0.02995	0.03088	0.03178	0.03265	0.03349	0.03431	0.03814	0.04170	0.04510	0.04839	80
2835.2	2878.7	2918.4	2955.3	2989.9	3022.7	3054.0	3084.2	3113.3	3141.6	3274.3	3398.8	3519.7	3639.5	
5.8780	5.9519	6.0183	5.0790	6.1349	6.1872	6.2363	6.2828	6.3271	6.3694	6.5597	6.7262	6.8778	7.0191	
0014472	0.1926	0.02042	0.02242	0.02242	0.02331	0.02414	0.02493	0.02568	0.02641	0.02974	0.03276	0.03560	0.03832	100
1402.2	2783.5	2836.5	2925.8	2925.8	2964.8	3001.3	3035.7	3068.5	3099.9	3243.6	3374.6	3499.8	3622.7	
3.3505	5.7145	5.8032	5.9489	5.9489	6.0110	6.0682	6.1213	6.1711	6.2182	6.4243	6.5994	6.7564	6.9013	
0014362	0014941	0.01502	0.01721	0.01721	0.01811	0.01893	0.01969	0.02041	0.02108	0.02412	0.02679	0.02925	0.03150	120
1398.8	1460.8	2730.2	2849.7	2849.7	2898.2	2941.8	2982.0	3019.4	3054.8	3211.4	3349.6	3479.6	3605.7	
3.3398	3.4453	5.5686	5.7636	5.7636	5.8408	5.9093	5.9712	6.0281	6.0810	6.3054	6.4906	6.6535	6.8022	
0014260	0014801	0015497	0.01200	0.01321	0.1421	0.01508	0.01586	0.01657	0.01723	0.02008	0.02251	0.02472	0.02680	140
1395.9	1456.3	1522.6	2675.7	2754.2	2818.1	2873.0	2921.4	2965.2	3005.6	3177.4	3323.8	3458.8	3588.5	
3.3298	3.4327	3.5433	5.4348	5.5618	5.6636	5.7496	5.8243	5.8909	5.9513	6.1978	6.3937	6.5630	6.7159	
0014166	0014674	0015313	0016176	0.09764	0.01104	0.01203	0.01287	0.01361	0.01427	0.01703	0.01929	0.02132	0.02320	160
1393.2	1452.4	1516.4	1588.3	2620.8	2716.5	2789.9	2851.1	2904.1	2951.3	3141.6	3297.1	3437.7	3571.0	
3.3204	3.4210	3.5280	3.6462	5.3109	5.4634	5.5784	5.6729	5.7534	5.8240	6.0972	6.3054	6.4816	6.6389	
0014077	0014558	0015150	0015920	0017043	0.008104	0.009430	0.01040	0.01191	0.01191	0.01464	0.01678	0.01867	0.02040	180
1390.8	1448.8	1511.1	1579.7	1659.8	2560.1	2684.2	3766.6	2890.3	2890.3	3104.0	3269.6	3416.1	3553.4	
3.3114	3.4101	3.5141	3.6269	3.7566	5.2002	5.3808	5.5079	5.6947	5.6947	6.0015	6.2232	6.4069	6.5688	
0012994	0014451	0015004	0015704	0016662	0001827	0.006908	0.008246	0.009181	0.009947	0.01271	0.01477	0.01655	0.01816	200
1388.6	1445.6	1506.4	1572.5	1647.2	1742.9	2527.6	2660.2	2749.3	2820.5	3064.3	3241.1	3394.1	3535.5	
3.3028	3.3998	3.5013	3.6100	3.7308	3.8835	5.117	5.3165	5.4502	5.5585	59089	6.1456	6.3374	6.5043	
0013916	0014351	0014872	0015516	0016361	001761	0002033	0.006111	0.007377	0.008251	0.01111	0.01312	0.01481	0.04633	220
1386.6	1442.7	1502.2	1566.2	1637.2	1722.0	1842.3	2504.4	2645.9	2738.8	3022.3	3211.7	3371.6	3517.4	
3.2946	3.3901	3.4895	3.5947	3.7095	3.8449	4.0333	5.0559	5.2711	5.4102	5.8179	6.0716	6.2721	6.4441	
0013807	0014214	0014694	002638	0016000	0001695	0001852	0.002240	0.004609	0.006014	0.009171	0.01113	0.01272	0.01413	250
1383.9	1438.9	1496.7	1558.3	1625.1	1701.1	1788.8	1941.0	2391.3	2582.0	2954.3	3165.9	337.0	3489.9	
3.2829	3.3764	3.4730	35743	3.6824	3.8036	3.9411	4.1757	4.8599	5.1455	5.6821	5.9655	6.1801	6.3604	
0013512	0014012	0014012	0015939	0015540	0001525	001728	0001874	0002144	0002831	0006735	0008681	0.10177	001144	300
1380.3	1433.6	1433.6	1547.7	1610.0	1678.0	1749.0	1837.7	1959.1	2161.8	2825.6	3085.0	3277.4	3443.0	
3.2848	3.3556	3.3556	3.5447	3.6455	3.7541	3.8653	4.0021	4.1865	4.4896	5.4495	5.7972	6.0386	6.2340	

과열 증기표 (4) (H_2O)

압 력 bar 포화온도 °C		온 도 °C												
		180	190	200	210	220	230	240	250	260	270	280	290	300
16	v	0011270	0011412	0011564	0.1271	0.1310	0.1347	0.1383	0.1419	0.1453	0.1487	0.1521	0.1554	0.1587
201.37	h	763.4	807.7	852.4	2816.0	2843.1	2869.3	2894.7	2919.4	2943.6	2967.3	290.6	3013.5	3036.2
	s	2.1385	2.2351	2.3306	6.4682	6.5237	6.5763	6.6263	6.6740	6.7198	6.7638	6.8063	6.8474	6.8873
18	v	0011268	0011610	0011562	0.1114	0.1150	0.1184	0.1217	0.1250	0.1282	0.1313	0.1343	0.1373	0.1402
207.11	h	763.5	807.8	852.5	2803.3	2831.7	2859.1	2885.4	2911.0	2935.9	2960.3	2984.1	3007.6	3030.7
	s	2.1382	2.2348	2.3303	6.3926	6.4509	6.5058	6.5577	6.6071	6.6543	6.6995	6.7430	6.7850	6.8257
20	v	0011267	0011408	0011560	0011725	0.1021	0.1053	0.1084	0.1114	0.1144	0.1172	0.1200	0.1228	0.1255
212.37	h	763.6	807.9	852.6	897.8	2819.9	2848.4	2875.9	2902.4	2928.1	2953.1	2977.5	3001.5	3025.0
	s	2.1379	2.2345	2.3300	2.4245	6.3829	6.4403	6.4943	6.5454	6.5941	6.6406	6.6852	6.7281	6.769
25	v	0011262	0011403	0011555	0011719	0011897	0.08163	0.08436	0.08699	0.08951	0.09196	0.09433	0.09665	0.09893
223.94	h	763.9	808.1	852.8	897.9	943.7	2820.1	2850.5	2879.5	2907.4	2934.2	2960.3	2985.7	3010.4
	s	2.1372	2.2338	2.3292	2.4237	2.5175	6.2920	6.3517	6.4077	6.4605	6.5104	6.5580	6.6034	6.6470
30	v	0011258	0011399	0011550	0011714	0011891	0012084	0.06816	0.07055	0.07283	0.07501	0.07712	0.07917	0.08116
233.84	h	764.1	808.3	853.0	897.1	943.9	990.3	2822.9	2854.8	2885.1	2914.1	2942.0	2967.9	2995.1
	s	2.1366	2.2330	2.3284	2.4228	2.5165	2.6098	6.2241	6.2857	6.3432	6.3970	6.4479	6.4962	6.5422
40	v	0011248	0011389	0011540	0011702	001878	0012070	0012280	0012512	0.05172	0.05363	0.05544	0.05717	0.05883
250.33	h	764.6	808.8	853.4	898.5	944.1	990.5	1037.7	1085.8	2835.6	2869.8	2902.0	2932.7	2.962.0
	s	2.1352	2.2316	2.3268	2.4211	2.5147	2.6077	2.7006	2.7934	6.1353	6.1988	6.2576	6.3126	6.3642
50	v	0011241	0011380	0011530	0011691	0011866	0011988	0012264	0012494	0012750	0.04053	0.04222	0.04380	0.04530
263.91	h	765.2	809.3	853.8	898.8	94434	991.8	1037.8	1085.8	1134.9	2818.9	2856.9	2892.2	2925.5
	s	2.1339	2.2301	2.3253	2.4194	2.5129	2.5960	2.6984	2.7910	2.8840	6.0192	6.0886	6.1519	6.2105
60	v	0011232	0011371	0011519	0011680	0011853	0011962	0012249	0012476	0012729	0013043	0.03317	0.03472	0.03614
275.55	h	765.7	809.7	854.2	899.2	944.7	992.3	1037.9	1085.8	1134.7	1185.1	2804.9	2846.7	2885.0
	s	2.1325	2.2287	2.3237	2.4178	2.5110	2.5812	2.6962	2.7886	2.8813	2.9748	5.9270	6.0017	6.0692
80	v	0011216	0011353	0011500	0011658	0011829	0011963	0012218	0012441	0012687	0012964	0013277	0013441	0.02426
294.55	h	766.7	810.7	855.1	899.9	945.3	992.8	1038.1	1085.8	1134.5	1184.4	1236.0	1285.2	2786.8
	s	2.1299	2.2258	2.3206	2.4144	2.5075	2.5885	2.6919	2.7839	2.8761	2.9689	3.0629	3.1368	5.7942
100	v	0011199	0011305	0011480	0011636	0011805	0011912	0012188	0012406	0012348	0012917	0013221	0013381	0013979
310.96	h	767.8	811.6	855.9	900.7	945.9	993.4	1038.4	1085.8	1134.2	1183.9	1235.0	1284.0	1343.9
	s	2.1372	2.2230	2.316	2.4112	2.5039	2.58480	2.6877	2.7792	2.8709	2.9631	3.0563	3.1299	3.2488
120	v	0011183	0011317	0011461	0011615	0011782	012074	0012158	0012373	0012509	0012872	0013167	0013324	0013896
324.65	h	768.8	812.6	856.8	901.4	946.4	1039.8	1038.7	1085.9	1134.1	1183.4	1234.1	1283.0	1341.2
	s	2.1246	2.2206	2.3146	2.4080	2.5004	2.5812	2.6836	2.7747	2.8659	2.9575	3.0319	3.1233	3.2162
140	v	0011167	0011300	0011442	0011595	0011759	0011937	0012130	0012340	0012872	0012828	0013115	0013441	0013817
336.64	h	769.9	813.6	857.7	902.2	947.2	992.8	1039.1	1086.1	1134.0	1183.0	1233.3	1285.2	1339.2
	s	2.1221	2.2175	2.3117	2.4048	2.4970	2.5885	2.6795	2.7703	2.8610	2.9520	3.0438	3.1368	3.2318
160	v	0011151	0011283	0011423	0011574	0011736	0011912	0012102	0012308	0012535	0012786	0013065	0013381	0013743
347.33	h	441.0	814.6	858.6	903.0	947.9	993.4	1039.4	1086.3	1133.9	1182.6	1232.6	1284.0	1337.4
	s	2.1195	2.2147	2.3087	2.4016	2.4936	2.5848	2.6755	2.7659	2.8541	2.9466	3.0378	3.1299	3.2238
180	v	0011136	0011266	0011405	0011554	0011714	0011887	0012074	0012278	0012500	0012745	0013018	0013324	0013673
356.96	h	772.0	815.6	859.5	903.8	948.6	993.9	1039.8	1086.5	1133.9	1182.4	1232.0	1283.0	1335.7
	s	2.1170	2.2120	2.3058	2.3985	2.4903	2.5812	2.6716	2.7616	2.8514	2.9414	3.0319	3.1233	3.2162
200	v	0011120	0011249	0011387	0011534	0011693	0011863	0012047	0012247	0012465	0012705	0012971	0013269	0013606
365.70	h	773.1	816.6	860.4	904.6	949.3	994.5	1040.3	1086.7	1134.0	1182.1	1231.4	1282.0	1334.3
	s	2.1145	2.2093	2.3030	2.3954	2.4870	2.5776	2.6677	2.7574	2.8468	2.9363	3.0262	3.1169	3.2088
220	v	0011105	0011233	0011369	0011515	0011671	0011840	0012021	0012218	0012432	0012667	0012927	0013216	0013543
373.69	h	773.1	817.6	861.4	905.5	950.0	995.1	1040.7	1087.0	1134.0	1182.0	1230.9	1281.2	1332.9
	s	2.1120	2.2067	2.3001	2.3924	2.4837	2.5741	2.6639	2.7532	2.8423	2.9313	3.0207	3.1107	3.2018
250	v	0011083	0011209	0011343	0011487	0011640	0011805	0011983	0012175	0012384	0012612	0012863	0013141	0013453
	h	775.9	819.2	862.8	906.8	951.2	996.0	1041.5	1087.5	1134.2	1181.8	1230.3	1280.0	1331.1
	s	2.1145	2.2028	2.2960	2.3879	2.4789	2.5689	2.6583	2.7472	2.8357	2.9241	30126	3.1017	3.1916
300	v	0011046	0011169	0011301	0011440	0011590	0011750	0011922	0012107	0012307	0012525	0012763	0013025	0013316
	h	778.7	821.8	865.2	909.0	953.1	997.7	1042.8	1088.4	1134.7	1181.8	1229.7	1278.6	1328.7
	s	2.1022	2.1963	2.2891	2.3806	2.4710	2.5605	2.6492	2.7374	2.8250	2.9124	2.9998	3.0874	3.1756

4. 암모니아, 프레온 12 포화 증기표

물질	온도 t°C	포화압력 P_s bar	밀도(kg/m³)		비 체 적(m³/kg)		엔 탈 피(kJ/kg)		증발열 (kJ/kg) r	엔트로피(kJ/kg)	
			ρ'	ρ''	v'	v''	h'	h''		s'	s''
암모니아	-50	0.40874	702.0	0.3812	0.0014245	2.623	193.849	1608.15	1414.30	3.3000	9.6204
	-45	0.54584	696.0	0.500	0.0014317	2.007	215.411	1616.52	1401.11	3.3773	9.5202
	-40	0.71765	690.0	0.645	0.0014493	1.550	237.810	1624.90	1387.09	3.4730	9.4245
	-35	0.93193	683.9	0.823	0.0014623	1.2151	259.917	1632.98	1373.06	3.5672	9.3341
	-30	1.19543	677.7	1.038	0.0014757	0.9630	282.274	1640.85	1358.58	3.6601	9.2486
	-25	1.51611	671.4	1.297	0.0014895	0.7712	304.715	1648.43	1343.71	3.7514	9.1674
	-20	1.90249	665.0	1.604	0.0015037	0.6236	327.282	1655.71	1328.43	3.8414	9.0895
	-15	2.36340	658.5	1.966	0.0015185	0.5087	349.975	1662.66	1312.69	3.9293	9.0150
	-10	2.90865	652.0	2.390	0.0015338	0.4184	372.751	1669.15	1296.40	4.0164	8.9438
	-5	3.54903	645.3	2.883	0.0015496	0.3469	395.653	1675.31	1279.65	4.1022	8.8756
	0	4.29433	638.6	3.452	0.0015660	0.2867	418.680	1681.08	1262.40	4.1868	8.8094
	5	5.15732	631.7	4.108	0.0015831	0.2435	441.875	1686.44	1244.57	4.2705	8.7458
	10	6.14975	624.7	4.859	0.0016008	0.2058	465.195	1691.26	1226.06	4.3530	8.6838
	15	7.28430	617.5	5.718	0.0016193	0.1749	488.683	1695.61	1206.93	4.4347	8.6240
	20	8.57199	610.3	6.694	0.0016386	0.1494	512.381	1699.55	1187.17	4.5155	8.5658
	25	10.02730	602.8	7.795	0.0016588	0.1283	536.287	1702.98	1166.69	4.5954	8.5093
	30	11.66501	595.2	9.034	0.0016800	0.1107	560.361	1705.83	1145.47	4.6746	8.4536
	35	13.49885	587.5	10.431	0.0017023	0.0959	584.687	1708.09	1123.40	4.7529	8.3991
	40	15.54354	579.5	12.005	0.0017257	0.0833	609.263	1709.76	1100.50	4.8307	8.3455
	45	17.81378	571.3	13.77	0.0017504	0.0726	634.007	1710.77	1076.76	4.9078	8.2928
	50	20.32624	562.8	15.75	0.0017775	0.0635	658.919	1711.23	1052.31	4.9844	8.2409
R-12	-50	0.39217	1546	2.59	0.0006468	0.3854	375.095	549.224	174.129	4.0120	4.7925
	-45	0.50504	1532	3.279	0.0006527	0.3050	379.157	551.695	172.538	4.0300	4.7865
	-40	0.64243	1517	4.097	0.0006592	0.2441	383.302	554.165	170.863	4.0480	4.7762
	-35	0.80787	1502	5.069	0.0006658	0.1973	387.488	556.635	169.147	4.0.658	4.7719
	-30	1.00469	1487	6.200	0.0006725	0.1613	391.759	559.105	167.346	4.0835	4.7679
	-25	1.23721	1472	7.513	0.0006793	0.1331	396.113	561.575	165.462	4.1010	4.7645
	-20	1.50983	1456	9.034	0.0006868	0.1101	400.467	564.003	163.536	4.1183	4.4301
	-15	1.82619	1441	10.79	0.0006940	0.09268	404.947	566.432	161.485	4.1356	4.7586
	-10	2.19100	1425	12.80	0.0007018	0.07813	409.469	568.861	159.391	4.1528	4.7561
	-5	2.60877	1410	15.08	0.0007092	0.06635	414.003	571.205	157.172	4.1698	4.8639
	0	3.08566	1394	17.65	0.0007173	0.05667	418.680	573.550	154.870	4.1868	4.7519
	5	3.62444	1378	20.56	0.0007257	0.04863	423.369	575.852	152.483	4.2036	4.7501
	10	4.23010	1362	23.79	0.0007342	0.04204	428.142	578.113	149.971	4.2204	4.7484
	15	4.91078	1345	27.41	0.0007435	0.03648	432.999	580.332	147.333	4.2371	4.7469
	20	5.66687	1329	31.50	0.0007524	0.03175	437.897	582.468	144.570	4.2537	4.7455
	25	6.50799	1311	36.07	0.0007628	0.02773	442.838	584.519	141.681	4.2202	4.7441
	30	7.43442	1293	41.11	0.0007734	0.02433	447.862	586.487	138.625	4.2867	4.7425
	35	8.45961	1274	46.81	0.0007849	0.02136	452.928	588.287	135.359	4.3031	4.7410
	40	9.58178	1255	53.13	0.0007968	0.01882	458.078	590.088	132.010	4.3194	4.7410
	45	10.80987	1234	60.38	0.0008104	0.01656	463.311	591.720	128.409	4.3357	4.7393
	50	12.14652	1213	68.56	0.0008244	0.01459	468.670	593.395	124.725	4.3520	4.7379

6. R-12의 Mollier 선도

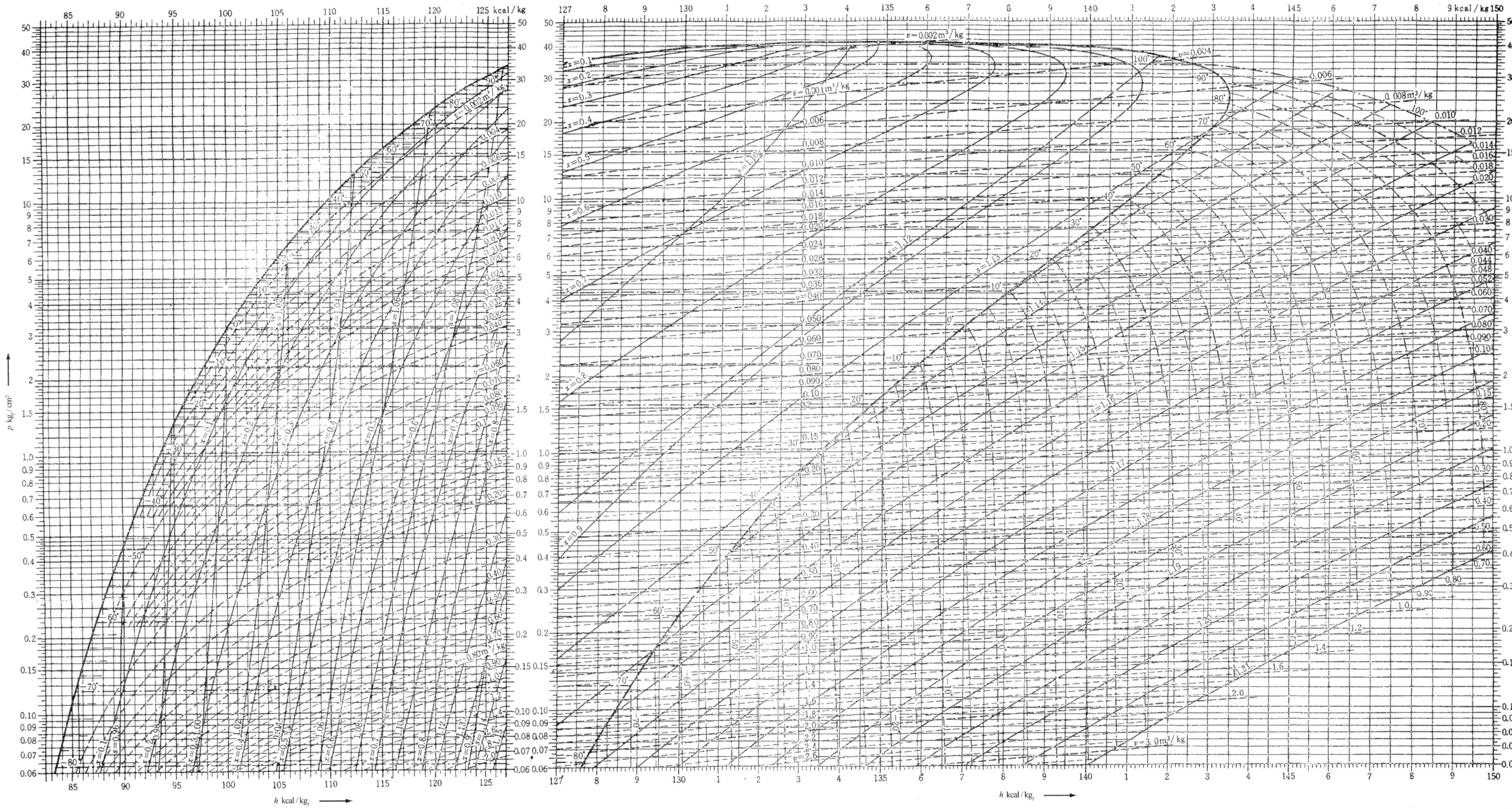

7. 습증기 $h-x$ 선도

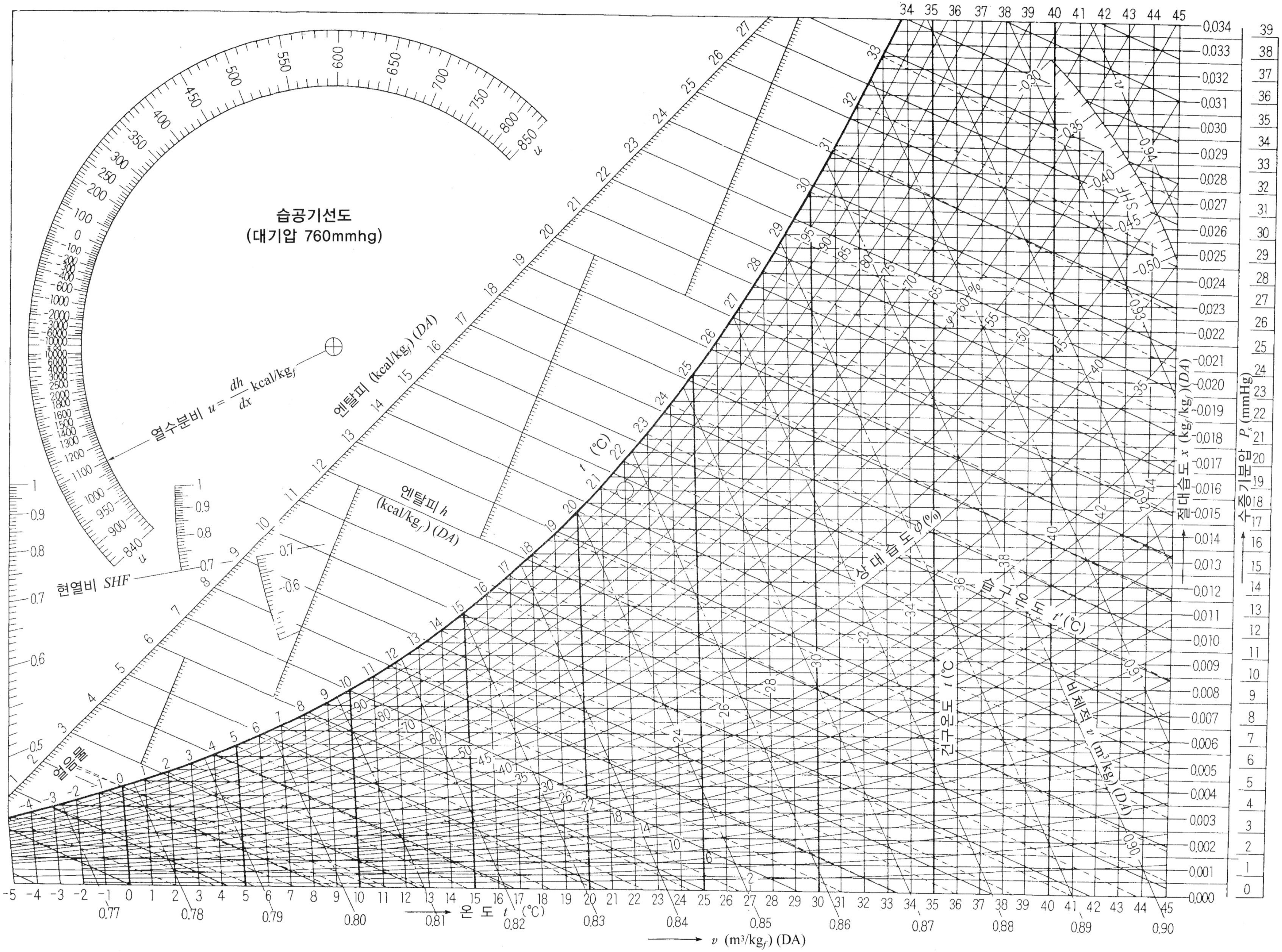

습공기선도
(대기압 760mmhg)
열수분비 $u=\frac{dh}{dx}$ kcal/kg$_f$
엔탈피 (kcal/kg$_f$) (DA)
엔탈피 h (kcal/kg$_f$) (DA)
현열비 SHF
얼음물
상 대 습 도 φ(%)
건구온도 t(°C)
습 구 온 도 t'(°C)
비체적 v (m³/kg$_f$) (DA)
절대습도 x (kg/kg$_f$) (DA)
수증기분압 P_v (mmHg)
→ 온 도 t (°C)
→ v (m³/kg$_f$) (DA)

최신 공업열역학

2015년 9월 1일 인쇄
2015년 9월 5일 발행

저 자 ◎ 김동우 · 송문석 · 오병욱
이봉규 · 조성갑

발행자 ◎ 조승식

발행처 ◎ (주) 도서출판 북스힐
서울시 강북구 한천로 153길 17

등 록 ◎ 제 22-457 호

TEL (02) 994-0071(代)

FAX (02) 994-0073

E-MAIL bookswin@unitel.co.kr
www.bookshill.com

값 20,000원

잘못된 책은 교환해 드립니다.

ISBN 978-89-5526-420-3